icve 智慧职教 高等职业教育电子信息类专业课程 新形态一体化教材

# 电路板设计项目化教程

主编　王正勇　王宝英　周　莹

参编　陈志勇　王耀灯　杨胜江　白雪平

中国教育出版传媒集团

高等教育出版社·北京

内容提要

本书由"十二五"职业教育国家规划教材《Protel DXP 实用教程（第 2 版）》（2014 年出版）改编而成，为高等职业教育电子信息类专业课程新形态一体化教材，基于 Altium Designer 电子设计一体化平台，以培养读者的实际工程应用能力为目的，深入浅出地介绍印制电路板（PCB）设计的基本方法和技巧。

本书按照 PCB 设计岗位工作内容，以实际产品为载体，共设置 3 个项目，包括线性稳压电源的 PCB 设计、信号发生器的 PCB 设计以及简易单片机实验板的完整设计，各项目均分解为完成对应产品电路板设计所必需的典型工作任务。全书贯彻"岗课赛证"综合育人，注重对读者工作素养的提升、设计思维的培养、工匠精神的涵养、技能报国情怀的引导。

本书解说翔实、图文并茂、内容新颖、实用性强，可作为高等职业本科院校、高等职业专科院校、成人高校及本科院校举办的二级职业技术学院中电子与信息大类相关专业的教学用书，也适用于五年制高职、中职相关专业，还可作为社会从业人士的业务参考书及培训用书。

授课教师如需本书配套教辅资源，请登录"高等教育出版社产品信息检索系统"（https://xuanshu.hep.com.cn）免费下载。

**图书在版编目（CIP）数据**

电路板设计项目化教程 / 王正勇，王宝英，周莹主编． --北京：高等教育出版社，2025.1. -- ISBN 978-7-04-063217-0

Ⅰ. TN410.2

中国国家版本馆 CIP 数据核字第 2024FE6748 号

DIANLUBAN SHEJI XIANGMUHUA JIAOCHENG

| | | | | | | | |
|---|---|---|---|---|---|---|---|
| 策划编辑 | 孙 薇 | 责任编辑 | 郑期彤 | 封面设计 | 赵 阳 | 版式设计 | 曹鑫怡 |
| 责任绘图 | 马天驰 | 责任校对 | 刁丽丽 | 责任印制 | 高 峰 | | |

| | | | |
|---|---|---|---|
| 出版发行 | 高等教育出版社 | 网　址 | http://www.hep.edu.cn |
| 社　址 | 北京市西城区德外大街 4 号 | | http://www.hep.com.cn |
| 邮政编码 | 100120 | 网上订购 | http://www.hepmall.com.cn |
| 印　刷 | 固安县铭成印刷有限公司 | | http://www.hepmall.com |
| 开　本 | 787 mm × 1092 mm　1/16 | | http://www.hepmall.cn |
| 印　张 | 17.75 | | |
| 字　数 | 470 千字 | 版　次 | 2025 年 1 月第 1 版 |
| 购书热线 | 010 - 58581118 | 印　次 | 2025 年 7 月第 4 次印刷 |
| 咨询电话 | 400 - 810 - 0598 | 定　价 | 48.80 元 |

本书如有缺页、倒页、脱页等质量问题，请到所购图书销售部门联系调换

# "智慧职教" 服务指南

"智慧职教"（www.icve.com.cn）是由高等教育出版社建设和运营的职业教育数字教学资源共建共享平台和在线课程教学服务平台，与教材配套课程相关的部分包括资源库平台、职教云平台和 App 等。用户通过平台注册，登录即可使用该平台。

● 资源库平台：为学习者提供本教材配套课程及资源的浏览服务。

登录"智慧职教"平台，在首页搜索框中搜索"电路板设计项目化教程"，找到对应作者主持的课程，加入课程参加学习，即可浏览课程资源。

● 职教云平台：帮助任课教师对本教材配套课程进行引用、修改，再发布为个性化课程（SPOC）。

1. 登录职教云平台，在首页单击"新增课程"按钮，根据提示设置要构建的个性化课程的基本信息。

2. 进入课程编辑页面设置教学班级后，在"教学管理"的"教学设计"中"导入"教材配套课程，可根据教学需要进行修改，再发布为个性化课程。

● App：帮助任课教师和学生基于新构建的个性化课程开展线上线下混合式、智能化教与学。

1. 在应用市场搜索"智慧职教 icve"App，下载安装。

2. 登录 App，任课教师指导学生加入个性化课程，并利用 App 提供的各类功能，开展课前、课中、课后的教学互动，构建智慧课堂。

"智慧职教"使用帮助及常见问题解答请访问 help.icve.com.cn。

# 前言

Altium Designer 作为新一代电子产品设计解决方案，为系统化、集成化电子设计提供了完整的工具链和编辑器，并将设计流程、集成化 PCB 设计、可编程器件设计和基于处理器的嵌入式软件开发等功能整合在一起，具有将设计方案从概念转变为最终产品所需的全部功能。重庆电子科技职业大学与 Altium 公司联合建立了现代电子设计技术实验室，为了让读者更好地应用 Altium Designer 开展电子系统设计及教学与培训工作，编者在多年从事 PCB 设计与教学的基础上完成了本书的撰写。本书由"十二五"职业教育国家规划教材《Protel DXP 实用教程（第 2 版）》（2014 年出版）改编而成；为了适应软件升级的需要，本书中将软件的版本从 Protel DXP 更新为 Altium Designer 22。

本书集 PCB 设计理论与设计思想、设计方法及设计项目为一体，兼顾理论与实践、基础与提高、教学与培训。以培养读者的实际工程应用能力为目的，利用 Altium Designer 设计平台，通过实际项目深入浅出地介绍 Altium 板级电路设计的基本方法和技巧。全书解说翔实、图文并茂、语言简洁、思路清晰。

本书按照 PCB 设计岗位工作内容，以实际产品为载体进行项目化设计，由浅入深共设置 3 个项目，包括线性稳压电源的 PCB 设计、信号发生器的 PCB 设计以及简易单片机实验板的完整设计。各项目均分解为该项目实施所必需的典型工作任务：每个项目均设置绘制原理图和设计 PCB 任务；再根据产品设计需要分别在项目 1 设置熟悉 PCB 设计平台任务，在项目 3 设置创建用户元件库任务。书中将 Altium Designer 的基本操作、原理图的绘制、PCB 的设计、元件与元件库的管理以及关于电子设计的最新理念及实现方法，如一体化设计平台与统一数据模型、全自动设计同步与智能交互式布线、3D PCB 全景视图等知识和技能融入各项目任务；同时根据编者多年的经验及教学心得，及时给出提示和总结，以帮助读者快捷掌握相关知识和技能。各项目均在教学导航中，以学生为中心提出教学目标，并提示教师教学的重点、难点，对接的职业技能等级标准及建议的教学方式，同时提出学生的学习任务，提示其需要掌握的知识、技能与学习方式；然后逐步介绍相应的知识和技能；最后通过实战演练来巩固提升，从而达成教学目标、完成学习任务。

全书贯彻落实党的二十大精神，注重思想引导和"岗课赛证"综合育人，引导学生提升工作素养、培养设计思维、涵养工匠精神、树立技能报国情怀；对接 PCB 设计工作岗位，配套优质课程资源，引入世界技能大赛的拼搏精神，涵盖《智能硬件应用开发职业技能等级标准》（初级、中级、高级）中关于 PCB 设计的要求。

本书由重庆电子科技职业大学王正勇、王宝英、周莹主编。王正勇编写项目 3 并负责全书统稿，王宝英编写项目 1，周莹编写项目 2。重庆电子科技职业大学陈志勇、王耀灯和宣恩县市场监督管理局杨胜江、中国电子科技集团公司第四十四研究所白雪平参与本书编写、校对与资源建设等工作。长安大学电子与控制工程学院陈晓璐对书中案例进行了验证。亿道电子技术有限公司、北京杰创永恒科技有限公司对本书编写提供技术指导与支持。南京信息职业技术学院于宝明教授主审。

感谢您选择本书，希望我们的努力对您的工作和学习有所帮助。因编者水平有限，书中的疏漏和不妥之处在所难免，欢迎读者给予批评指正。

编　者

2024 年 10 月

# 目录

I

# 项目 1　线性稳压电源的 PCB 设计

**【项目概述】**

本项目主要熟悉印制电路板（Printed Circuit Board，PCB）的基础知识，用 Altium Designer 软件搭建 PCB 设计的工作环境，并用该软件完成线性稳压电源的原理图绘制和 PCB 设计。

**【教学导航】**

| | | |
|---|---|---|
| 教学 | 教学目标 | 1. 概括 PCB 设计流程。<br>2. 使用 Altium Designer 22 绘制线性稳压电源的原理图，并设计其 PCB。<br>3. 树立规范化设计意识 |
| | 教学重点 | 线性稳压电源原理图的绘制、线性稳压电源 PCB 的设计 |
| | 教学难点 | 元件封装，布局、布线规则 |
| | 职业技能<br>等级标准 | 对接《智能硬件应用开发职业技能等级标准》（初级）：<br>2.2.4 能完成简单智能硬件电路原理图的绘制。<br>2.2.5 能绘制简单智能硬件电路的 PCB 图，导出 PCB 加工文件 |
| | 教学方式 | 多媒体机房教学演示、线上课程辅助教学 |
| | 建议学时 | 24 |
| 学习 | 学习任务 | 1. 熟悉 Altium Designer 22 设计平台。<br>2. 绘制线性稳压电源的原理图。<br>3. 设计线性稳压电源的 PCB |
| | 知识储备 | 电子电路板相关概念、PCB 板层 |
| | 技能训练 | 1. 配置 Altium Designer 22 的工作环境，创建线性稳压电源工程文档，加载元件库。<br>2. 绘制线性稳压电源的原理图，检查并修改原理图中的错误，保存文档，形成报表。<br>3. 规划设置 PCB（包括大小、形状、板层）。<br>4. 将线性稳压电源原理图导入 PCB 文件。<br>5. 设计线性稳压电源的 PCB。<br>6. 进行设计规则检查 |
| | 学习方式 | 结合实物理解学习 PCB 有关知识，跟随教师演示操作练习 Altium Designer 22 设计平台的应用、原理图绘制和 PCB 设计；在教师的指导下自主完成绘制线性稳压电源原理图和设计线性稳压电源 PCB 的实战演练，并在实际操作过程中进一步提高原理图绘制和 PCB 元件布局、布线技巧；利用课余时间完成任务拓展的练习 |

## 任务 1　熟悉 PCB 设计平台

 【任务描述】

安装并激活 Altium Designer 22，熟悉平台的基本功能，打开一个工程范例，同步查看原理图和 PCB。再创建一个 PCB 工程，在工程中添加一个原理图文档（文件）和一个 PCB 文档，保存工程到本地磁盘。

 【任务目标】

| 知识目标 | 能力目标 | 素养目标 |
|---|---|---|
| 1. 解释什么是 PCB。<br>2. 列举 PCB 的两种分类方法及具体种类。<br>3. 总结 PCB 设计的基本工作流程。<br>4. 总结 PCB 制造的流程 | 1. 完成 Altium Designer 22 软件的安装与激活。<br>2. 会使用 Altium Designer 平台的基本功能。<br>3. 完成 Altium Designer 工程、文档的创建和管理 | 1. 认识 PCB 设计的规整美和工艺美。<br>2. 感受 PCB 设计工程师岗位的工作内容。<br>3. 激发对 PCB 设计工作的兴趣 |

 【知事明理】

**苦练基本功**

齐白石先生有三绝：绘画、作诗、篆刻。他的篆刻布局奇肆朴质，刀法刚劲雄健，独树一帜。可他初学篆刻时，总是失败，不是走刀字坏，就是石碎器毁，常常不得要领。他向篆刻家铁安求教，铁安对他说："南泉有的是石头，你挑一担回去，刻了磨，磨了刻，把一担石头磨成石浆，印就能刻好。"

齐白石悟出了其中的道理：这是要求我狠练基本功啊！于是，他真从南泉挑回一担石头，夜以继日地刻个不停。年复一年，他的篆刻技术终于在长期的磨炼中不断提高，最后达到登峰造极的境界。

基本功扎实了，应用就可以千变万化。PCB 设计工作也一样，只有好好掌握了基本的工具、技巧，后续才能做到游刃有余、炉火纯青。

 【任务资讯】

### 1.1.1　认识 PCB

微课：
PCB 概述

　　PCB 是在绝缘度很高的基板（核）表面覆盖一层良好的导电材料（通常为铜膜），然后根据电路的具体设计要求，去掉覆铜板上不需要的部分形成导线，并加工有焊盘和过孔而制成的。电子产品中的 PCB 不但提供了搭载电子元件的物理平台，而且还实现了板上元件之间的电气连接。几乎所有的电子产品被拆解后都会看到 PCB，正是它提供了电子产品中各种元件之间的物理连接。

### 1. PCB 的分类

#### （1）根据导电层数划分

根据导电层数不同，可以将 PCB 分为单面 PCB、双面 PCB 和多层 PCB 三种。

① 单面 PCB。单面 PCB 只有一面覆铜，而另一面没有覆铜，焊接元件和布线只能在覆铜的一面进行，即只有一个信号层。单面 PCB 上没有覆铜的一面主要用于安装通孔元件，称为元件面；覆铜的一面主要包括固定、连接元件管脚的焊盘和实现元件管脚互连的印制导线，称为焊锡面，如图 1-1 所示。单面 PCB 由于结构和制作工艺简单，因而价格便宜，加工时间较短，很多小电器的电路都采用单面 PCB。

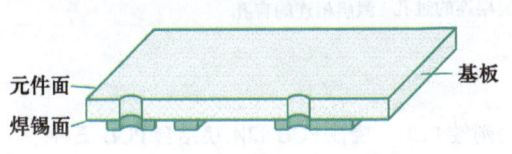
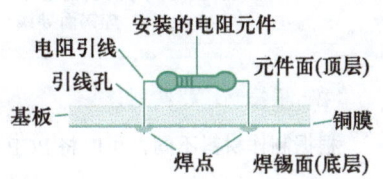

图 1-1
单面 PCB 的结构：顶层
放置元件、底层焊接

② 双面 PCB。双面 PCB 的基板上、下两面均覆盖铜箔，因此它具有两个信号层，在 PCB 编辑器中分别称为 Top Layer（顶层）和 Bottom Layer（底层）。双面 PCB 可允许更为复杂的布线，根据实际需要，顶层和底层都可以放置元件，也都可以进行布线、焊接，如图 1-2 所示。按照惯例，通孔元件仍安装在顶层，而表面贴装元件被安装在底层。在双面 PCB 中，由于需要制作连接上、下两面印制导线的金属化过孔，生产工艺流程比单面 PCB 复杂，成本也比单面 PCB 高，但其设计容易、布线简单，因此双面 PCB 的应用最为广泛。

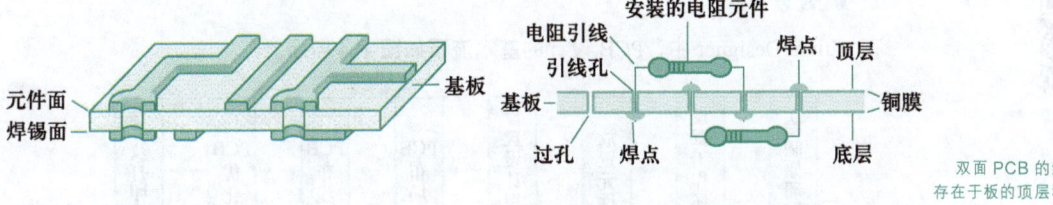

图 1-2
双面 PCB 的结构：导线
存在于板的顶层和底层两面

③ 多层 PCB。多层 PCB 就是包含多个工作层面的电路板，允许用户利用更密集的走线结构，以期得到良好的噪声抑制，如计算机的主板等很多都是多层 PCB。多层 PCB 除了有顶层、底层、信号层外，还有中间层。中间层一般是由整片铜膜构成的电源层或接地层（所以也称为平面层），但也可以用作信号层。例如在 4 层板中，上、下两面（层）是信号层（即信号线布线层，包括元件面和焊锡面），在上、下两层之间还有电源层和接地层，如图 1-3 所示。

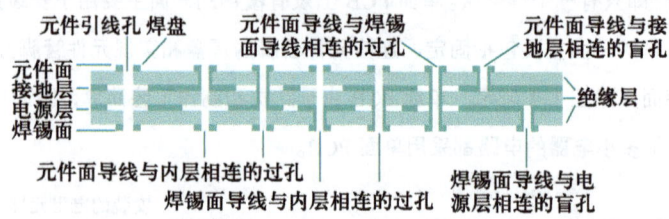

图 1-3
多层 PCB 的结构：除顶层
和底层外还有中间层
（1 mil≈0.025 4 mm）

（2）根据制作材料划分

根据制作材料不同，可以将 PCB 分为刚性 PCB、挠性 PCB 和刚挠结合 PCB 三种。

① 刚性 PCB。刚性 PCB 是以坚硬材料为基材制成的 PCB。基材有酚醛纸质层压板、环氧纸质层压板、聚酯玻璃毡层压板、环氧玻璃布层压板等。刚性 PCB 材质坚硬，刚性好，具有固定支撑能力强的优点，可降低设计、开发和安装成本，缩短交货时间。

② 挠性 PCB。挠性 PCB 也叫柔性 PCB，是以软性材料为基材制成的一种具有高可靠性和较高曲挠性的 PCB。基材有聚酰亚胺、聚酯薄膜、氟化乙丙烯薄膜等。挠性 PCB 散热性能好，具有可弯曲、可折叠、可卷绕等优点，可在三维空间随意移动和伸缩。

③ 刚挠结合 PCB。刚挠结合 PCB 是刚性 PCB 和柔性 PCB 的复合 PCB，可利用单个组件替代由多个连接器、多条线缆和带状电缆连接成的复合 PCB，性能更强，稳定性更高，同时也将设计的范围限制在一个组件内，并可通过弯曲、折叠线路来优化空间。

**2. PCB 设计流程**

在 Altium Designer 中，PCB 设计的基本流程如图 1-4 所示。

微课：
PCB 设计流程

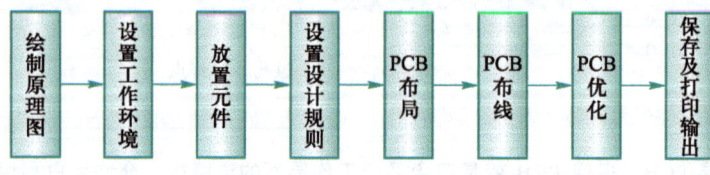

图 1-4
PCB 设计的基本流程

（1）绘制原理图

PCB 设计的前期工作主要是利用 Altium Designer 原理图编辑器绘制电路原理图，并编译生成网络表。

（2）设置工作环境

设计 PCB 之前，必须先创建 PCB 文件，并在 PCB 编辑器中对 PCB 进行规划设置，包括定义 PCB 的结构尺寸、板层数目、过孔类型、元件封装及安装位置等，同时还要设置网格属性、坐标系统等。

**（3）放置元件**

要把元件放置到 PCB 上，需要先加载所用元件的封装库；否则手动放置元件时调不出元件封装，载入网络表时会出现错误。网络表是原理图和 PCB 设计之间的接口，也是 PCB 自动布线的灵魂，只有通过加载网络表将原理图中的元件及其电气连接关系引入 PCB 设计系统，才能进行 PCB 的布局与自动布线。

**（4）设置设计规则**

设计规则是 PCB 布局、布线时所遵守的规范。对于有特殊要求的元件、网络标号，一般在布局、布线之前需要设置规则，比如安全间距、导线宽度、拐角模式、拓扑结构等。

**（5）PCB 布局**

PCB 布局主要是合理地安排各元件的位置，元件布局的合理性将影响布线质量。Altium Designer 既可以进行自动布局，也可以进行手动布局。为了使 PCB 布局更合理，一般需要对完成自动布局的 PCB 进行手动调整。

**（6）PCB 布线**

布线操作包括自动布线和手动布线。Altium Designer 的自动布线功能十分强大，如果布线参数设置合理、元件布局得当，自动布线的成功率可达 100%。若自动布线无法完全解决或产生布线冲突，可用手动布线加以调整。

**（7）PCB 优化**

为了提高 PCB 的抗干扰能力，需要对 PCB 进行进一步的优化处理，包括滴泪、铺铜等；还要进行设计规则检查（Design Rule Check，DRC），查看是否有违反规则之处和未布通的网络等。

微课：
PCB 诞生记

**（8）保存及打印输出**

在 PCB 设计过程中随时保存文档是非常必要的。设计完成后，还要打印输出 PCB 布线图并生成制造装配文件和各种报表，方便存档查阅、查找参数、装配制造等。

**3. PCB 制造流程**

了解 PCB 制造流程将有助于设计者设计出更适合生产制造的 PCB。典型的多层 PCB 制造工艺流程见表 1-1。

拓展微课：
制作 PCB 的安全
操作要求

表 1-1　典型的多层 PCB 制造工艺流程

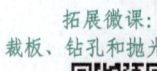

拓展微课：
裁板、钻孔和抛光

| 流程 | | 说明 |
|---|---|---|
| 材料选择 | | 选择适合最后装配的基板和半固化片，并进行尺寸切割 |
| 是否需要盲孔/过孔 | | 否：跳到"压合/曝光/刻蚀感光胶"步骤<br>是：继续下一步骤 |
| 基板 | 钻孔及涂镀 | 钻过孔并给过孔涂镀金属，以确保导电性 |
| | 压合/曝光/刻蚀感光胶 | 使用刻蚀感光胶涂刷包裹铜膜的基板，然后使用紫外线透过线路负片的底片进行曝光，一旦完成，曝光的刻蚀感光胶会变硬，在接下来的刻蚀环节中刻蚀剂不会被侵蚀；未曝光的刻蚀感光胶会被冲洗掉，漏出未被保护的铜膜 |
| | 蚀刻 | 沉浸在酸性蚀刻液中去除未受保护的铜 |
| | 退膜 | 刻蚀感光胶的作用是保护线路铜膜，不需要时要将其去除 |

续表

拓展微课：
热转印制板工艺流程

拓展微课：
热转印的图形处理

拓展微课：
蚀刻电路板、退膜和
处理电路表面

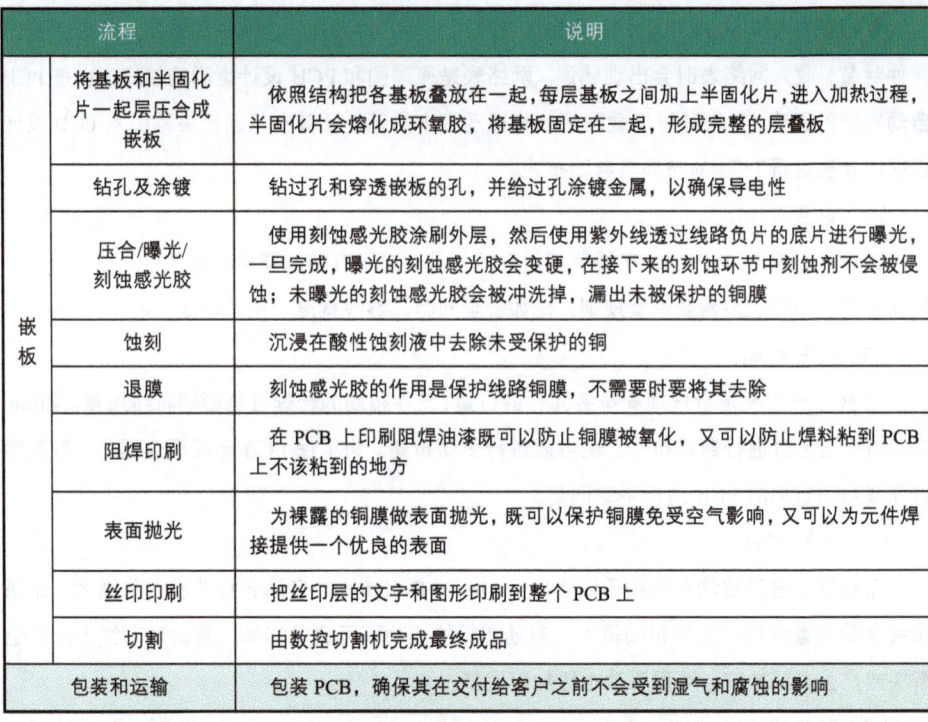

| 流程 | | 说明 |
|---|---|---|
| 嵌板 | 将基板和半固化片一起层压合成嵌板 | 依照结构把各基板叠放在一起，每层基板之间加上半固化片，进入加热过程，半固化片会熔化成环氧胶，将基板固定在一起，形成完整的层叠板 |
| | 钻孔及涂镀 | 钻过孔和穿透嵌板的孔，并给过孔涂镀金属，以确保导电性 |
| | 压合/曝光/刻蚀感光胶 | 使用刻蚀感光胶涂刷外层，然后使用紫外线透过线路负片的底片进行曝光，一旦完成，曝光的刻蚀感光胶会变硬，在接下来的刻蚀环节中刻蚀剂不会被侵蚀；未曝光的刻蚀感光胶会被冲洗掉，漏出未被保护的铜膜 |
| | 蚀刻 | 沉浸在酸性蚀刻液中去除未受保护的铜 |
| | 退膜 | 刻蚀感光胶的作用是保护线路铜膜，不需要时要将其去除 |
| | 阻焊印刷 | 在 PCB 上印刷阻焊油漆既可以防止铜膜被氧化，又可以防止焊料粘到 PCB 上不该粘到的地方 |
| | 表面抛光 | 为裸露的铜膜做表面抛光，既可以保护铜膜免受空气影响，又可以为元件焊接提供一个优良的表面 |
| | 丝印印刷 | 把丝印层的文字和图形印刷到整个 PCB 上 |
| | 切割 | 由数控切割机完成最终成品 |
| 包装和运输 | | 包装 PCB，确保其在交付给客户之前不会受到湿气和腐蚀的影响 |

**工欲善其事，必先利其器**
**——孔子《论语》**
　　工匠想要做好工作，一定会先使其工具锋利，比喻要做好一件事，准备工作非常重要。学习电路原理图绘制和 PCB 设计时，首先要熟悉设计平台。

## 1.1.2　熟悉设计环境

### 1. Altium Designer 平台的功能

　　Altium Designer 提供统一的电子产品开发环境，综合了电子产品一体化设计必需的所有技术和功能，包括执行电子产品开发过程所需的所有编辑器和软件引擎，所有的文档编辑和处理均可在 Altium Designer 统一环境中进行，如图 1-5 所示。另外，Altium Designer 也支持第三方工具，例如布线软件或第三方仿真软件，可满足电子产品开发过程各个方面（包括前端设计和输入、物理 PCB 设计、混合信号电路仿真、信号完整性分析、PCB 制造等）的要求。

微课：
PCB 设计软件

### （1）优选项

　　"优选项"（Preferences）对话框是一个中央单元，用于对软件的不同功能区域进行全局系统设置。这些优选项适用于不同的工程和相关文档。单击设计界面右上角的■按钮即可打开"优选项"对话框。单击对话框左侧的▶按钮，可打开目标区域内的可选项，选择所需的标题，即可打开特定优选项的设置界面。

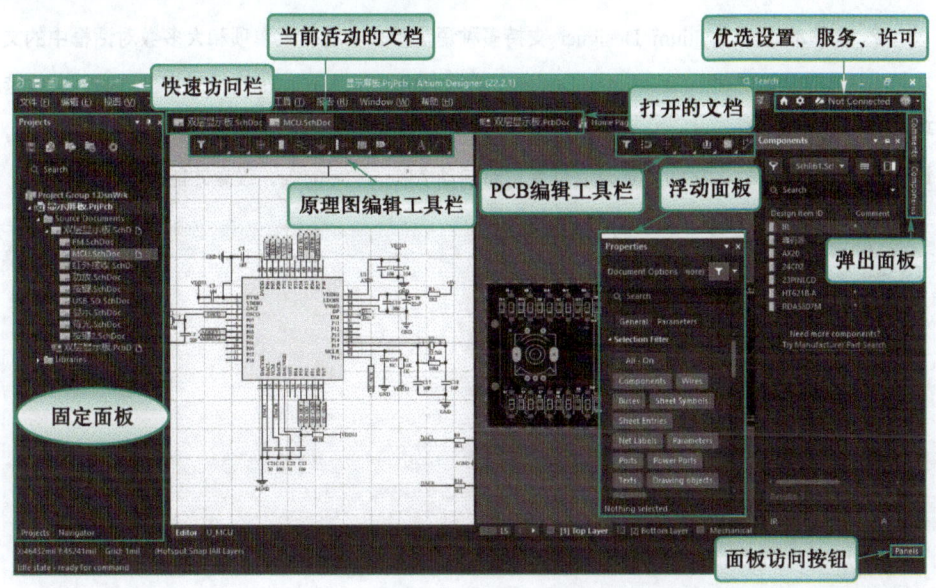

图 1-5
Altium Designer 22
设计环境

① 修改主题色。Altium Designer 窗口和菜单有深灰和浅灰两种主题色可选，默认为深灰色，用户可以根据个人习惯进行更改。本书为了呈现更好的图片印刷效果，选择浅灰的主题色进行 PCB 设计。单击设计界面右上角的  按钮，打开"优选项"对话框，在"System-View"界面右下方的"UI Theme"区域进行设置，如图 1-6 所示，设置完毕单击 OK 按钮。更改后需要重新启动 Altium Designer，设置才能生效。

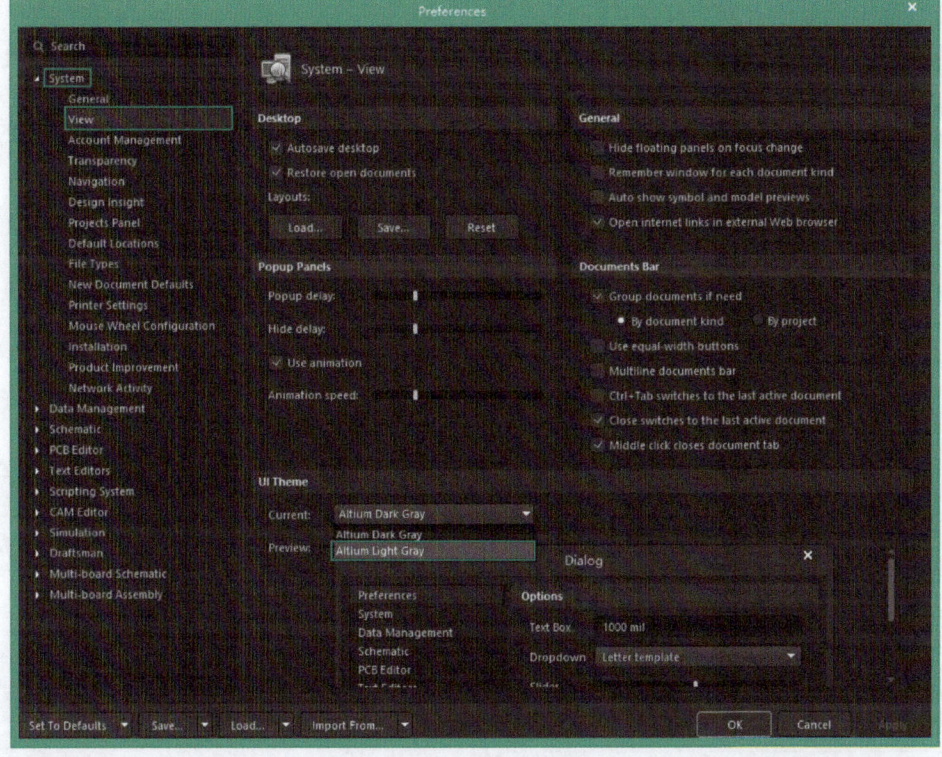

图 1-6
使用"优选项"
对话框修改主题色

② 软件本地化。Altium Designer 支持多种语言模式。所有菜单项和大多数对话框中的文本都支持本地语言，即安装 Altium Designer 的计算机上为 Windows 选择的语言。打开"优选项"对话框，在"System－General"界面下方的"Localization"区域进行配置，如图 1-7 所示，设置完毕单击 OK 按钮。更改后需要重新启动 Altium Designer，设置才能生效。

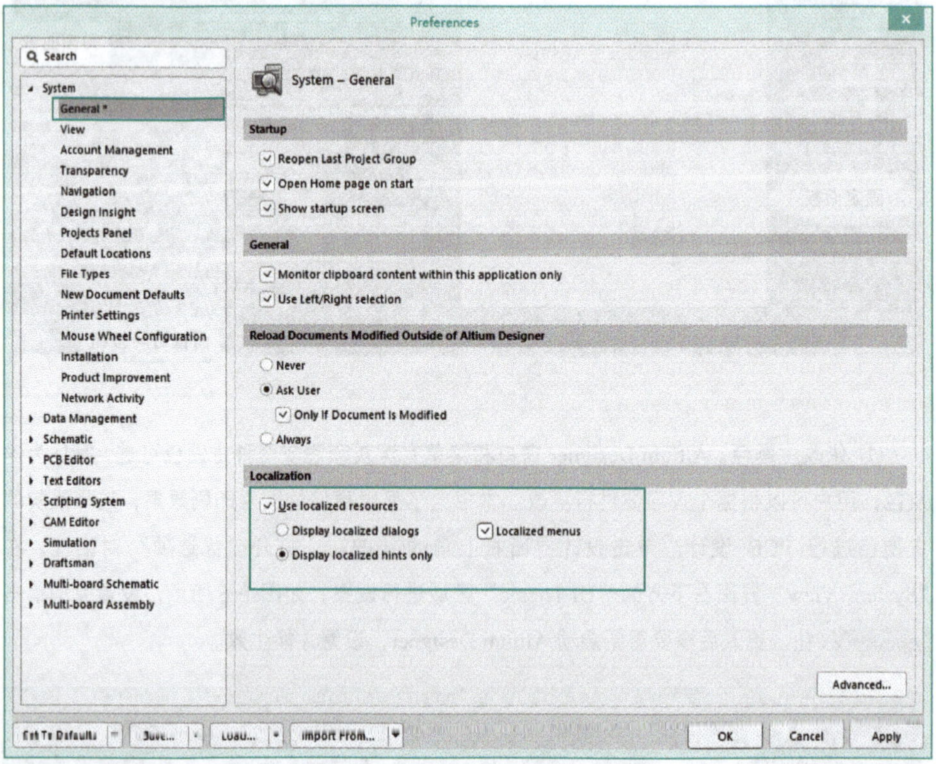

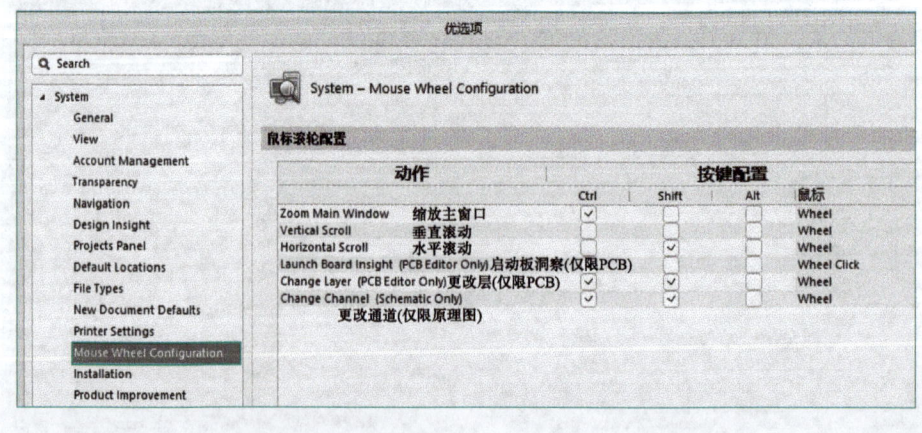

图 1-7
使用"优选项"对话框
进行软件本地化

③ 鼠标滚轮配置。设计过程中熟练地运用鼠标滚轮控制图的上、下、左、右移动和缩放，将极大地提高画图效率。Altium Designer 提供了鼠标滚轮配置的功能，用户可以根据个人的爱好和习惯调整鼠标滚轮配置。打开"优选项"对话框，切换到"System－Mouse Wheel Configuration"界面，如图 1-8 所示。根据需要进行设置，设置完毕单击 OK 按钮。

图 1-8
使用"优选项"对话框
进行鼠标滚轮配置

④ 自动备份设置。Altium Designer 提供设置数据备份位置和频率的控件，用户可以设置自动保存的时间、数目及路径，以防设计过程中因断电等意外导致文件损坏。建议用户养成手动保存（按"Ctrl+S"组合键）的习惯。打开"优选项"对话框，切换到"Data Management – Backup"界面，如图 1-9 所示。根据需要进行设置，设置完毕单击 确定 按钮。

**（2）编辑器视图**

编辑器是为了进行文档编辑而显示用户设计数据的地方。根据当前的文档类型，会加载不同的文档编辑器。例如，对于原理图文档，会加载原理图编辑器，如图 1-10 所示。又如，对于 PCB 文档，会加载 PCB 编辑器，如图 1-11 所示。同样，每个编辑器都包含它自有的动作与命令集以恰当地处理正在被编辑的文档。

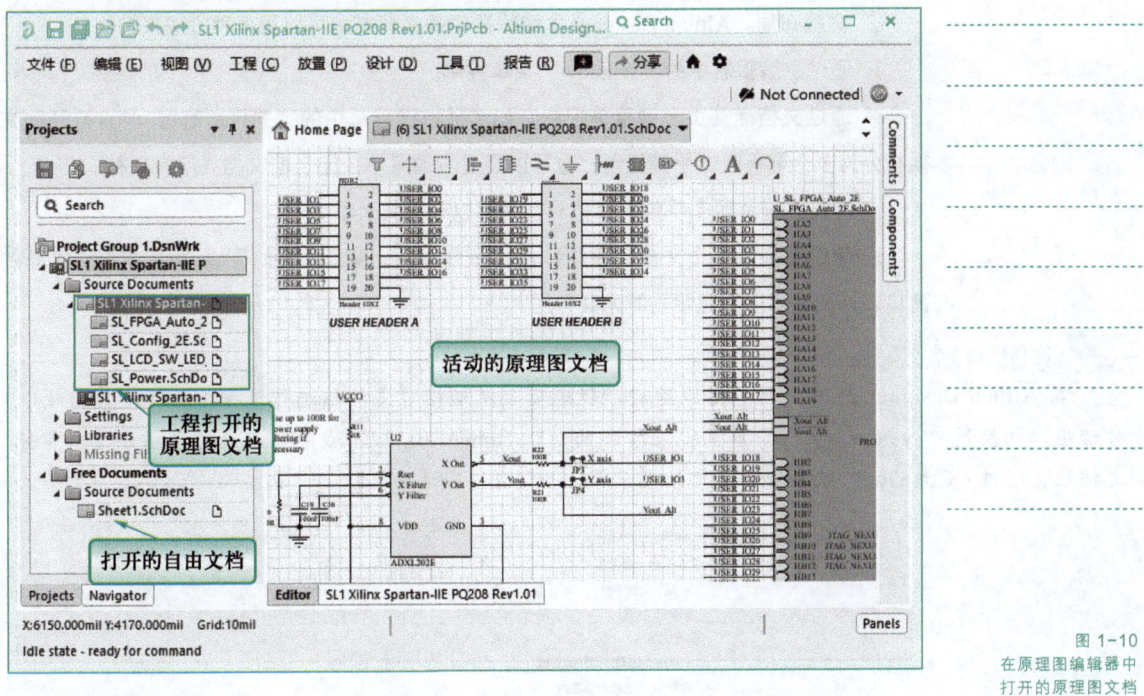

图 1-10
在原理图编辑器中
打开的原理图文档

① 文档栏上的文档标签页。Altium Designer 会为每个打开的文档在其上方分配一个标签页，如图 1-12 所示。单击相应的标签页，可以显示该文档并使其成为当前活动的可编辑文档。

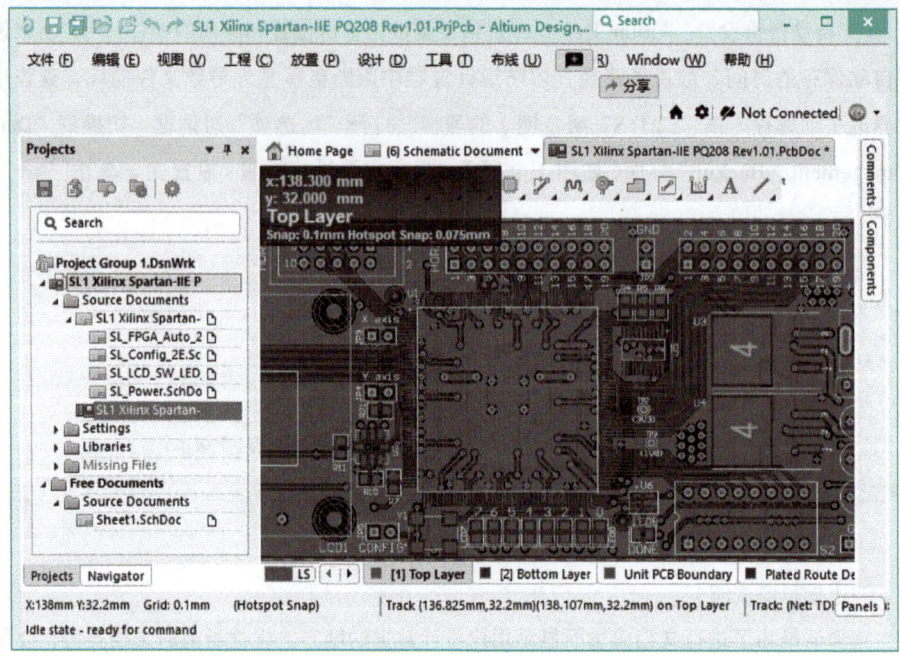

图 1-11
在 PCB 编辑器中
打开的 PCB 文档

图 1-12
文档标签页

🏠 Home Page　　▤ (6) Schematic Document ▾ ┃ ▤ SL1 Xilinx Spartan-IIE PQ208 Rev1.01.PcbDoc *

② 文档布局。Altium Designer 主编辑器中的文档布局可以用多种方法来控制：

➤ 通过主编辑器中的"Window"菜单控制。

➤ 通过文档标签页右键菜单控制。如选择右键菜单中的"并排所有"，所有打开的文档将分为多个屏幕区域平铺显示；也可以通过右键菜单关闭当前文档或所有文档。

➤ 单击并拖曳两个平铺的文档分割区可以改变其大小。

➤ 单击并拖曳一个文档标签页到 Altium Designer 窗口之外的区域，可以打开一个新的窗口，这在使用多个显示器时尤其有用。

**说明** ››››››››

在 Altium Designer 22 中，用户可以通过"优选项"对话框对文档栏进行设置。打开"优选项"对话框，切换到"System - View"界面，在右侧的"Document Bar"区域中可以设置文档分组、多行文档栏、通过"Ctrl+Tab"组合键切换文档显示等，如图 1-13 所示。

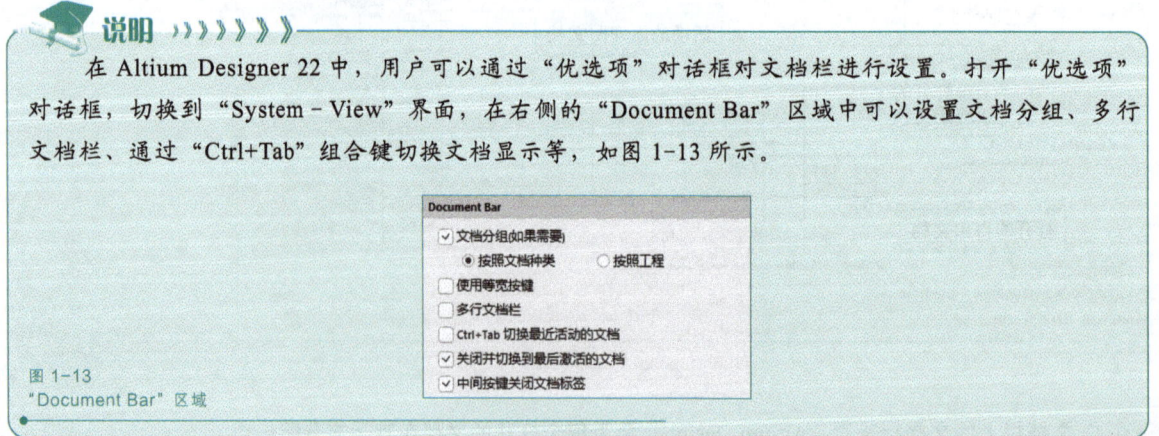

图 1-13
"Document Bar" 区域

（3）面板

Altium Designer 平台包含了多个标准的 GUI 对象，这些对象的内容会根据用户载入的特定设计文档而改变。

面板是 Altium Designer 环境的基本元素。无论是特定文档编辑器专用的面板，还是更全局的、系统范围的面板，都能提供有助于提高生产力和设计效率的信息和控件。例如，"PCB"面板可按"Nets"或"Components"进行浏览。首次启动 Altium Designer 时，"Projects"面板已经打开并固定/悬停在设计界面左侧。打开其他面板时，可单击设计界面右下方的 Panels 按钮，然后选择所需面板。每个编辑器都有其特定的面板。

面板可在整个设计环境内使用，例如，"Projects"面板可用于打开工程中的任何文档以及显示工程层次结构。仅当文档类型为活动文档时，才能显示该文档特定的面板。

① 访问面板。Altium Designer 启动时，已经打开了一系列面板。有些面板如"Projects"和"Navigator"等会组合在一个面板中显示并停靠在设计界面左侧。其他面板如"Comments"和"Components"等，其按钮会显示在设计界面右侧边框上，面板将以从侧边弹出的方式显示。

单击设计界面右下方的 Panels 按钮，可以快速访问可用的面板。单击该按钮后，将弹出一个菜单，其中列出可打开的面板名称，如图 1-14 所示。

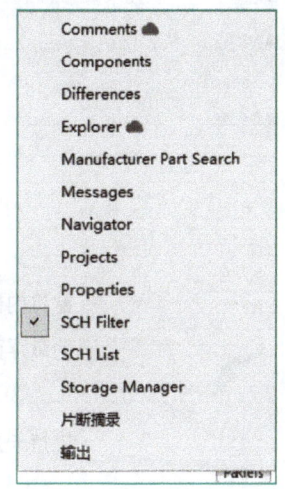

图 1-14
面板访问按钮及弹出菜单

单击弹出菜单中的某面板名称，可以打开相应的面板。当面板被打开并显示在设计界面中时，弹出菜单中的此面板名称前会显示对钩（ ✓ ）加以标记。用户也可以通过"视图"⇨"面板"子菜单中的选项访问当前可用的所有面板。

② 面板显示模式。根据当前激活的特定的文档编辑器，可以在任何时候访问或打开一系列面板。Altium Designer 22 提供停靠、伸缩、悬浮三种面板显示模式。

➤ 停靠模式。常用的面板可以采用停靠模式。在这种模式下，面板始终停靠在设计界面中。如图 1-15 所示，"Projects"面板停靠在设计界面左侧。

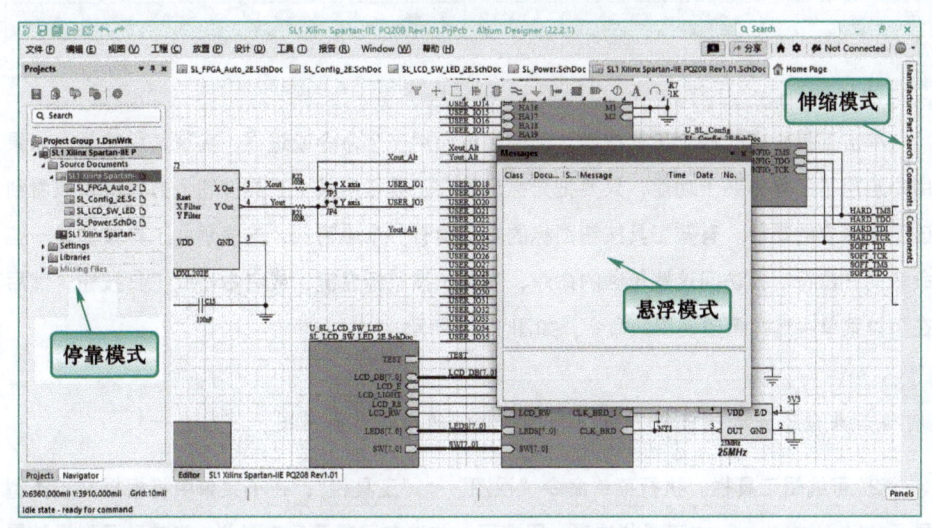

图 1-15
Altium Designer 22
提供的停靠、伸缩、悬浮
三种面板显示模式

➤ 伸缩模式。相对使用较少的面板一般采用伸缩模式。在这种模式下，面板平常会处于隐藏状态，移动光标并悬停在面板按钮上，面板将会从边缘处弹出；单击面板按钮，面板会直接展开；将光标移动到面板外或在面板外部单击，面板会重新缩回。

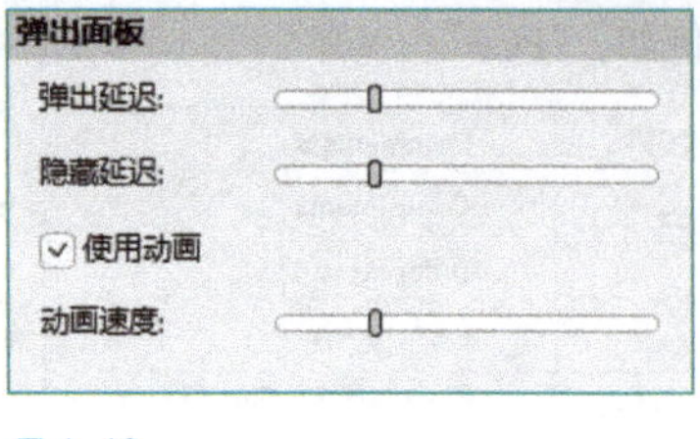

图 1-16
设置面板弹出及隐藏的速度

在停靠模式下单击面板右上角的 ▯ 按钮，就可以使面板显示模式转换成伸缩模式，在设计界面的边框上会显示面板按钮。伸缩面板处于展开状态时，单击面板右上角的 ▬ 按钮，将会使面板显示模式还原为停靠模式。可以在"优选项"对话框的"System - View"界面中设置面板弹出及隐藏的速度，如图 1-16 所示。

➤ 悬浮模式。在这种模式下，面板悬浮在设计界面上。无论是在 Altium Designer 环境窗口内部还是在窗口外部，当在主设计窗口中执行一个交互式操作时，处于编辑区域上方的悬浮面板都将会变为透明。

③ 面板组合。通过拖曳一个面板到另一个面板上，可以组合面板。Altium Designer 支持卡片和堆砌两种模式的组合面板。

（4）工具栏

工具栏提供对常用命令和活动的快速访问。在 Altium Designer 中，工具栏是与环境结合的，它们会根据主设计窗口中当前正在编辑的文档而显示相应的内容。

① 固定工具栏。在默认情况下，Altium Designer 中的有些工具栏是固定在界面某个位置的，所包含的常用工具也是固定的，用户无法移动它们，也无法更改工具栏中所包含的工具。当用户进入 Altium Designer 22 设计界面时，在标题栏左侧就会显示对文档进行编辑的工具栏 ▊，从左至右六个按钮的功能依次是保存活动文档、保存全部文档、打开任意现有文档、打开工程、撤销和重做。而当用户打开一个设计文档时，文档编辑窗口上方会显示针对此类文档的工具栏，如图 1-17、图 1-18 所示。

图 1-17
编辑原理图文档时显示的常用工具栏

图 1-18
编辑 PCB 文档时显示的常用工具栏

单击工具栏中的每个工具按钮，都会相应调用一个命令或进程，实现某种功能。如果用户启用了工具小贴士功能，只要把光标悬停在工具栏中某个工具按钮上方，就可以看到该工具对应的功能。有些工具按钮图标的右下角有一个小箭头，这表示此工具按钮是一些命令的占位符。要访问这些单独的命令，需要长按鼠标左键，或者右击此工具按钮，然后在下拉菜单中选择希望使用的命令，如图 1-19 所示。

**说明 》》》》》》**

由于用户可以对各工具栏位置进行重新布局，因此您看到的界面可能与图示不完全一致。

② 可编辑工具栏。执行菜单命令"视图" ⇨ "工具栏"，在子菜单中将根据文档类型显示 Altium Designer 22 工具栏选项，用户可以勾选自己需要的工具栏，将其显示到设计界面，如图 1-20 所示。工具栏左侧的 ▊ 称为移动标记，如果想调整工具栏在窗口中的位置，可以长按 ▊，并拖曳工具栏，如图 1-21 所示。工具栏可以固定在设计界面的任意边上，也

可以悬浮在设计界面中。

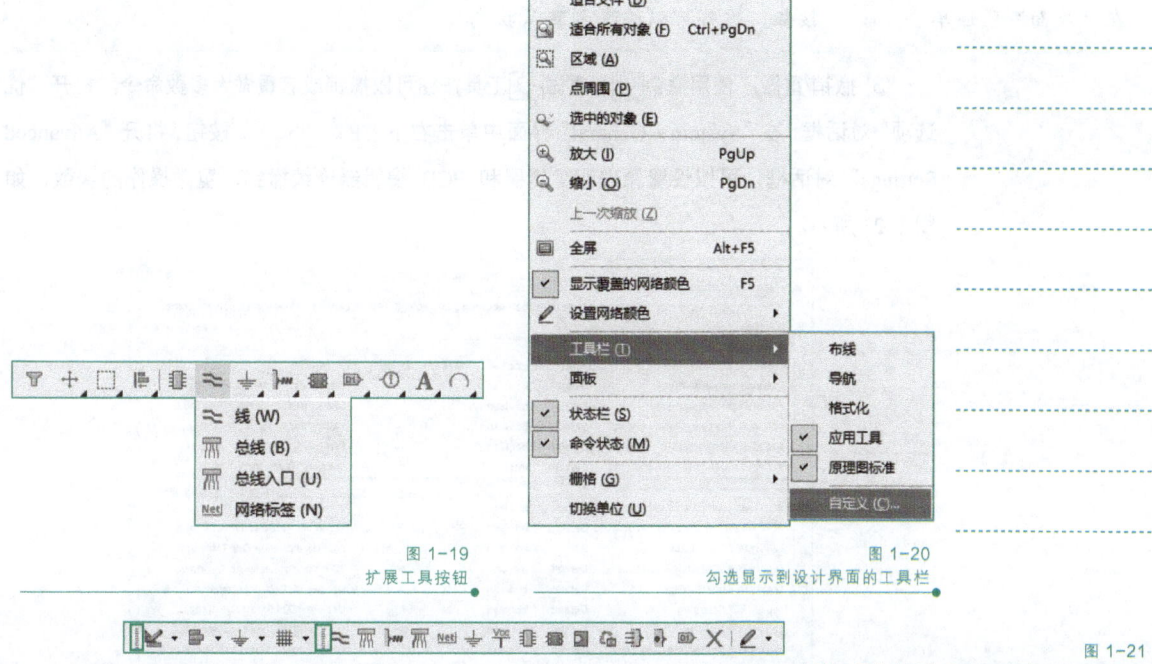

图 1-19
扩展工具按钮

图 1-20
勾选显示到设计界面的工具栏

图 1-21
长按工具栏左侧的移动标记图标并拖曳工具栏

如需编辑工具栏中的某个按钮，可以通过执行菜单命令"视图"⇨"工具栏"⇨"自定义"实现。右击工具栏，选择"Customizing"也可以打开自定义对话框。在弹出的对话框中，可以选择"命令"或者"工具栏"标签，调整工具栏中某个按钮的属性。不要关闭该对话框，右击某个工具按钮，在右键菜单中可以对该工具按钮进行编辑。如图 1-22 所示，右击端口工具按钮，可以执行插入下拉菜单、编辑以及删除等操作。

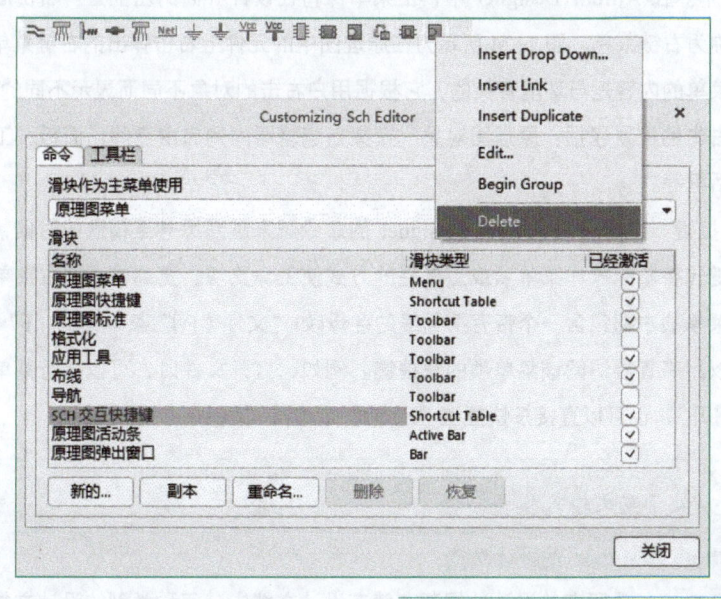

图 1-22
自定义工具栏

提示 》》》》》》

　　如果不小心删除了有用的工具按钮，可以打开"优选项"对话框，选择"System" ⇨ "View"，在"桌面"区域单击 [Reset] 按钮，这样可以恢复到默认状态。

　　③ 撤销/重做。使用撤销和重做工具按钮可以撤销或者重做大多数命令。打开"优选项"对话框，在"System – General"界面中单击右下方的 [Advanced...] 按钮，打开"Advanced Settings"对话框，可以设置原理图编辑器和 PCB 编辑器连续撤销、重做操作的次数，如图 1-23 所示。

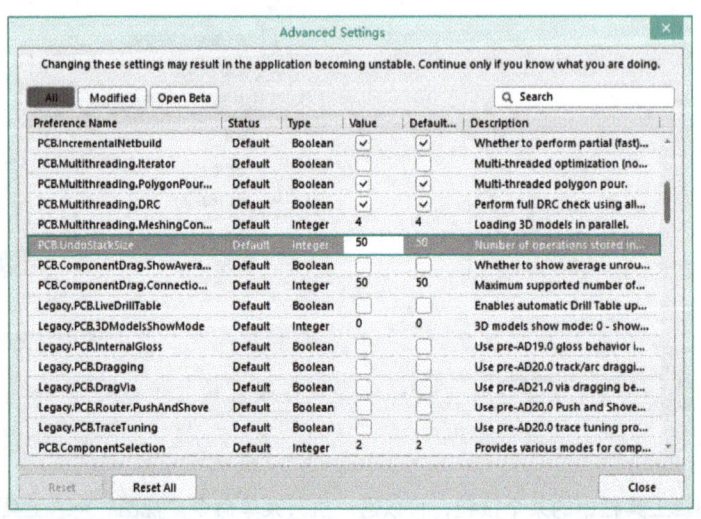

图 1-23
设置连续撤销/重做
操作的次数

提示 》》》》》》

　　撤销的组合键是"Ctrl+Z"或"Alt+BackSpace"，重做的组合键是"Ctrl+Y"或"Ctrl+BackSpace"。

　　（5）菜单和快捷键

　　① 菜单。在 Altium Designer 中，主菜单保持在设计界面的左上方。右击后弹出的菜单通常被称为右键菜单。图 1-24 所示为在原理图中的元件上右击弹出的右键菜单。

　　右键菜单的内容是与环境有关的，它根据用户右击的对象不同而显示不同的菜单项。

　　支持右击的位置包括：原理图对象、在文档编辑器内的自由空间、面板、工具栏、菜单栏、对话框等。

拓展阅读：
常用快捷键列表

　　② 快捷键。当用户对 Altium Designer 的命令越来越熟悉甚至精通的时候，可以通过使用快捷键代替鼠标操作菜单项或工具栏的方式使工作更快、更高效。在主菜单和许多右键菜单的菜单项中都包含一个带有下画线的字母[如"文件（F）"菜单中的"F"]，这个字母就是可以用来直接访问该菜单项的快捷键。例如，打开文件时，可以执行菜单命令"文件" ⇨ "打开"，也可以直接按快捷键"F，O"或者按"Ctrl+O"组合键。

提示 》》》》》》

　　按快捷键时，请确保当前处于英文输入模式。

**2. Altium Designer 的设计文档**

　　Altium Designer 所有的设计数据都存储在设计文档中。每种类型的设计文档都要用特定的编辑器打开和编辑，创建一个新文档或打开一个已经存在的文档时，相关的编辑器会自动激活。

### （1）创建新文档

执行菜单命令"文件"⇨"新的..."，从子菜单中选择需要创建的文档类型，如图 1-25 所示。如果"Projects"面板中已经打开了一个或多个工程，新建的文档会添加到当前激活的工程中。如果要在一个已经打开的工程中添加一个新文档，只需在"Projects"面板中右击工程名，从右键菜单中选择"添加新的...到工程"，其子菜单中列出了可以添加到工程中的文档类型，用户可以从中选择期望添加的文档类型，如图 1-26 所示。

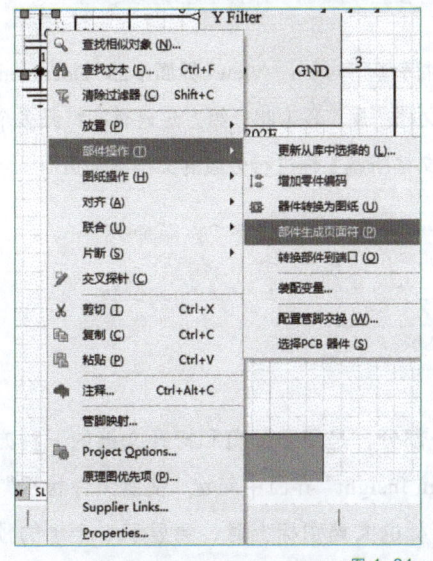

图 1-24
原理图元件右键菜单

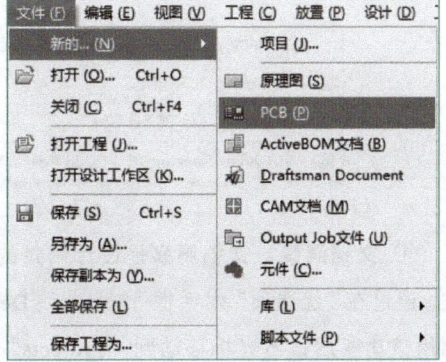

图 1-25
使用"文件"菜单创建一个新文档

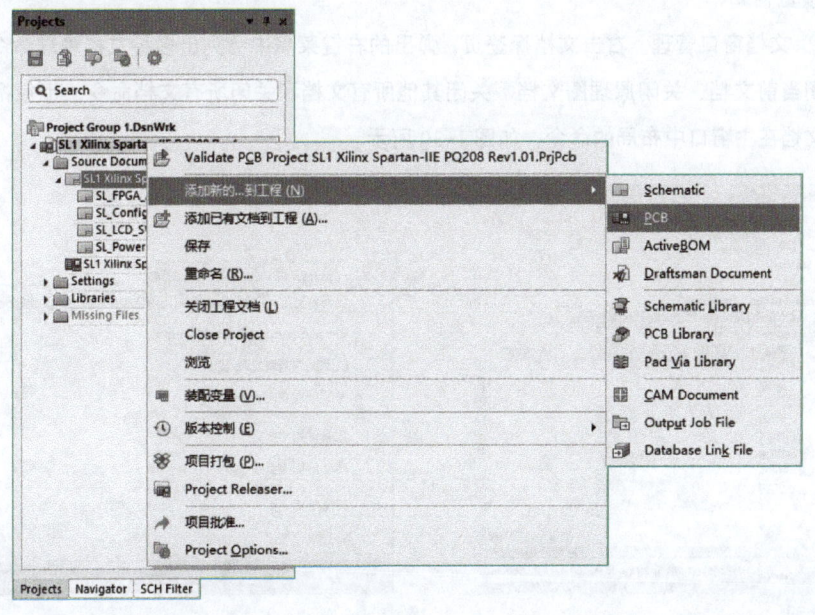

图 1-26
在"Projects"面板中右击工程名
添加一个新文档

（2）管理设计文档

打开一个文档时，它会成为当前应用界面中的活动文档。用户可以同时打开多个文档，每个打开的文档在主设计窗口顶部的文档栏对应一个标签页，当前设计窗口中只能有一个文档处于激活状态。如图 1-27 中有 3 个文档被打开，包括 1 个 PCB 文档和 2 个原理图文档，其中 PCB 文档处于激活状态，其文档标签页呈浅灰色。

Projects
Search
Project Group 1.DsnWrk
SL1 Xilinx Spartan-IIE F
SL_FPGA_Auto_2E.SchDoc
SL_Config_2E.SchDoc
SL1 Xilinx Spartan-IIE PQ208 Rev1.01.PcbDoc *

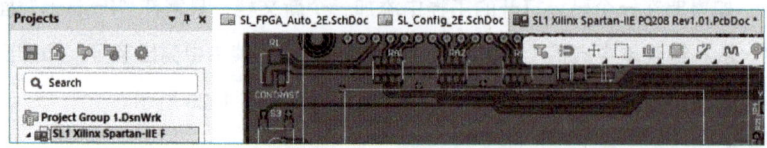

图 1-27
每个打开的文档在文档栏对应一个标签页，当前激活的文档标签页呈浅灰色

如果打开了很多文档，可以通过“优选项”对话框“System－View”界面中的“Document Bar”区域设置文档分组。可以按照文档类型或文档所属工程（此分组方法只有在打开多个工程时才适用）进行分组。图 1-28 所示为按照文档所属工程进行分组的文档标签页。

(3) SL_FPGA_Auto_2E.SchDoc
PC4-SODIMM_V200_RC_A1_20141015.PcbDoc
Shee
SL_Config_2E.SchDoc
SL_FPGA_Auto_2E.SchDoc
SL1 Xilinx Spartan-IIE PQ208 Rev1.01.PcbDoc *

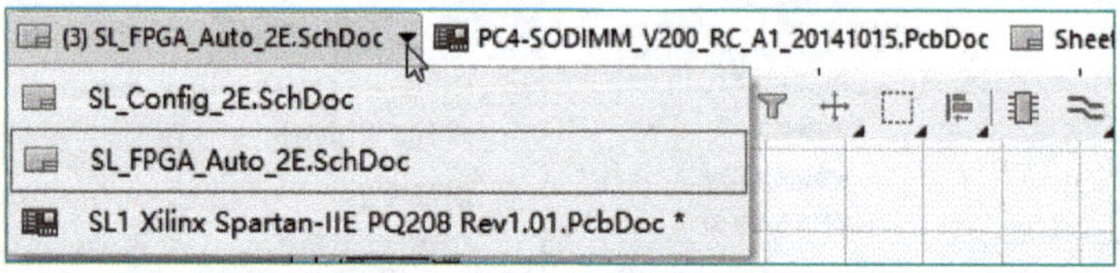

图 1-28
按照文档所属工程进行分组的文档标签页

① 文档洞察。文档洞察是设计洞察的一部分，是用于预览和打开文档的一种方法。通过在“优选项”对话框“System－Design Insight”界面中勾选“使能文件检视”，启用该功能后，当光标移动到“Projects”面板的文档图标上时，会显示一个小的预览窗口，单击可以激活该文档，如图 1-29 所示。需要注意的是，文档被打开，才能产生预览窗口。

② 文档窗口管理。右击文档标签页，弹出的右键菜单中会列出多种文档管理命令，包括关闭当前文档、关闭原理图文档、关闭其他所有文档和关闭所有文档命令，也包括影响所有文档在主窗口中布局的命令，如图 1-30 所示。

Projects
Search
Project Group 1.DsnWrk
SL1 Xilinx Spartan-IIE PQ208 Rev1.02.PrjPcb
Source Documents
SL1 Xilinx Spartan-IIE PQ208 Rev1.02.SchDoc
Settings
Libraries
Projects
C:\Use...\SL1 Xilinx Spartan-IIE PQ208 Rev1.02.SchDoc

图 1-29
光标指向文档图标会显示预览窗口

SL1 Xilinx Spartan-IIE PQ208 Rev1.02.SchDoc
Close SL1 Xilinx Spartan-IIE PQ208 Rev1.02.SchDoc
Close Schematic Documents
关闭其他所有文档 (O)
关闭所有文档 (L)
垂直分割 (V)
水平分割 (H)
并排所有 (T)
合并所有 (M)
在新窗口打开 (N)

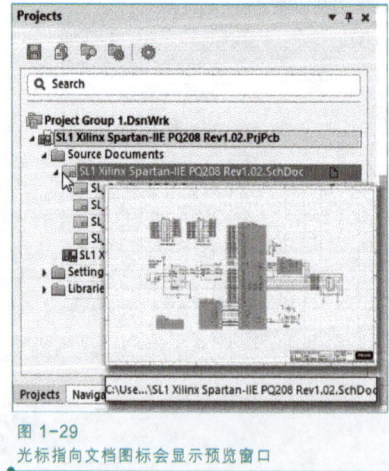

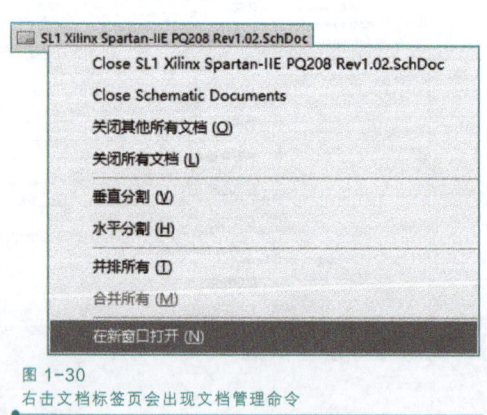

图 1-30
右击文档标签页会出现文档管理命令

执行跨文档操作时，可以通过右击文档标签页，在弹出的右键菜单中根据用户喜好选择"垂直分割"或者"水平分割"，或通过"Window"菜单下的"垂直平铺"或"水平平铺"命令，来垂直放置所有窗口或水平放置所有窗口。这种分割视窗的命令在进行原理图和 PCB 文档之间的交互探查时十分有效。如果已经在"工具"菜单下选择了"交叉选择模式"命令，那么当用户在原理图窗口中选中某个元件时，PCB 窗口中会同时选中这个元件，如图 1-31 所示，反之亦然。如果选择了"交叉探针"命令，那么当用户单击原理图窗口中的某个电气位置时，PCB 窗口中将同步高亮显示所有与这个电气节点连接的焊盘。

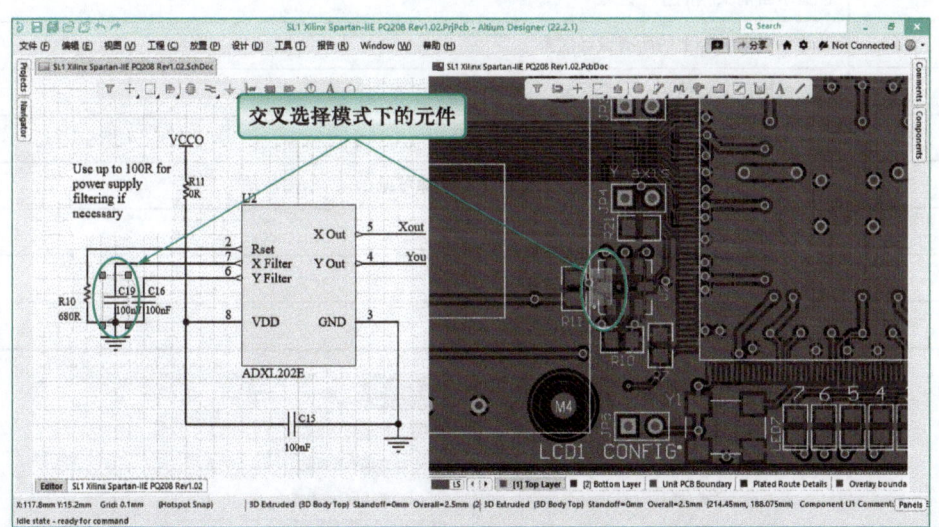

图 1-31
分割主设计窗口以
并排查看两个文档

执行分割视窗命令时，每个区域都作为一个独立窗口出现。每个区域中都可以有一个文档显示，但是任何时刻都只有一个文档处于激活状态。当添加一个新文档，或打开一个已经存在的文档时，该文档将会出现在当前被激活的文档区域。在分割视窗模式下，用户可以通过执行"并排所有"命令显示所有打开的文档，或通过执行"合并所有"命令使软件变成默认的单个文档显示窗口，还可以从一个区域拖曳文档到另一个区域。

用户也可以在一个独立的设计窗口中打开一个文档。方法是右击文档标签页，在弹出的右键菜单中选择"在新窗口打开"。同样，单击文档标签页并将其拖曳到主设计窗口之外的区域，也可以达到同样的效果。此时可使用"Window"菜单下的命令来水平放置所有窗口或垂直放置所有窗口，这在只有一个显示器时非常有用。

③ 文档类型。设计文档的类型可以通过后缀名来识别。Altium Designer 支持多种设计文档类型，并可根据文档后缀名自动激活相应的编辑器。常用设计文档类型见附录一。

说明 〉〉〉〉〉〉〉

　　Altium Designer 使用文件"FileFilters.txt"和"FileExtensions.txt"（位于安装文件夹下的"..\Altium\AD 22\System"目录中）对不同后缀名的设计文档进行识别和翻译。

④ 导航文档。处理图形文档（如原理图文档、PCB 文档）时，可以缩放和平移文档以聚焦特定文档区域。可用于执行此操作的基本快捷方式包括：

> 按 Ctrl 键+鼠标滚轮放大和缩小。

> 按住鼠标右键并拖动以滑动文档。

> "视图"菜单中包含许多可用于控制当前文档视图的命令,见表 1-2。图 1-32 所示为原理图编辑器的"视图"菜单和 PCB 编辑器的"视图"菜单。

表 1-2 "视图"菜单中包含的用于控制当前文档视图的命令

| 命令 | 描述 |
|---|---|
| 适合文件 | 显示当前文档的整个区域 |
| 适合所有对象 | 显示当前文档上的所有设计对象 |
| 区域 | 放大当前文档的用户定义区域 |
| 点周围 | 放大显示指定点周围选中的区域 |
| 选中的对象 | 更改设计界面中的视图,以便所有选定对象都可见 |
| 放大 | 对当前光标位置放大显示 |
| 缩小 | 对当前光标位置缩小显示 |
| 上一次缩放 | 将显示返回到当前文档中屏幕的上一个视图 |

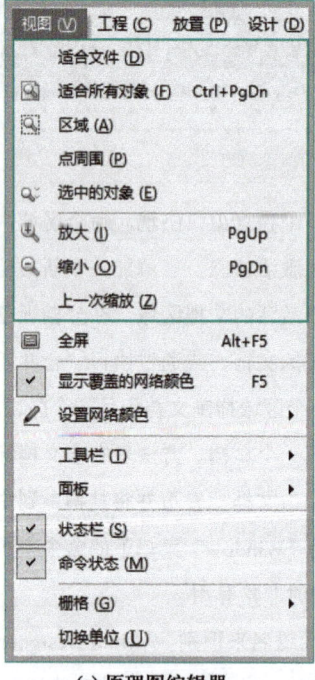

(a) 原理图编辑器

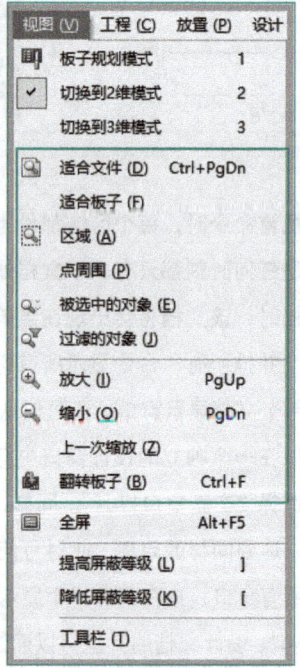

(b) PCB编辑器

图 1-32
"视图"菜单

⑤ 指示文档状态。在 Altium Designer 中处理工程文档时,"Projects"面板通过与每个设计文档关联的状态图标和主工程文件提供修改或保存的文档的可视摘要。文档图标和含义见表 1-3。

表 1-3　文档图标和含义

| 图标 | 文档状态 | 描述 |
|---|---|---|
| （灰色） | 打开 | 主设计窗口中，文档作为一个标签页被打开 |
| （红色） | 打开/被更改 | 文档被打开，已经被更改（尚未保存） |
| （绿色） | 打开/锁定 | 文档被 Altium Designer 的当前实例打开和锁定 |
| （红色） | 打开/锁定 | 文档已打开，并被 Altium Designer 的另一个实例锁定 |
| | 编辑 | 文档正由其他用户编辑 |
| | 打开/编辑 | 其他用户正在编辑的文档当前在编辑器中处于打开状态 |

"Projects"面板中被更改过但尚未保存的文档、工程或设计工作区，其名称右侧第一列会显示一个星号（*），在主设计窗口的文档标签页中的文档名称旁边也会显示一个星号；如果文档已分组，则在关联的弹出菜单中，星号显示在相应文档的名称旁边。

### 3. Altium Designer 的设计工程

在 Altium Designer 中创建的每个设计的起点都是一个工程。Altium Designer 提供了一系列工程管理方法，从设计人员的角度简化了流程。设计工程负责定义设计文档之间的关系，它由一系列的设计文档，连同存储在设计工程文件中的设置信息构成。每个设计文档（如原理图文档、PCB 文档等）单独存储在磁盘上。设计工程文件本身也是一种 ASCII 码的文档，它包含了所有设计文档的链接和工程级的设置。

#### （1）设计工程的类型

每个设计工程将执行并产生一个结果，根据最终结果的不同将设计工程分成不同种类。如果目标是产生一个 PCB，就要使用 PCB 工程把所有的原理图文档和 PCB 文档囊括在一起。

① PCB 工程（*.PrjPcb）。该类设计工程用于制造 PCB。使用原理图编辑器从元件库中选择元件符号放置在图纸上，并把它们连接起来形成原理图；然后把设计转移到 PCB 编辑器，将每个元件具体化为封装，此时原理图的逻辑电路连线会变成点对点的连线。在 PCB 编辑器中定义 PCB 外形和物理板层，根据布线要求定义一系列设计规则，例如线宽和安全间距等。将元件封装放置在 PCB 上之后，采用手动或自动的方式用物理走线代替所有的连接线。设计完成后，将生成标准格式的输出文件，这些文件可用于制造空白板、配置装配文件等。

② 多板工程（*.PrjMbd）。该类设计工程仍然是从原理图文档中获得逻辑设计，该原理图文档将子工程模块连接在一起，而子工程模块又代表现有的 PCB 工程。然后将多板原理图数据传输到多板装配文档中，其中由子工程定义的物理板组件放置在一起，并添加到产品外壳内。多板工程（*.PrjMbd）通过应用逻辑原理图文档（*.MbsDoc）和同步装配文档（*.MbaDoc），有效地定义了现有 PCB 设计工程之间的电气和物理连接。

③ 集成库（*.LibPkg & *.IntLib）。该类设计工程用于生成集成库。在原理图库编辑器中绘制原理图符号，并为其指定参考模型。参考模型可以包括 PCB 封装、电路仿真模型（Simulation）、信号完整性模型（SI）和三维（3D）机械模型等。包含所有模型的文件被加载到集成库包装文件（*.LibPkg）中，或者使用搜索路径指定它们所在的位置。原理图符号和模型被编译为一个文件，称为集成库。

④ 脚本工程（*.PrjScr）。该类设计工程保存了一个或者多个 Altium Designer 的脚本。脚本在 Altium Designer 中运行时，将会被翻译为一系列的指令。Altium Designer 22 提供了两种脚本，即脚本单元和脚本表格。脚本单元可以使用 X2 应用程序编程接口（API）来修改或操作设计文档上的设计对象。在编辑器中，脚本表格有两个视图，可通过"Code"（代码）和"Form"（表格）选项卡进行选择。

（2）使用工程

① 工程面板。"Projects"（工程）面板是浏览、链接或者重新排序工程内容的主要途径。需要强调的是，"Projects"面板中的文件视图并不代表它们在磁盘中的存储方式，而只是展现了这些文件的逻辑关系，文件可以以任意形式存储在磁盘中任意位置。

> **说明** ››››››››
>
> 可以使用"优选项"对话框"System - Projects Panel"界面中的选项来配置"Projects"面板的行为，也可以使用面板顶部的 ⚙ 控件访问这些选项。

② 创建新工程。如果要创建一个本地 PCB 工程，可以执行菜单命令"文件"⇨"新的..."⇨"项目"，如图 1-33 所示。

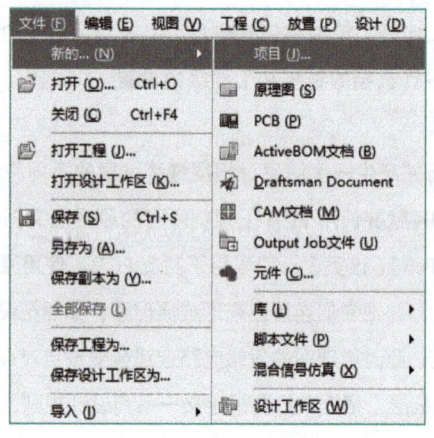

图 1-33
使用"文件"菜单创建一个新工程

在弹出的"Create Project"对话框的"LOCATIONS"（位置）列表中选择"Local Projects"(本地工程)；在"Project Type"（工程类型）列表中选择"PCB"⇨"<Empty>"；在"Project Name"（工程名称）文本框中输入工程名称；单击"Folder"（文件夹）文本框右侧的"···"按钮，选择工程存放的路径，最后单击 Create 按钮完成创建，如图 1-34 所示。

> **注意** ››››››››
>
> 工程名称应以 A~Z、a~z 或 0~9 开头，允许使用下画线、短画线和空格，但后者只能在名称中间使用（前导空格和尾随空格将被忽略）。不能使用以下词：AUX、COM1~COM9、LPT1~LPT9、CON、NUL 和 PRN。此外，名称不能包含以下字符：\、/、?、%、*、:、|、"、<、>。
>
> 新建工程保存于内存中，可以通过执行菜单命令"文件"⇨"保存"或者"文件"⇨"另存为"把它以合适的名字保存在磁盘上合适的位置。

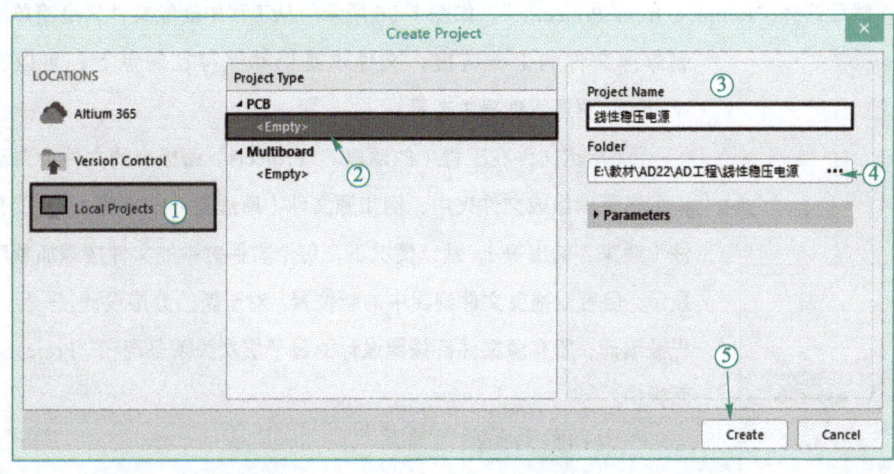

图 1-34
"Create Project" 对话框

当打开一个现有的工程或者新建一个工程时，"Projects"面板中会出现一个工程入口。该工程中包含的文件或者新添加的文件会根据相应的目的或者类型出现在不同的子文件夹中。

③ 添加设计文件到工程。创建了工程之后，就可以添加设计文件了。在"Projects"面板中右击工程名，将弹出对应的右键菜单。如需在工程中添加新文档，可在右键菜单中选择"添加新的...到工程"，然后在子菜单中选择文件类型，如图 1-35 所示。如需添加已有文件到工程，可在右键菜单中选择"添加已有文档到工程"，然后再找到要添加的文件，将其添加到工程中。通过"工程"菜单同样能够完成上述操作。

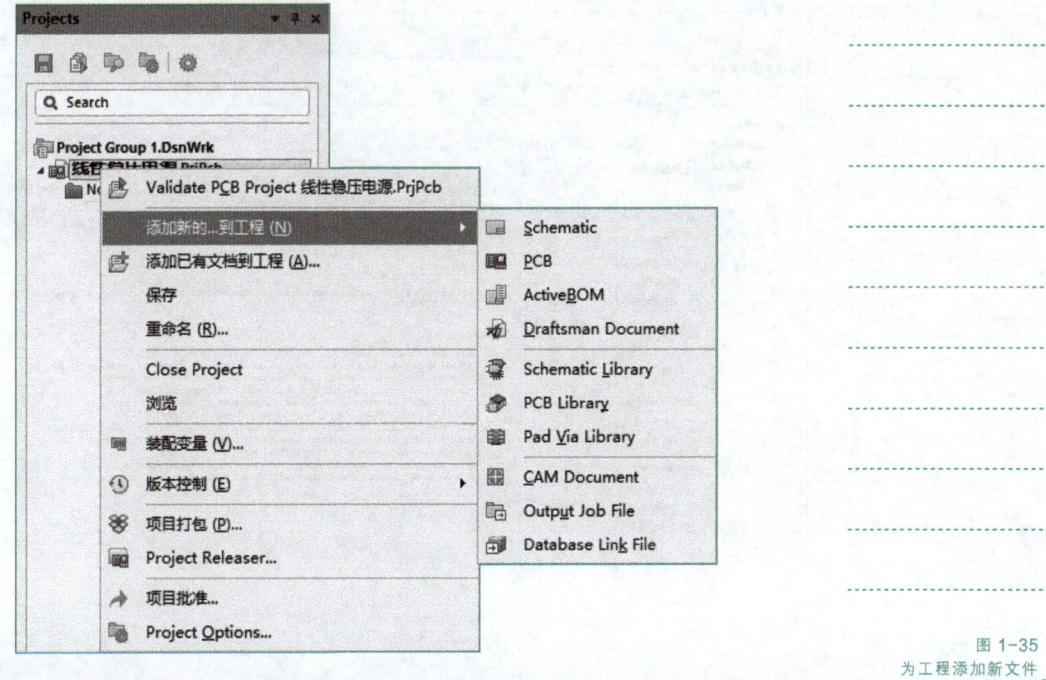

图 1-35
为工程添加新文件

④ 从工程中删除文件。从工程中删除一个文件，只要在"Projects"面板中右击该文

21

件，然后选择"Remove from Project..."，如图 1-36 所示。从工程中删除文件只是简单地删除掉文件的工程链接，文件本身仍然保存在磁盘上，可以在 Windows 资源管理器中查看。

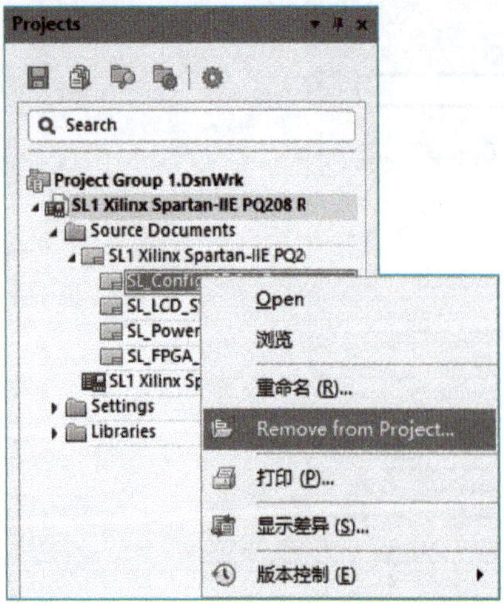

⑤ 指定文件在工程中的顺序。"Projects"面板中的文件会自动排列在逻辑组或文件夹中，例如源文件（原理图、PCB 等）、设置文件（线束、输出等）。默认情况下，每个文件夹中的文件按添加顺序显示，但可以拖曳文件到组中的新位置。对于新的分层设计，一旦工程被编译，所有源文件会按照设计的母子层次关系呈现在"Projects"面板中。

**注意** 》》》》》

不能通过在"Projects"面板中拖曳文件来构建它们在工程中的层次，文件在工程中的层次关系是用页面符与子图定义的。

图 1-36
从工程中删除文件

（3）备份工程

有些情况下用户需要备份整个工程，或者将其传送给其他用户，以便在其他地方继续工作。工程打包器（"工程" ⇨ "项目打包"）就是专为这种情况设计的。

工程打包器可以把工程的全部内容压缩成一个带有时间标签的文件，通过向导可以指定哪些相关的文件可以包含在工程压缩包中，指定压缩文件的存储位置，以及是否包含已生成的文件或者系统文件，如图 1-37 所示。

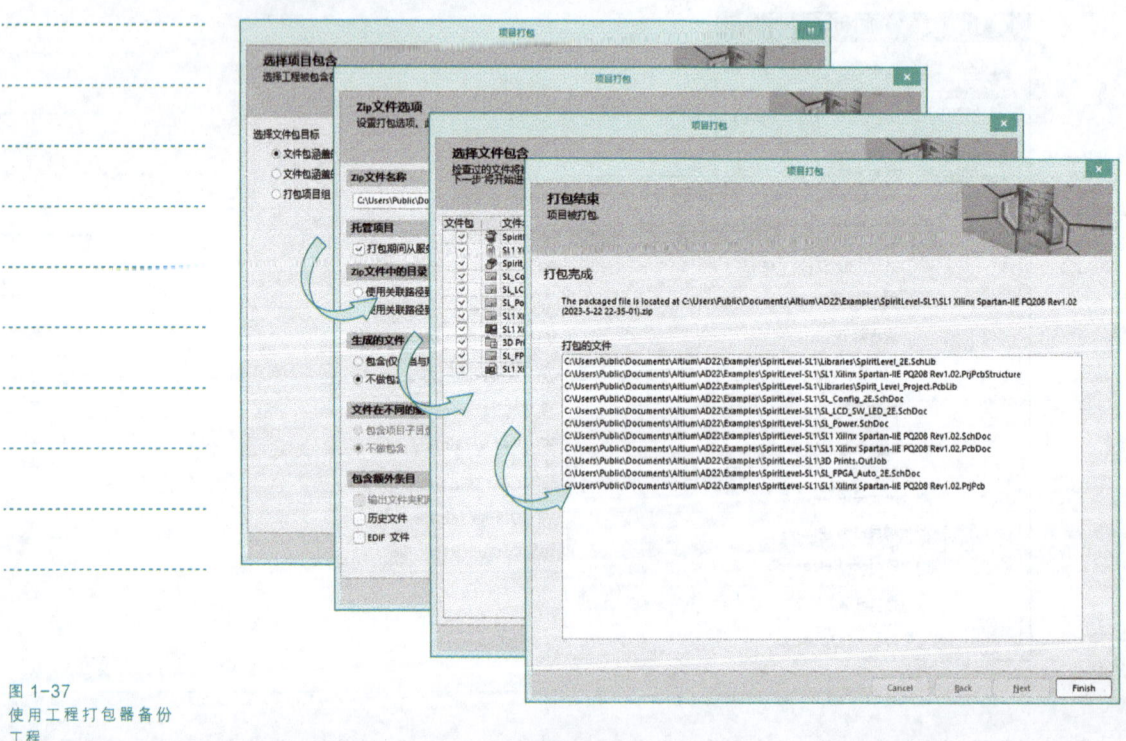

图 1-37
使用工程打包器备份工程

【任务实施】

### 1.1.3　实战演练——设置 PCB 设计环境

#### 1. 熟悉 Altium Designer 22 平台

练习使用 Altium Designer 22 平台一些通用的 GUI（图形用户界面）元素和导航功能，比如标准 GUI 对象操作、保存桌面版式等。

**提示** 〉〉〉〉〉〉》————————————————

做这个子任务前，请确保计算机中装载了系统提供的工程范例。做完这些练习之后，您将对 Altium Designer 22 平台有初步的掌握。

（1）编辑器视图

① 通过执行菜单命令浏览安装 Altium Designer 22 工程范例的路径，选择"Bluetooth Sentinel"文件夹，打开工程"Bluetooth_Sentinel.PrjPcb"。

**说明** 〉〉〉〉〉〉》————————————————

工程范例的默认安装路径为："C:\Users\Public\Documents\Altium\AD 22\Examples"。

② 找到界面左边的面板区，双击原理图文件"Bluetooth_Sentinel.SchDoc"，观察界面右部出现的原理图视图。

③ 在左边的面板区，双击 PCB 文件"Bluetooth_Sentinel.PcbDoc"，观察界面右部出现的 PCB 视图。

④ 看到界面上部文档栏上的文档标签页了吗？单击标签，试试切换文档（也可以按"Ctrl+ Tab"组合键来切换文档）。

（2）文档栏的右键菜单

① 右击文档栏上的文档标签页，在弹出的右键菜单中选择"并排所有"，所有打开的文档将分为多个屏幕区域并排显示。

**提示** 〉〉〉〉〉〉》————————————————

已打开文档的数量决定了屏幕区域的数量。将光标移到两个屏幕区域的交界处，此时会显示一个双向箭头符号↔，单击后拖曳可以改变屏幕区域的大小。

② 在并排显示模式下右击任意一个文档标签页，然后选择"合并所有"，并排显示将转换回单文档显示。

③ 打开"优选项"对话框，进入"System – View"界面。

④ 找到文档标签设置区，在"Document Bar"区域，勾选 ☑多行文档栏，尝试一下吧！

（3）面板操作

① 伸缩模式设置。打开一个工程，例如"Bluetooth_Sentinel.PrjPcb"，然后将"Projects"面板切换成伸缩模式，将光标移离面板区域，稍等片刻，面板是否隐藏了？面板隐藏以后，是否在界面的最左边垂直排列了几个按钮？任意单击其中一个，面板弹出来了吗？

② 停靠模式设置。将设计界面右侧的面板切换成停靠模式，看看效果如何。

③ 悬浮模式设置。将面板拖到主设计窗口任意位置（呈悬浮状），看看效果如何。

④ 恢复默认设置。如果面板已经打乱，尝试将其恢复到默认状态吧！

（4）工具栏操作

① 观察工具栏。打开工程"Bluetooth_Sentinel.PrjPcb"，再打开该工程内任意一个原理图文件。

观察一下主窗口上方的一排常用工具栏，比较一下单击不带小箭头的工具按钮和带有小箭头的工具按钮（扩展工具按钮）有何区别。试一试用鼠标左键长按电源端口按钮■，是不是发现很多电源和地的符号？拖曳其中一个放到原理图编辑区试试看吧！再试试右击一个带有小箭头的工具按钮，会发现什么？

打开该工程内的 PCB 文档"Bluetooth_Sentinel.PcbDoc"，进入 PCB 编辑界面，观察一下工具栏内的工具按钮图标发生了什么变化。

将光标移动到工具栏内任意一个工具按钮上，稍等片刻，会出现一个小贴士，它在告诉您这个工具的功能。

② 移动工具栏与改变工具栏形状。试试看用菜单命令"视图"⇨"工具栏"显示几种常用工具栏，找到工具栏中的移动标记图标▮，用鼠标左键拖曳它到您想让它去的任意地方。

将光标慢慢放到刚才拖曳出去处于悬停状态的那个工具栏的边缘，待光标变成方向键⟷时按下鼠标左键并拖动改变工具栏的形状。

③ 关闭与重现工具栏。观察刚才那个处于悬停状态的工具栏，它的右上角是否有个"×"，单击可关闭该工具栏。

执行菜单命令"视图"⇨"工具栏"，勾选刚刚关掉的那个工具栏，它又重新出现了吧！

（5）菜单操作

① 右键菜单。打开工程"Bluetooth_Sentinel.PrjPcb"，再打开其中一个原理图文件。在原理图编辑区内，任意选择一个元件，右击，弹出的菜单里包含哪些内容？

➢ 在文档编辑器内的自由空间上右击，弹出的菜单有何变化？

➢ 在面板的各个区域内右击，弹出的菜单有何变化？

➢ 在状态栏上右击，是否会弹出菜单？如有，菜单有何变化？

➢ 在工具栏上右击，弹出的菜单有何变化？

➢ 在菜单栏上右击，弹出的菜单有何变化？

➢ 在对话框上右击，是否会弹出菜单？如有，菜单有何变化？

② 快捷键。观察一下主菜单中各菜单名称的第一个字母下面是否有条横线（指英文界面，如为中文界面，则是在菜单名称后的括号内有一个带有下画线的字母），如"Ｆile"或"文件（Ｆ）"，直接按"F"键试试，是否在光标位置打开了"文件"菜单？菜单中的子菜单同样适用这个规则。

（6）状态栏与命令状态激活与使用

① 打开工程/文档后单击"视图"菜单。

② 单击"状态栏"（使其为勾选状态），激活状态栏。

③ 单击"命令状态"（使其为勾选状态），激活命令状态。

④ 在原理图编辑区内移动光标，观察状态栏中的变化，如图 1-38 所示。

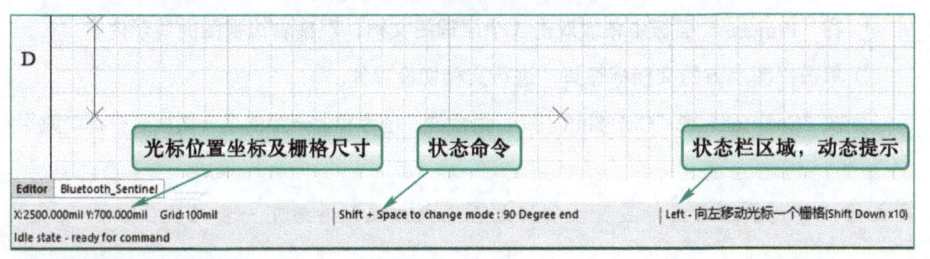

图 1-38
在走线操作过程中显示的
命令状态和状态栏信息

（7）撤销和重做

① 在原理图编辑区内放置一个电阻，分别单击工具栏中的撤销按钮 ⬅ 和重做按钮 ➡ ，看看有什么效果。

② 使用一下撤销组合键"Ctrl+Z"或"Alt+BackSpace"，和单击撤销按钮 ⬅ 是否有一样的效果？

③ 使用一下重做组合键"Ctrl+Y"或"Ctrl+BackSpace"，和单击重做按钮 ➡ 是否有一样的效果？

**2．操作设计文档**

本练习将指引您使用 Altium Designer 22 创建一些设计文档，并对设计文档进行常规操作与管理。

🎓 **说明** ⟫⟫⟫⟫⟫⟫

　Altium Designer 22 所有的设计数据都存储在设计文档中，这些设计文档存储在计算机的磁盘上。

（1）创建新文档

在 Altium Designer 22 中，通过以下方法新建两个 PCB 设计文档，系统会自动命名为"PCB1.PcbDoc"和"PCB2.PcbDoc"：执行菜单命令"文件" ⇨ "新的..." ⇨ "PCB"，新建一个 PCB 文档（其他类型文档的创建方法相似）。

（2）添加文档

① 利用菜单命令打开工程"Bluetooth_Sentinel.PrjPcb"。

② 在主界面左边的"Projects"面板中，右击"Bluetooth_Sentinel.PrjPcb"，在弹出的右键菜单中选择"添加新的...到工程" ⇨ "Schematic"，看看面板中是否多了一个名为"Sheet1.SchDoc"的原理图文档。

③ 在主界面左边的"Projects"面板中，右击"Bluetooth_Sentinel.PrjPcb"，在弹出的右键菜单中选择"添加已有文档到工程"，系统将会打开一个浏览对话框，找到一个已经存在的文档，然后单击 打开(O) 按钮，看看面板中是否已经把它加进来了。

④ 将之前新建的两个 PCB 文档拖动到"Bluetooth_Sentinel.PrjPcb"工程中，观察"Projects"面板的变化情况，看看"Free Documents"文件夹是否不见了。

**注意** 》》》》》》

请不要试图保存文档，否则会改变工程范例。

（3）打开和显示文档

① 在"Projects"面板中依次双击 3 个原理图文档，观察右边视图的显示内容。

② 单击视图上方的文档标签页，进行文档切换操作。

③ 按"Ctrl+Tab"或"Ctrl+Shift+Tab"组合键，是否和上一步的逐一切换有一样的效果？

**提示** 》》》》》》

如果打开了很多文档，有太多的文档标签页，切换是否不大方便？看看下一步吧！

④ 打开"优选项"对话框，进入"System – View"界面。在"Document Bar"区域内设置文档标签分组方法，可以设置为按照文档种类分组或按照工程分组。

（4）检视文档

① 打开"优选项"对话框，进入"System – Design Insight"界面，勾选 ☑ 使能文件检视 (D)，单击 确定 按钮。

② 将光标移动到"Projects"面板的原理图文档图标上，稍等片刻，能否在光标下方显示出该文档的缩小版预览窗口？

（5）文档窗口管理

① 右击原理图编辑器中的"Bluetooth_Sentinel.SchDoc"文档标签页，弹出右键菜单。

② 选择"垂直分割"，有什么效果？

③ 重复第①步，选择"合并所有"，之后再选择"水平分割"，又有什么效果？

**3．操作设计工程**

练习新建一个工程、添加新文件到工程、从工程中删除一个文件，以及备份一个工程等内容。通过该练习，进一步熟悉文件与工程的操作管理。

（1）新建工程

① 在 Altium Designer 22 中，执行菜单命令"文件" ⇨ "新的…" ⇨ "项目"，新建一个 PCB 工程。

② 在"Projects"面板中将出现一个工程名，默认为"PCB_Project_1.PrjPCB"。在该工程中添加一个原理图文件，默认名为"Sheet1.SchDoc"。

③ 给工程添加一个 PCB 文件，默认名为"PCB1.PcbDoc"。

④ 在"Projects"面板中单击原理图文件"Sheet1.SchDoc"，执行菜单命令"文件" ⇨ "另存为"，在弹出的对话框中输入文件名"Test.SchDoc"，保存到用户工作文件夹中。

⑤ 用同样的方法将 PCB 文件以"Test.PcbDoc"为名保存到用户工作文件夹中。

⑥ 在"Projects"面板中右击原理图文件"Test.SchDoc"，在弹出的菜单中选择"Remove from Project…"，在弹出的对话框中单击"Exclude from project"，将其从工程中删除。

⑦ 执行菜单命令"文件" ⇨ "全部保存"，将弹出保存工程文件对话框，将工程命名为"Test.PrjPcb"，并保存到用户工作文件夹中。

⑧ 所有文件保存后，面板显示如图 1-39 所示。

（2）备份工程

执行菜单命令"工程"⇨"项目打包"，按照默认设置，分别单击各界面中的 Next 按钮，直至出现图 1-37 中的最后一个打包结束界面，单击 Finish 按钮。

打包工程生成的是 zip 格式的压缩包，便于备份和传送工程，生成的压缩包会存储在您设置的路径内。

**4. 同步观察原理图与 PCB**

作为一个统一的设计工具，Altium Designer 具有同时在多个设计域交叉的能力，为此 Altium Designer 给每个设计中的元件分配一个全局 ID 来和其他元件区分开；观察这个 ID 将能更好地理解 Altium Designer 是如何在跨域设计中工作的。

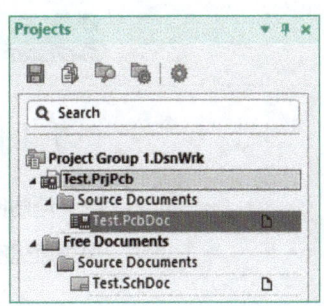

图 1-39
文件保存结果

> **说明** 》》》》》》
>
> 要做这个练习，需要使用系统提供的工程范例（安装路径：Examples\Mini PC\Mini PC-WiFi）。

① 在 Altium Designer 22 中打开工程"WiFi_miniPCIe.PrjPcb"。

② 打开 PCB 文档"WiFi.PcbDoc"。

③ 打开原理图文档"Connector_WiFi.SchDoc"，在"Home Page"标签上右击将其关闭，然后执行菜单命令"Window"⇨"平铺"，让刚才打开的原理图文档和 PCB 文档同时显示出来。

④ 执行菜单命令"工具"⇨"交叉选择模式"，在原理图窗口中找到电容"C38"并单击，观察 PCB 文档里的"C38"在哪里。

⑤ 回到原理图窗口，在 C38 元件上双击，进入属性对话框，观察"Design Item ID"栏中的唯一 ID 值。

⑥ 回到 PCB 窗口，在 C38 元件上双击，进入属性对话框，观察"Design Item ID"栏中的 ID 值。此处的 ID 值和上一步中观察到的 ID 值是否相同？

⑦ 在两个窗口中对照查看其他元件的 ID 值，能得到什么结论？现在应该知道 Altium Designer 是如何在多个设计文档中获得同步了吧。

结论：Altium Designer 基于全局 ID 来获得原理图和 PCB 间的同步，因为标识符是不可靠的，只要双向修改就会失去同步，而全局 ID 是唯一的，而且在双向修改处理中显然处于优势地位。

## 【任务拓展】

1. 上机练习 Altium Designer 22 的安装与激活。

2. 上机练习 Altium Designer 22 的启动及中英文工作界面的切换。

3. 上机练习建立一个 PCB 工程，在其中创建一个原理图文档和一个 PCB 文档，并将所有文件保存到用户工作文件夹中。

## 任务 2 绘制线性稳压电源原理图

 【任务描述】

绘制图 1-40 所示的线性稳压电源原理图，图纸宽度为 4 900 mil，高度为 2 000 mil。
要求原理图规范美观，可读性强。

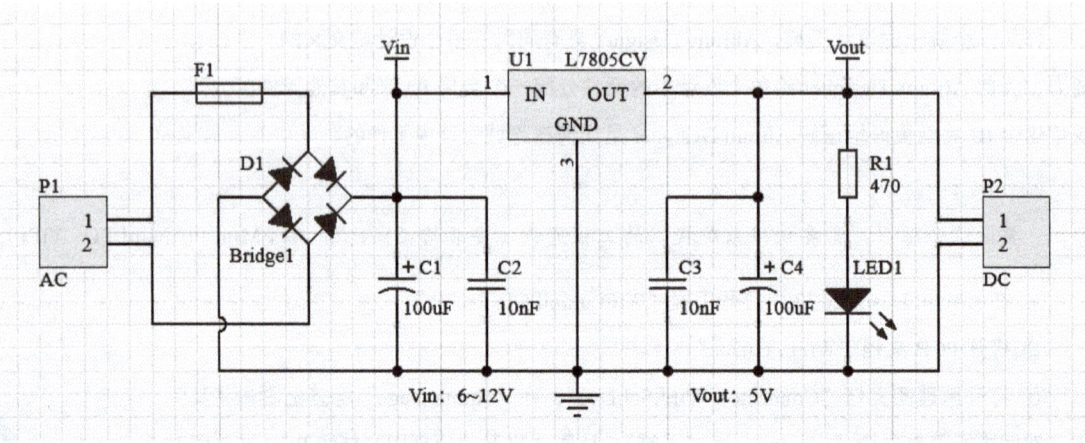

图 1-40
线性稳压电源原理图[1]

 【任务目标】

| 知识目标 | 能力目标 | 素养目标 |
|---|---|---|
| 1. 列举两个以上原理图中包含的基本元素。<br>2. 总结原理图绘制步骤。<br>3. 复述元件库包含的基本信息及加载方法 | 1. 会安装元件库。<br>2. 会查找元件，修改元件属性。<br>3. 完成线性稳压电源原理图的绘制 | 1. 理解增强原理图可读性设计的意义。<br>2. 了解电子产品电路原理图绘制的相关标准和规范。<br>3. 能从规范的角度区分线性稳压电源原理图电路的优劣 |

 【知事明理】

### 遵守行业标准和规范

我国古代将长度、容量、质量这三种物理量分别称为度、量、衡。春秋战国时期，我国度量衡的制定标准和工具制作技术已经达到了较高水平，但受制于邦国林立，制度不一，相互之间的交流困难重重。生产力需要发展，则计量标准亟待统一。

秦始皇统一六国后，下诏制定统一度量衡的法令，把混乱不清的度量衡器都明确统一起来。此外始皇帝还令行禁止，明确"书同文、车同轨"的要求，即要求全国使用小篆作为文字，所有的国道都统一宽度。正因为在"衣食住行言语兵"上的规则制定和铁律执行，

---

① 仿真软件中所采用的图形符号和文字符号因受软件中元件库的限制，与国标不完全一致，请读者注意理解。

才造就秦国空前强大的国力。至于后世，或承袭沿用，或再次统一。而标准的统一为我国生产力的发展、大一统的事业做出了重要贡献。

自秦始，与度量衡标准一样，统一的基因便流淌入中国人的血脉，恒久不变。

遵守相应的标准，规范绘制电路原理图，利于工程技术人员交流，提高工作效率。

 【任务资讯】

## 1.2.1　原理图设计基础

**1. 原理图设计步骤**

原理图是电路中元件电气连接关系的示意图，重在表达电路的结构和功能。通常原理图设计步骤如图 1-41 所示。

微课：
创建优质原理图

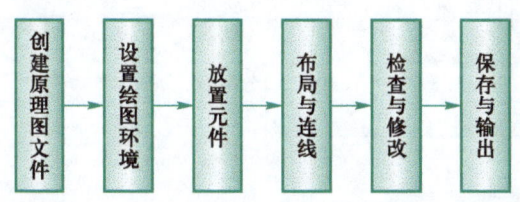

图 1-41
原理图设计步骤

（1）创建原理图文件

在绘制原理图前，需要在集成工作环境中创建原理图文件，以便绘制原理图。

微课：
原理图设计步骤

（2）设置绘图环境

根据所绘制的电路复杂程度设置图纸大小、栅格大小以及光标类型等。

（3）放置元件

将所需元件从元件库中取出放置到原理图图纸上，并对元件的序号、封装等属性进行定义和设定。放置元件前，还可根据实际需要载入相关的原理图元件库。

（4）布局与连线

放置完所有元件后，将图纸上的元件进行合理布局，再通过各种连线工具将原理图中的元件连接起来，构成一张完整的原理图。

（5）检查与修改

对图中元件与连线进行调整，以保证原理图整齐、美观，提高原理图的可读性。同时还要根据电气错误检查报告对原理图进行相应的修改完善。

（6）保存与输出

原理图设计完成后，可以利用报表工具生成网络表、元件清单等报表，并将设计好的原理图和各种报表进行保存或打印输出，以备后用。

**2. 原理图编辑器简介**

按任务 1 中学过的方法创建一个名为"线性稳压电源"的工程，并为其添加新的原理图文件，命名为"线性稳压电源"。新建原理图文件后将会打开原理图编辑器，如图 1-42

所示。其主要由标题栏、菜单栏、工具栏、原理图编辑区、状态栏与工作面板等组成。其中工作面板与没有打开文件时变化不大。

标准工具栏
菜单栏
标题栏
文档标签
常用工具栏
面板按钮
工作面板
原理图编辑区
状态栏
面板标签
面板访问按钮

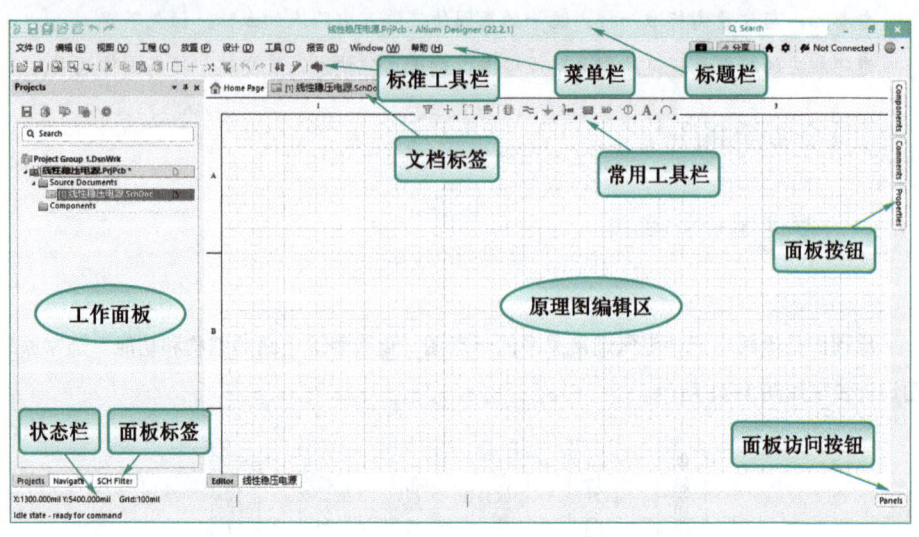

图 1-42
原理图编辑器

（1）标题栏

在原理图编辑器中，标题栏显示了 Altium Designer 22 软件标志、文档编辑工具和原理图所属的工程名称、软件版本等信息。例如图 1-42 中原理图所属工程为“线性稳压电源.PrjPcb”，软件版本为“Altium Designer（22.2.1）”。

（2）菜单栏

Altium Designer 对不同类型的文档进行操作时，菜单栏会发生相应的变化。图 1-43 所示为原理图编辑器菜单栏，通过菜单栏可以对原理图进行各种操作。

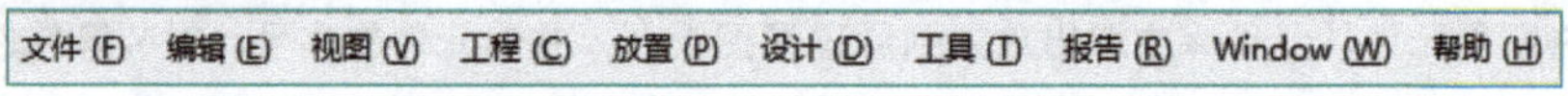

文件 (F)　编辑 (E)　视图 (V)　工程 (C)　放置 (P)　设计 (D)　工具 (T)　报告 (R)　Window (W)　帮助 (H)

图 1-43
原理图编辑器菜单栏

① 文件：主要用于工程和文件的创建、打开、关闭、保存及打印等操作。

② 编辑：主要提供一些与电路原理图编辑相关的操作，如撤销、裁剪、复制、粘贴、查找、选择、移动等。

③ 视图：主要用来设置编辑环境的外观，包括放大或缩小工作窗口、打开或关闭工具栏与工作面板、显示或关闭状态栏、切换网格与单位等。

④ 工程：主要用于对整个工程的编译、分析和版本控制，以及在工程中添加、删除、打开、关闭文件等。

⑤ 放置：主要用于放置元件、导线、网络标号等电气符号及文字标注、图形等。

⑥ 设计：主要包括元件库管理、模板管理、工程和文件的网络表管理、层次原理图操作等功能。

⑦ 工具：主要包括换层操作、参数和封装管理、转换、标注、原理图与 PCB 交叉选择等功能。

⑧ 报告：主要用于产生原理图元件清单报表等。

⑨ Window：主要用于改变窗口的显示方式等。

⑩ 帮助：主要用于为用户提供帮助信息。

（3）工具栏

工具栏的作用是给用户提供一种快捷、方便的命令启动方式。执行菜单命令"视图"➾"工具栏"，在子菜单中将根据文档类型显示 Altium Designer 22 工具栏选项，用户可以勾选自己需要的工具栏显示到设计界面。原理图编辑器可选的工具栏主要包括布线工具栏、导航工具栏、格式化工具栏、应用工具栏和标准工具栏等，可以用鼠标在工作界面上拖动这些工具栏。此外，还有固定在编辑区上方的常用工具栏。

① 常用工具栏：如图 1-44 所示，包括选择过滤器、移动对象、选择、排列对象、放置元件、布线工具、电源和接地、信号线束相关工具、层次原理图相关工具、放置端口、参数设置、文本操作工具及绘制图形的工具等按钮。

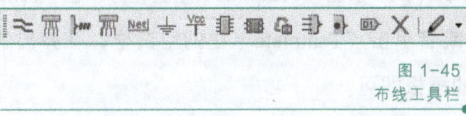

图 1-44
常用工具栏

② 布线工具栏：如图 1-45 所示，主要用于在原理图中放置具有电气特性的元件、电源、网络标签、端口、图纸符号和导线等。

③ 应用工具栏：如图 1-46 所示，主要用于在原理图中放置各种图形、设置对齐、放置各类电源和接地符号，以及设置栅格等。

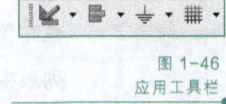

图 1-45
布线工具栏

图 1-46
应用工具栏

④ 标准工具栏：如图 1-47 所示，主要包括打开、保存、放大与缩小窗口、剪切、复制、粘贴、选择、移动、取消选择、清除当前过滤器、撤销、重做、上下层、交叉探针和创建注释等常用工具。

图 1-47
标准工具栏

（4）原理图编辑区

原理图编辑区是用户进行原理图设计的主要工作平台，用户绘制和编辑原理图都是在编辑区中进行的。

（5）命令状态与状态栏

命令状态位于原理图编辑器的最下方，用来显示当前操作状态。状态栏位于命令状态上方，主要用于显示系统当前所处的状态，如光标的位置、栅格的尺寸等信息。

状态栏与命令状态可以通过执行菜单命令"视图"➾"状态栏"与"视图"➾"命令状态"来控制其是否被显示出来。

（6）工作面板

原理图编辑器中的工作面板与主界面中的相似，详见 1.1.2 节所述。

### 1.2.2  设置原理图图纸

在编辑原理图前，一般先要根据原理图复杂程度设置图纸大小、方向、颜色、网格等参数及文件信息等。单击原理图编辑区空白处，确保没有选中其他原理图对象，然后单击右侧边框上的"Properties"（属性）按钮，打开"Properties"面板，可以对原理图图纸的样式、参数和绘图单位进行设置。

**提示** »»»»»»

若右侧边框上没有"Properties"按钮，请单击设计界面右下方的 Panels 按钮，勾选"Properties"。

**1. 设置图纸样式**

微课：
设置原理图图纸—
设置图纸样式

打开"Properties"面板，向下滚动鼠标滚轮，或者用鼠标依次单击"Selection Filter"和"General"左边的小三角，将这两个区域收缩折叠起来，就能看到"Page Options"（图纸选项）区域，如图 1-48 所示。在该区域可以对图纸的"Formatting and Size"（规格及尺寸）和"Margin and Zones"（边界及区域）进行设置。

（1）设置规格及尺寸

在"Formatting and Size"区域，有"Template"（模板）、"Standard"（标准）和"Custom"（自定义）3 个标签，可设置图纸的大小、方向等。

① 选择模板图纸样式。单击"Template"标签，再单击"Template"栏右侧的 - 按钮，或者单击"Template"栏的空白框，在弹出的下拉列表中选择所需要的模板即可。

② 选择标准图纸样式。选择尺寸：单击"Standard"标签，"Sheet Size"选项用来选择图纸标准，方法是单击"Sheet Size"栏右侧的 ▼ 按钮，或者直接单击"Sheet Size"栏的空白框，在弹出的下拉列表中选择 Altium Designer 原理图设计系统支持的标准图纸尺寸，如图 1-49 所示。下拉列表中提供了下列标准尺寸图纸：

➤ 米制：A0、A1、A2、A3、A4，其中 A4 最小。

➤ 英制：A、B、C、D、E，其中 A 最小。

➤ 其他：Altium Designer 还支持其他类型图纸，如 OrCAD A、Letter 等。

设置方向："Orientation"选项用来设置图纸的方向，单击"Orientation"栏右侧的 ▼ 按钮，或者直接单击"Orientation"栏的空白框，选择"Landscape"表示设置图纸为横向，选择"Portrait"表示设置图纸为纵向，默认为横向。

标题栏：勾选"Title Block"（标题栏）复选框，将显示图纸标题

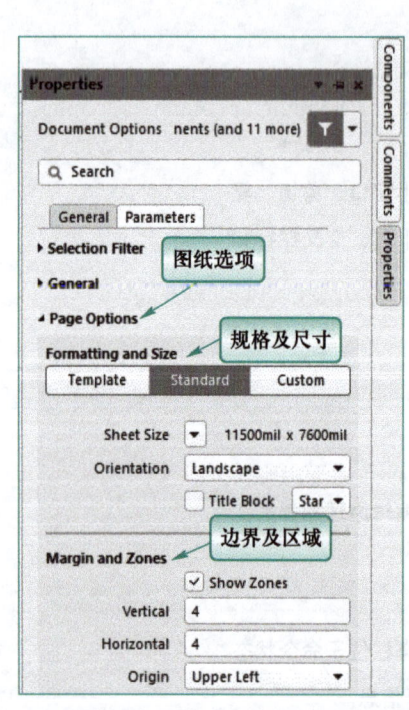

图 1-48
"Properties"面板中的"Page Options"区域

栏；此时可单击"Title Block"栏右侧的▼按钮，或者直接单击"Title Block"栏的空白框，在弹出的下拉列表中选择"Standard"（标准型）或"ANSI"（美国国家标准协会）标题栏。反之，取消勾选此复选框时，则不显示图纸标题栏。

③ 自定义图纸样式。如果标准图纸样式不能满足用户要求，可以采用自定义图纸。方法是单击"Custom"标签，激活自定义图纸功能，然后在下面的文本框中输入自定义图纸的各项参数，如图 1-50 所示。

"Width"：设定自定义图纸的宽度，默认单位为 mil（毫英寸）。

"Height"：设定自定义图纸的高度，默认单位为 mil。

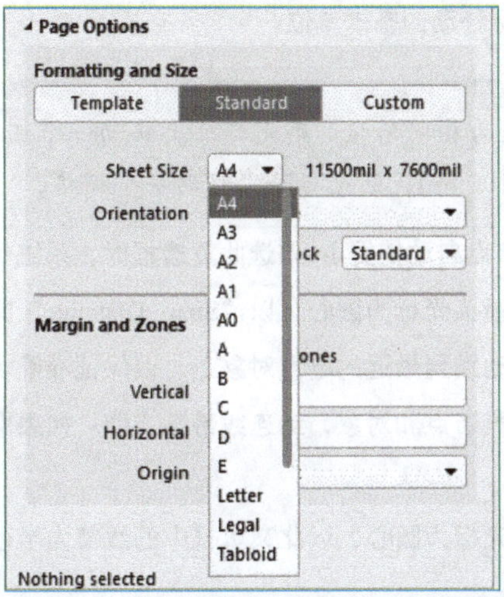

图 1-49
选择标准图纸尺寸

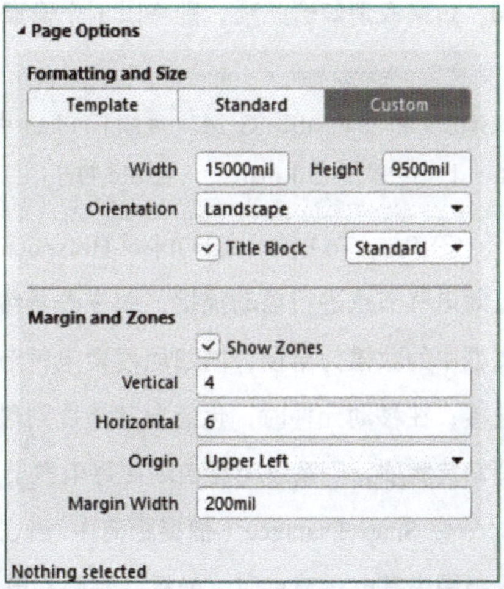

图 1-50
使用自定义图纸

（2）设置边界及区域

在"Margin and Zones"区域对图纸边界的样式进行设置。当勾选 ☑ Show Zones 复选框时，将显示原理图的边界，取消勾选则不显示。

① Vertical：垂直分区，设定自定义图纸垂直方向参考边框的分区数。

② Horizontal：水平分区，设定自定义图纸水平方向参考边框的分区数。

③ Origin：原点位置，可以将"Upper Left"（左上）或者"Bottom Right"（右下）设为分区的起始点。

④ Margin Width：边沿宽度，设置自定义图纸边框的宽度。

**2. 图纸的常规设置**

（1）设置单位

① 打开"Properties"面板，展开"General"区域，在"Units"栏中选择"mm"则绘图单位为毫米，选择"mils"则绘图单位为毫英寸，即千分之一英寸，等于 0.025 4 mm。

② 通过执行菜单命令"视图" ⇨ "切换单位"，或者在英文输入状态下按快捷键"V，U"切换单位。

③ 通过"优选项"对话框"Schematic - General"界面中的"单位"栏，选择英制或者公制单位。

微课：
设置原理图图纸—
图纸常规设置

### （2）设置栅格

打开"Properties"面板，展开"General"区域，可以设置栅格。

① Visible Grid（可视栅格）：当该文本框右侧的图标为 ⊙ 时，将在图纸上显示网形栅格，图纸上显示的栅格间距由文本框内的数字确定，系统默认为 100 mil。该选项不会影响光标的位移量，只会影响视觉效果。单击 ⊙ 图标，其将变成 ⊠，此时图纸上将不会显示栅格。

② Snap Grid（捕捉栅格）：勾选此复选框时，可以设定光标在图纸上的移动距离，即用鼠标拖动元件或画导线时，光标每次移动的最小距离，系统默认为 100 mil。若把"Snap Grid"设定为 50 mil，在绘图时光标将以 50 mil 为基本单位移动，这样方便对准目标或管脚。如果取消勾选此项，则将以 1 个像素作为光标移动的基本单位。

> **说明** ⟩⟩⟩⟩⟩⟩⟩
>
> 如果将"Snap Grid"和"Visible Grid"两项同时选中并设置为相同的值，则光标每次移动一个栅格；如果将"Snap Grid"设置为 50 mil、"Visible Grid"设置为 100 mil，则光标每次移动半个栅格。

③ Snap To Electrical Object Hotspots（电气节点自动捕捉）：勾选此复选框时，系统可以对电气节点进行自动捕捉，即在画导线时将以箭头光标为圆心，以"Snap Distance"文本框中的数值为半径，向四周搜索电气节点并自动跳到最近的电气对象上，以保证准确地连接；在移动元件时，也能自动捕捉到最近的电气节点和对象，给连线带来方便。如果取消勾选此项，则系统不会自动搜寻电气节点。

④ Snap Distance（捕捉距离）：当在以箭头光标为圆心、此文本框中的数值为半径的范围内有电气节点时，光标会黏附在电气节点上。

> **说明** ⟩⟩⟩⟩⟩⟩⟩
>
> 网格形状、颜色、预设值等还可以通过如下方法设置：单击原理图编辑器右上角的 ⚙ 按钮，打开"优选项"对话框，在"Schematic – Grids"界面进行设置，如图 1–51 所示。

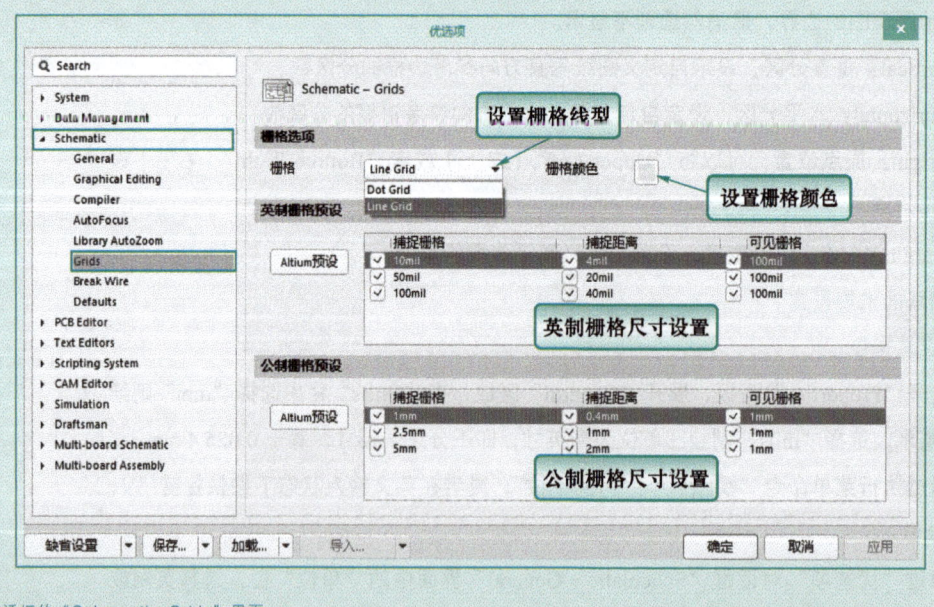

图 1–51
"优选项"对话框的"Schematic-Grids"界面

① 在"栅格"下拉列表框中选择"Dot Grid"（点状栅格）或"Line Grid"（线状栅格）；单击"栅格颜色"右侧色块，从弹出的"选择颜色"对话框中选择栅格颜色。

② 在"英制栅格预设"和"公制栅格预设"区域中可以设置捕捉栅格、捕捉距离和可视栅格的尺寸，设置完毕单击 确定 按钮。

可以通过菜单命令"视图" ⇨ "栅格"切换上述栅格选项，可视栅格和电气节点自动捕捉可在打开、关闭间切换，捕捉栅格则可在系统提供的三个数值间切换。如果需要频繁切换，使用快捷键是最佳选择，如在英文输入状态下按快捷键"V，G，G"，捕捉栅格就会在 10 mil、50 mil、100 mil 之间切换。

**（3）设置文本字体**

Document Font（文本字体）：原理图中的元件上会有一些标识的文本和符号，在 Altium Designer 电路原理图中也经常需要插入一些汉字或英文，系统可以为这些文本、符号、插入的汉字或英文设置字体，如图 1-52（a）所示。如果不单独进行字体设置，则使用系统默认的字体。

**（4）设置图纸边框和颜色**

① Sheet Border（图纸边框）：勾选此复选框，则显示图纸边框，单击右侧色块，可设置边框颜色，如图 1-52（b）所示。

② Sheet Color（图纸颜色）：单击此选项右侧色块，可以设置图纸的背景颜色，如图 1-52（b）所示。

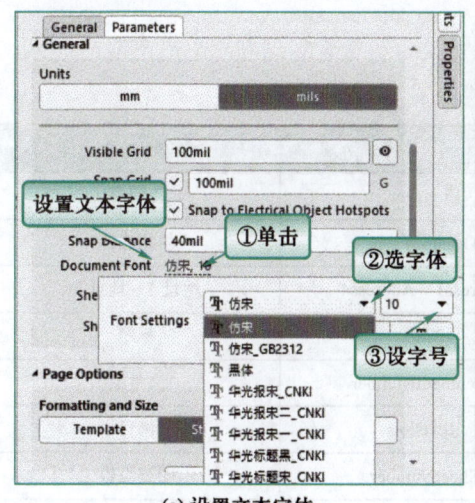

**(a) 设置文本字体**

**(b) 设置图纸边框和颜色**

图 1-52
设置文本字体及图纸边框和颜色

**3. 设置图纸参数**

打开"Properties"面板，展开"Parameters"（参数）区域，可通过对相应选项的"Value"（值）字段进行操作来填写图纸信息，如图 1-53 所示，其中包含的图纸相关信息见表 1-4。

用户还可以添加除默认列表所含信息之外的参数和规则。单击底部的 Add... 按钮，然后选择"Parameter"可以添加一条用户定义的参数，在列表中可以修改参数名称并设置相应的数值；选择"Rule"则可以打开"选择设计规则类型"对话框，从中选择要添加的设计规则。如果想删除某个参数或者规则，可在列表中选中相应项，再单击右下方的删除按钮 🗑 。

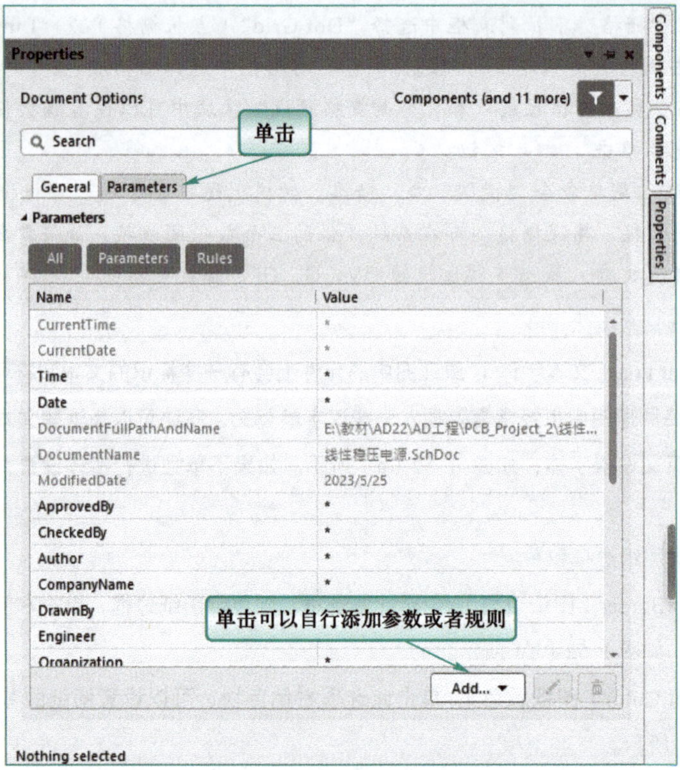

图 1-53
图纸参数设置

表 1-4 图纸相关信息

| 名称 | 用途 | 名称 | 用途 |
|---|---|---|---|
| CurrentTime | 当前时间 | Engineer | 工程师 |
| CurrentDate | 当前日期 | Organization | 机构名称 |
| Time | 时间 | Address1~Address4 | 地址 1~地址 4 |
| Date | 日期 | Title | 标题 |
| DocumentFullPathAndName | 文档路径和名称 | DocumentNumber | 文件数 |
| DocumentName | 文件名 | Revision | 修订 |
| ModifiedDate | 修改日期 | SheetNumber | 图纸页数 |
| ApprovedBy | 批准者 | SheetTotal | 图纸总页数 |
| CheckedBy | 校对者 | ImagePath | 图标路径 |
| Author | 设计者 | ProjectName | 工程名 |
| CompanyName | 公司名称 | Application_BuildNumber | 编译号 |
| DrawnBy | 绘图者 | Rule | 规则 |

## 1.2.3 加载元件库

Altium Designer 支持数万种元件，这些元件按厂商和类别分别保存于不同的集成库文件中。所谓集成元件库，即将元件的各种模型集成在一个库文件中，包括原理图使用的符号模型、制作 PCB 使用的封装模型、进行电路仿真使用的 SPICE 模型等。使用集成元件库可以使元件的管理更加清晰、高效。

由于绘制电路原理图就是一个不断放置元件和连线的过程，因此在向电路原理图放置元件之前，应该先将该元件所在元件库载入内存，也就是加载元件库。但是如果一次加载过多的元件库，将会占用较多的系统资源，也会降低应用程序的运行效率。所以最好的做法是先载入基本元件库，其他特殊元件库在需要用到时再加载。

微课：
加载元件库

压缩包文件：
常用元件库

**1．直接加载元件库**

如果已经知道元件所在的元件库，可以直接加载该元件库，具体操作方法如下：

（1）通过"优选项"对话框加载

打开"优选项"对话框，切换到"Data Management – File – based Libraries"界面，用户可通过此界面给软件加载库文件。如图 1-54 所示，勾选基本连接库"Miscellaneous Connectors.IntLib"和基本元件库"Miscellaneous Devices.IntLib"两个选项。

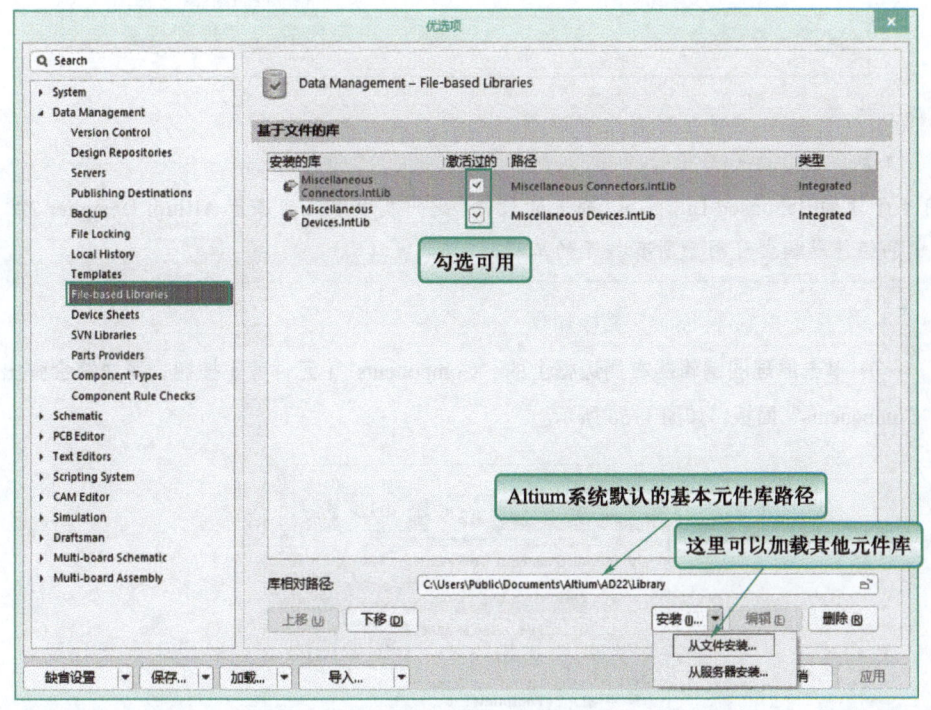

图 1-54
通过"优选项"对话框
加载元件库

如果界面中没有显示这两个元件库，可以单击下方的 安装… 按钮，选择"从文件安装…"，然后在 Altium Designer 系统默认的元件库路径中找到需要的两个库，如图 1-55 所示，按"Ctrl"键同时选中两个库文件，再单击 打开(O) 按钮，这两个库就会出现在"安装的库"列表中，设置完毕单击 确定 按钮。按此方法也可以加载其他库文件。其他库文件可到 Altium 官网下载，并解压到软件安装路径的 Library 文件夹中。用户选择需要加载的元件库类型（可在文件类型中选择*.SchLib 或者*.IntLib 等类型，前者只包括原理图元件库文件，后者是集成库文件）及所在路径、名称，然后单击　打开(O)　按钮，所选元件库即会出现在"安装的库"列表中，成为当前活动的元件库。

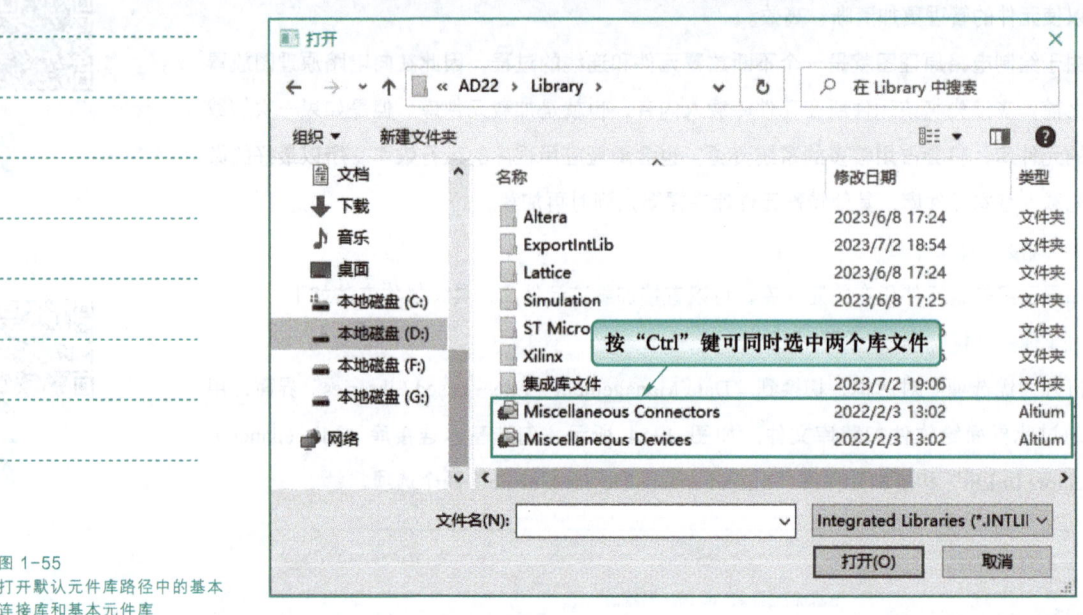

图 1-55
打开默认元件库路径中的基本
连接库和基本元件库

**说明** ❯❯❯❯❯❯

　　Altium 提供用于管理"File-based Libraries"列表的控件。此列表中定义的库是 Altium Designer 22 环境的一部分，其中的组件或模型可用于所有打开的工程。

（2）通过"Components"面板加载

　　① 单击原理图编辑器右侧边框上的"Components"（元件库）按钮，系统将会弹出"Components"面板，如图 1-56 所示。

图 1-56
"Components"面板

② 单击"Components"面板中的 ▤ 按钮，在下拉菜单中选择"File-based Libraries Preferences..."，系统将会弹出"可用的基于文件的库"对话框；单击"已安装"标签，会显示出系统中已经加载的元件库名称和路径，如图1-57所示。

图 1-57
"已安装"选项卡

③ 单击右下方的 安装(I)... 按钮，系统将会弹出图1-55所示的"打开"对话框，用户选择需要加载的元件库，然后单击 打开(O) 按钮，所选元件库即会出现在"已安装的库"列表中，成为当前活动的元件库。

**提示** ﹥﹥﹥﹥﹥﹥﹥

使用这种方法添加的元件库对所有的工程和文件都有效。如果仅需要对当前工程添加元件库，则可在"可用的基于文件的库"对话框中单击"工程"标签，再在"工程"选项卡中单击 添加库(A)... 按钮（注意：如果当前文件不是工程文件而是自由文件，则该按钮无效），此时系统弹出图1-55所示的"打开"对话框，选择要添加的库文件并单击 打开(O) 按钮后，此元件库便安装在该工程中。在"Components"面板上，此元件库即为当前元件库。

④ 在图1-57所示对话框中还可以删除暂时不需要的元件库，也可以修改已经加载的元件库的先后次序。

⑤ 单击 关闭(C) 按钮，将返回"Components"面板。

### 2. 间接加载元件库

如果不知道所需的元件在哪个元件库中，则可以使用Altium提供的元件搜索功能查找并添加所需库文件，操作步骤如下：

① 单击"Components"面板中的 ▤ 按钮，在下拉菜单中选择"File-based Libraries Search..."，系统将会弹出"基于文件的库搜索"对话框，如图1-58所示。

② 将"运算符"设置为"contains"（包含），在"值"栏中输入要查找的元件名，比如"LM358"，"范围"选择"搜索路径中的库文件"，"路径"设为Altium库文件安装路径。

③ 单击 ▽查找(S) 按钮开始搜索，注意查找需要一定的时间，当找到元件时可以提前单击 Stop Search 按钮结束查找。元件查找结果将会显示在"Components"面板中，如图1-59所示。从查找结果中选中一款适合原理图的元件型号，单击右下角的 ⌃ 或者单击整个栏目按钮，将会在"Components"面板中显示该元件的符号和封装等详细信息。

④ 双击该元件即可将其放置在原理图上。如果系统尚未安装该元件所在元件库，则会弹出加载元件库确认对话框，如图1-60所示。单击 Yes 按钮，可加载该元件库。

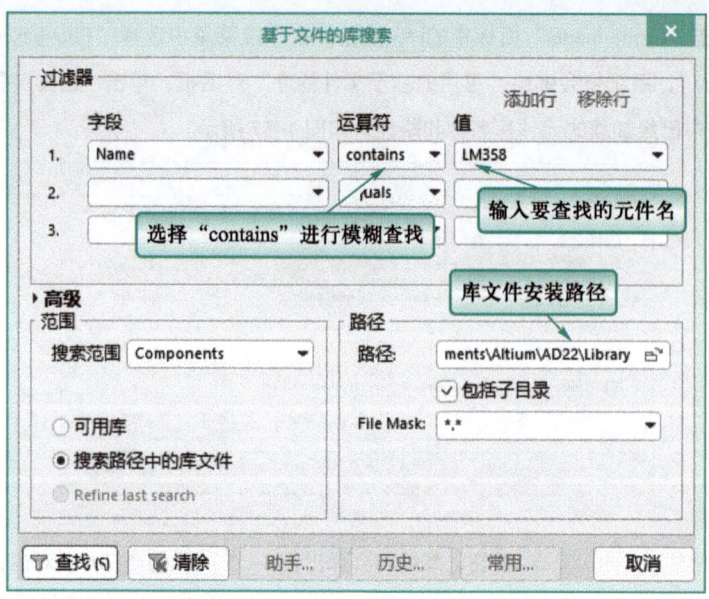

图 1-58
"基于文件的库搜索" 对话框

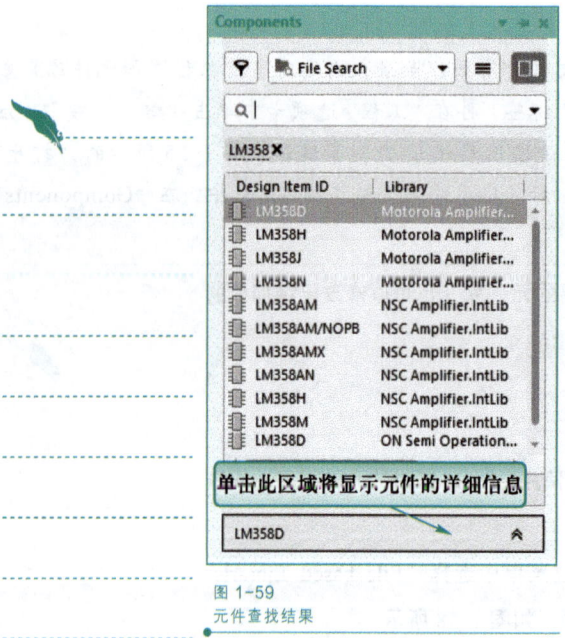

图 1-59
元件查找结果

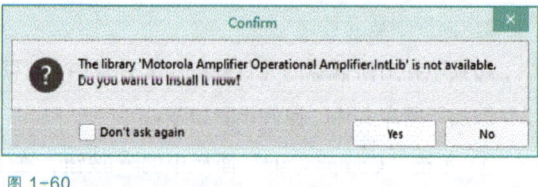

图 1-60
加载元件库确认对话框

### •1.2.4　放置元件与设置元件属性

加载完元件库后，就可以放置电路原理图元件了。

**1. 放置元件**

（1）通过工作面板放置元件

① 单击原理图编辑器右侧边框上的"Components"按钮，打开"Components"面板。

② 选择元件所在的元件库，在元件列表中找到需要放置的元件。

说明 〉〉〉〉〉〉〉〉

为了快速找到所需元件，可以在"Components"面板的搜索框中输入元件名，如输入"res"，如图 1-61 所示。

图 1-61
从"Components"面板中选取元件

常用的分立元件有：电阻类 Res、可调电阻类 Rpot、电容类 Cap、二极管类 Diode、三极管类 NPN 或 PNP、晶闸管类 PUT、电感类 Inductor、开关类 SW、晶振类 XTAL。这些常用的元件都可以在常用的元件库中找到。

③ 例如要放置电阻 Res2，可双击元件名，或在元件名上右击，在弹出的右键菜单中选择"Place Res2"，原理图编辑区会出现一个随光标移动的浮动元件符号图形，此时按"Tab"键可设置元件编号等属性，将附着有元件的光标移动到图纸上的合适位置，单击即可放置该元件。此外也可以直接用鼠标将元件从"Components"面板拖动到图纸区的合适位置。

④ 单击继续放置该元件或右击结束放置元件。

（2）通过菜单放置元件

执行菜单命令"放置"⇨"元件"，或在原理图编辑区右击，在弹出的右键菜单中选择"放置"⇨"元件"（按两次"P"键），打开"Components"面板，后续步骤与通过工作面板放置元件相同。

（3）通过工具栏放置元件

单击常用工具栏中的 按钮，直接打开"Components"面板，后续步骤与通过工作面板放置元件相同。

说明 〉〉〉〉〉〉〉〉

① 在图纸上放置元件之前，可以按"Tab"键打开"Properties"面板对元件进行编辑修改；也可以按"空格"键使元件按逆时针方向旋转 90°，或按"X"键左右翻转元件、按"Y"键上下翻转元件。

② 在放置完一个元件后，光标仍处于放置元件状态，可以连续放置该元件。连续放置时，元件标识符将自动递增，如图 1-62 所示。对于内部含有多个相同单元的元件，则根据内部单元个数 $n$ 按 1A、1B、…、1$n$，2A、2B、…、2$n$ 的形式递增。右击或按"Esc"键，可结束连续放置状态。

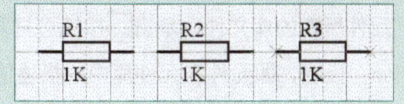

图 1-62
连续放置的电阻

**2．设置元件属性**

放置元件后，有的元件属性还不明确或不尽合理，这不但会影响原理图的阅读，还会影响网络表的生成和 PCB 的设计，因此必须设置元件属性。

（1）设置元件属性的常用方法

在元件处于放置状态时，按"Tab"键，将打开图 1-63 所示的"Properties"面板；元件放置完成后，双击该元件，将打开如图 1-64 所示的"Component"元件属性对话框（需要在"优选项"对话框"Schematic – Graphical Editing"界面中的"选项"区域取消勾选 双击运行交互式属性 ）。

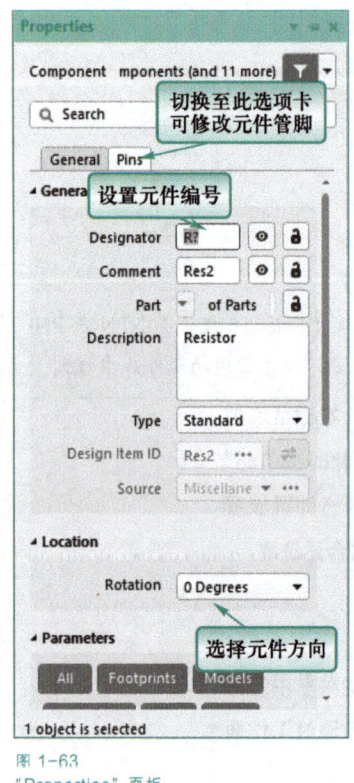

图 1-63
"Properties" 面板

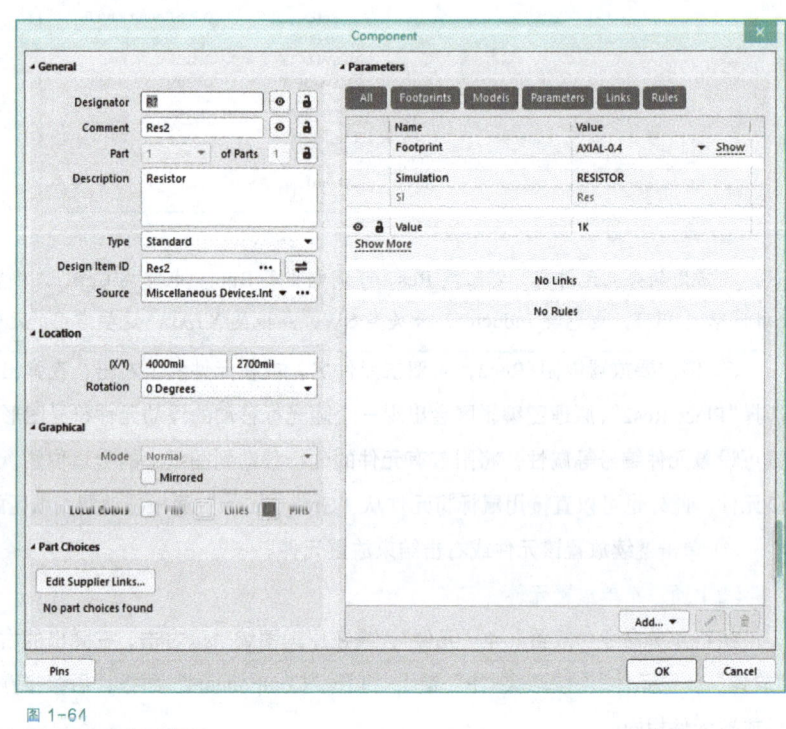

图 1-64
"Component" 对话框

元件的主要属性包括：

① Designator：标识符，对元件来说就是元件编号，实际应用中要将"?"修改为具体数字，以便连续放置元件时标识符自动递增。其右侧的可视按钮 ⊙ 表示在原理图中显示该元件标识，单击后按钮图标将变成 ◌ ，表示在原理图中不显示该元件标识。 🔓 表示未锁定该元件标识，用户可以进行修改，单击后按钮图标将变成 🔒 ，表示锁定元件标识，用户若需更改，应先解锁。

② Comment：注释，即元件参数或型号，其右侧的 ⊙ 和 🔓 与第①条属性相似。

③ Type：元件类型，该参数一般不修改。

④ Source：元件所在的库文件，单击 … 按钮可打开"Library"文件夹。

⑤ Description：描述，即元件在元件库中的描述信息。

⑥ Location：可编辑元件的位置、方向。

⑦ Parameters：可查看元件的封装，设置元件参数值等。

⑧ Pins：单击该按钮，可以打开"元件管脚编辑器"对话框，对元件管脚进行编辑。

**（2）修改元件参数与封装**

"Component"对话框右边的"Parameters"列表框中显示了元件的参数信息，如元件的类别、名称和参数值等。如果要编辑相应信息，可在待编辑处单击，然后输入相应信息即可。

如果要查看元件的更多参数，可单击"Show More"，如图 1-65 所示。

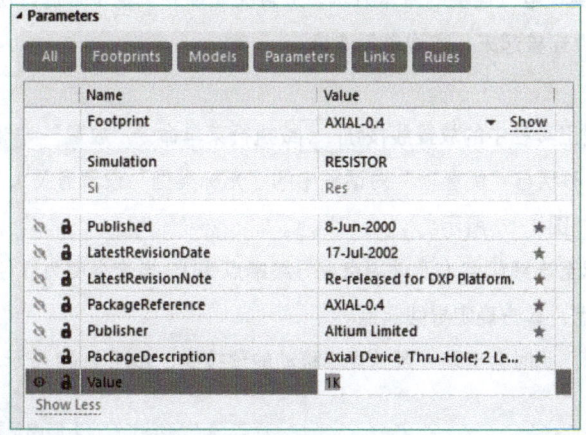

图 1-65
查看元件的更多参数

**（3）编辑元件管脚**

单击"Component"对话框左下角的 Pins 按钮，即可打开"元件管脚编辑器"对话框，其中显示了各个管脚的信息。如果要对某个管脚进行编辑，可先选中要编辑的管脚，再在右侧的"Parameters"选项卡中设置管脚的属性和参数，如图 1-66 所示。

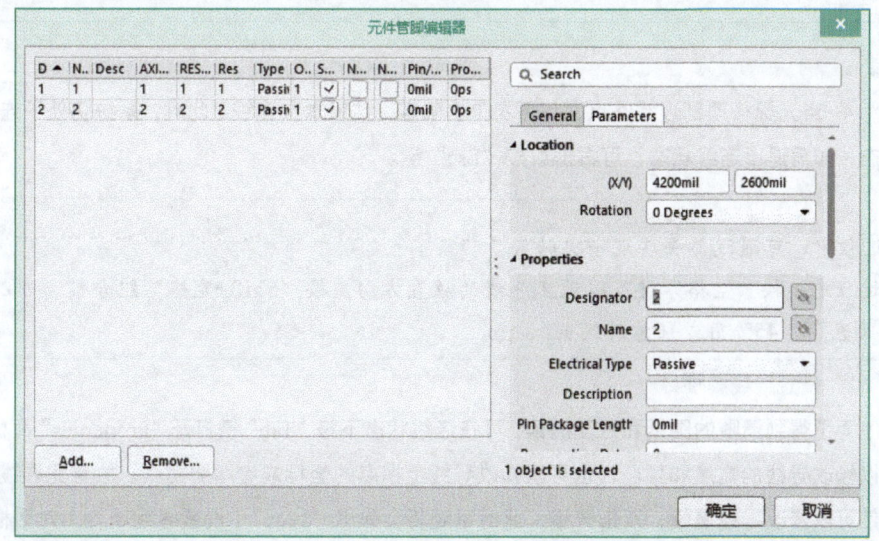

图 1-66
"元件管脚编辑器"对话框

**3.　改变元件放置方向**

放置完元件后，有时需要调整元件的方向，这就需要对元件进行旋转或翻转。方法是：先选中元件，然后按住鼠标左键不放，同时按"空格"键使元件按逆时针方向旋转 90°，或按"X"键使元件左右翻转、按"Y"键使元件上下翻转。

需要特别说明的是，改变元件放置方向时，必须在英文输入状态下按"空格"键、"X"键、"Y"键。

### 1.2.5　放置导线与设置导线属性

放置导线是实现电气连接的基本方法，放置完元件并调整位置进行初步布局后，就可以通过导线将元件连接起来，实现电气连接。

**1.　放置导线**

① 单击布线工具栏中的放置线按钮 ≋ 或执行菜单命令"放置"⇨"线"，此时光标将变为 ✕ 形（光标形状与"优选项"对话框中的"光标类型"设置有关），原理图编辑区将处于连线状态，如图 1-67 所示。

② 移动光标至连线起点（元件端点或导线端点等），当光标变为红色米字形时表示找到了一个电气节点，单击确定导线起点。

③ 拖动鼠标，此时会出现一条随光标移动的预拉线，如图 1-68 所示。

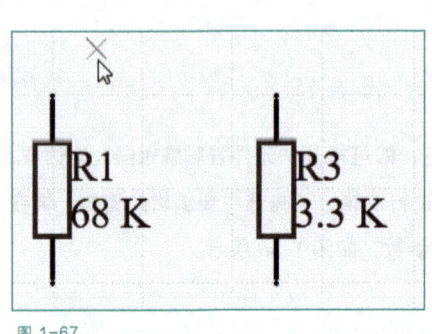

图 1-67
原理图编辑区处于连线状态

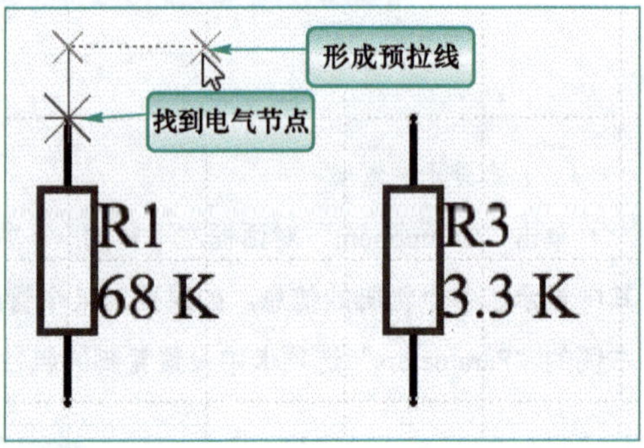

图 1-68
拖动鼠标形成预拉线

④ 当光标移动到连线终点时，再次单击确定，结束本次连线。此时，系统仍处于连线状态，如需退出连线状态，可右击或按"Esc"键。

**提示** ››››››»

① 在放置导线过程中，可通过单击实现一次转弯。

② 在放置导线过程中，按"空格"键可以改变导线的放置方向，按"Shift+空格"组合键，可以切换导线的拐角模式（直角、45° 角或任意斜线）。

**2.　设置导线属性**

为了得到清晰的图纸和方便阅读，可在连线状态下按"Tab"键打开"Properties"面板，可以修改导线的宽度和颜色，也可以修改导线上拐点的坐标或者增删拐点。放置完导线后仍然可以修改导线属性，双击导线，此时系统将会弹出"Wire"（设置导线属性）对话框，如图 1-69 所示，同样可以设置导线宽度、颜色以及拐点坐标等属性信息。

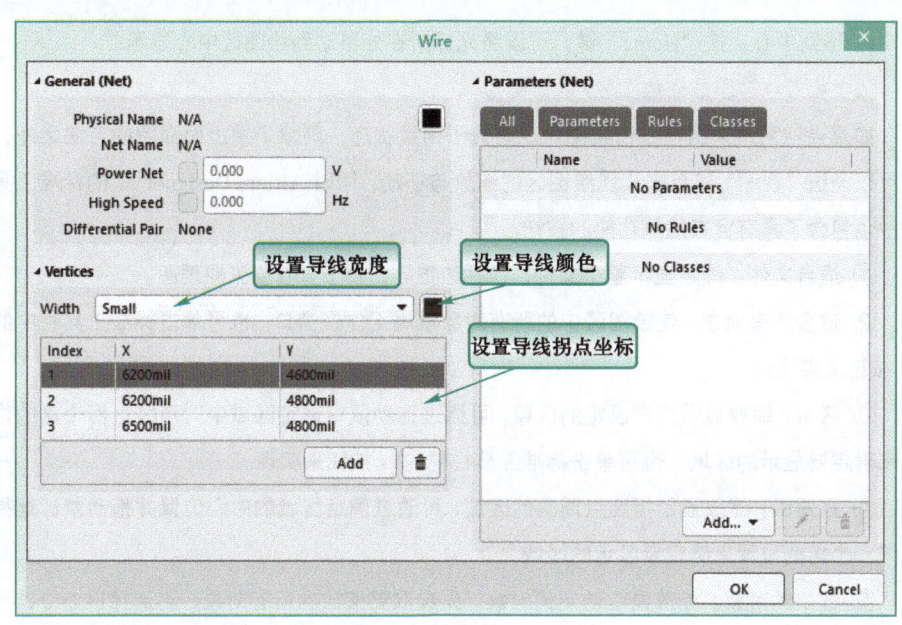

图 1-69
"Wire" 对话框

## 1.2.6  改变视窗操作

### 1. 绘图区的缩放与移动

在绘制原理图过程中，设计者经常需要查看整张原理图或原理图的局部区域，为此 Altium Designer 22 提供了放大、缩小和移动绘图区等功能以满足用户需要。

#### （1）命令状态下改变绘图区

如果当前系统正处于绘图模式下，则无法将光标移动到绘图区外去执行菜单命令或单击工具栏中的按钮，此时可以通过键盘或键盘+鼠标滚轮来实现绘图区的缩放与移动。

① 放大：按 "Page Up" 键，或在按住 "Ctrl" 键的同时将鼠标滚轮向前滚动，将使绘图区以光标为中心放大显示。

② 缩小：按 "Page Down" 键，或在按住 "Ctrl" 键的同时将鼠标滚轮向后滚动，将使绘图区以光标为中心缩小显示。

③ 移动：当工作区窗口中不能全部显示图纸上的内容时，可以通过移动窗口来查看。

➤ 上移：按 "↑" 键，或者直接将鼠标滚轮向前滚动，可以上移绘图窗口查看图纸上面部分。

➤ 下移：按 "↓" 键，或者直接将鼠标滚轮向后滚动，可以下移绘图窗口查看图纸下面部分。

➤ 左移：按 "←" 键，或在按住 "Shift" 键的同时将鼠标滚轮向前滚动，可以左移绘图窗口查看图纸左面部分。

➤ 右移：按 "→" 键，或在按住 "Shift" 键的同时将鼠标滚轮向后滚动，可以右移绘图窗口查看图纸右面部分。

➤ 移到中心：按"Home"键，可以将光标所在处移动到绘图区中心显示。

（2）闲置状态下改变绘图区

如果当前系统未执行任何绘图命令而处于闲置状态，则除了用上面介绍的方法之外，还可以通过"视图"菜单来实现绘图区的缩放与移动，同时 Altium Designer 22 的标准工具栏中也包含了具有窗口缩放功能的按钮。

① 适合文件：缩放显示整个文件，包括边框等，用于查看整张原理图。

② 适合所有对象：使绘图区中的所有对象填满工作区窗口。也可单击标准工具栏中的 🔍 按钮来实现。

③ 区域：缩放显示用户设定的区域，可通过拖动鼠标选定区域中对角线上两个点的位置来确定要显示的区域。也可单击标准工具栏中的 🔲 按钮来实现。

④ 点周围：缩放显示指定点周围的区域，可通过确定区域的中心位置并拖动鼠标选择区域一个角的位置来确定要显示的区域。

⑤ 选中的对象：缩放显示选定的对象。先选取要缩放的所有对象，再选择该命令，可以使选中对象缩放并全部显示到窗口中。也可单击标准工具栏中的 🔍 按钮来实现。

⑥ 放大、缩小：放大或缩小显示绘图区。

⑦ 上一次缩放：返回上一次缩放操作状态。

⑧ 移动绘图区：光标指向原理图编辑区，按住鼠标右键不放使光标变为手状🖐，拖动鼠标即可移动查看图纸上的内容。

**2．工具栏和工作面板的开关**

（1）工具栏的显示方法

① 执行菜单命令"视图" ⇨ "工具栏"，系统弹出如图 1-70 所示的子菜单。

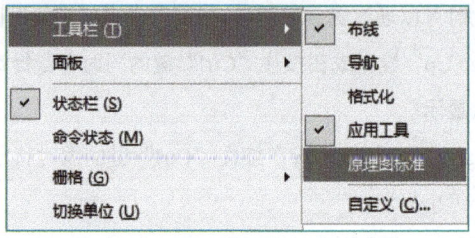

图 1-70
工具栏的显示方法

② 子菜单中列出了所有工具栏选项，单击某个工具栏选项，则该工具栏将显示在原理图编辑区，同时在该工具栏选项前添加标记 ☑，表示该工具栏已经显示。如果要关闭此工具栏，则再一次单击带有标记 ☑ 的工具栏选项即可。

（2）工作面板的显示方法

工作面板的显示可以通过如图 1-71 所示的两种方法实现：

① 执行菜单命令"视图" ⇨ "面板"，在子菜单中选择需要打开的工作面板。

② 单击工作窗口右下方的 Panels 按钮，从弹出菜单中选择要打开的工作面板。

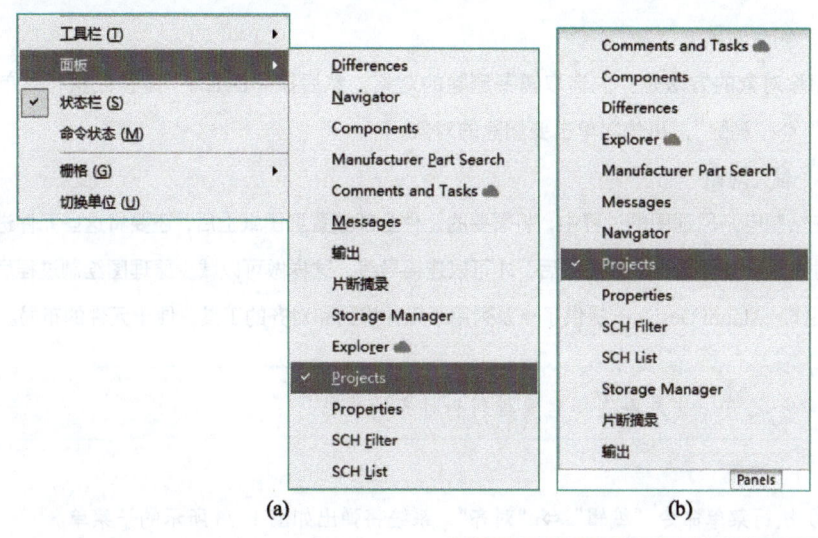

图 1-71
工作面板的显示方法

## 1.2.7　编辑对象

在电路原理图的绘制过程中，经常需要复制、剪切、移动、对齐一个或一组对象（如元件、导线等），这些可以通过 Altium Designer 22 提供的对象编辑操作来完成。

### 1. 选取对象

要进行对象的复制、剪切或者删除等操作，必须首先选择需要操作的对象。因此，选取对象是原理图编辑过程中最基本的操作之一。在 Altium Designer 中，单个对象选取只需在欲选取的对象上单击即可。多个对象的选取常用如下方法：

（1）拖动鼠标

选择需要选取对象范围的一个顶点，光标变成╳形。按住鼠标左键不放，拖动鼠标到合适位置，在原理图图纸上拖出一个矩形框，框内的对象（包括元件或导线等）全部被选中。松开鼠标左键，被选取的对象周围有虚框出现，如图 1-72 所示。

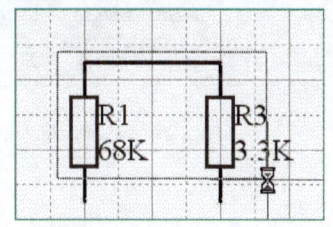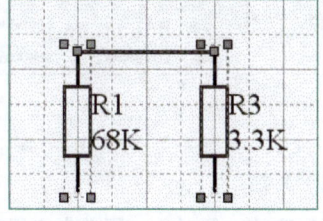

图 1-72
拖动鼠标选取对象

（2）使用"Shift"键

按住"Shift"键不放，依次单击需要选取的对象，选取完毕后，再释放"Shift"键。

> **提示** »»»»»
>
> 解除单个对象选取状态最简单的方法是将光标移动到该对象上，当光标变成十字箭头形状时单击，此时该对象的选取状态将会被取消，而其他正处于选取状态的对象仍将处于选取状态。当原理图上所有处于选取状态的对象中有一部分需要取消时，使用鼠标重复执行解除单个对象选取状态的操作即可完成。当原理图上所有处于选取状态的对象全部需要取消时，只需要使用鼠标在原理图上非选中区域的任意位置单击即可。

**2. 删除对象**

删除对象的方法是：先选取需要删除的对象，然后按"Delete"键；或执行菜单命令"编辑" ⇨ "删除"，再依次单击要删除的对象。

**3. 对齐对象**

在绘制电路原理图的过程中，将需要的元件全部放置到图纸上后，还要将这些元件进行排列和对齐。只有当元件排列整齐后，才可以连接导线，这样做可以减少原理图绘制过程后期的调整工作。Altium Designer 提供了一系列用于元件排列和对齐的工具，便于元件的布局。

> **注意** ⟩⟩⟩⟩⟩⟩⟩
>
> 在启动排列和对齐命令之前，首先要选择需要排列和对齐的元件。

（1）"对齐"子菜单

① 执行菜单命令"编辑" ⇨ "对齐"，系统将弹出如图 1-73 所示的子菜单。

② 根据需要选择相应的对齐方式。

（2）"排列对象"对话框

如果希望同时调整多个选项，可以使用如下方法：

① 执行菜单命令"编辑" ⇨ "对齐" ⇨ "对齐"，弹出如图 1-74 所示的"排列对象"对话框。

② 根据需要选择相应对齐方式，单击 确定 按钮。

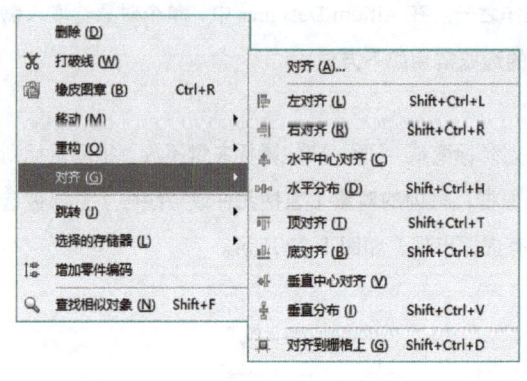

图 1-73
"对齐"子菜单

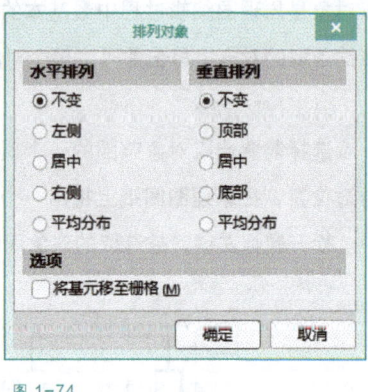

图 1-74
"排列对象"对话框

（3）应用工具栏

先选择要对齐的一组对象，再单击应用工具栏中的对齐工具按钮 ，从弹出的菜单中选择需要的对齐方式。

**4. 移动对象**

（1）通过拖动鼠标移动对象

对于单个对象，直接在对象上按住鼠标左键不放，然后拖动到适当位置，再松开鼠标左键即可。对于多个对象，在移动对象之前须选取需要移动的对象。

（2）通过菜单命令移动对象

① 执行菜单命令"编辑" ⇨ "移动" ⇨ "移动"，光标将变成╳形。

② 将光标移动到需要移动的对象上并单击。

③ 将光标拖动到适当位置，单击确定完成移动操作。

④ 继续执行步骤②、③移动其他对象。右击或按"Esc"键解除移动状态。

（3）拖动对象

连接完线路后，执行菜单命令"编辑" ⇨ "移动" ⇨ "拖动"，可以在移动对象的同时，使已经连接到对象上的导线随元件一同移动。

**5. 撤销与恢复操作**

（1）撤销命令

① 执行菜单命令"编辑" ⇨ "Undo"，可撤销最后一步操作，恢复到上一步状态。如果想撤销多步操作，只需多次执行该命令即可。

② 单击工具栏中的撤销按钮 ，也可撤销最后一步操作。

（2）重做命令

① 执行菜单命令"编辑" ⇨ "Redo"，可恢复到撤销前状态。如果想恢复多步操作，只需多次执行该命令即可。

② 单击工具栏中的重做按钮 ，也可恢复到撤销前状态。

**6. 复制、剪切和粘贴对象**

Altium Designer 中使用了 Windows 操作系统的共享剪贴板，便于设计人员方便地在不同的应用程序之间复制、剪切和粘贴对象，另外还提供如下两种操作方式：

（1）使用菜单命令

选择"编辑"菜单命令，系统将会弹出如图 1-75 所示的子菜单，执行相应菜单命令即可完成所需要的操作。

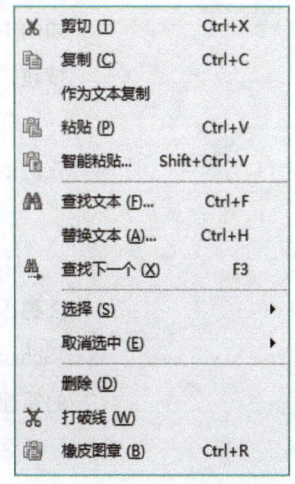

图 1-75
"编辑"子菜单

① 剪切：将选取的对象移入剪贴板，且选取对象被删除。

② 复制：将选取的对象复制一个副本放入剪贴板中，被选取对象仍然保留。

③ 粘贴：将剪贴板的内容作为副本粘贴到原理图中。

④ 智能粘贴：按一定的排列格式将剪贴板内容作为副本一次性重复粘贴而形成多个副本。

⑤ 橡皮图章：使用该命令复制对象时，不需要将被选对象进行剪切或复制，可以直接将选中对象进行粘贴形成副本，而且可以实现多次粘贴。

（2）使用工具栏按钮

在标准工具栏中也有相应的按钮，如图 1-76 所示。

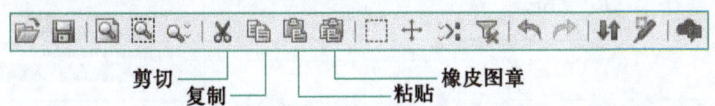

图 1-76
标准工具栏中的按钮

**【任务实施】**

微课:
绘制线性稳压电源原
理图—放置元件

### ·1.2.8　实战演练——绘制线性稳压电源原理图

下面通过完成"绘制线性稳压电源原理图"任务来学习绘制简单原理图的方法。

**1. 新建工程文件**

① 执行菜单命令"文件"⇨"新的…"⇨"项目"，在弹出的"Create Project"对话框中修改工程名称为"线性稳压电源"并设置保存路径。在"Projects"面板中将出现一个新的工程文件"线性稳压电源.PrjPcb"。

② 如果要修改工程名，可以右击该工程文件，在弹出的右键菜单中选择"重命名"，如图 1-77 所示，系统将会弹出重命名对话框。在对话框中输入工程文件的新名称，单击 OK 按钮，即可修改工程名。

③ 右击该工程文件，在弹出的右键菜单中选择"保存"，系统将会弹出保存对话框。在对话框中选择保存路径，单击 保存(S) 按钮，保存该工程文件。

**2. 新建原理图文件**

① 执行菜单命令"文件"⇨"新的…"⇨"原理图"，或者在"Projects"面板中的"线性稳压电源.PrjPcb"工程文件上右击，在弹出的右键菜单中选择"添加新的…到工程" ⇨ "Schematic"，此时"Projects"面板中的"线性稳压电源.PrjPcb"工程文件下将会显示新建的原理图文件"Sheet1.SchDoc"，同时在工作窗口中也会显示这个原理图文件。

② 执行菜单命令"文件"⇨"保存"，在弹出的对话框中输入原理图文件名"线性稳压电源"，并保存。保存后"Projects"面板如图 1-78 所示。

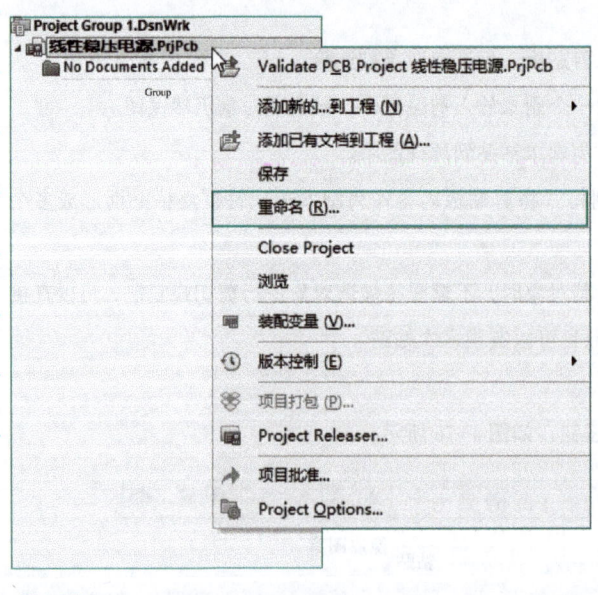

图 1-77
修改工程名

图 1-78
新建的原理图文件

### 3. 设置原理图图纸

打开"Properties"面板，将"Visible Grid"和"Snap Grid"均设置为 100 mil，勾选"Snap to Electrical Object Hotspots"复选框，将"Snap Distance"设置为 40 mil，如图 1-79（a）所示。

将图纸类型设置为"Custom"（自定义），"Width"设置为 4 900 mil，"Height"设置为 2 000 mil，不显示图纸明细表及边界参考区，如图 1-79（b）所示。

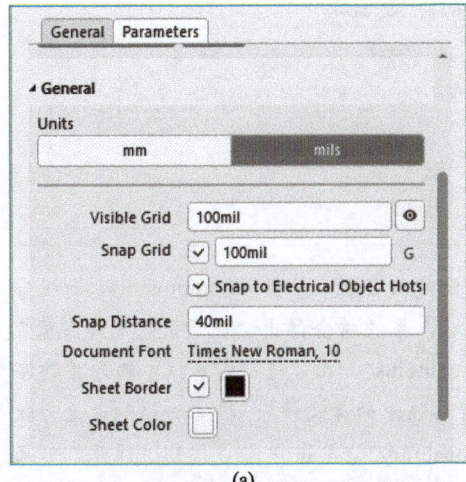
(a)

(b)

图 1-79
图纸选项设置

### 4. 加载原理图元件库

线性稳压电源电路中所包含的元件类型有电阻、电容、熔断器、整流桥、发光二极管和插针，这些元件在"Miscellaneous Devices.IntLib"和"Miscellaneous Connectors.IntLib"元件库中都可以找到。默认情况下，当创建新原理图文件时，这两个元件库会自动加载。三端稳压管需要另外安装"ST Power Mgt Voltage Regulator.IntLib"元件库，如果在"已安装的库"列表中无此元件库，可通过下述方法加载：

① 单击"Components"按钮，系统将会弹出"Components"面板。

② 单击"Components"面板中的▤按钮，在下拉菜单中选择"File-based Libraries Preferences…"，如图 1-56 所示，系统将会弹出"可用的基于文件的库"对话框；单击"已安装"标签，会显示出系统中已经加载的元件库名称和路径。

③ 单击右下方的 安装(I)… 按钮，系统将会弹出"打开"对话框，选择需要加载的元件库，然后单击 打开(O) 按钮，所选元件库即会出现在"已安装的库"列表中，成为当前活动的元件库，如图 1-80 所示。

④ 单击 关闭(C) 按钮，返回"Components"面板。

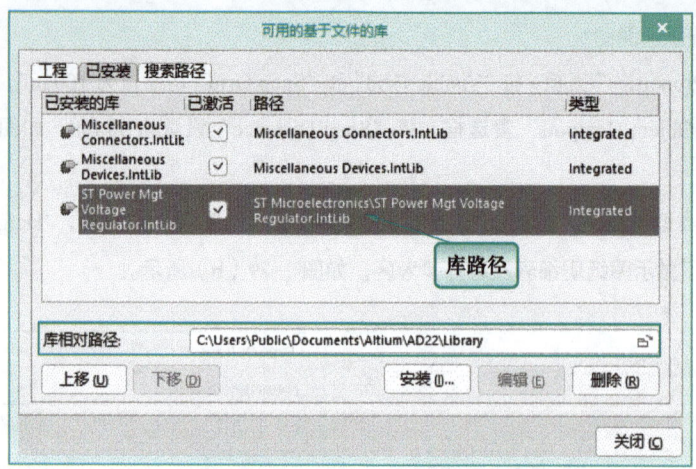

图 1-80
加载元件库

说明 »»»»»»

　　如果不知道三端稳压管所在元件库的名称，可以通过下面方法安装：单击"Components"面板中的 ▤ 按钮，在下拉菜单中选择"File-based Libraries Search..."，系统将会弹出"基于文件的库搜索"对话框，如图 1-81 所示。在"运算符"下拉列表框中选择"contains"，在"值"文本框中输入关键字"7805"；将"搜索范围"设置为"Components"，选中"搜索路径中的库文件"；将"路径"设置为软件的安装路径，如"D:\Users\Public\Documents\Altium\AD22\Library"；单击 ▼查找⑤ 按钮。注意，如果安装时复制的库文件比较多，那么这一步查找的时间会相应增加，耐心等待即可。在"Components"面板的查找结果中找到 L7805CV，双击该元件即可将其放置在原理图上；如果系统尚未安装该元件所在元件库，则会弹出加载元件库确认对话框，单击 Yes 按钮，加载该元件库即可。

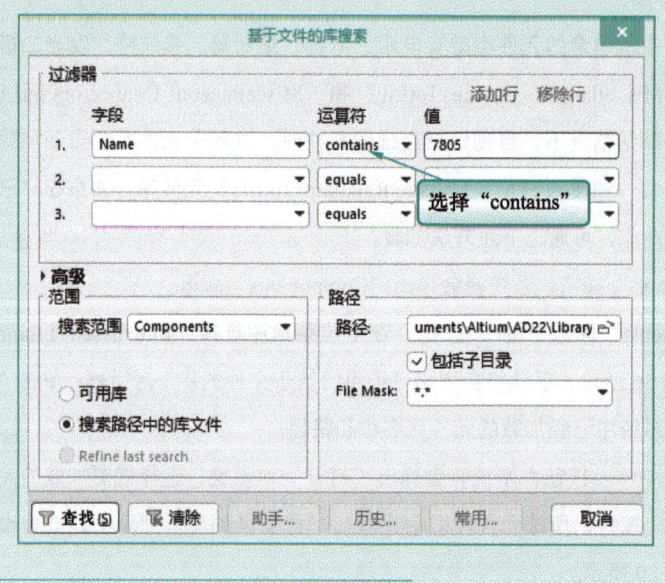

图 1-81
搜索元件

### 5. 放置元件

　　线性稳压电源电路中元件的参考名称及所在元件库见表 1-5。

表 1–5　线性稳压电源电路中元件的参考名称及所在元件库

| 标识 | 名称关键字 | 封装 | 注释 | 所在元件库 |
|---|---|---|---|---|
| U1 | L7805CV | TO220ABN | Positive Voltage Regulator | ST Power Mgt Voltage Regulator.IntLib |
| P2 | Header | HDR1X2H | Header, 2-Pin, Right Angle | Miscellaneous Connectors.Intlib |
| P1 | Header | HDR1X2 | Header, 2-Pin | |
| R1 | Res2 | AXIAL-0.4 | Resistor | Miscellaneous Devices.IntLib |
| F1 | Fuse1 | PIN-W2/E2.8 | Fuse | |
| LED1 | LED1 | LED-1 | Typical RED GaAs LED | |
| D1 | Bridge1 | D-38 | Full Wave Diode Bridge | |
| C4 | Cap Pol1 | RB7.6-15 | Polarized Capacitor (Radial) | |
| C3 | Cap | RAD-0.3 | Capacitor | |
| C2 | Cap | RAD-0.3 | Capacitor | |
| C1 | Cap Pol1 | RB7.6-15 | Polarized Capacitor (Radial) | |

按如下方法将各元件放置到原理图图纸上：

（1）放置电气元件

① 在"Components"面板最上方的下拉列表框 Miscellaneous Devices. 中单击 按钮，从下拉列表中选择"Miscellaneous Devices.IntLib"元件库。

② 在搜索框中输入关键字"res"，在搜索结果中找到电阻元件 Res2，双击元件名，在绘图区出现随光标移动的电阻符号，按"Tab"键打开"Properties"面板。在"General"区域，将"Designator"栏中的"R?"改为"R1"，将"Designator"栏右侧设置成可视 ⊙、解锁 ⬤ 状态，将"Comment"栏右侧设置成隐藏 ⬤、解锁 ⬤ 状态，如图 1–82 所示。将鼠标向下滑动到"Parameters"区域，将"Value"栏左侧设置成可视 ⊙、解锁 ⬤ 状态，数值设置为 470，如图 1–83 所示。设置完毕单击工作窗口中心的 ⏸ 按钮，按"空格"键一次将元件旋转 90° 呈垂直方向，将光标移动到合适位置，单击放置电阻 R1。

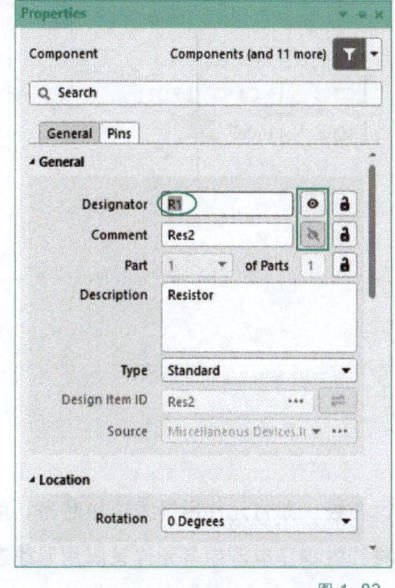

图 1–82
修改电阻元件的状态

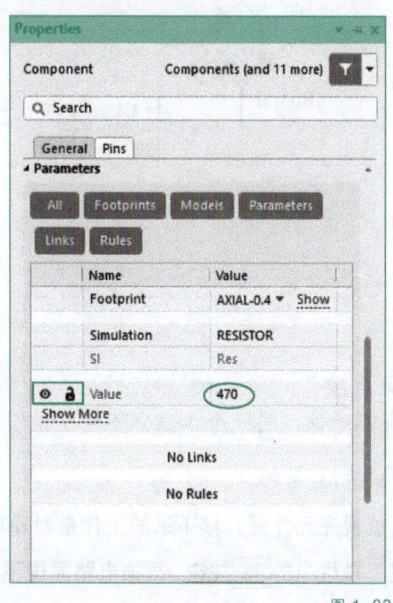

图 1–83
修改电阻元件的参数

③ 右击结束放置。

④ 按照步骤②、③依次放置熔断器 F1，整流桥 D1，电容 C1、C2、C3、C4，三端稳压管 U1 和发光二极管 LED1。注意在放置熔断器 F1、整流桥 D1 时，只需要修改 "Designator" 即可，不需要将 "Comment" 栏右侧设置成隐藏 状态，也不需要修改其他参数。

### （2）放置连接元件

① 在 "Components" 面板最上方的下拉列表框 Miscellaneous Connect ▾ 中单击 ▾ 按钮，从下拉列表中选择 "Miscellaneous Connectors.IntLib" 元件库。

② 在搜索框中输入关键字 "header"，在搜索结果中找到元件 header 2，双击元件名，在绘图区出现随光标移动的接插件符号。

③ 按 "Tab" 键打开 "Properties" 面板。在 "General" 区域，将 "Designator" 栏中的 "P?" 改为 "P1"，将 "Comment" 栏设置成 "AC"，将 "Designator" 和 "Comment" 栏右侧设置成可视 、解锁 状态。设置完毕单击工作窗口中心的 按钮，按 "X" 键左右翻转元件，将光标移动到合适位置，单击放置 P1。

④ 按照步骤②、③放置 P2，不同之处在于，在搜索结果中应找到元件 header 2H，双击元件名进入元件放置状态，按 "Tab" 键打开 "Properties" 面板，将 "Comment" 栏设置成 "DC"。设置完毕单击工作窗口中心的 按钮，按 "X" 键调整方向后，将 P2 放置到合适位置。

⑤ 右击结束放置。

放置完所有元件后，调整元件及标注的位置与方向，调整之后电路原理图的参考元件布局如图 1-84 所示。

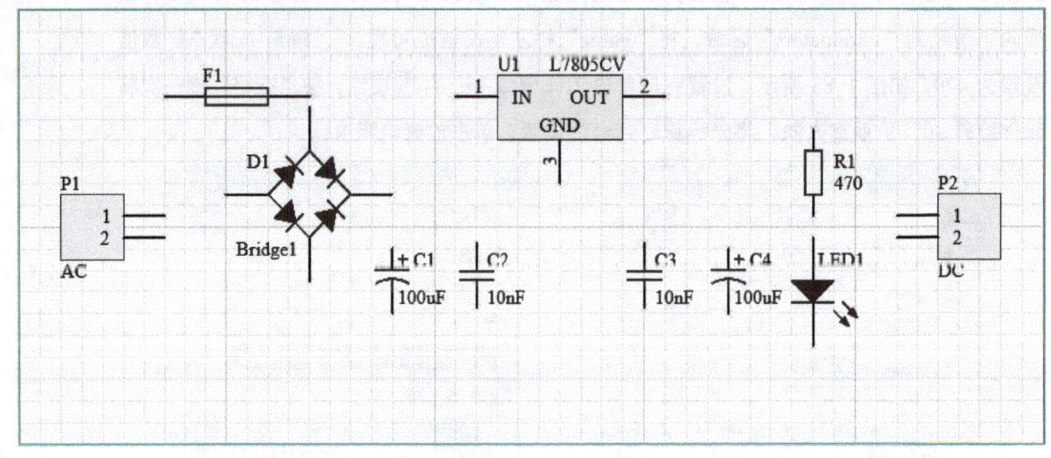

图 1-84
参考元件布局

### 6. 放置导线

放置完元件后，接下来的工作是对原理图进行布线，即将元件用导线连接起来。单击布线工具栏中的 按钮，根据电路原理图要求，将线性稳压电源中各元件管脚用导线连接起来，完成连线后的电路如图 1-40 所示。

对于交叉非连接导线的设置，可以打开"优选项"对话框的"Schematic – General"界面，勾选"选项"区域的"显示 Cross-Overs"。启用该功能后，交叉非连接节点处将会有一个半圆弧绕过去，如图 1-85 所示。

微课:
绘制线性稳压电源原理图—完善原理图

### 7. 放置电源和接地符号

放置电源和接地符号主要有如下两种方法：

#### （1）使用工具栏中的按钮

① 单击常用工具栏中的 ⬇ 按钮，启动放置接地符号，光标变成 ╳ 形，同时接地符号悬浮在光标上。

② 按"Tab"键打开电源端口的"Properties"面板，如图 1-86 所示。

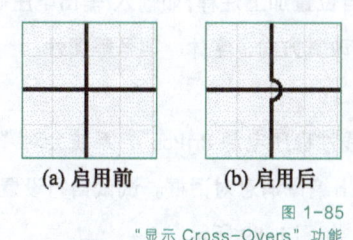

|            |            |
| :--------: | :--------: |
| (a) 启用前 | (b) 启用后 |

图 1-85
"显示 Cross-Overs" 功能

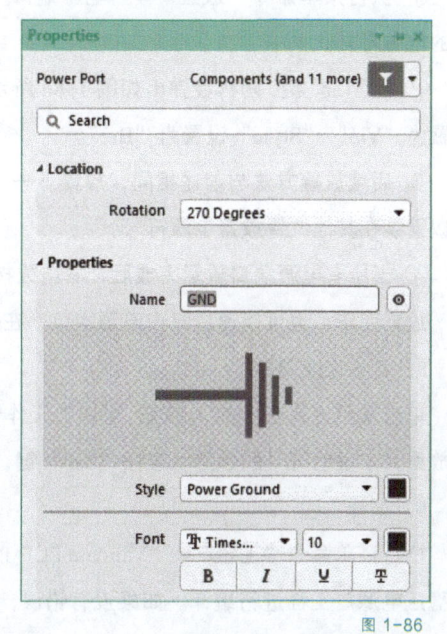

图 1-86
电源端口的"Properties" 面板

在电源端口的"Properties"面板中可以编辑电源和接地符号的属性，各选项的含义如下：

➤ Rotation（旋转）：设置电源和接地符号的方向。方向设置也可以通过在放置电源和接地符号时按"空格"键实现，每按一次"空格"键，符号旋转90°。

➤ Name（名称）：设置电源和接地符号的标识符，这里选择默认的"GND"，单击 ⊙ 可以将其隐藏。

➤ Style（风格）：设置电源和接地符号的风格。单击 ▾ 按钮，弹出的下拉列表中包含11 种不同选项，如图 1-87 所示。不同风格的电源和接地符号如图 1-88 所示，这里选择默认的"Power Ground"。单击右侧的色块可以修改电源和接地符号的颜色。

➤ Font（文本）：设置文本字体、字号、颜色等。

修改完接地符号的属性后，单击工作窗口中心的 ⏸ 按钮，将光标移动到合适位置，按"空格"键调整方向，单击即可完成一个接地符号的放置。此时系统仍处于接地符号放置状态，可以继续在其他位置放置接地符号。

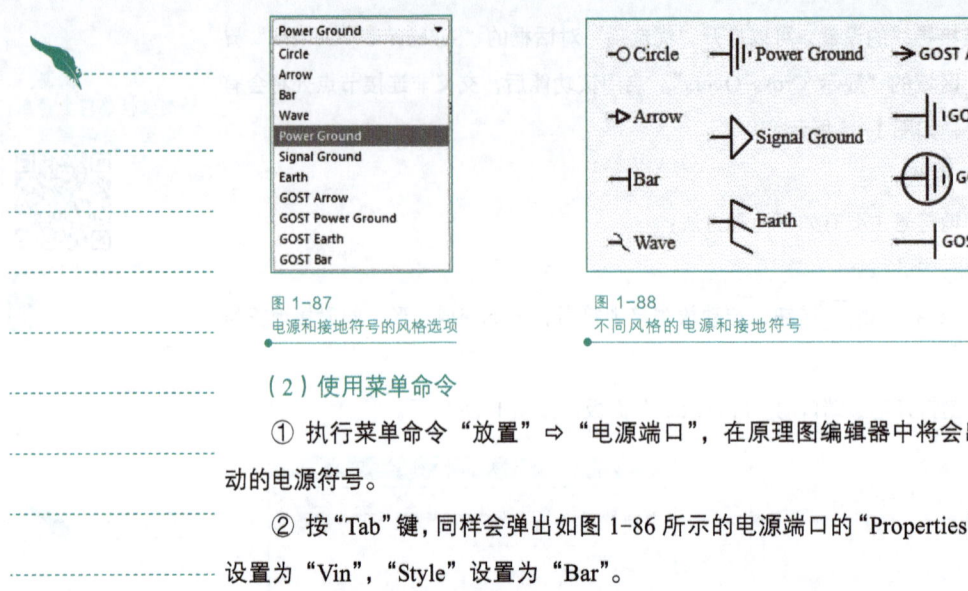

图 1-87
电源和接地符号的风格选项

图 1-88
不同风格的电源和接地符号

（2）使用菜单命令

① 执行菜单命令"放置"⇨"电源端口"，在原理图编辑器中将会出现一个随光标移动的电源符号。

② 按"Tab"键，同样会弹出如图 1-86 所示的电源端口的"Properties"面板。将"Name"设置为"Vin"，"Style"设置为"Bar"。

③ 后续放置方法与前述相同，放置下一个电源符号时，将"Name"设置为"Vout"，可以继续在其他位置放置电源符号。

④ 当所有电源端口放置完成后，右击或按"Esc"键退出放置状态。

放置完毕，也可以通过双击电源端口，在弹出的对话框中修改上述属性。

**8. 文本说明符号**

单击常用工具栏中的 [A] 按钮，可以在工作窗口适当位置加上注释，如输入/输出电压等。在放置文本说明符号的悬浮状态按"Tab"键，可以更改其方向、字体、字号等属性。

**9. 编译工程**

执行菜单命令"工程"⇨"Validate PCB Project 线性稳压电源.PrjPcb"，系统会对"线性稳压电源"工程进行编译。如果没有错误，不会弹出编译消息对话框。试试自行设置两处错误，再编译一下，就会弹出"Messages"对话框，如图 1-89 所示。

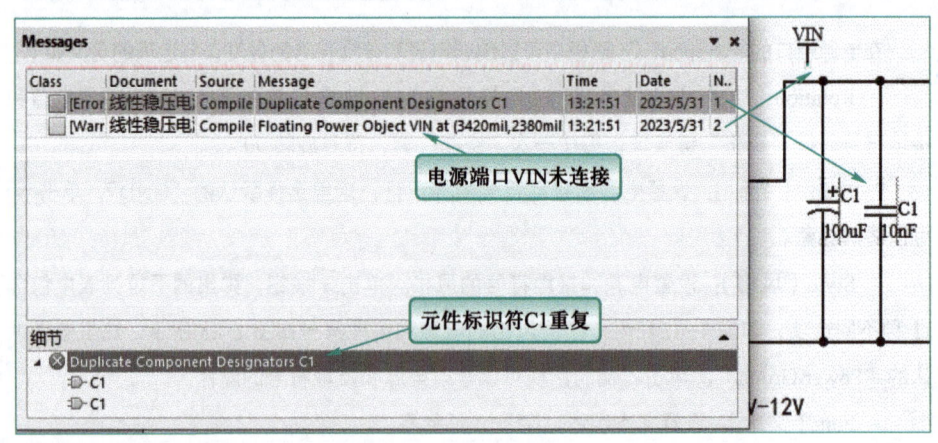

图 1-89
"Messages"对话框

双击某一条提示，在对话框下方将显示错误或者警告的细节，同时在原理图上会放大显示发生该错误或者警告的具体位置。滚动鼠标缩放到最佳大小，如图 1-89 所示。

① [Error]：元件标识符 C1 重复，图中出现了两个 C1。

② [Warning]：电源端口 VIN 未连接。

 **【任务拓展】**

1. 绘制如图 1-90 所示的多谐振荡器电路。

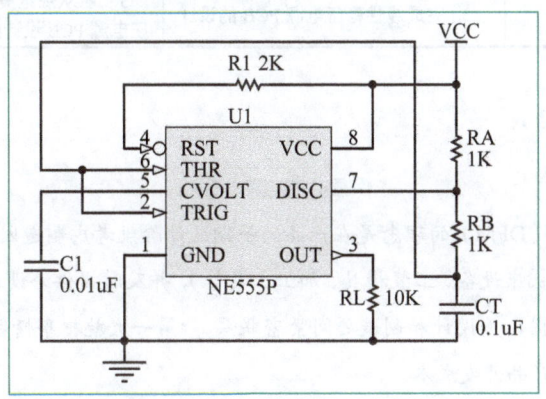

图 1-90
多谐振荡器电路

2. 绘制如图 1-91 所示的多级放大器电路。

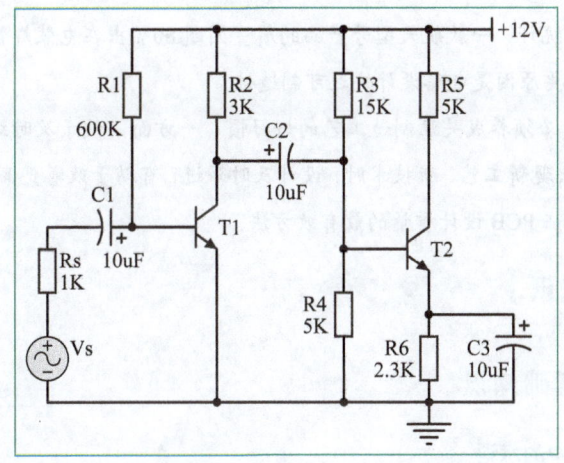

图 1-91
多级放大器电路

## 任务 3  设计线性稳压电源 PCB

 **【任务描述】**

电路板设计的最终目的就是要生成 PCB 文件，Altium Designer 为设计者提供了一个完整的 PCB 设计环境。本任务将通过完成"设计线性稳压电源 PCB"的任务来学习 PCB 设计的基础知识。线性稳压电源原理图如图 1-40 所示。

【任务目标】

| 知识目标 | 能力目标 | 素质目标 |
|---|---|---|
| 1. 列举四个以上 PCB 设计术语并解释。<br>2. 列举线性稳压电源 PCB 布局和布线的基本规则。<br>3. 总结线性稳压电源 PCB 设计的基本步骤 | 1. 熟悉 PCB 设计环境。<br>2. 能够将原理图相关信息正确导入 PCB 文件。<br>3. 完成线性稳压电源 PCB 的设计 | 1. 领会可制造性设计的内涵。<br>2. 领会 PCB 设计规则的意义，并树立规则意识。<br>3. 能从规范美观的角度区分线性稳压电源 PCB 设计的优劣 |

 【知事明理】

**保质保效 理念先行**

可制造性设计（DFM）的理念是在产品的早期设计阶段考虑制造因素的约束（例如，产品制造所需要的机床设备、工装模具、加工工具等），并及时提供给设计人员，作为设计、修改方案的基本依据，使设计和制造之间紧密联系，"第一次就把事情做对"，从而缩短产品开发周期，降低产品开发成本。

传统设计总是强调设计速度，而忽略产品的可制造性问题。为了纠正出现的制造问题，需要多次的重新设计，每次的改进都要重新制作样机，从而造成设计周期长，延误产品投放市场的时间，成本高。

中国航天部门统计，一款航天型号产品的质量问题 80％ 出在电装焊接上，而造成电装焊接质量问题的主要原因是电路设计缺乏可制造性。

PCB 设计人员必须养成关注制造工艺的好习惯，一方面，便于及时纠错；另一方面，当 PCB 制造领域出现新工艺、新技术时，设计及时跟进，有助于改善产品整机性能。可见，可制造性设计是保证 PCB 设计质量的最有效方法。

 【任务资讯】

微课：<br>PCB 术语

## 1.3.1 PCB 基础知识

### 1. PCB 设计中的术语

PCB 制板有大量的专门化术语和概念，如层、封装、焊盘、过孔、飞线、铺铜、网格等，这里主要介绍 PCB 设计中一些最常用的术语和概念。

（1）层（Layer）

一些图形图像处理软件（如 PhotoShop）为了方便管理和修改，把具有一定共性特征的线或形放置在同一层上。Altium Designer 中为了便于区分和管理 PCB 上的各类图元，也引入了"层"的概念，但与图形图像处理软件不同的是，这里的"层"有其物理意义而不是虚拟的。也就是说，层不仅可以有厚度，而且层与层之间的位置关系也不能随意变更。

（2）焊盘（Pad）

焊盘的作用是用焊锡连接元件的管脚和铜膜导线。典型的焊盘形状可分为三种，即圆形、方形和八角形，如图 1-92 所示。焊盘的选择应当综合考虑元件的形状、大小、布置、振动和受热情况，还有受力大小与方向等因素。

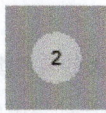

图 1-92
典型的焊盘形状

### （3）过孔（Via）

过孔也称为导孔，其作用是连接不同层间的导线。过孔有三种，即从顶层到底层的通孔、从顶层通到内层或从内层通到底层的盲孔，以及内层间的屏蔽过孔（埋孔）。过孔的数量一般应尽量少，另外，PCB 载流量越大的地方，过孔的尺寸也越大。

双面 PCB 的顶层和底层都有铜膜导线，但是层之间并没有任何电气连接。这种 PCB 依靠通孔元件的管脚提供顶层和底层之间的电气连接，但是这样并不能适应所有需要，因为铜膜导线有时需要在顶层和底层之间穿梭以切换走线，而不是只局限于在元件管脚焊接处走线。因此，对于双面 PCB 的通常改进方法是增加涂镀过孔。

过孔的镀层是在钻孔之后，通过一个电解过程将铜沉积在孔内表面。这样将在顶层和底层的铜膜之间创建一个传导路径，而不用依赖于通孔元件的管脚来实现顶层和底层之间的电气连接，如图 1-93 所示。

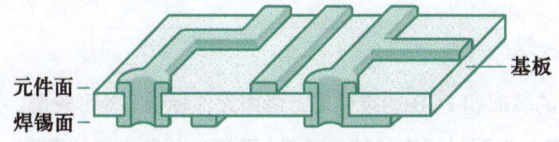

元件面
焊锡面
基板

图 1-93
带有涂镀过孔的双面 PCB

### （4）铜膜导线与飞线

铜膜导线是覆铜板经过蚀刻加工后在 PCB 上形成的铜膜走线，又称导线，用于连接各个焊点，是 PCB 重要的组成部分。飞线（又称预拉线）一般是指在布线前各网络间相互交叉的类似橡皮筋的连线，用以指引布线，如图 1-94 所示。

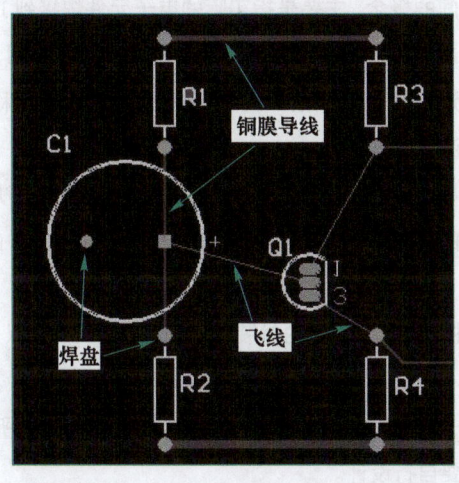

图 1-94
铜膜导线与飞线

飞线与导线有本质的区别：飞线只在形式上表示出网络间的逻辑连接关系，没有实际的电气连接意义；而导线则是根据飞线指引的连接关系而布置的实际物理连线。

（5）助焊膜与阻焊膜

助焊膜是涂于 PCB 焊盘上比焊盘稍大的灰色图环，在需要焊接的地方涂上一层助焊膜可以增强焊盘的可焊性。助焊膜可分为顶层助焊膜（Top Paste Mask）和底层助焊膜（Bottom Paste Mask）。

大多数 PCB 装配厂在焊接时使用波峰焊或回流焊工艺，为了防止相邻铜膜导线之间潜在的焊料桥接情况发生，需要在助焊膜以外的区域涂上阻焊膜形成阻焊遮蔽层，简称阻焊层。顾名思义，阻焊层提供了一个遮蔽，有助于防止焊料与 PCB 上这一区域内的铜膜黏着起来造成故障。另外，阻焊层还可以防止铜膜导线的腐蚀。阻焊膜也有顶层阻焊膜（Top Solder Mask）和底层阻焊膜（Bottom Solder Mask）之分。

阻焊层采用精密的丝网印刷工艺把油漆涂刷在 PCB 的表层，留出焊点的位置，而将铜膜导线覆盖住，如图 1-95 所示。

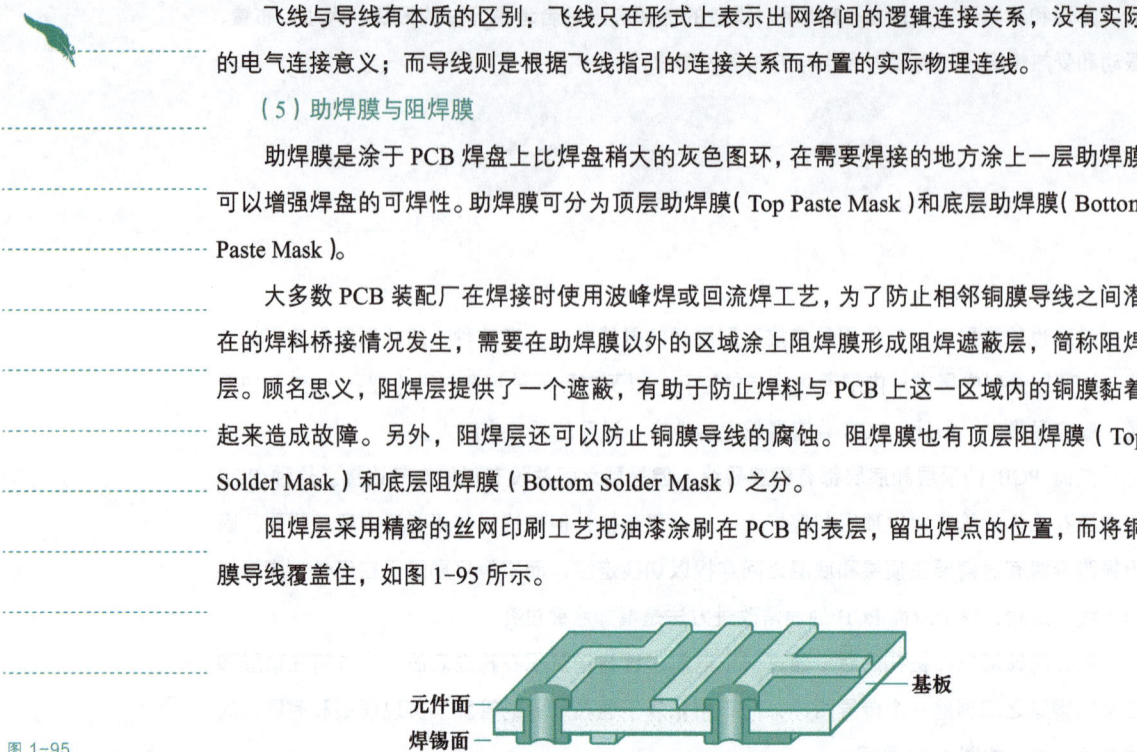

元件面
焊锡面
基板

图 1-95
带有涂镀过孔和阻焊层的双面 PCB

（6）丝印层（Overlay）

为了方便产品的装配和 PCB 的维修等，诸如元件标识、外形轮廓、开关设置、公司名称、生产日期以及其他装配过程中的辅助信息，可通过丝印方式（通常为白色）印刷在 PCB 的表层，这就是 PCB 的丝印层。丝印层可分为顶层丝印层（Top Overlay）和底层丝印层（Bottom Overlay）。

**2. 元件与封装**

（1）封装的概念

元件封装是一个空间的概念，主要是指实际的电子元件焊接到 PCB 上时的外观形状和焊盘位置。元件封装既起到了安放、固定、密封、保护元件等作用，也提供了元件内部与外部电路信号传输的渠道。因此在选用元件时，不仅要知道元件名称，还要知道元件封装。在理解元件封装时，应注意以下几点：

① 不同的元件可以有相同的封装，如所有 14 脚双列直插式芯片都可以采用 DIP14 封装，像数字电路中常用的 74LS00 和 74LS02。也就是说，只要元件的外观结构相同，就可以采用相同的封装。

② 同一功能的元件也可以有不同的封装，如稳压块 7805 可以是 TO-220 封装，也可以是 TO-92 封装，具体选哪一种封装形式，取决于电路的实际需要，如功率、电流等。

③ PCB 设计软件一般会提供封装模型供选择，但不可能满足所有用户的需求。因此，对于特殊元件的封装，要自行设计。

④ 在 PCB 的丝印层上一般有封装的投影图（二维），在实际设计 PCB 时，由于封装本身是立体的结构，当很多封装放在一块 PCB 上时，要注意各封装之间不能互相干涉。

（2）封装的分类

元件封装可以分为直插式封装和表面贴装式（Surface Mount Technology，SMT）封装（又称贴片式封装）两大类。

① 直插式封装。直插式封装是指采用插入式封装技术（Through Hole Technology，THT）对元件进行封装，它是针对针脚类元件的。针脚类元件焊接时先要将元件针脚插入焊盘孔中，然后再在焊锡面焊接。图 1-96 所示分别为直插式电阻与集成电路芯片的封装图和实物图。直插式封装元件的焊盘属性设置如图 1-97（a）所示，"Layer"（层）设置为"Multi-Layer"（多层）。

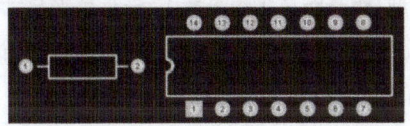
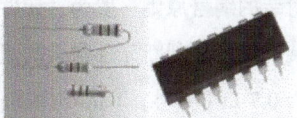

图 1-96
直插式电阻与集成电路
芯片的封装图和实物图

② 贴片式封装。贴片式封装元件的焊盘只限于表面板层，即顶层或底层。贴片式封装元件的焊盘属性设置如图 1-97（b）所示，"Layer"必须选择为"Top Layer"或"Bottom Layer"之一。贴片式电阻与集成电路芯片的封装图和实物图如图 1-98 所示。

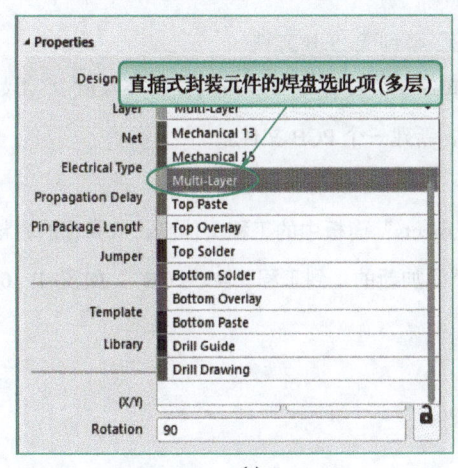
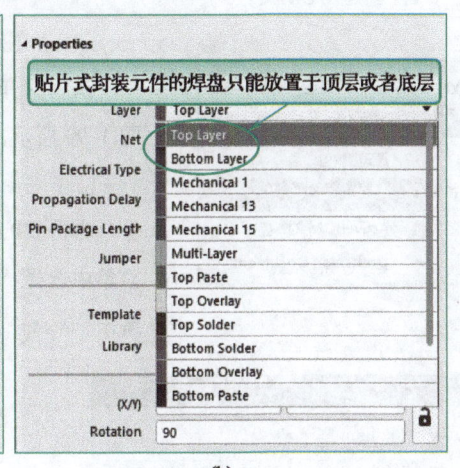

(a)　　　　　　　　　　　　　　　(b)

图 1-97
直插式封装元件与贴片式
封装元件的焊盘属性设置

图 1-98
贴片式电阻与集成电路
芯片的封装图和实物图

### （3）常用的元件封装

常用的分立元件封装有二极管类（DIODE-0.4～DIODE-0.7）、非极性电容类（RAD-0.1～RAD-0.4）、极性电容类（RB5-10.5～RB7.6-15）、电阻类（AXIAL-0.3～AXIAL-1.0）、可变电阻类（VR1～VR5）等，这些封装集中在 Miscellaneous Devices.IntLib 元件库中。

常用的集成电路芯片封装有双列直插式封装（Dual In-line Package，DIP）、小外形封装（Small Outline Package，SOP）、塑料有引线芯片载体封装（Plastic Leaded Chip Carrier Package，PLCC）、塑料四方扁平封装（Plastic Quad Flat Package，PQFP）、四方扁平封装（Quad Flat Package，QFP）、球栅封装（Ball Grid Array Package，BGAP）等。

### （4）元件封装的编号

元件封装的编号原则一般为：元件类型+焊盘距离（焊盘数）+元件外形尺寸。可以根据元件封装的编号来判断元件封装的规格。例如，DIODE-0.7 表示针脚二极管的封装，两焊盘间距为 0.7 in（英寸，1 in=25.4 mm）；AXIAL-0.4 表示此元件封装为轴状（一般为电阻），两焊盘间距为 0.4 in；RB7.6-15 表示极性电容类元件封装，管脚间距为 7.6 mm，元件直径为 15 mm；DIP-24 表示双列直插式元件封装，有 24 个焊盘管脚。

## 1.3.2　设置 PCB 工作环境

### 1. 创建 PCB 文件

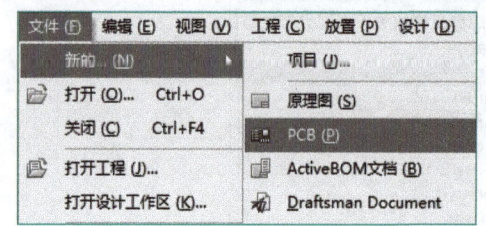

图 1-99
利用菜单创建 PCB 文件

#### （1）利用菜单创建 PCB 文件

执行菜单命令"文件"⇨"新的…"⇨"PCB"，如图 1-99 所示，新建一个 PCB 文件。

#### （2）利用工作面板创建 PCB 文件

右击"Projects"面板中的工程文件名，从弹出的右键菜单中选择"添加新的…到工程"⇨"PCB"，如图 1-100 所示。

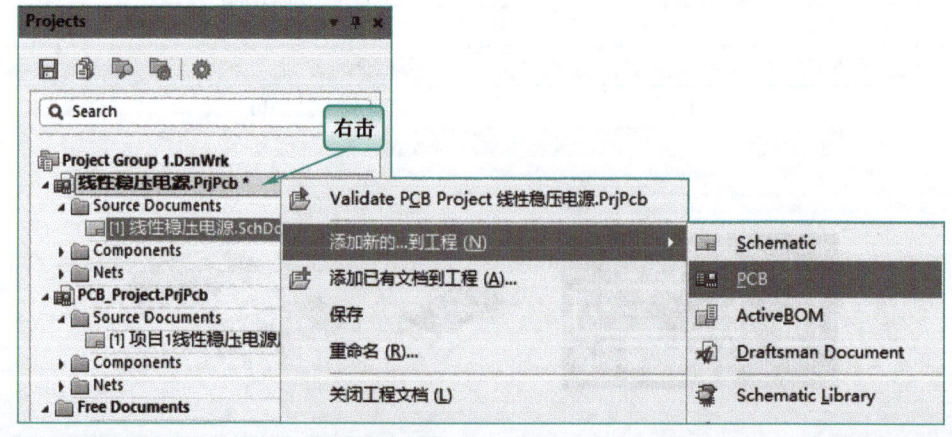

图 1-100
利用"Projects"
面板创建 PCB 文件

新建的 PCB 文件名默认为 PCB1.PcbDoc，此时，PCB 编辑区中会出现空白 PCB 图纸，如图 1-101 所示。

### 2. PCB 编辑器简介

PCB 编辑器如图 1-102 所示，主要由标题栏、菜单栏、工具栏、工作面板、面板按钮、PCB 工作层标签、PCB 编辑区和状态栏等组成。

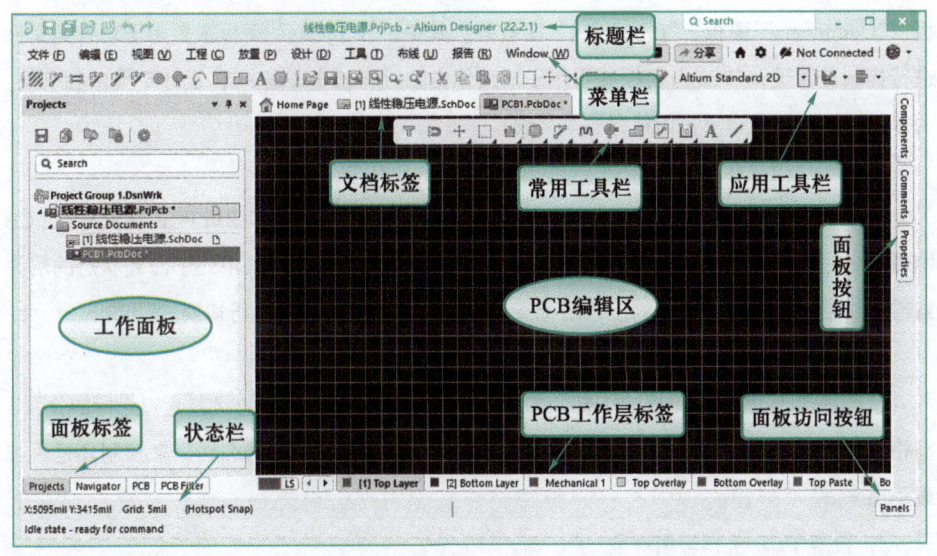

（1）标题栏

PCB 编辑器的标题栏显示的信息跟原理图编辑器的标题栏类似，包括 Altium Designer 22 软件标志、文档编辑工具和 PCB 所属的工程名称、软件版本等信息。例如图 1-102 中 PCB 所属工程为"线性稳压电源.PrjPcb"，软件版本为"Altium Designer（22.2.1）"。

（2）菜单栏

图 1-103 所示为 PCB 编辑器菜单栏，通过菜单栏可以对 PCB 进行相应操作。

文件 (F)　编辑 (E)　视图 (V)　工程 (C)　放置 (P)　设计 (D)　工具 (T)　布线 (U)　报告 (R)　Window (W)　帮助 (H)

（3）工具栏

执行菜单命令"视图"⇨"工具栏"，在子菜单中勾选自己需要的工具栏，可以将其显示到 PCB 编辑器中。PCB 编辑器可选的工具栏主要包括标准工具栏、布线工具栏、导航工具栏、过滤器工具栏和应用工具栏等。图 1-104 所示分别为 PCB 编辑器的标准工具栏、布线工具栏和应用工具栏。其中，布线工具栏主要用于在 PCB 图中放置导线、焊盘、过孔、元件等具有电气特性的元素；应用工具栏包括查找选择工具、放置尺寸工具、放置 Room 工具及网格工具等。

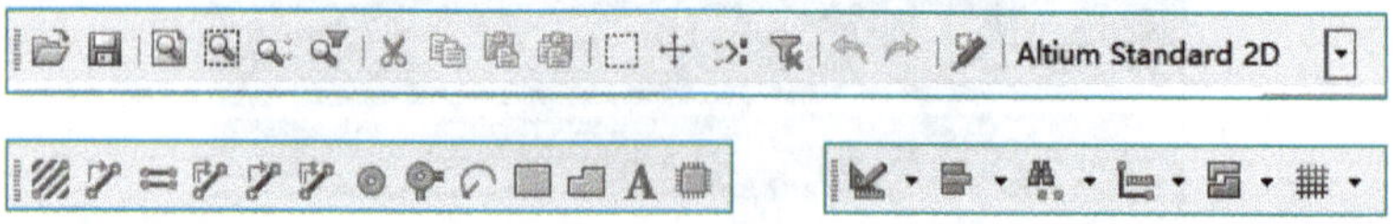

图 1-104
PCB 编辑器的标准工具栏、
布线工具栏和应用工具栏

（4）工作面板

PCB 编辑器的工作面板提供了多种对工作区进行检查和操作的工具，主要包括"Projects"面板、"Navigator"面板、"PCB"面板、"PCB Filter"面板、"Components"面板、"Comments"面板、"Properties"面板等。其中，"Projects"面板主要用于对各类文件进行控制与管理；"PCB"面板主要用于对工作内容进行检查，是 PCB 设计环境中独有的。面板的切换可以通过单击面板标签来实现。

（5）PCB 编辑区

PCB 编辑区是用户进行 PCB 设计的主要工作平台，用户绘制和编辑 PCB 图都是在 PCB 编辑区中进行的。在 PCB 编辑区底部有多个 PCB 工作层标签，其中处于凸起状态的层为当前工作层。直接单击不同的工作层标签，可在不同工作层之间进行切换。

（6）状态栏

状态栏位于 PCB 编辑器的下部，主要用于显示系统当前所处的状态，如光标的位置、栅格的尺寸等信息。状态栏可以通过执行菜单命令"视图"⇨"状态栏"来控制其是否被显示出来。

**3. 设置 PCB 工作环境参数**

在进行 PCB 设计之前，应先对 PCB 整个编辑环境的相关参数进行设置，以使 PCB 设计工作更加便捷和高效。Altium Designer 22 环境参数的设置主要集中在"优选项"对话框中进行。

（1）设置 PCB 坐标系统

PCB 坐标系统是 PCB 上各图元布局、元件放置和 PCB 布线位置坐标的参照依据，空闲状态下光标在 PCB 编辑区内移动，在界面左下角的状态栏内会显示当前坐标值，如图 1-105 所示，该值就是相对于 PCB 坐标原点的数值。

① 坐标单位的切换。Altium Designer 22 PCB 编辑器默认的坐标显示单位为英制的 mil。执行菜单命令"视图"⇨"切换单位"或直接按"Q"键可在英制单位（mil）和公制单位（mm）之间切换。

② 坐标原点的设定。PCB 坐标原点可根据需要进行重新设定，设定过程如下：执行

菜单命令"编辑"⇨"原点"⇨"设置"，可看到光标变成十字形，即进入待设定状态。将光标移动到 PCB 编辑区内准备作为坐标原点的位置，单击或直接按"Enter"键即可看到界面上出现坐标原点标记，如图 1-106 所示。

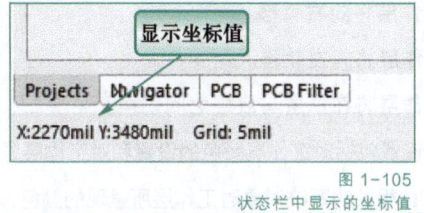

图 1-105
状态栏中显示的坐标值

图 1-106
坐标原点标记

要取消设定的新参考坐标原点时，可执行菜单命令"编辑"⇨"原点"⇨"复位"，则坐标原点将恢复到系统默认状态。

**（2）控制 PCB 工作层显示**

微课：
PCB 的工作层

Altium Designer 22 提供了若干不同类型的工作层，不同层具有不同的用途，要进行不同的操作。在设计 PCB 时，通常不需要用到所有层，因此用户应当首先规划 PCB 图需要的工作层。

① 工作层类型。Altium Designer 22 提供的工作层主要类型如下：

➢ 信号层：Altium Designer 22 提供 32 个信号层，包括顶层（Top Layer）、底层（Bottom Layer）、中间层（Mid Layer 1～Mid Layer 30）。信号层主要用来布线，单面板只有一个信号层，双面板有两个信号层，多层板除了有顶层信号层和底层信号层外，还有内部信号层，顶层信号层和底层信号层都可以放置元件。

➢ 内部电源/接地层：Altium Designer 22 提供 16 个内部电源/接地层（简称内电层），即 Internal Plane 1～Internal Plane 16。对于较复杂的电路，可以设置内电层，主要用于布置电源线和地线。

➢ 机械层：Altium Designer 22 提供 32 个机械层，即 Mechanical Layer 1～Mechanical Layer 32，用于放置制造和装配的详细信息，如尺寸标记、参考目标信息、注释等。在打印或输出光绘文件时，可以将机械层的对象自动添加到其他层中。机械层的名称可由用户自定义，也可以配对。用户在创建元件库时可以将所需的相关信息添加到机械层中。

➢ 阻焊层：顶层阻焊层（Top Solder）和底层阻焊层（Bottom Solder）用于生成阻焊光绘文件以创建阻焊区，通常覆盖除元件管脚和过孔之外的所有板级对象。

➢ 助焊层：顶层助焊层（Top Paste）和底层助焊层（Bottom Paste）用于生成助焊光绘文件，该文件所提供的信息用于在生产时将助焊剂放置在 PCB 表面贴装元件（SMD）的贴片焊盘上。

➢ 丝印层：Altium Designer 22 包含两个丝印层，分别是顶层丝印层（Top Overlay）和底层丝印层（Bottom Overlay）。

➢ 其他层：包括禁止布线层（Keep-Out Layer）、钻孔导引层（Drill Guide）、钻孔绘图层（Drill Drawing）和多层（Multi-Layer）。其中，钻孔导引层和钻孔绘图层用于提供钻孔信息；禁止布线层用于限定 PCB 元件和导线可放置的范围，即定义了 PCB 的电气边界，自动布线时只能在此区域内进行；在多层上放置的元件将会自动放置到所有信号层上，如穿透式焊盘或过孔。

②　工作层的切换。在不同工作层之间进行切换，主要有如下 4 种方法：

➤ 直接单击 PCB 编辑区底部的 PCB 工作层标签。

➤ 在小键盘上按 "+" 键，当前工作层将向右转移。

➤ 在小键盘上按 "-" 键，当前工作层将向左转移。

➤ 在小键盘上按 "*" 键，当前工作层将在顶层与底层之间切换。

③　PCB 工作层的设置。对工作层的设置包括对工作层颜色的设置和对工作层显示与隐藏的设置。工作层颜色是指以 2D 模式查看 PCB 相关的系统对象时工作层所呈现的颜色，便于用户快速识别不同的工作层。单击 PCB 编辑器右下方的 Panels 按钮，勾选 "View Configuration" 或者在英文输入状态下直接按 "L" 键，将会弹出 "View Configuration" 对话框，单击 "Layers & Colors" 标签，然后单击列表中的色块，可以设置对应工作层的颜色，也可以单击 ⊙ 将对应的工作层隐藏。如图 1-107 所示，隐藏了底层丝印层。设置完毕单击 ✖ 按钮关闭对话框。另一种设置工作层颜色的方法是在 "优选项" 对话框中选择 "PCB Editor" ⇨ "Layer Colors" 进行设置。

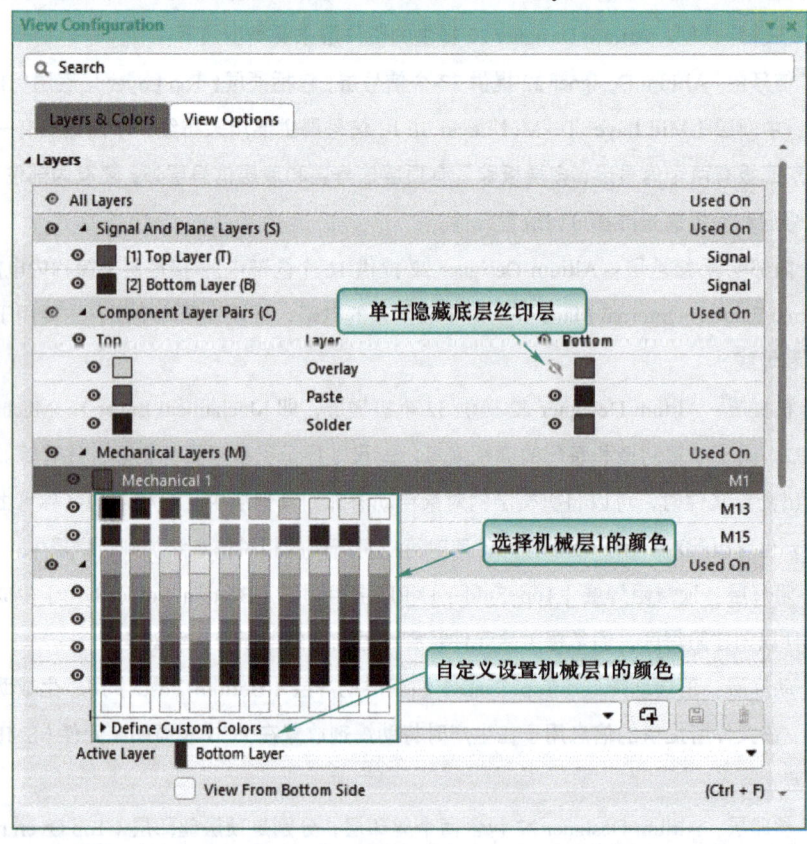

图 1-107
设置 PCB 工作层

### 4. 设置 PCB 层数和结构尺寸

（1）设置 PCB 层数

利用菜单或工作面板创建的 PCB，默认信号层数为 2（即顶层和底层），无内电层。一般情况下设计双面板，利用默认信号层数即可。如果需要修改，可以执行菜单命令 "设计" ⇨

"层叠管理器"，在弹出的对话框中进行层的添加、删除和移动等操作。

（2）设置 PCB 物理边界

PCB 尺寸可以根据实际需要设计成任何结构形状。PCB 有两个边界，即物理边界和电气边界。物理边界是指 PCB 的实际外形边界，而电气边界是指 PCB 上能够布线的区域，因此电气边界一般应小于物理边界。

根据 PCB 的工作条件和环境要求，首先要设置 PCB 的物理边界。执行菜单命令"设计"⇨"板子形状"，会弹出编辑 PCB 外形的子菜单，如图 1-108 所示。该子菜单中给出了各种设定 PCB 物理边界的方法。

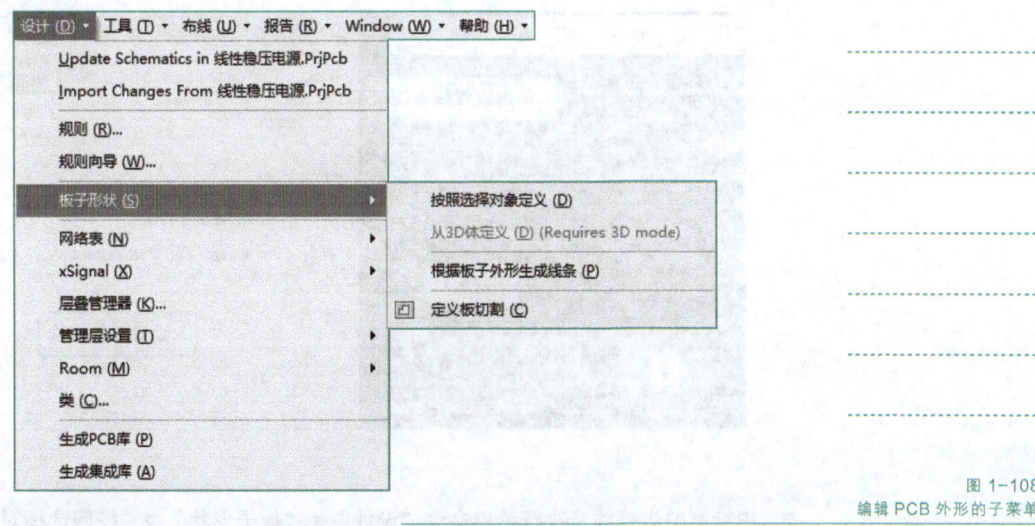

图 1-108
编辑 PCB 外形的子菜单

① 更改 PCB 板框线条。通过菜单或工作面板新建一个 PCB 文件后，会产生一个默认的带有网格的区域，白色虚线矩形框就是初始的 PCB 物理边界，如图 1-101 所示。如果设计者对这个边界形状或样式不满意，可以通过执行图 1-108 中的菜单命令来进行更改，具体操作步骤如下：执行图 1-108 中的菜单命令"根据板子外形生成线条"，将会弹出"从板外形而来的线/弧原始数据"对话框，如图 1-109 所示，可以设置线条宽度及所在的层，边框颜色与所选层颜色是对应的。对话框中还有"包含切割槽""包含层堆栈区域""布线工具概要"和"删除层中现有的无网络连线/圆弧"四个选项。

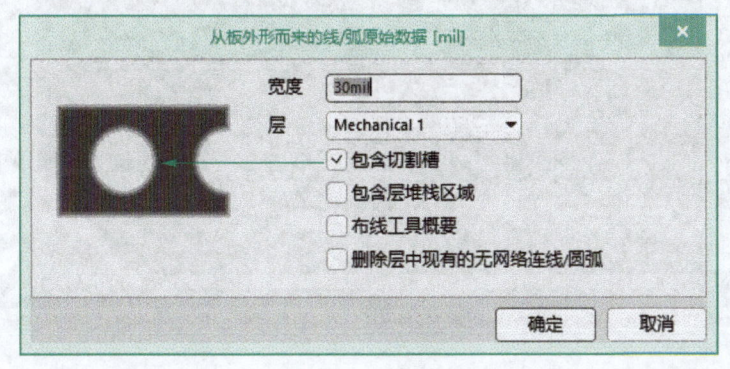

图 1-109
"从板外形而来的线/弧
原始数据"对话框

② 重新定义 PCB 形状。如果需要简单的矩形或者规则多边形板框，则直接在 PCB 中绘制即可。PCB 板框在机械层内定义，下面以机械层 1 为例介绍绘制方法。

在 PCB 编辑区下方单击"Mechanical 1"标签，切换到机械层 1，然后单击常用工具栏中的放置线条按钮，或者执行菜单命令"放置"⇨"线条"。光标变成绿色十字形后，可在 PCB 编辑区单击绘制需要的板框形状。绘制过程中按"Tab"键将打开"Properties"面板，可更改线宽和当前层属性，如图 1-110 所示；按"空格"键可以改变边界的拐角形式，即可以在直角和 45°角之间切换。可以通过界面左下角状态栏中显示的坐标值辅助确定 PCB 边框各个边界点的定位。PCB 物理边界连成闭合区域后，右击或按"Esc"键结束绘制。

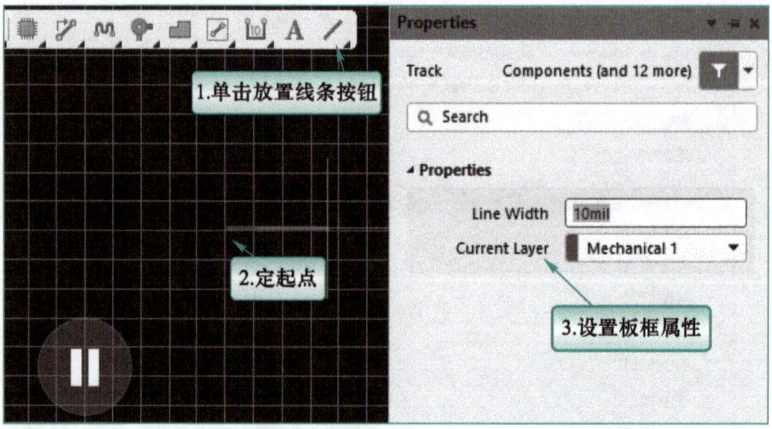

图 1-110
绘制 PCB 物理边界

选中绘制的边框线，执行菜单命令"设计"⇨"板子形状"⇨"按照选择对象定义"，或者按快捷键"D，S，D"，即可完成板框的定义，定义后的效果如图 1-111 所示。单击边框外的灰色区域，确认并结束定义板框的操作。

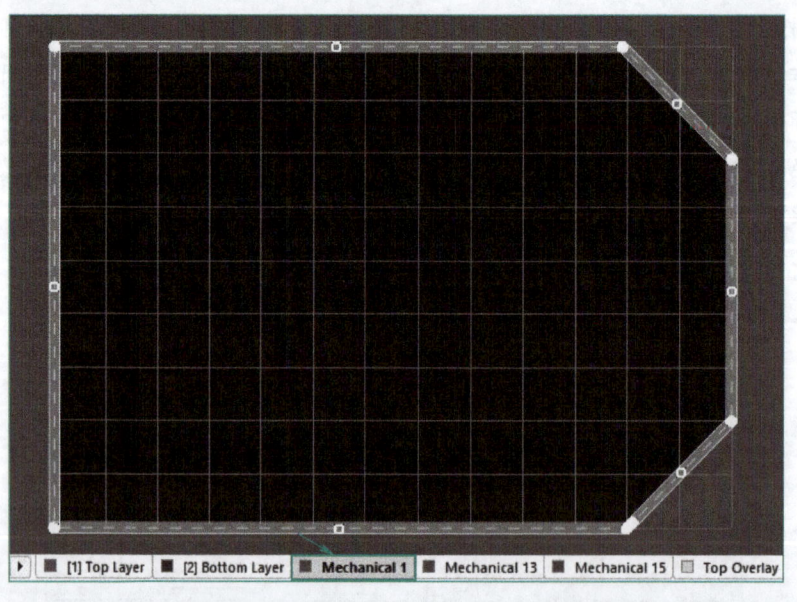

图 1-111
定义 PCB 物理形状

如果对板子形状不满意，还可以通过改变物理边界操控点位置的方法来重新定义 PCB 物理边界。每条边界线有三个操控点：两个端点和中点。选中某条边界线，如果拖动中点到某一新的位置，则增加一个顶点。边界线上的光标变成十字形时，可拖动边界线到预定的位置，如图 1-112 所示。右击或按"Esc"键结束。

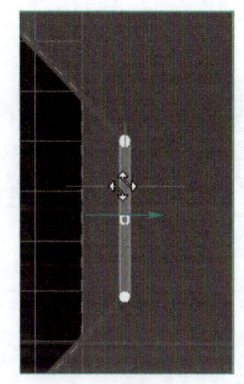

图 1-112
改变 PCB 形状

③ 从 CAD 中导入板框。很多项目的板框机构外形是不规则的，在 Altium Designer 中绘制板框的复杂度比较高，这时可以选择导入 CAD 结构工程师绘制的板框数据文件，Altium Designer 支持导入 DXF 或者 DWG 格式的文件来定义板框。导入之前最好将结构文件转换为较低的版本，确保正确导入。

导入 CAD 板框文件的步骤如下：新建一个 PCB 文件，然后将其打开，执行菜单命令"文件" ⇨ "导入" ⇨ "DXF/DWG"，选择需要导入的 DXF 或者 DWG 文件，单击  按钮，将弹出"从 AutoCAD 导入"对话框，如图 1-113 所示。在"比例"区域中设置导入单位，这里应注意必须与 CAD 单位保持一致，否则导入的板框尺寸会出现错误。用户可以通过 Size 参数进行大致判断。如果单位设置错误，"比例"区域下方的 Size 参数将会变成红色来给出提示。在对话框下方区域选择需要导入的层参数，为了简化导入操作，这里可以保持默认，成功导入后再在 PCB 编辑器中更改。

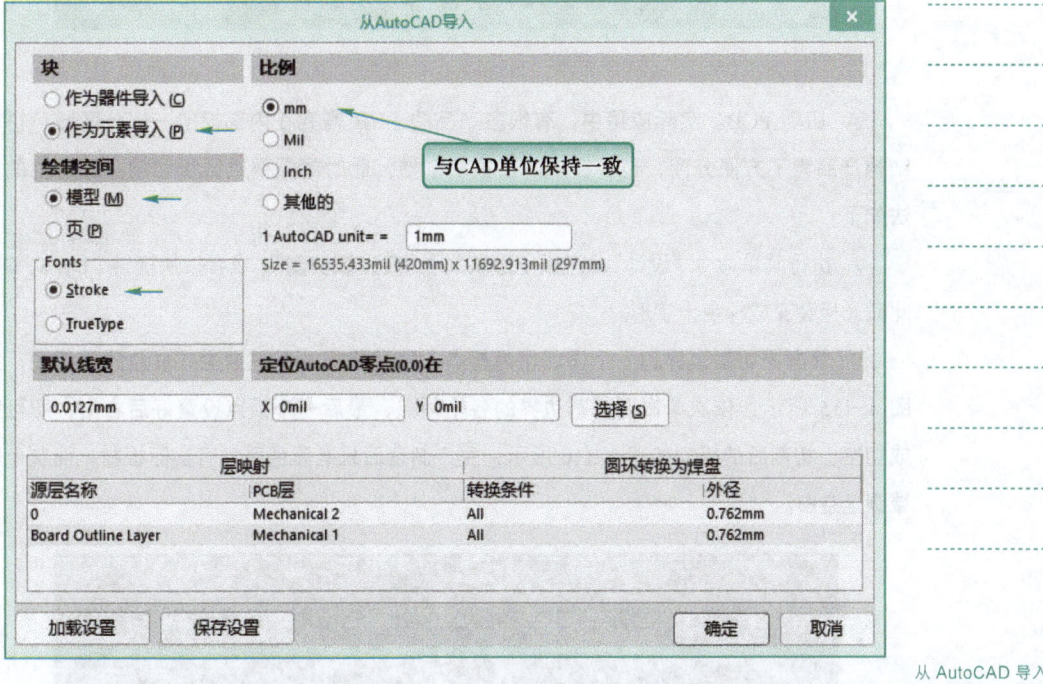

图 1-113
从 AutoCAD 导入板框文件

设置完毕，单击 确定 按钮，在弹出的"Information"对话框中单击 OK 按钮即可导入。导入后的板框可能会偏离界面中心，有时需要缩放绘图区才能够找到导入的板框。

导入 DXF 文件的板框时，还需要重新选择闭合的边框线，若边框线有缺损应补充完整，执行菜单命令"设计" ⇨ "板子形状" ⇨ "按照选择对象定义"，或者按快捷键"D, S, D"

完成板框的定义。如图 1-114 所示，这是一个拼板 PCB，由 9 块相同的 PCB 拼接而成，这种方法定义的板子边界线内部的区域被保留下来。

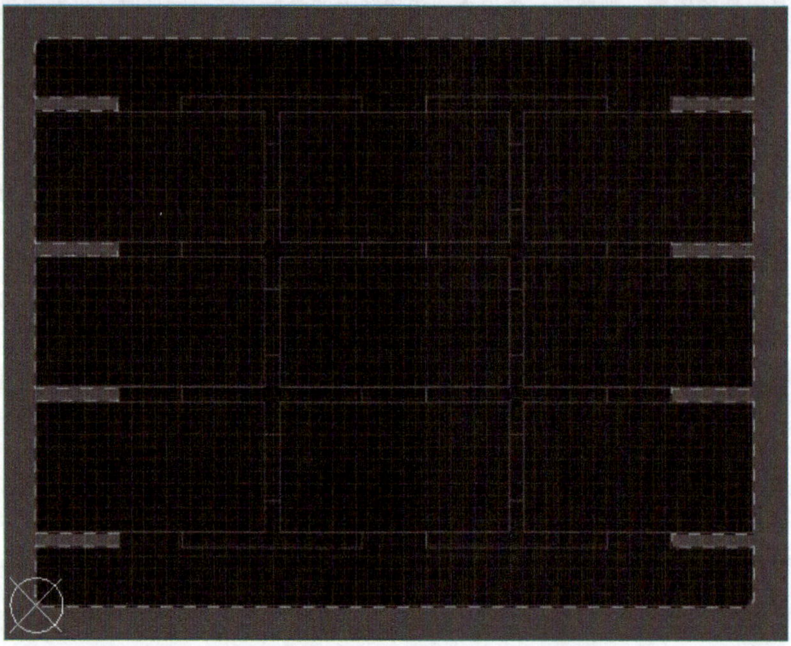

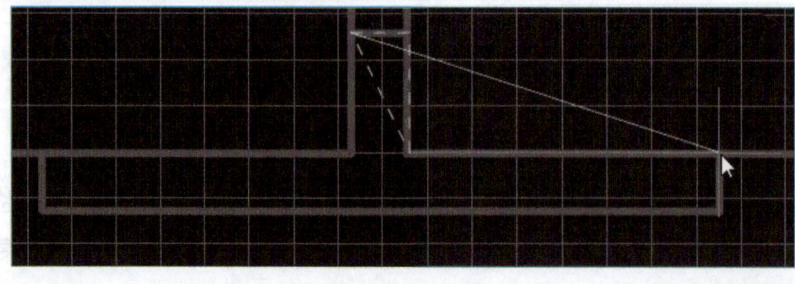

图 1-114
导入 DXF 文件后重新定义
板框

④ 切割 PCB。实际应用中，有很多产品的 PCB 需要在内部挖空一部分区域，拼板结构产品为了方便分离，也会在中间设置切割槽，此时就需要进行板切割。板切割的方法如下。

➤ 执行菜单命令"设计" ⇨ "板子形状" ⇨ "定义板切割"，或者按快捷键"D，S，C"，此时光标会变成绿色十字形。

➤ 单击要切割边界的一个顶点作为起点，移动鼠标，系统会生成白色的预拉线，如图 1-115 所示，依次单击要切割边界的各个顶点，最后一个顶点设置好后右击，即可完成切割。切割后的板框如图 1-116 所示，生产制造后只有黑色区域有实际板材，而灰色区域则是空白。

图 1-115
依次单击要切割边界的
各个顶点

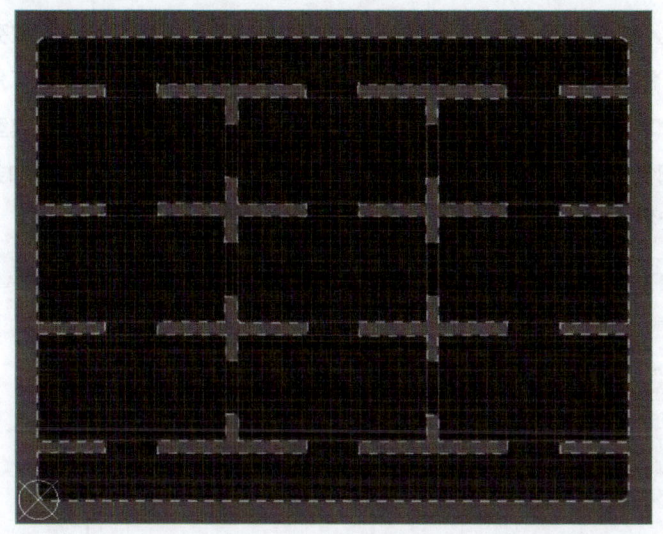

图 1-116
切割后的板框

---

**提示** ››››››》

　　没有必要一定要把切割边界做成闭合多边形，因为 Altium Designer 22 会自动把所画的起点和终点连接在一起，从而形成板切割的物理边界。

（3）设置 PCB 电气边界

　　PCB 的电气边界用来限定布线及各元件的放置范围，它是通过在禁止布线层上绘制边界来实现的。方法是：首先将 PCB 编辑器的当前工作层设置为"Keep-Out Layer"，然后再利用绘图工具绘制电气边界。如图 1-117 中的实线闭合矩形即为设置好的 PCB 电气边界。

图 1-117
设置 PCB 的电气边界

### 1.3.3　加载元件

**1. 加载元件封装库**

　　PCB 元件库的加载方法与原理图元件库的加载方法相同，常用方法是在"Components"面板上单击 ▤ 按钮来选择加载元件库的方式，具体步骤可参考原理图元件库的加载方法

（见 1.2.3 节）。在"Components"面板中，提供了元件列表、模型等信息。在列表区单击选中某个元件，例如 NPN 型三极管，则在面板底部将显示该元件的名称，右下角有一个双箭头图标 ⊼，如图 1-118 所示。单击 ⊼，将在面板中展开 NPN 型三极管的模型、参考、元件选择等详细信息，在"Models"区域会显示 NPN 型三极管的原理图符号和封装形状，封装可以选择查看 2D 或者 3D 模型，如图 1-119 所示。

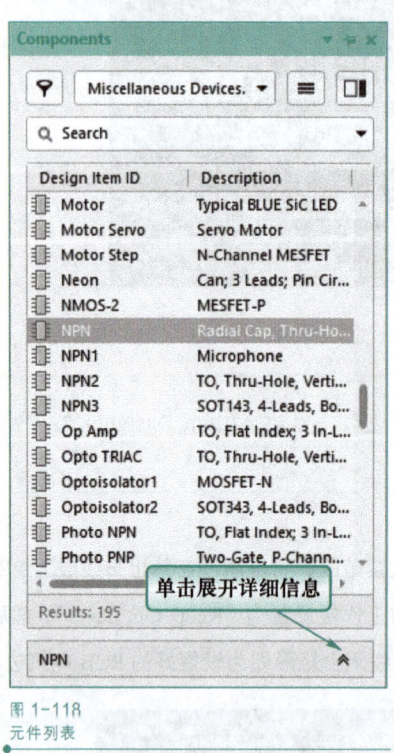

图 1-118
元件列表

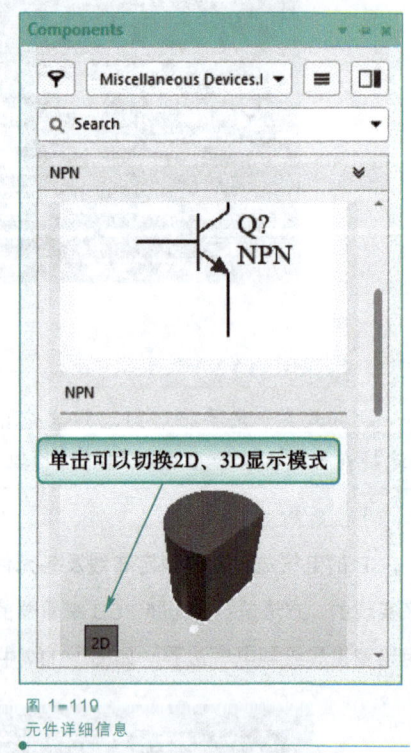

图 1-119
元件详细信息

### 2. 导入网络表

导入网络表实际上就是将原理图中的数据导入 PCB 设计系统中，Altium Designer 提供了从原理图到 PCB 的自动更新功能。

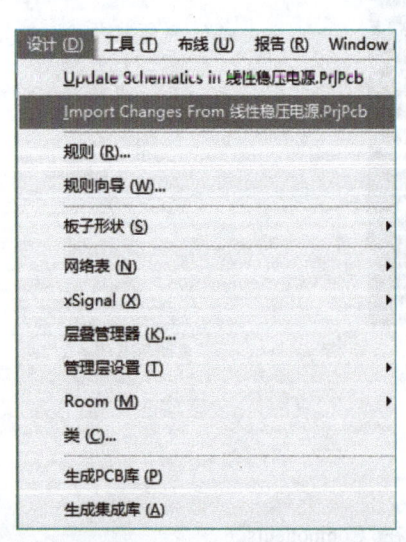

图 1-120
在 PCB 编辑器环境下更新 PCB

① 在 PCB 编辑器中执行菜单命令"设计"⇨"Import Changes From 线性稳压电源.PrjPcb"，如图 1-120 所示（PCB 文件必须保存后才能导入）。

② 执行此命令前 PCB 是空白的，执行该命令就相当于将原理图的网络表信息全部加载到 PCB 文件中，这时将弹出"工程变更指令"对话框，如图 1-121 所示。

③ 单击 验证变更 按钮，系统将检查所有的更改是否都有效。如果有效，将在右边"检测"栏对应位置出现 ⊘；如果有错误，"检测"栏中将显示红色错误标识。多数错误都是由于元件封装定义错误或者没有添加对应封装库造成的。若有错误则返回原理图进行更改或者添加相应的封装库，直到"检测"栏中全部正确为止。

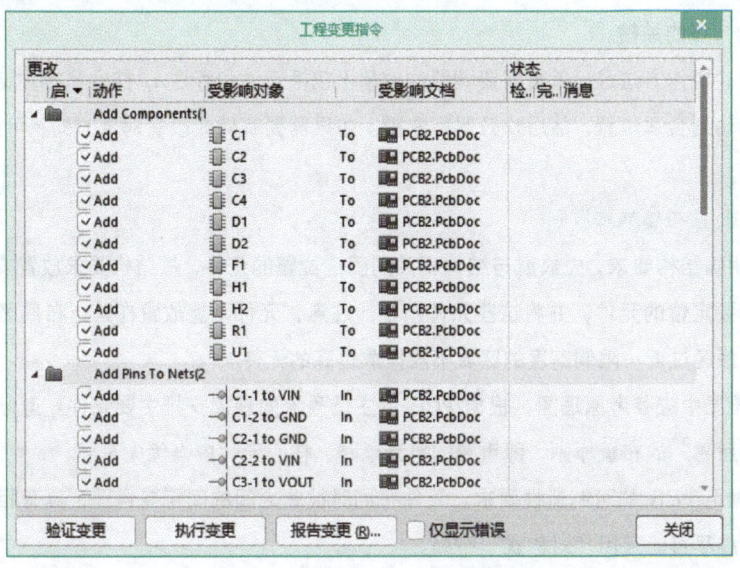

图 1-121
"工程变更指令" 对话框

④ 单击 执行变更 按钮，系统将执行所有的更改操作。如果执行成功，将在"状态"下的"完成"栏对应位置出现 ✓，执行结果如图 1-122 所示。

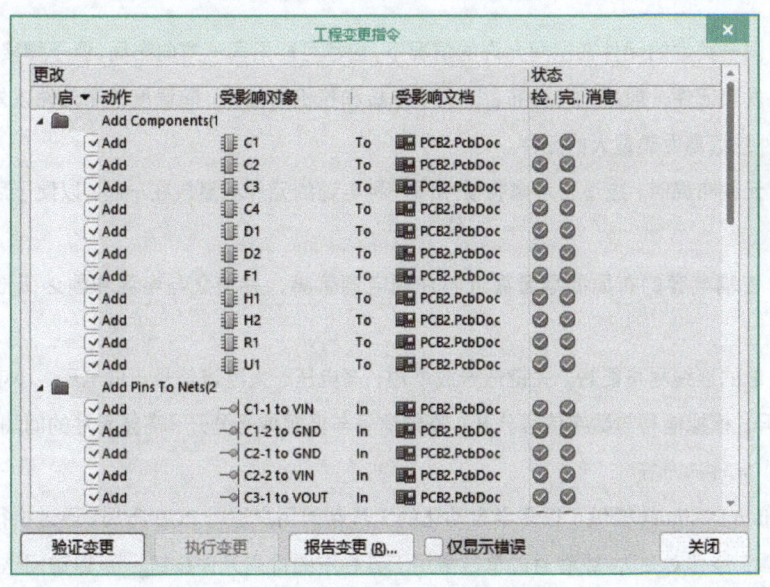

图 1-122
更改执行成功

⑤ 单击 报告变更(R)... 按钮，可将更新后的结果生成报表。

⑥ 单击 关闭(O) 按钮，可关闭该对话框，返回 PCB 编辑器。

### 1.3.4 PCB 布局与布线

#### 1. PCB 布局

导入网络表后，所有元件已经更新到 PCB 上，但是元件布局不尽合理，甚至出现重叠现象，这可能使 PCB 上的导线变得非常复杂，甚至无法完成布线操作，所以合理的布局是

PCB 成功布线的关键。

　　布局的操作方法是：单击需要调整的对象（包括元件和标注），按住鼠标左键不放，将该对象拖动到合适位置，然后松开鼠标左键。如果需要旋转或改变对象方向，可按"空格"键来完成。

### （1）PCB 布局基本原则

微课：
PCB 的布局原则

　　① 明确结构要求，先放置与结构相关的固定位置的元件，按结构要求放置安装孔、接插件等需要定位的元件，并将这些元件锁定。注意，元件不能放置在禁止布局区，且不能与禁止布线区过近；限制高度的区域不能摆放过高的元件。

　　② 布局中应参考原理图，根据 PCB 的主信号流向规律安排主要元件。遵照"先大后小，先难后易"的布置原则，即重要的单元电路、核心元件应当优先布局。

　　③ 满足 PCB 的可制造性要求，元件布局时彼此之间的间距要合理，具有相同电路结构的部分应尽可能采用"对称式"布局。

　　④ 元件的排列要便于调试和维修，亦即小元件与大元件之间应留有一定距离，需调试的元件周围要有足够的空间，需插拔的接口、排针等元件应靠板边缘摆放。

　　⑤ 在满足系统功能和性能的前提下，按照均匀分布、重心平衡、版面美观的标准优化布局。

　　⑥ 同一类型的元件在空间允许的情况下，应尽可能沿同一方向布局，便于焊接及调试。

　　⑦ 发热元件一般应均匀分布，以利于单板和整机的散热。除温度检测元件以外的温度敏感元件应远离发热量大的元件。

　　⑧ 元件布局时，应适当考虑将使用同一种电源的元件尽量放在一起，以便于后续的电源分隔。

　　⑨ 去耦电容的布局要尽量靠近芯片的电源管脚，并使之与电源和地之间形成的回路最短。

　　⑩ 总的连线尽可能短，关键信号线最短；高电压、大电流信号与低电压、小电流信号完全分开；模拟信号与数字信号分开；高频信号与低频信号分开；高频元件的间隔要充分。

### （2）元件的对齐

　　Altium Designer 提供了很多半自动化的工具帮助用户进行 PCB 布局。通过执行菜单命令"编辑"⇨"对齐"，或者通过单击常用工具栏中的排列元件按钮██可以访问这些工具，还可以单击应用工具栏中的排列按钮██ ▾找到对应的工具，如图 1–123 所示。两个工具栏中默认提供的工具基本一致，不同之处已在图中框出。

　　① 对齐命令。必须先选择对象，才能进行对齐命令的操作。执行"对齐"菜单中的"水平/垂直分布"命令，可以使选择的元件之间水平或垂直的距离大约相等。执行"移动所有元件的原点位置到格点"命令，所有未锁定的元件都会被移动到离它最近的元件栅格点上。用户也可以通过单击应用工具栏中增加/减少指定元件的水平/垂直间距按钮（██、██、██、██）来增加或减少元件参考点之间水平或垂直的距离，增加或减少的幅度为元件栅格中指定的值。

② 器件摆放命令。可以使用图 1-124 中的交互式器件布局命令（在"工具"⇨"器件摆放"子菜单中）来实现需要的器件布局。相关命令及功能描述见表 1-6。

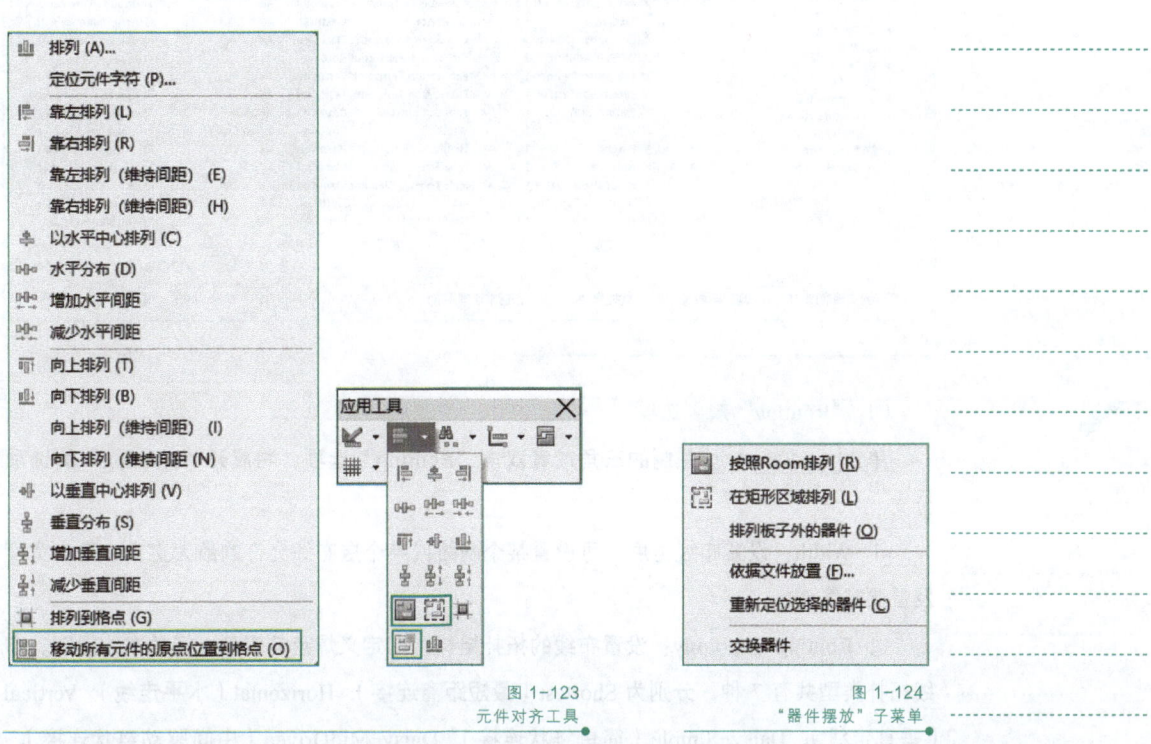

图 1-123
元件对齐工具

图 1-124
"器件摆放"子菜单

**表 1-6　器件布局命令及功能描述**

| 菜单命令 | 功能描述 |
| --- | --- |
| 按照 Room 排列 | 分配给选定 Room 的器件将会放置在该 Room 空间内 |
| 在矩形区域排列 | 选择的器件将会放置在定义的区域内 |
| 排列板子外的器件 | 选择的器件将移到板的外部区域 |
| 依据文件放置 | 选择的器件将按照文件设定的位置来放置 |
| 重新定位选择的器件 | 重新布局选择的器件 |
| 交换器件 | 选择的两个器件将互换位置 |

**2. 设置布线规则**

为了满足设计要求，通常在布线之前需要设置布线规则。常用布线规则包括布线宽度、拓扑结构、拐角模式、布线优先级、过孔孔径尺寸及类型等。

执行菜单命令"设计"⇨"规则"，将弹出"PCB 规则及约束编辑器"对话框，如图 1-125 所示。

该对话框左侧列表中以树形结构形式显示了 Electrical（电气）、Routing（布线）、SMT（表面贴装技术）、Mask（屏蔽层）、Plane（内层）、Testpoint（测试点）、Manufacturing（电路板制造）、High Speed（高频电路）、Placement（元件放置）、Signal Integrity（信号完整性分析）等设计规则类别。

微课：
设置 PCB 布线规则

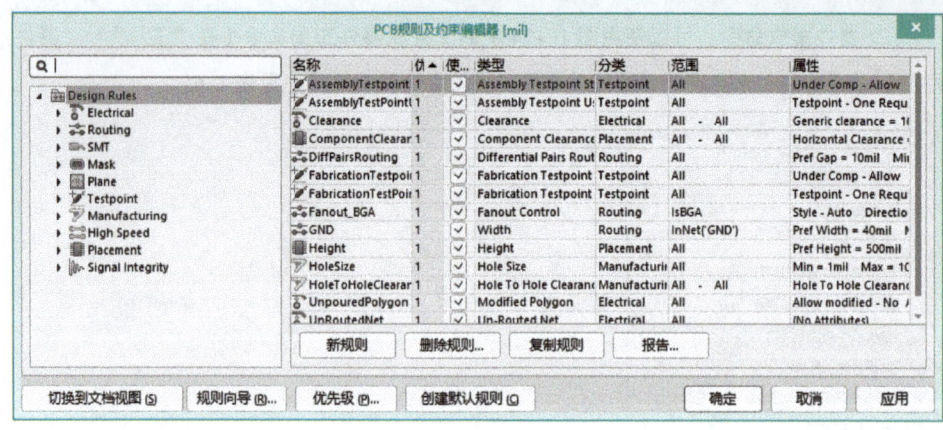

图 1-125
"PCB 规则及约束
编辑器"对话框

**（1）"Routing"规则选项**

单击 ▶ ⛓️Routing 左侧的三角或者双击"Routing"选项，将展开"Routing"的选项分支。

① Width：设置布线宽度，可设置某个网络或某个层布线允许的最大宽度、最小宽度及首选宽度。

② Routing Topology：设置布线的拓扑结构，即定义焊盘与焊盘之间的布线规则。布线拓扑类型共有 7 种，分别为 Shortest（最短距离连接）、Horizontal（水平走线）、Vertical（垂直走线）、Daisy-Simple（简单链状连接）、Daisy-MidDriven（中间驱动链状连接）、Daisy-Balanced（平衡式链状连接）和 Starburst（星形扩散连接），如图 1-126 所示。一般以整个布线的线长最短为目标，所以一般选用默认的 Shortest。

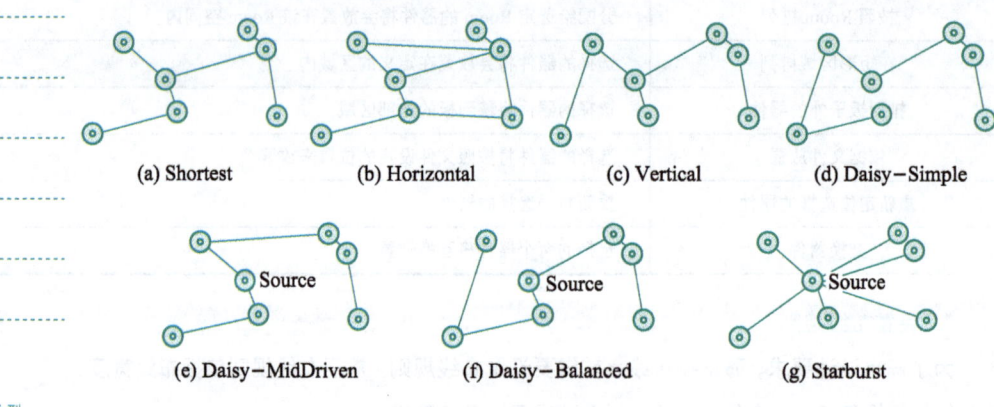

(a) Shortest　　(b) Horizontal　　(c) Vertical　　(d) Daisy-Simple

(e) Daisy-MidDriven　　(f) Daisy-Balanced　　(g) Starburst

图 1-126
布线的 7 种拓扑类型

③ Routing Priority：设置布线优先次序，优先级由 0 到 100 依次升高，具有较高布线优先级的网络将被系统优先布线。

④ Routing Layers：设置布线板层，即设定在布线过程中，哪些信号层可以用来布线。默认情况下，顶层和底层都可以用来布线。

⑤ Routing Corners：设置布线拐角模式，拐角模式有 90 Degrees、45 Degrees 和 Rounded 3 种，如图 1-127 所示。

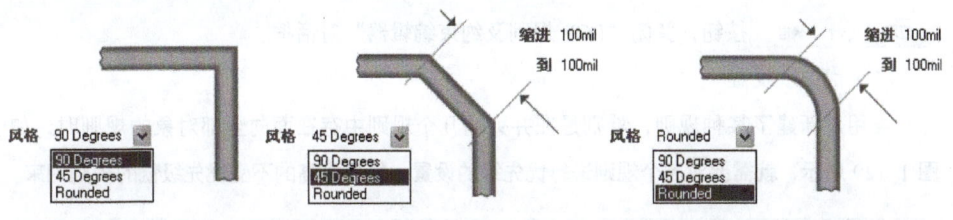

图 1-127
布线的 3 种拐角模式

⑥ Routing Via Style：设置布线过孔形状，定义表层与内层、内层与内层之间过孔的类型和相关尺寸。

（2）"Width"规则设置

Width（线宽）的功能是设定布线时的线宽，以便于自动布线或者手动布线时线宽的选取、约束。设计人员可以在软件默认的线宽设计规则中修改约束值，也可以新建多个线宽设计规则，以针对不同的网络或板层规定其线宽。

设置线宽规则前先确定单位，执行菜单命令"视图"⇨"切换单位"，或者按快捷键"Q"，可以在"mil"和"mm"之间切换。当前使用的单位在主窗口左下角状态栏和工作区窗口左上角均有显示。

在"PCB 规则及约束编辑器"对话框左侧，选择"Routing"⇨"Width"，此时对话框右侧会出现相应的设置项。

要想增加一个新的 Width 选项，将光标置于"Width"选项之上，然后右击，在弹出的右键菜单中选择"新规则…"，即可新建一个默认名为"Width_1"的规则，这样可以在 PCB 中根据需要设置不同的布线宽度。

单击"Width_1"，打开设置导线宽度界面，如图 1-128 所示。在"名称"文本框中输入"GND"，在"Where The Object Matches"区域左侧的下拉列表框中选择"Net"，并在右侧的下拉列表框中选择"GND"，然后在"约束"区域定义布线时导线的首选宽度、最小宽度和最大宽度，比如分别将这三个值设置为 40 mil、30 mil 和 50 mil，那么所有连接"GND"网络的线宽都默认为 40 mil。按此方法设置电源网络和其他信号网络的线宽。

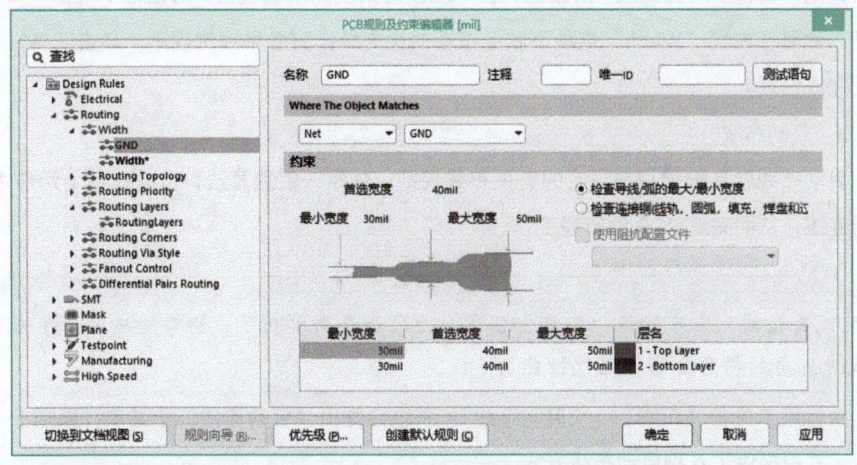

图 1-128
设置导线宽度界面

其余各项规则可参照"Width"选项的设置步骤来完成。所有规则设置完成后单击应用、确定按钮，关闭"PCB 规则及约束编辑器"对话框。

（3）优先级设置

当用户新建了某种规则，特别是在并列的几个规则中存在面向全部对象的规则时，如图 1-129 所示，就需要对各个规则进行优先级的设置，优先级高的不受优先级低的规则约束。

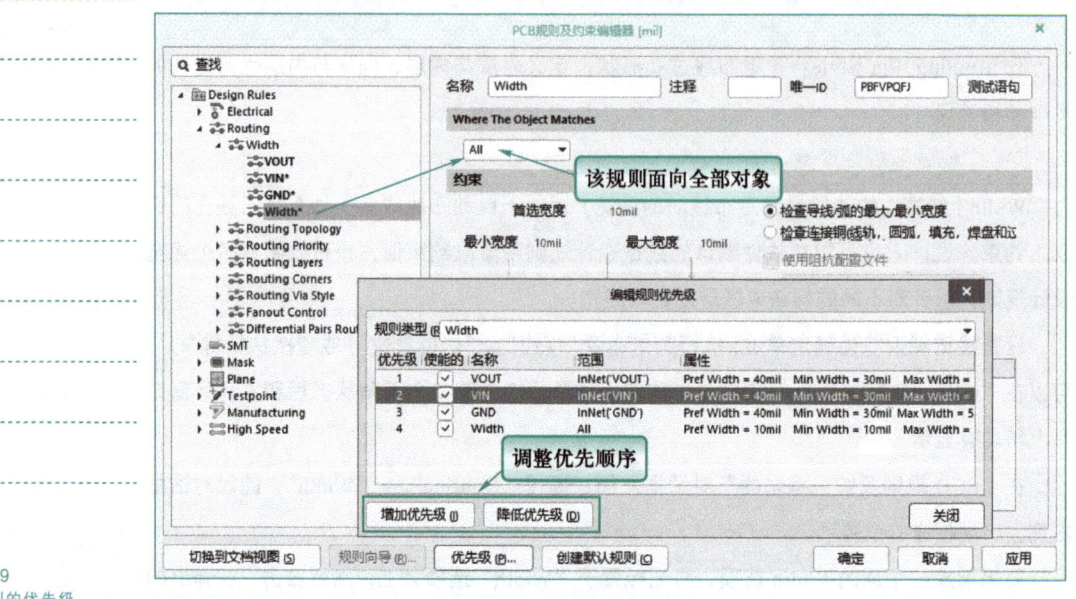

图 1-129
调整规则的优先级

设置方法如下：

选择需要设置优先级的规则选项，如在"PCB 规则及约束编辑器"对话框左侧选择"Width"选项，再单击下方的 优先级 ⓟ 按钮，将弹出"编辑规则优先级"对话框，优先级编号越小，优先级越高。

选中需要调整优先级的某一条规则，单击左下方的 增加优先级 ⓤ 或者 降低优先级 ⓓ 按钮进行设置。面向"All"的规则应设置为最低优先级。

关闭"编辑规则优先级"对话框，在"PCB 规则及约束编辑器"对话框中单击 应用 按钮，此时在左侧"Width"选项下就会按新的优先级排列各种线宽规则。单击 确定 按钮，完成设置。

### 3. 自动布线

自动布线就是根据用户设定的有关布线规则，依照一定的算法，自动在各个元件之间进行连线，从而完成 PCB 的布线工作。

> **提示** ››››››
>
> **布线基本原则**：连线要精简，尽可能短，尽量少拐弯，力求线条简单明了，拐弯处应为圆角或斜角（因为高频时直角或者尖角的拐弯会影响电气性能）。

执行菜单命令"布线"⇨"自动布线"，系统会弹出"自动布线"子菜单，如图 1-130 所示，其中提供了 6 种自动布线方式。

① 全部：对整个 PCB 上的对象进行自动布线。

② 网络：对指定网络进行自动布线。

③ 网络类：对指定网络类进行自动布线。

④ 连接：对指定飞线进行自动布线。

⑤ 区域：对指定的矩形区域进行自动布线。

⑥ Room：对指定 Room 空间的元件组合进行自动布线。

下面重点介绍"全部"布线方式和"网络"布线方式。

（1）"全部"布线方式

使用"全部"布线方式进行布线，系统会自动完成整块 PCB 的布线操作。

① 执行菜单命令"布线" ⇨ "自动布线" ⇨ "全部"，弹出如图 1-131 所示的"Situs 布线策略"对话框。

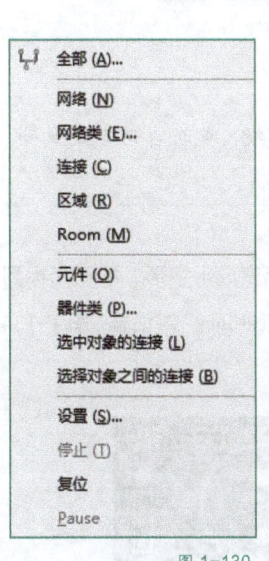

图 1-130
"自动布线"子菜单

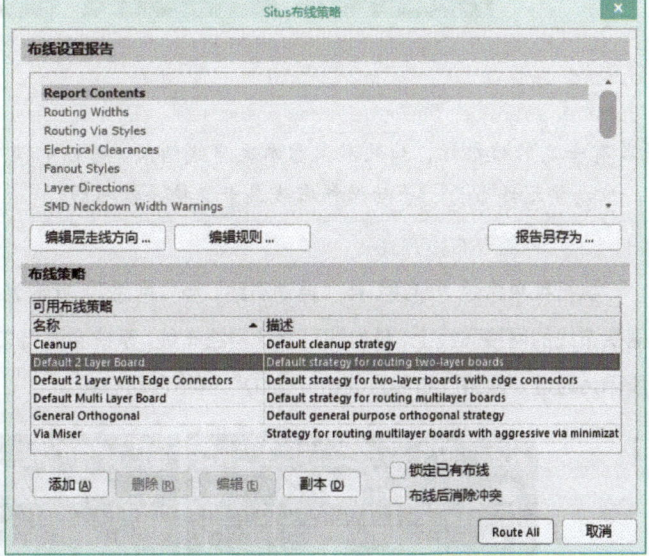

图 1-131
"Situs 布线策略"对话框

单击 编辑规则… 按钮，将弹出图 1-125 所示的"PCB 规则及约束编辑器"对话框，可以对布线规则进行编辑。在"可用布线策略"区域中，一般情况下采用系统默认值，即选择布线策略"Default 2 Layer Board"。

② 单击 Route All 按钮，系统会弹出自动布线信息对话框，如图 1-132 所示。

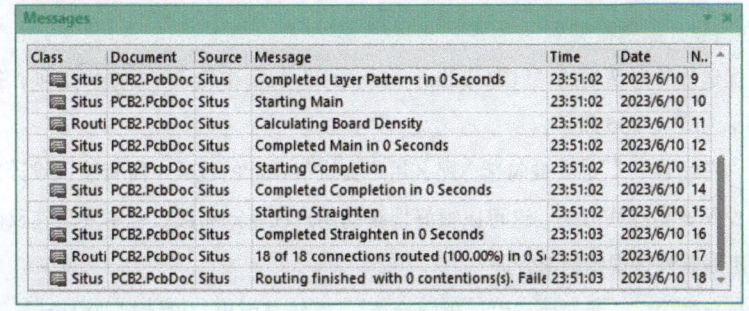

图 1-132
自动布线信息对话框

**提示** ▶▶▶▶▶▶

　　在自动布线过程中如需终止布线，可执行菜单命令"布线"➪"自动布线"➪"停止"；如需暂停自动布线，可执行菜单命令"布线"➪"自动布线"➪"Pause"；如需重新自动布线，可执行菜单命令"布线"➪"自动布线"➪"复位"。

　　③ 布线完成后，会显示布线后的 PCB。

　　④ 对不规范的布线进行手动调整，如图 1-133 中导线直角转弯不规范，可用鼠标左键选中导线，拖动改变线路的位置、走向。

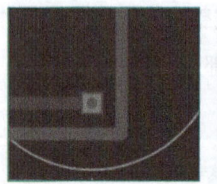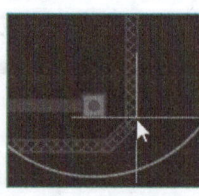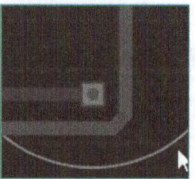

图 1-133
对不规范的布线进行手动调整

**提示** ▶▶▶▶▶▶

　　自动布线结果具有一定的随机性，如果不满意本次布线结果，可以取消布线，重新自动布线试一试。若一直不满意，应调整元件布局、手动调整布线或者直接手动布线。

（2）"网络"布线方式

　　执行菜单命令"布线"➪"自动布线"➪"网络"，此时光标变成十字形，移动光标到需要布线的网络飞线上，单击即可给该网络布线，系统会弹出"Messages"对话框。图 1-134 所示为通过"网络"布线方式给"GND"网络自动布线。

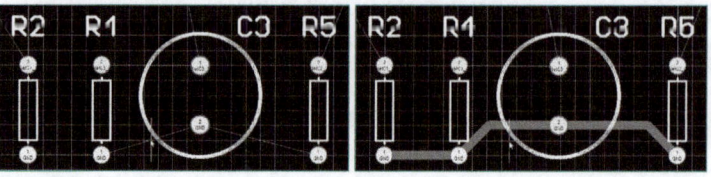

图 1-134
给"GND"网络自动布线

　　如果发现 PCB 没有完全布通（即布通率低于 100%）或走线不理想等，可执行菜单命令"布线"➪"取消布线"将已经布好的线取消，然后再调整布局并重新布线。

## 1.3.5　设计规则检查

### 1. 在线设计规则检查

　　在"优选项"对话框的"PCB Editor – General"界面中勾选 ☑在线DRC 选项，打开在线 DRC 检查，如图 1-135 所示。

　　如果"在线 DRC"选项被勾选，那么用户在进行设计的过程中所有违反设计规则的部分都会被立即高亮标注出来。这可以很好地帮助用户在手动布线过程中发现违反间距、宽度、平行走线等设计规则的部分。

　　执行菜单命令"工具"➪"设计规则检查"，系统将弹出"设计规则检查器"对话框，

微课：
PCB 设计规则检查与修改

可以设置需要进行规则检查的部分并设置检查报告的内容和形式，如图 1-136 所示。单击

运行DRC (R)... 按钮，可开始对 PCB 进行规则检查。

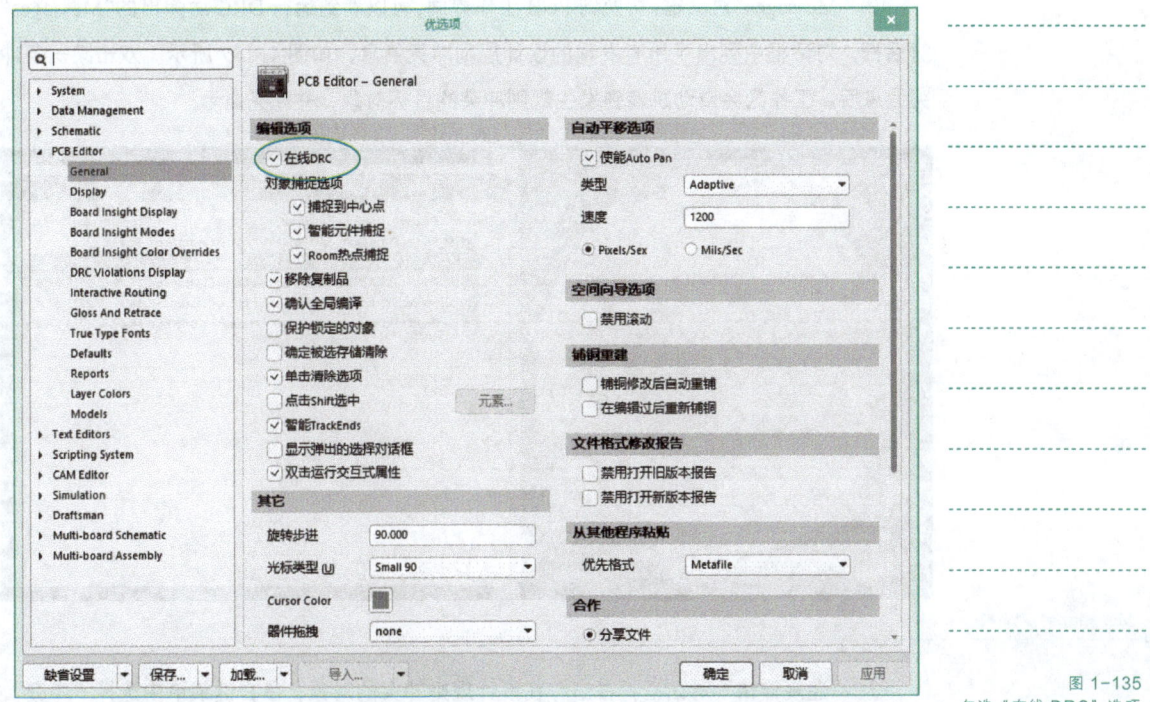

图 1-135
勾选"在线 DRC"选项

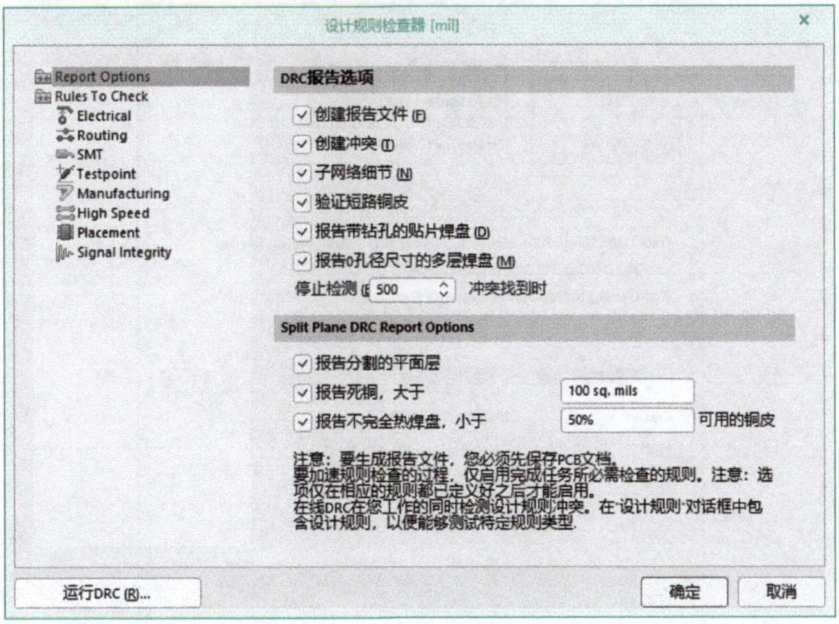

图 1-136
"设计规则检查器"对话框

## 2. 设计规则冲突定位

以下功能用于定位和说明 DRC 冲突：

① DRC 报告：勾选"设计规则检查器"对话框中的☑创建报告文件(F)选项，运行 DRC 之后就可生成 DRC 报告，报告中会显示 PCB 中与设计规则冲突的全部信息。

② "Messages"对话框：切换到 PCB 工作界面，可以看到运行 DRC 后弹出的"Messages"对话框，对话框中列出了所有发现的设计规则冲突信息，如图 1-137 所示。双击某一条冲突信息后，工作区会自动跳转到发生规则冲突的目标对象，并高亮显示。

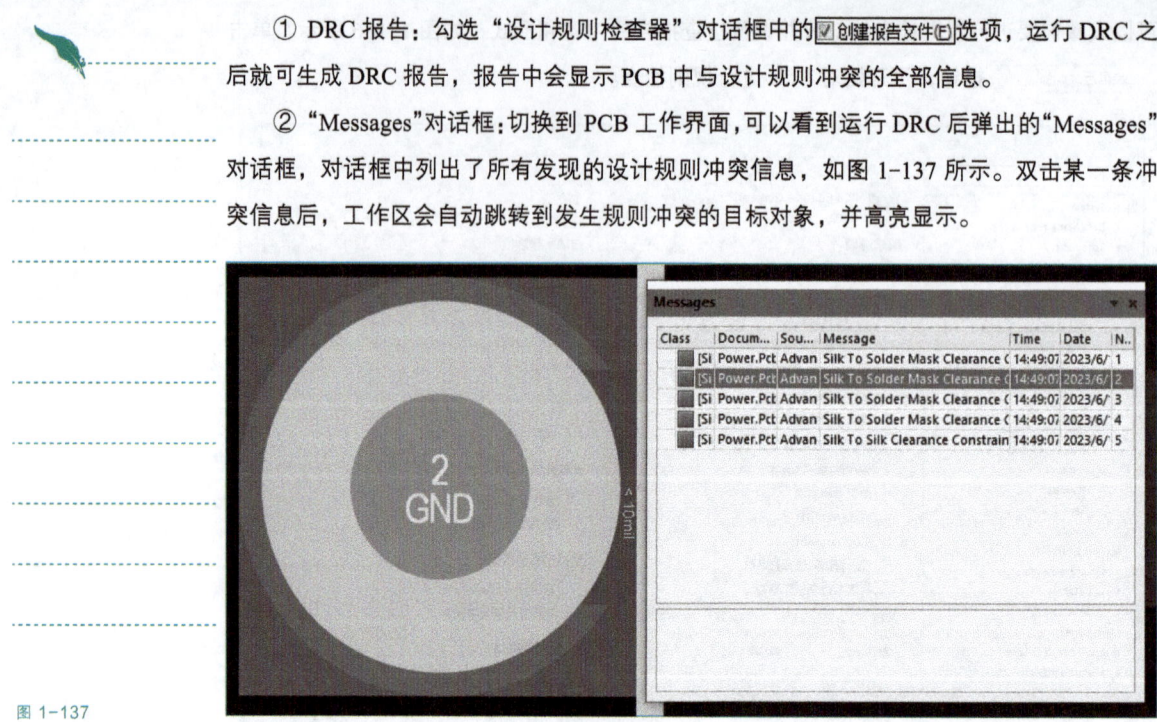

图 1-137
"Messages" 对话框

③ "违规详情"对话框：右击存在设计规则冲突的对象，在右键菜单中选择"冲突"，进入"违规详情"对话框，可以查看与设计规则冲突的详细信息，如图 1-138 所示。

图 1-138
"违规详情" 对话框

④ 设计规则冲突菜单：当光标悬停在某一发生设计规则冲突的对象上时，按"Shift+V"组合键可调出设计规则冲突菜单，如图 1-139 所示。

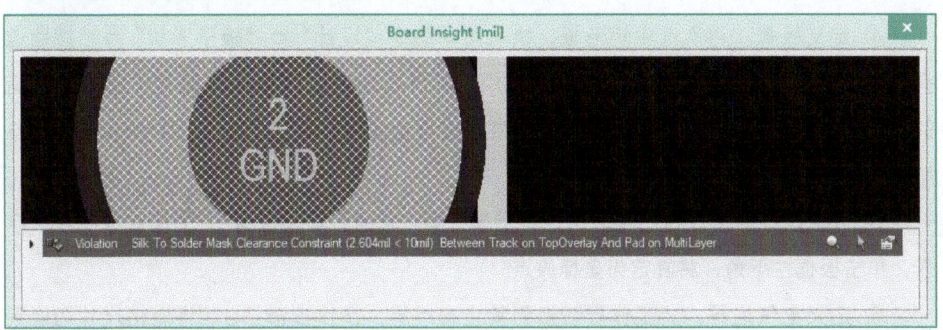

图 1-139
按"Shift+V"组合键
调出设计规则冲突菜单

 说明 ⟩⟩⟩⟩⟩⟩》

有些冲突来自元件封装本身，如果不影响 PCB 的生产制造和工作性能，这种冲突是可以忽略的。如勾选图 1-138 中的 ☑搁置该违规冲突 即可忽略该冲突。

 【任务实施】

## 1.3.6 实战演练——设计线性稳压电源 PCB

### 1. 新建 PCB 文件和设置 PCB 板框

① 新建 PCB 文件并保存。右击"Projects"面板中的工程名，从弹出的右键菜单中选择"添加新的...到工程" ⇨ "PCB"。再右击新生成的 PCB 文件，在弹出的右键菜单中选择"重命名"，将默认的 PCB 文件名改为"线性稳压电源 PCB"。右击该文件，选择"保存"。

② 绘制板框物理边界。在 PCB 编辑区下方单击 ■ Mechanical 1 标签，将工作层切换到机械层 1；然后右击常用工具栏中的放置线条按钮 ✏，在下拉菜单中选择"矩形"，在窗口放置一个矩形。

③ 设定板框尺寸。选中刚刚放置的矩形，打开右侧的"Properties"面板，如图 1-140 所示，修改矩形的属性，将"Width"改为 2 000 mil，"Height"改为 1 500 mil，然后单击工作区任意位置确定该设置。

微课：
设计线性稳压电源
PCB—板框

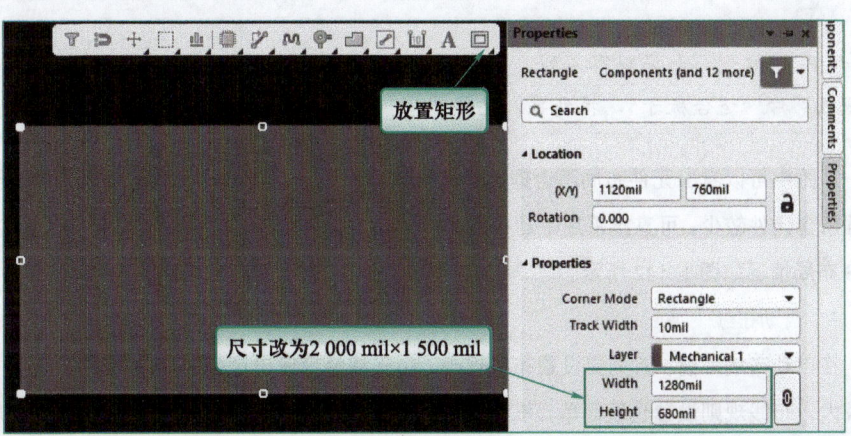

图 1-140
绘制板框物理边界
并设定板框尺寸

④ 定义板框。再次选中矩形框，执行菜单命令"设计" ⇨ "板子形状" ⇨ "按照选择对象定义"，或者按快捷键"D，S，D"，这时矩形框以内的区域都属于要加工制造的物理电路板，可以在这个区域印制电路。板框定义完成后，可以按"Delete"键删除矩形框。

⑤ 放置坐标原点。执行菜单命令"编辑" ⇨ "原点" ⇨ "设置"，光标变成绿色十字形，单击板框左下角，将其定为坐标原点。

⑥ 定义电气边界。将工作层切换到禁止布线层，按快捷键"G"将栅格尺寸切换到 20 mil，绘制一个距离物理边界 20 mil 的矩形框，即为电气边界。

**2．加载元件封装库**

线性稳压电源电路中所包含的元件类型有电阻、电容、LED 灯、熔断器、整流桥、插针和三端稳压管。三端稳压管位于"ST Power Mgt Voltage Regulator.IntLib"元件库中，插针位于"Miscellaneous Connectors.IntLib"元件库中，其余元件的封装位于"Miscellaneous Devices.IntLib"元件库中。在默认情况下，当新建 PCB 文件时，集成元件库会自动加载，如果在"已安装的库"列表中找不到需要的元件库，可通过 1.2.3 节介绍的方法加载。

**3．导入网络表**

在 PCB 编辑器中执行菜单命令"设计" ⇨ "Import Changes From 线性稳压电源.PrjPcb"，将原理图中的网络表信息全部装载到 PCB 文件中，具体的操作方法参见 1.3.3 节。导入时可不勾选"Add Rooms"下的复选框。

微课：
设计线性稳压电源
PCB—布局与布线

**4．PCB 布局**

导入网络表后，所有元件已经更新到 PCB 上，如图 1-141 所示。

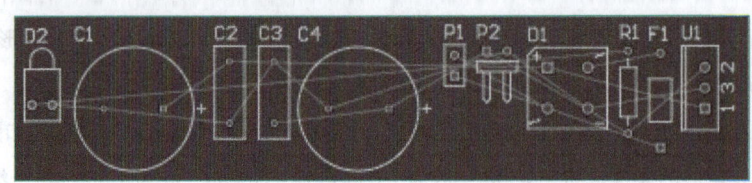

图 1-141
初始导入元件时的布局情况

---

**提示** 〉〉〉〉〉〉

导入元件一般位于 PCB 右侧，如果观察不到，可以试一下向左移动 PCB，或者缩小显示比例，或者执行菜单命令"视图" ⇨ "适合板子"，找到导入元件。

---

从图中可以看出元件布局不合理，因此需要对 PCB 上的元件进行重新布局。考虑到该工程所含元件较少，可直接采用手动布局的方式调整元件位置。经手动调整元件及标注后，PCB 布局情况如图 1-142 所示。

**5．自动布线**

在自动布线之前，首先要设置布线规则。由于线性稳压电源的 PCB 较简单，板尺寸相对较大，布线规则设置也较简单，在此只需将布线宽度加宽到 40 mil，同时设置仅在底层布线即可。

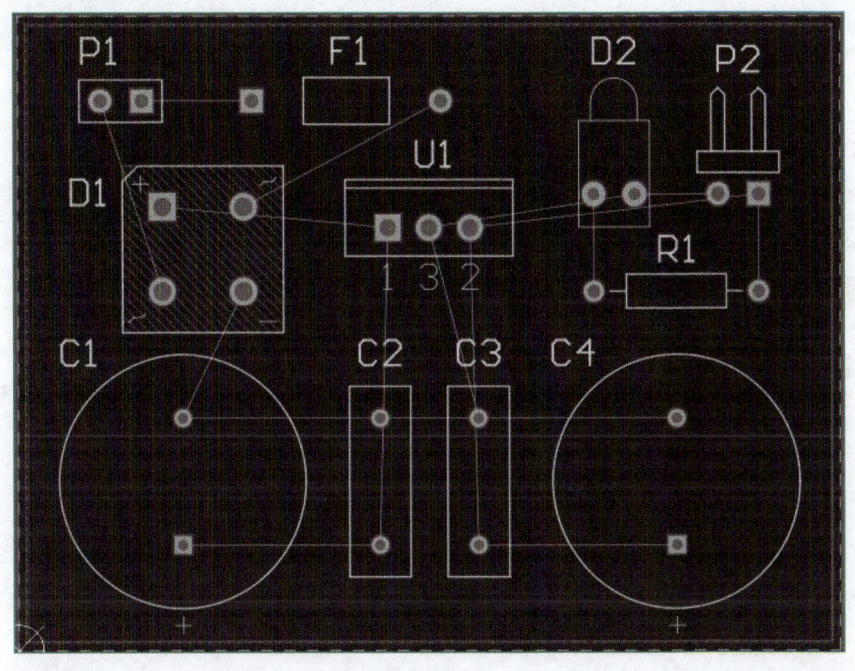

图 1-142
手动布局后的 PCB

（1）设置布线规则

① 执行菜单命令"设计" ⇨ "规则"，将会弹出"PCB 规则及约束编辑器"对话框，选择"Routing" ⇨ "Width"选项，在"约束"区域中将首选宽度、最小宽度和最大宽度的值均设置为 40 mil，如图 1-143 所示。这样，自动布线时所有网络的布线宽度均为 40 mil。

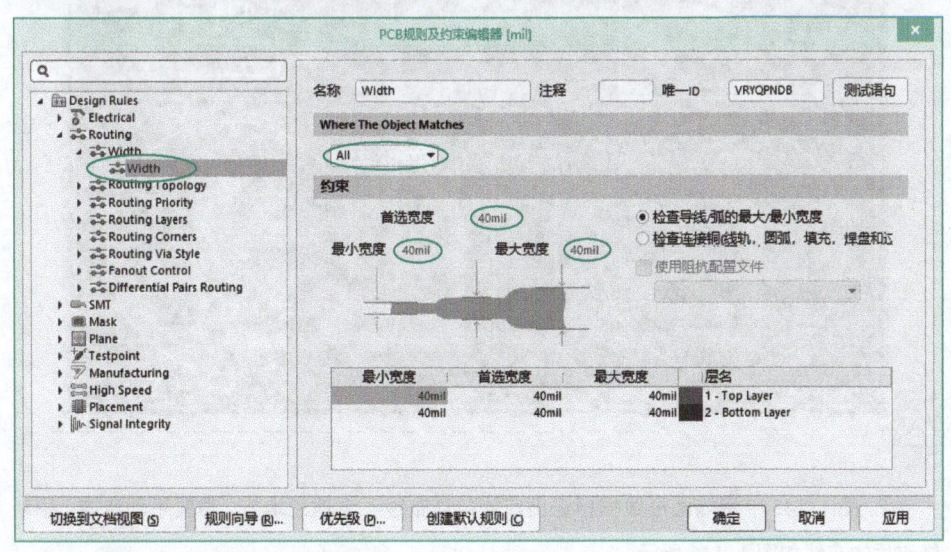

图 1-143
规则设置"Width"选项

② 选择"Routing" ⇨ "Routing Layers"选项，在"约束"区域中"使能的层"下的"允许布线"栏内，取消勾选"Top Layer"，如图 1-144 所示，即设置自动布线时不允许在顶层布线。

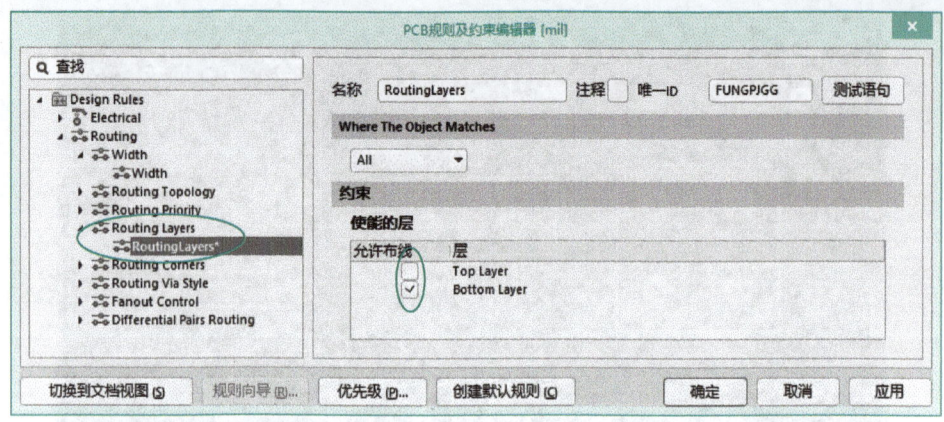

图 1-144
设置允许布线的层

（2）运行自动布线

① 执行菜单命令"布线" ⇨ "自动布线" ⇨ "全部"，将会弹出图 1-131 所示的"Situs 布线策略"对话框，单击 Route All 按钮，进行自动布线，此时系统会弹出自动布线信息对话框，布线完成后的效果如图 1-145 所示。

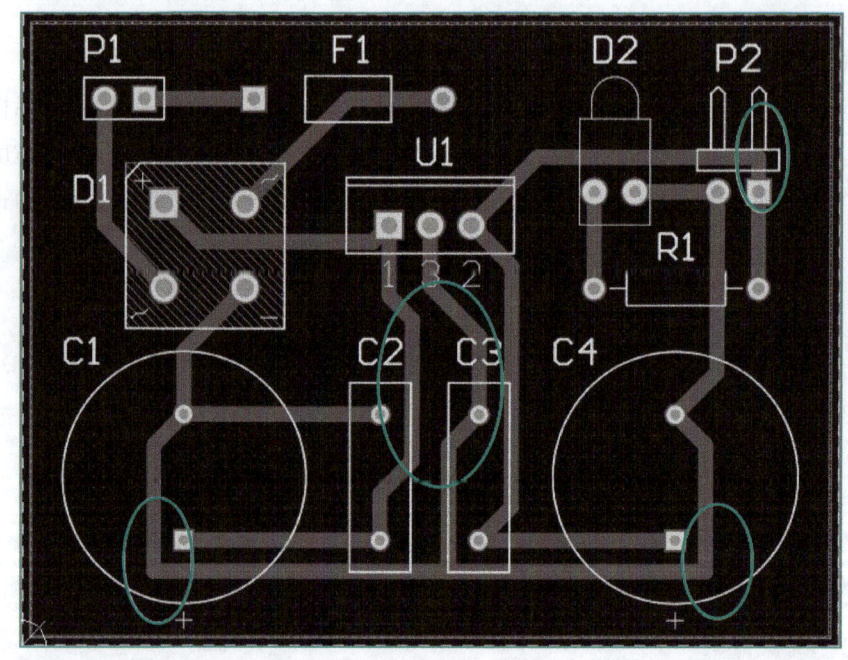

图 1-145
自动布线的 PCB

② 图 1-145 中用椭圆形线框标记出四处自动布线不合理的地方，需要手动修改，手动修改后的布线如图 1-146 所示。

**6. 设计规则检查**

① 执行菜单命令"工具" ⇨ "设计规则检查"，运行设计规则检查。在"设计规则检查器"对话框中单击 运行DRC (R)... 按钮，开始对 PCB 进行规则检查，会弹出图 1-147 所示的"Messages"对话框，显示设计规则冲突信息。

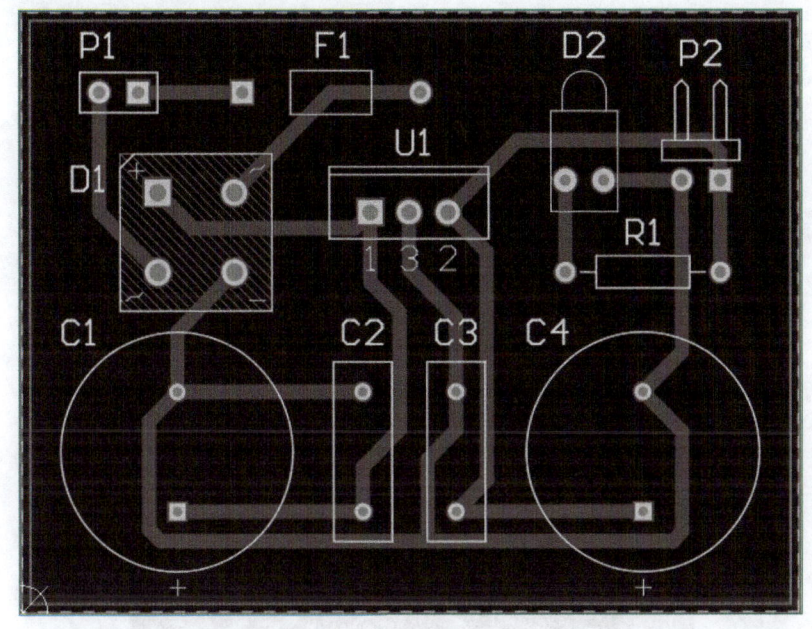

图 1-146
手动修改后的布线

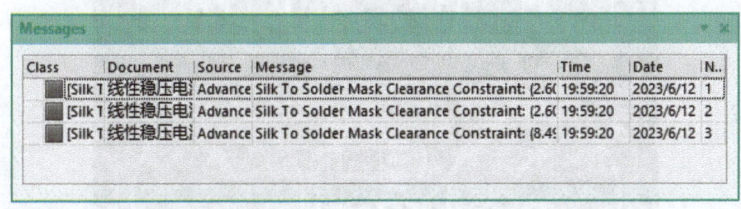

图 1-147
设计规则冲突信息

② 切换到 PCB 编辑器，双击"Messages"对话框中所列的某条冲突信息，在 PCB 工作区中定位该冲突的具体位置。

仔细阅读冲突提示的详细信息，如果是布局、布线引起的冲突，应返工修改布局、布线；如果是元件封装本身的问题，则可以在 PCB 中右击某个发生冲突的元件，选择"冲突"，再在子菜单中选择某一条冲突或者"显示全部冲突"，在弹出的"违规详情"对话框中勾选"搁置该违规冲突"，然后单击 确定 按钮。

 【任务拓展】

1. 设计图 1-90 所示多谐振荡器的 PCB。

要求：PCB 尺寸为 1 200 mil×1 000 mil，布线宽度为 35 mil，所有导线均布在底层。PCB 布局参照图 1-148。

2. 设计图 1-91 所示多级放大器的 PCB。

要求：PCB 尺寸为 50 mm×40 mm，VCC 布线宽度为 0.8 mm，GND 布线宽度为 1.0 mm，其他布线宽度为 0.6 mm，最小布线间隙"Clearance"设置为 0.2 mm，所有导线均布在底层。PCB 布局参照图 1-149。

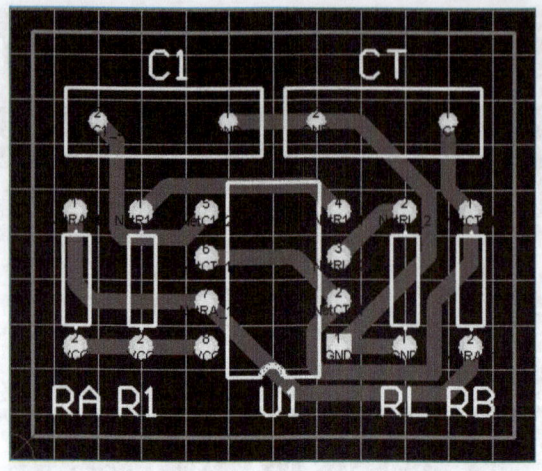

图 1-148
多谐振荡器的 PCB

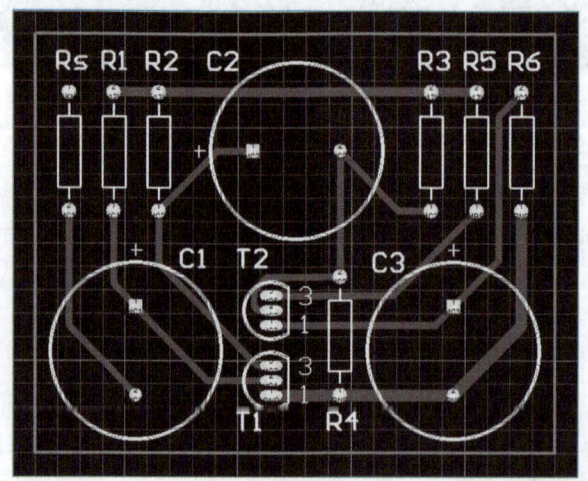

图 1-149
多级放大器的 PCB

# 项目 2 信号发生器的 PCB 设计

 【项目概述】

本项目主要熟悉 Altium Designer 软件中绘制原理图和设计 PCB 的进阶工具与技巧，并完成信号发生器的原理图绘制和 PCB 设计。

 【教学导航】

| | | |
|---|---|---|
| **教学** | 教学目标 | 1. 概括层次原理图设计方法。<br>2. 灵活运用 Altium Designer 进阶工具和技巧绘制信号发生器的原理图，并设计其 PCB。<br>3. 落实可制造性设计，提升 PCB 设计工作的质量意识 |
| | 教学重点 | 信号发生器原理图的绘制、信号发生器 PCB 的设计 |
| | 教学难点 | 层次原理图设计，PCB 布局、布线 |
| | 职业技能<br>等级标准 | 对接《智能硬件应用开发职业技能等级标准》( 中级 )：<br>2.2.3 能建立原理图元件库文件并绘制复杂电路的原理图。<br>2.2.4 能设计较复杂电路的 PCB 图。<br>2.2.5 能编写 PCB 加工工艺要求文件 |
| | 教学方式 | 多媒体机房教学演示、线上课程辅助教学 |
| | 建议学时 | 16 |
| **学习** | 学习任务 | 1. 绘制信号发生器的原理图。<br>2. 设计信号发生器的 PCB |
| | 知识储备 | 1. 层次原理图设计、项目编译与查错。<br>2. PCB 布局原则与技巧、PCB 板层规划与设置 |
| | 技能训练 | 1. 网络标签、总线与总线入口、输入/输出端口的放置及属性设置。<br>2. 标识符号的放置及属性设置。<br>3. 自上而下和自下而上的层次原理图绘制。<br>4. 项目的编译与查错。<br>5. PCB 布局进阶操作。<br>6. PCB 布线工具的使用。<br>7. 安装孔、滴泪、铺铜、填充、注释等工具的使用。<br>8. PCB 层叠管理器的板层设置。 |
| | 学习方式 | 跟随教师演示操作练习 Altium Designer 原理图进阶操作，层次原理图设计方法，PCB 布局、布线技巧等；在教师的指导下自主完成绘制信号发生器原理图和设计信号发生器 PCB 的实战演练，并在实际操作过程中进一步掌握原理图绘制和 PCB 元件布局、布线技巧；利用课余时间完成任务拓展的练习 |

## 任务 1　绘制信号发生器原理图

 **【任务描述】**

用层次原理图的方法绘制图 2-1 所示的信号发生器电路原理图。

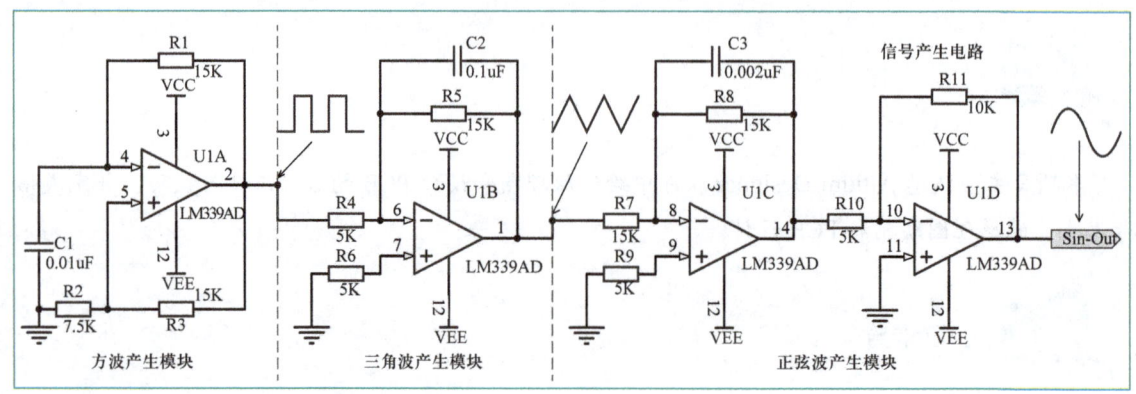

图 2-1
信号发生器电路原理图

 **【任务目标】**

| 知识目标 | 能力目标 | 素养目标 |
|---|---|---|
| 1. 说明网络标签、总线、总线入口、输入/输出端口、标识符号的作用。<br>2. 列举两种实现两点间电气连接关系的方法。<br>3. 总结层次原理图的设计方法。<br>4. 阐述项目编译及查错的作用 | 1. 能放置并合理设置网络标签、总线与总线入口、输入/输出端口、文字注释和图形说明。<br>2. 能用自上而下或自下而上的方法绘制层次原理图。<br>3. 能进行项目编译，查找并修改原理图中的错误 | 1. 培养系统化设计思维。<br>2. 领悟网络标签无形连线的象征意义。<br>3. 理解工匠精神的内涵 |

 **【知事明理】**

#### "工匠精神"内化于心

张路明是无线通信领域公认的技术专家，当选"2021 年度大国工匠"。他主导研发了我国四代短波通信产品，他和团队设计的产品解决了边海防通信难题，助力新一代战斗机、新一代通信网络等重大项目、重大工程建设与应用，为我国无线通信技术的发展与进步贡献了自己的青春和汗水。

作为无线电通信设计师，张路明的工作是把承载声音的无线电波高保真地发送、接收，让指挥员和战士即使远隔重山，也能如同近在咫尺般交流。从 20 世纪 80 年代初入职至今，本着"以此为生，精于此道"的职业精神，张路明不断学习、创新，将各种技术融会贯通。张路明所主导、参与研制的装备实现了从中长波到微波频段的全频段覆盖，包括中长波电台、短波电台、超短波电台、数字集群、北斗导航、卫星通信、智能终端、无人通信装备……

艰苦的奋斗换来的是收获的喜悦。通过采用新技术，项目团队新研发的机载通信装备的体积缩减为常规地面装备的 20%，功耗更低，性能更优，完美解决了新型战斗机因特殊功能设计导致无线通信难的问题。

　　大国工匠是影响时代的力量，若我们在 PCB 设计岗位上，将"工匠精神"内化于心、外化于行，保障电路的性能和品质，终将会取得不平凡的成就。

 【任务资讯】

## 2.1.1　建立电气连接

### 1. 放置网络标签

　　在原理图绘制过程中，元件之间的电气连接除了使用导线外，还可以通过设置网络标签的方法来实现。网络标签和导线的作用一样，具有实际电气连接意义。

　　只要导线或元件管脚的网络标签相同而不管其在原理图上是否连接在一起，都说明其在电气上是连接在一起的。特别是在连接导线较长或者线路过于复杂而使走线困难时，使用网络标签代替实际走线可以大大简化原理图。网络标签放置过程如下：

微课：
放置网络标签

（1）添加导线

　　在放置网络标签前，为了留有足够的空间放置网络标签名称，一般需要在元件管脚处引出一段导线，如图 2-2 所示。

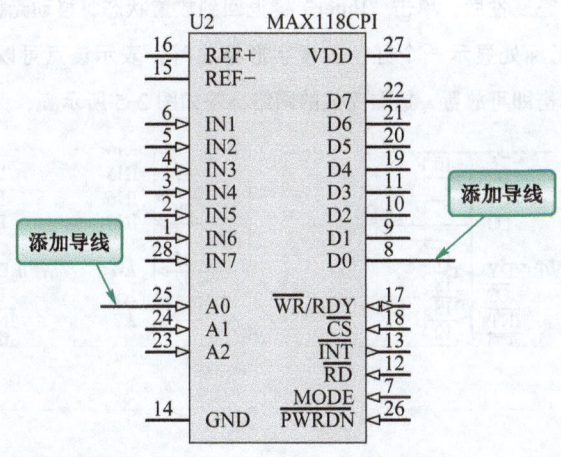

图 2-2
添加导线

**提示** 》》》》》》》》

　　MAX118CPI 所在的元件库为 Maxim Converter Analog to Digital.IntLib。

（2）启动网络标签放置工具

　　单击常用工具栏中的 [Net] 按钮，或执行菜单命令"放置" ⇨ "网络标签"，均可启动网络标签放置工具，此时绘图区将出现一个十字浮动光标。

（3）修改网络标签属性

　　在放置网络标签的过程中按"Tab"键，系统将弹出"Properties"面板，如图 2-3 所示。在该面板中，可以修改网络标签的颜色、位置、方向、名称和字体。例如，在"Properties"区域下的"Net Name"文本框中输入"D0"可设置网络标签的名称。

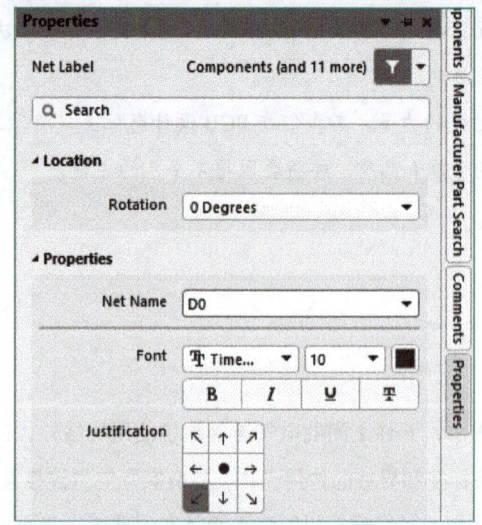

图 2-3
修改网络标签属性

网络标签区分大小写，如"D0"与"d0"表示两个不同的网络。若网络标签名称的末尾为数字，则在连续放置网络标签时会自动将该数字加 1。

（4）确定网络标签的放置位置

设置好网络标签属性后，单击"Enter"键返回到放置状态，移动光标至需要放置网络标签的位置，当光标处显示一个红色的米字形标注时，表示该点可以放置网络标签，如图 2-4 所示。单击即可放置，放置完成的网络标签如图 2-5 所示。

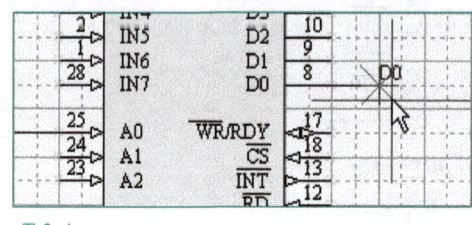

图 2-4
放置网络标签状态

图 2-5
放置完成的网络标签

将网络标签靠近元件管脚或导线时，必须有红色米字形标注出现，否则该网络标签不会连接到元件管脚或导线上。

在放置网络标签时，可以按"空格"键改变网络标签的放置方向。

（5）继续放置或结束放置

放置完一个网络标签以后，仍处于放置网络标签状态，此时可以继续放置其他网络标签或者右击结束放置状态。

**2. 放置总线与总线入口**

总线通常是一组具有相同性质的并行信号线，如数据总线、地址总线等。Altium Designer 原理图中，常用总线来代替平行导线，以减少连线的工作量和简化电路，同时增

微课：
放置总线与总线入口

加电路的美观性。在原理图编辑环境下，总线本身没有任何电气连接意义，只是用来更清晰地标注电路的逻辑连接关系，而电气连接关系需要通过网络标签来实现。

下面通过将图 2-6 所示用普通导线连接的电路改成用总线/总线入口连接，来具体介绍总线/总线入口的放置方法。

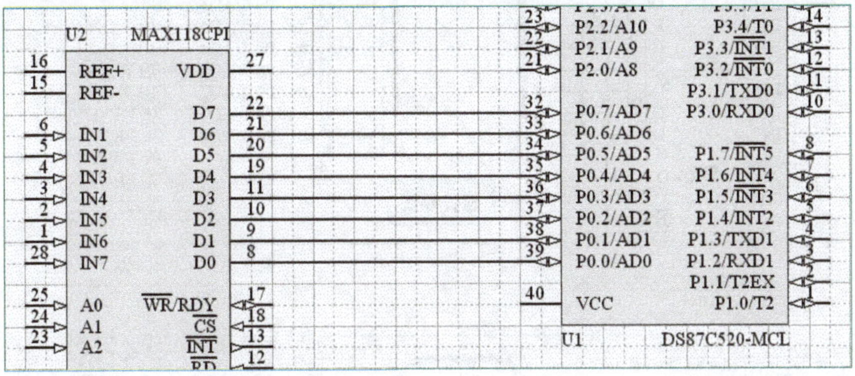

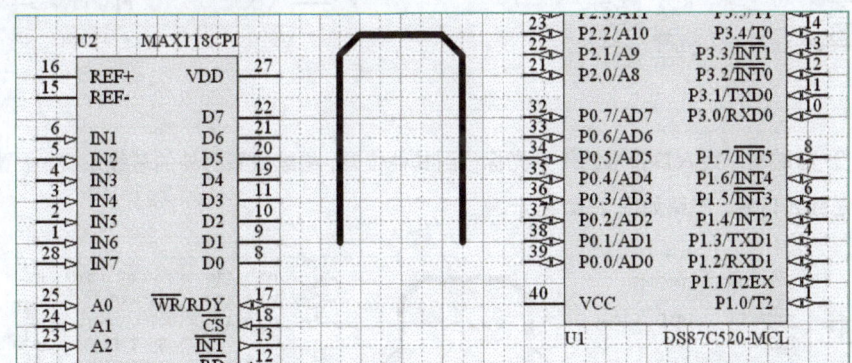

图 2-6
用普通导线连接
绘制的原理图

（1）绘制总线

删除原来连接的导线，单击常用工具栏中的  按钮或执行菜单命令"放置"⇨"总线"，光标将变成十字形。总线绘制方法与普通导线绘制方法类似，如切换拐角模式，仍需在英文输入状态下按"Shift+空格"组合键。唯一不同的是，总线的起点与终点不需要和元件管脚相连。绘制完总线后电路如图 2-7 所示。

图 2-7
绘制总线

**提示** 〉〉〉〉〉〉

元件 DS87C520-MCL 在 Dallas Microcontroller 8-Bit.IntLib 库中。

（2）放置总线入口

① 在放置总线入口前，为了留有足够空间放置网络标签，可先在元件管脚处放置一段延长导线，如图 2-8 所示。

② 单击常用工具栏中的  按钮或执行菜单命令"放置"⇨"总线入口"，光标将变成十字形。

把光标移到总线与导线之间需要放置总线入口的位置，此时光标处将出现红色米字形标注，表示该点可以放置总线入口，如图 2-9 所示。按"空格"键旋转放置方向，然后单击放置总线入口。

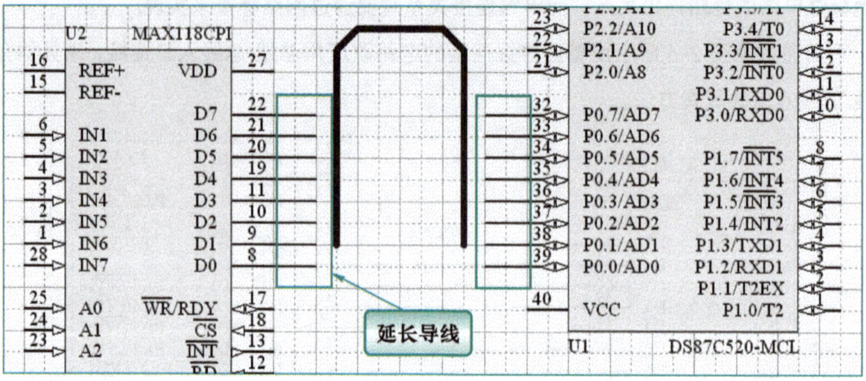

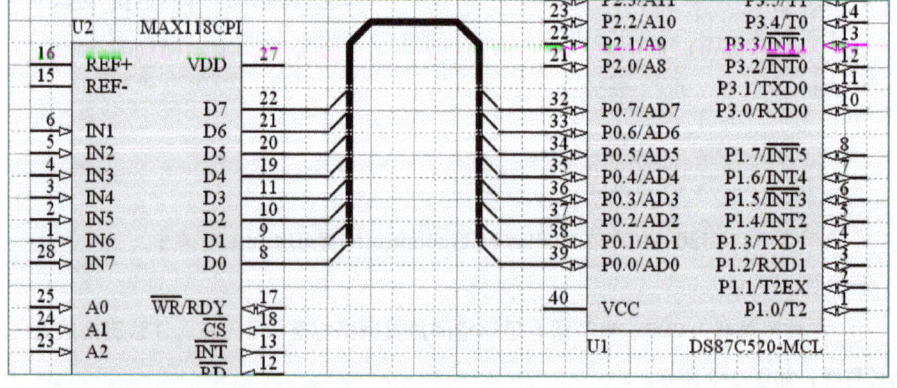

图 2-8
放置延长导线

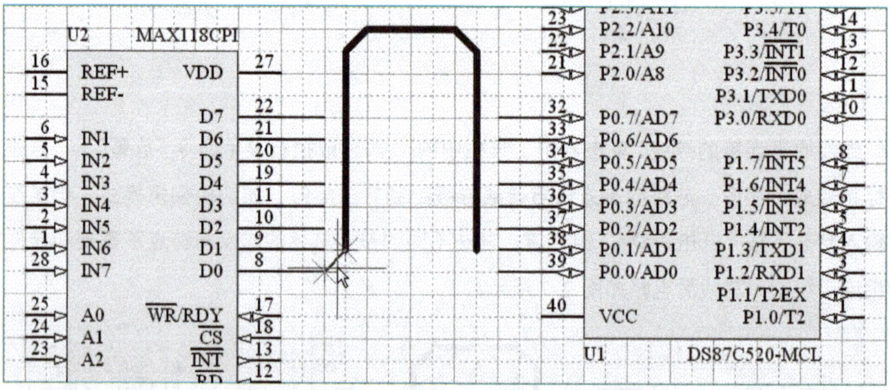

图 2-9
放置总线入口

③ 将黏附总线入口符号的十字光标移到其他位置,继续放置另外的总线入口,放置完
所有总线入口后,电路如图 2-10 所示。

图 2-10
放置好的总线与
总线入口

④ 右击或按"Esc"键,退出总线入口放置状态。

（3）放置网络标签

在 U1 的 32～39 脚和 U2 的 8～11、19～22 脚同时分别放置网络标签 D0～D7,这样,利用总线/总线入口表示连接的电路便绘制完成，如图 2-11 所示。

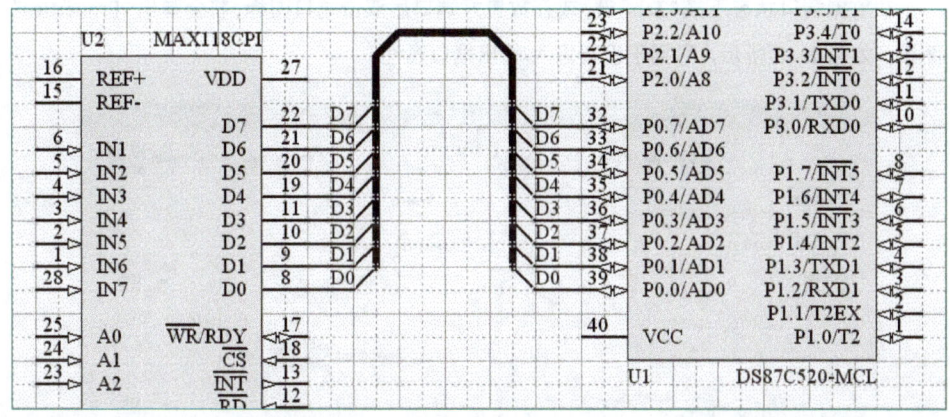

图 2-11
用总线/总线入口实现
元件管脚之间的连接

### 3．放置输入/输出端口

在原理图中，表示两点之间电气连接关系的方法有 3 种，除前面介绍的直接通过导线连接和使用网络标签之外，还可以使用输入/输出（I/O）端口来进行电气连接。

输入/输出端口和网络标签类似，只要端口具有相同的名称便视为同一个网络，通过这种方法可以将没有用导线直接连接的网络连接在一起。输入/输出端口通常用来表示信号的输入/输出，一般用在层次原理图中。输入/输出端口的放置过程如下：

微课：
放置输入/输出端口

（1）启动放置端口命令

单击常用工具栏中的 按钮或执行菜单命令"放置"⇨"端口"，进入输入/输出端口绘制模式，此时光标变为十字形，并在其上黏附一个端口图形符号。

（2）放置输入/输出端口

① 将光标移动到欲放置输入/输出端口的位置，此时光标处将出现红色米字形标注，表示找到了电气节点，如图 2-12 所示。单击确定端口的起始端后，十字光标会自动移动到端口另一端，等待确定。

② 移动鼠标使端口的大小合适，再次单击，确定端口的终止端，即可完成输入/输出端口的放置，如图 2-13 所示。

③ 放置完一个输入/输出端口后，光标仍然处于放置端口状态，如图 2-14 所示，可以继续放置其他端口。当所有输入/输出端口均放置完成后，右击或按"Esc"键退出。

图 2-12
确定端口的起始端

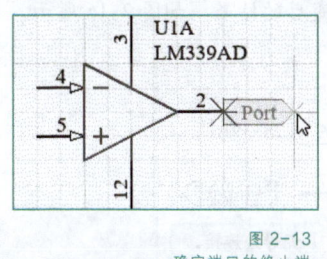

图 2-13
确定端口的终止端

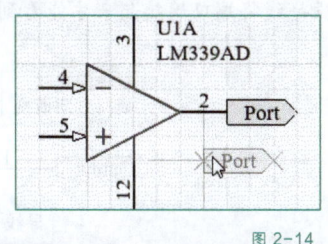

图 2-14
处于放置端口状态的光标

（3）设置输入/输出端口属性

在放置端口状态下按"Tab"键，或在放置好端口后双击端口图标，将会弹出"Properties"面板，如图 2-15 所示，可用于设置输入/输出端口属性。

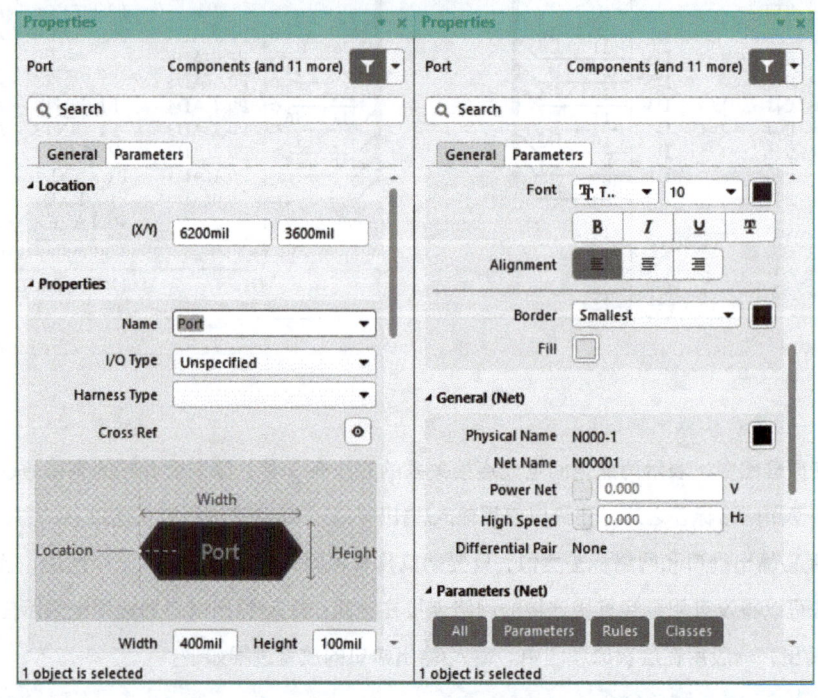

图 2-15
设置输入/输出端口属性

① Location：设置端口的放置位置。

② Name：设置端口的名称，相同名称的端口在电气关系上是连接在一起的。端口名称区分大小写，如"U1"与"u1"表示两个不同的端口。

③ I/O Type：设置端口的 I/O 类型。单击其右侧的下拉列表框会弹出下拉列表，从中可以选择端口的 I/O 类型，共有 4 种：Unspecified（未指定）、Output（输出）、Input（输入）、Bidirectional（双向）。一般情况下设定的 I/O 类型应该与信号的传输方向一致。

> **说明** ››››››››
>
> 　　为了识图方便，建议在放置端口时让端口方向尽量与 I/O 类型（信号的传输方向）保持一致。另外在 Altium Designer 原理图中，默认的端口方向是向右的，如果要改变端口方向，仅调整端口的"I/O Type"属性还不够，必须通过一段导线将端口连接起来才能看到端口方向改变后的结果，如图 2-16 所示。

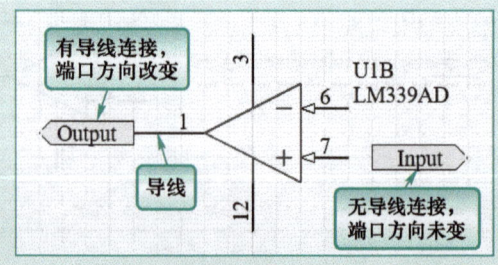

图 2-16
用导线连接的输入/输出端口

④ Width：设置端口的宽度。

⑤ Height：设置端口的高度。

⑥ Font：设置端口"Name"字符串的字体、字号和颜色等。

⑦ Alignment：指定端口"Name"字符串在端口符号中的位置，共有 3 种：左对齐、居中、右对齐。

⑧ Border：设置端口边框线的粗细和颜色。

⑨ Fill：设置端口内部的填充颜色。

用户一般只需要设置端口的"Name""I/O Type""Alignment" 3 个参数即可。

 **说明** ⟩⟩⟩⟩⟩⟩⟩

只要设置相同名称的网络标签，即便没有物理导线，即便有无数其他元素的阻隔，两个节点也能可靠连接，它们同电位，流着相同的电流，具有相同的电气特性。

## •2.1.2　放置标识符号

在绘制完原理图后，有时需要在图中插入一些图形或文字进行注释，使电路更清晰、数据更完整、可读性更强，也便于以后阅读和检查。

Altium Designer 提供了丰富的标识符号，包括文字注释和绘图工具。利用这些标识符号，可以方便地绘制图形和添加文字说明。这些标识符号只是一些辅助信息，没有任何电气意义，因此在进行电气规则检查和生成网络表时不会产生任何影响，也不会附加在网络表数据中。

选择"放置"菜单，或右击常用工具栏中的 A 或 ○ 按钮，均可查看相应标识符号，如图 2-17 所示。

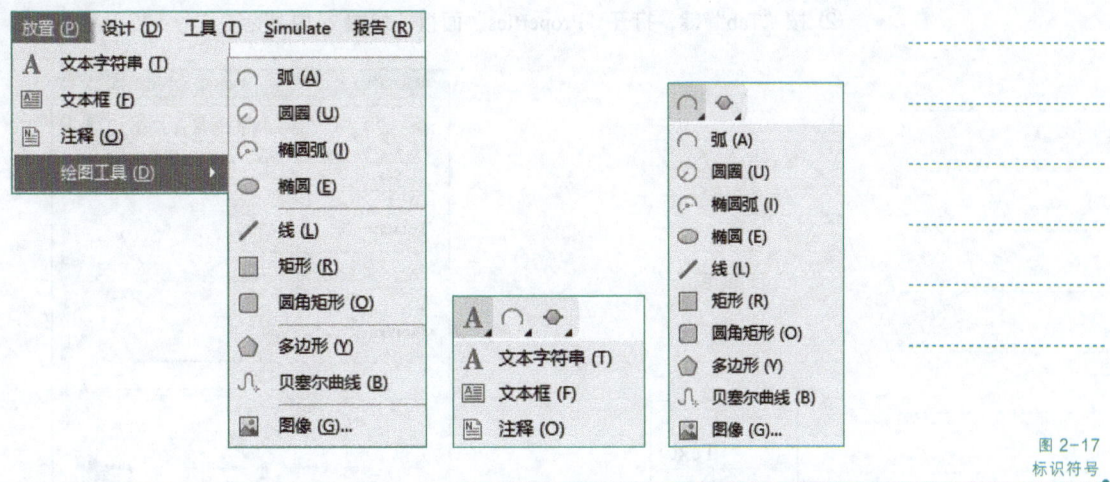

图 2-17
标识符号

表 2-1 中列出了常用工具栏中常用标识符号工具按钮的功能及对应的菜单命令和快捷键。

表 2-1　常用标识符号工具按钮的功能及对应的菜单命令和快捷键

| 工具按钮 | 功能 | 菜单命令 | 快捷键 |
|---|---|---|---|
| A | 放置文本字符串 | "放置" ⇨ "文本字符串" | P, T |
| | 放置文本框 | "放置" ⇨ "文本框" | P, F |
| | 放置注释 | "放置" ⇨ "注释" | P, O |
| | 绘制弧 | "放置" ⇨ "绘图工具" ⇨ "弧" | P, D, A |
| | 绘制圆圈 | "放置" ⇨ "绘图工具" ⇨ "圆圈" | P, D, U |
| | 绘制椭圆弧 | "放置" ⇨ "绘图工具" ⇨ "椭圆弧" | P, D, I |
| | 绘制椭圆 | "放置" ⇨ "绘图工具" ⇨ "椭圆" | P, D, E |
| | 绘制线 | "放置" ⇨ "绘图工具" ⇨ "线" | P, D, L |
| | 绘制矩形 | "放置" ⇨ "绘图工具" ⇨ "矩形" | P, D, R |
| | 绘制圆角矩形 | "放置" ⇨ "绘图工具" ⇨ "圆角矩形" | P, D, O |
| | 绘制多边形 | "放置" ⇨ "绘图工具" ⇨ "多边形" | P, D, Y |
| | 绘制贝塞尔曲线 | "放置" ⇨ "绘图工具" ⇨ "贝塞尔曲线" | P, D, B |
| | 插入图像 | "放置" ⇨ "绘图工具" ⇨ "图像" | P, D, G |

**1. 添加文字注释**

在绘制原理图时，为了方便用户阅读，往往需要添加说明性文字。为此，Altium Designer 提供了文字注释工具，包括文本字符串、文本框和注释三种，分别用于放置单行文字、多行文字和注释。

（1）添加文本字符串

① 单击常用工具栏中的 A 按钮，启动放置文本字符串命令，绘图区将会出现一个随十字光标移动的文本字符串，如图 2-18 所示。

② 按 "Tab" 键，打开 "Properties" 面板，如图 2-19 所示。

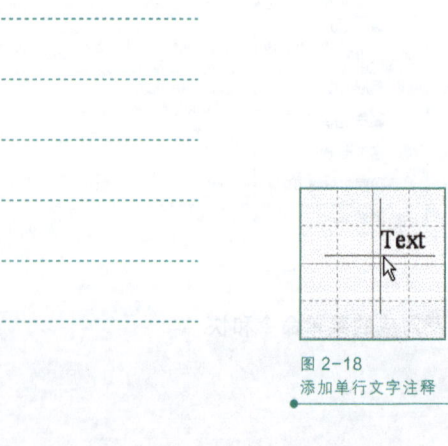

图 2-18
添加单行文字注释

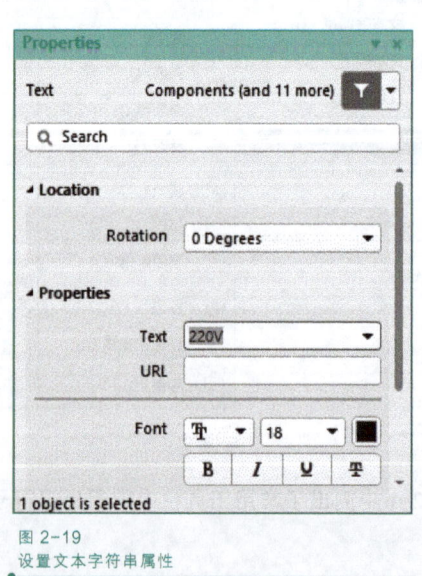

图 2-19
设置文本字符串属性

主要设置参数有以下 3 个：

➤ Rotation：设置文本字符串的放置方向，有 0°、90°、180°、270° 4 种选择。

➤ Text：设置文本字符串的内容。

➤ Font：设置文本字符串的字体、字号、颜色，是否为粗体、斜体，是否加下画线等。

例如，若要在图 2-20 中的变压器输入端添加说明性文字"220V"，可将"Text"属性修改成"220V"，其他参数保持默认即可。

③ 设置完文本字符串属性后，按"Enter"键返回放置状态，将光标移动到适当位置，单击确定，则在图中插入一个文本字符串"220V"，如图 2-21 所示。

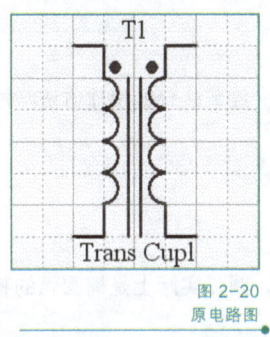

图 2-20
原电路图

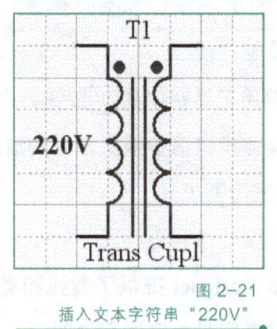

图 2-21
插入文本字符串"220V"

**（2）添加文本框**

① 单击常用工具栏中的 ▦ 按钮，启动放置文本框命令，此时光标变成十字形。

② 按"Tab"键，将弹出"Properties"面板，如图 2-22 所示。

主要设置参数有以下几个：

➤ Text：设置文本框的内容，可按"Alt+Enter"组合键换行输入。

➤ Word Wrap：勾选此复选框，则文本在文本框内自动换行。

➤ Clip to Area：勾选此复选框，则文字被限定在文本框内，超出部分不显示。

➤ Font：设置文本的字体、字号、颜色，是否为粗体、斜体，是否加下画线等。

➤ Alignment：设置文本的对齐方式，提供左对齐、居中、右对齐 3 种选择。

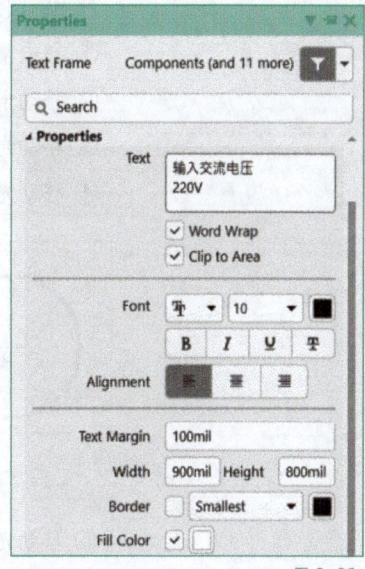

图 2-22
设置文本框属性

➤ Text Margin：设置文本与文本框边界的间距。

➤ Border、Fill Color：分别设置文本边框的粗细、颜色以及文本框内部填充的颜色。

例如，若要在图 2-20 中的变压器输入端添加多行说明文字"输入交流电压 220V"，可在"Text"区域中输入注释内容，其他参数保持默认，按"Enter"键返回放置状态。

③ 移动光标到合适位置，单击确定文本框的第一个顶点，如图 2-23 所示。

④ 移动光标到下一个合适位置，单击确定第一个顶点的对角顶点，完成多行文字放置，如图 2-24 所示。

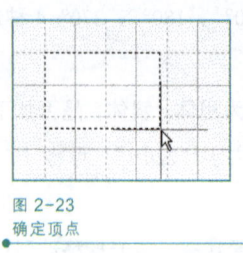

图 2-23
确定顶点

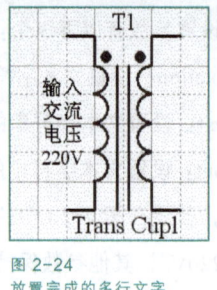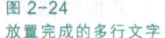

图 2-24
放置完成的多行文字

放置后若只能显示部分文字，可将文本框拖宽。

（3）添加注释

单击常用工具栏中的 🖼 按钮，启动放置注释命令。放置注释的操作方法与放置文本框的类似，具体步骤请参照文本框的放置过程。

**2. 放置绘图工具**

（1）绘制圆弧和椭圆弧

Altium Designer 提供了圆弧和椭圆弧的绘图工具，圆弧实际上是椭圆弧的特殊形式。下面以绘制椭圆弧为例进行说明。

使用椭圆弧绘图工具可以完成椭圆弧或圆弧的绘制。操作的主要过程如下：

① 单击常用工具栏中的 🖼 按钮，启动放置椭圆弧命令，光标将变成十字形。

② 移动十字光标到合适位置，单击确定椭圆弧中心，如图 2-25 所示。

③ 移动光标，选择椭圆弧的 $X$ 轴半径，单击确定，如图 2-26 所示。

④ 移动光标，选择椭圆弧的 $Y$ 轴半径，单击确定，如图 2-27 所示。

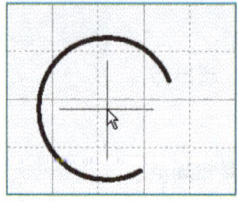

图 2-25
确定椭圆弧中心

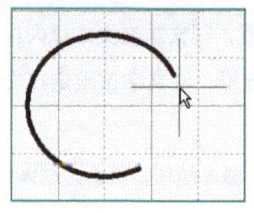

图 2-26
确定 $X$ 轴半径

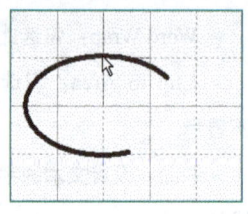

图 2-27
确定 $Y$ 轴半径

⑤ 移动光标，选择椭圆弧的起点，单击确定，如图 2-28 所示。

⑥ 移动光标，选择椭圆弧的终点，单击确定，如图 2-29 所示。

⑦ 右击退出绘制椭圆弧状态，这样一段椭圆弧就绘制完成，如图 2-30 所示。

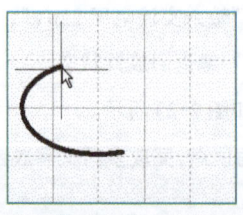

图 2-28
确定椭圆弧起点

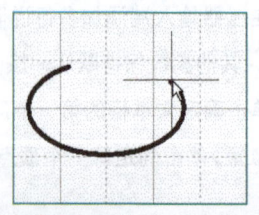

图 2-29
确定椭圆弧终点

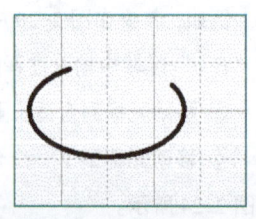

图 2-30
绘制完成的椭圆弧

双击绘制好的椭圆弧或在绘制椭圆弧的过程中按"Tab"键，将会弹出"Properties"面板，如图 2-31 所示。

主要设置参数有以下几个：

➢ Location：设置椭圆弧的放置位置（即圆心的 $X$、$Y$ 坐标）。

➢ Width：设置椭圆弧的弧线宽度和颜色。

➢ Radius(X)、Radius(Y)：分别设置椭圆弧的横轴（$X$ 轴）半径和纵轴（$Y$ 轴）半径。

➢ Start Angle、End Angle：分别设置椭圆弧的起点（角度）和终点（角度）。

（2）绘制圆和椭圆

圆和椭圆的绘制方法与椭圆弧的绘制方法类似，只是不用确定起点和终点，具体步骤请参照椭圆弧的绘制过程。

（3）绘制线

直线绘制方法与导线绘制方法类似，步骤如下：

① 单击常用工具栏中的　按钮，启动绘制直线命令，光标变成十字形。

② 移动十字光标到合适位置，单击确定直线起点。

③ 再移动十字光标，在工作窗口中会显示一条随光标移动的线段。

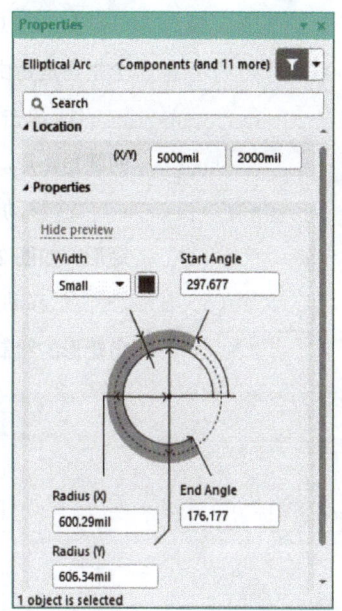

图 2-31
设置椭圆弧属性

说明 》》》》》》

在绘制直线过程中按"空格"键可以改变走线模式，并在水平—垂直方式、垂直—水平方式、水平/垂直—45°倾斜方式、45°倾斜—水平/垂直方式和任意倾斜角度方式 5 种绘制模式之间循环，如图 2-32 所示。

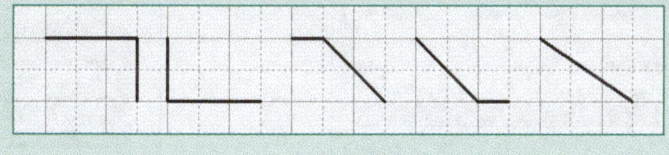

图 2-32
直线的 5 种绘制模式

④ 当光标到达合适位置后，单击确定直线终点。

⑤ 右击退出绘制直线状态，这样一条完整的直线就绘制好了。

双击绘制好的直线或在绘制直线的过程中按"Tab"键，将会弹出如图 2-33 所示的"Properties"面板。

直线属性主要有以下几项：

➢ Line：设置直线宽度和颜色，提供 Smallest、Small、Medium 和 Large 4 种宽度选择。

➢ Line Style：设置直线线型，提供 Solid、Dashed、Dotted 和 Dash dotted 3 种线型选择。

➢ Start Line Shape、End Line Shape：分别设置起点和终点线头形状，提供 None、Arrow、Solid Arrow、Tail、Solid Tail、Circle 和 Square 7 种形状选择。

➢ Line Size Shape：设置线头形状尺寸，提供 Smallest、Small、Medium 和 Large 4 种尺寸选择。

➢ Vertices：可查看直线各点的坐标，并可根据需要进行修改。

（4）绘制直角矩形和圆角矩形

Altium Designer 提供了直角矩形和圆角矩形的绘图工具，二者的区别仅在于矩形的四个拐角是否由椭圆弧线所构成。下面以绘制圆角矩形为例进行说明。

① 单击常用工具栏中的▣按钮，启动绘制圆角矩形命令，将会出现一个随光标移动的圆角矩形。

② 移动光标到合适位置，单击确定第一个点，再移动光标，将会出现一个预拉的圆角矩形，如图 2-34 所示。

③ 移动光标的同时改变圆角矩形的大小到合适位置，单击确定对角顶点，便完成了圆角矩形的绘制，如图 2-35 所示。

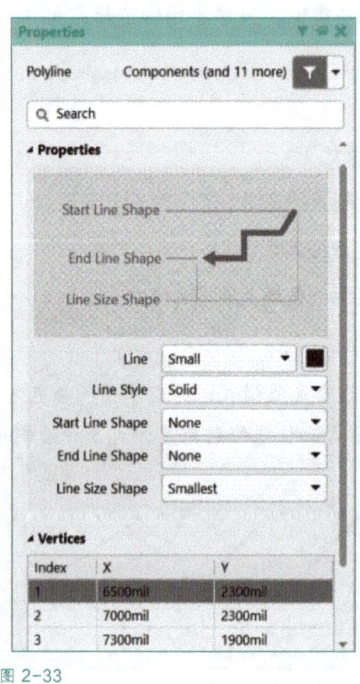

图 2-33
设置直线属性

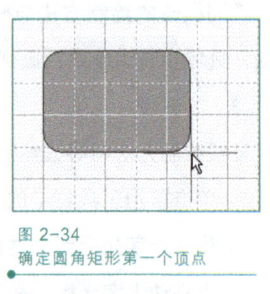

图 2-34
确定圆角矩形第一个顶点

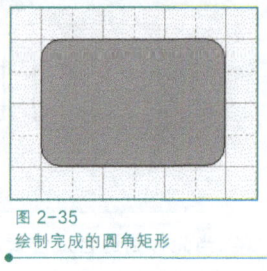

图 2-35
绘制完成的圆角矩形

双击绘制好的圆角矩形或在绘制圆角矩形的过程中按"Tab"键，将会弹出"Properties"面板，如图 2-36 所示。

圆角矩形属性主要有以下几项：

➢ Location：设置圆角矩形左下角顶点的放置位置。

➢ Width、Height：分别设置圆角矩形的宽度和高度。

➢ Corner X Radius、Corner Y Radius：分别设置圆角矩形圆角的 $X$、$Y$ 轴半径。

➢ Border：设置圆角矩形边框的宽度和颜色。

➢ Fill Color：勾选此复选框，将以指定的颜色填充圆角矩形。

（5）绘制多边形

利用多边形绘图工具，可以方便地绘制出各种形状的多边形，步骤如下：

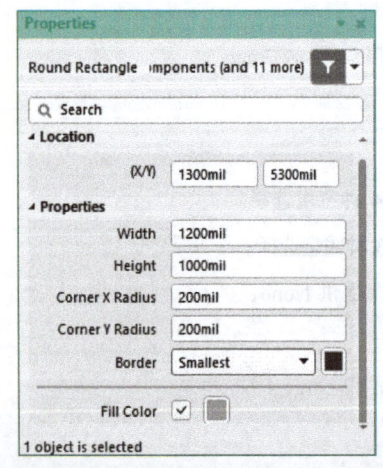

图 2-36
设置圆角矩形属性

① 单击常用工具栏中的 ⬡ 按钮，启动绘制多边形命令，光标将变成十字形。

② 移动十字光标到合适位置，单击确定多边形的第一个顶点。

③ 再移动鼠标到其他适当位置，依次单击确定其他顶点，如图 2-37 所示。

④ 右击退出绘制状态，绘制完成的多边形如图 2-38 所示。

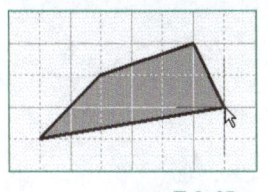

图 2-37
多边形的绘制过程

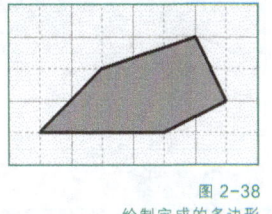

图 2-38
绘制完成的多边形

**说明** »»»»»»»

在多边形绘制过程中，单击一次，就确定一个顶点。

双击绘制好的多边形或在绘制多边形的过程中按"Tab"键，将会弹出"Properties"面板，如图 2-39 所示。

多边形属性主要有以下 4 项：

➤ Border：设置多边形边框的宽度和颜色。

➤ Fill Color：勾选此复选框，多边形将以设置的颜色填充。

➤ Transparent：勾选此复选框，多边形将处于透明状态，图纸上的网格可以显示出来。

➤ Vertices：可查看多边形各顶点的坐标，并可根据需要进行修改。

（6）绘制贝塞尔曲线

贝塞尔曲线是常用的一种曲线模型，它是由四个顶点相连的三条直线确定的一条曲线，可以拟合正弦波、锯齿波、抛物线等曲线。贝塞尔曲线的绘制过程如下：

① 单击常用工具栏中的 ⬚ 按钮，启动绘制贝塞尔曲线命令，光标变成十字形。

② 移动十字光标到合适位置，单击确定第一个点，再移动鼠标，将出现一条预拉线，如图 2-40 所示。

③ 移动鼠标到合适位置，单击确定第二个点，如图 2-41 所示。

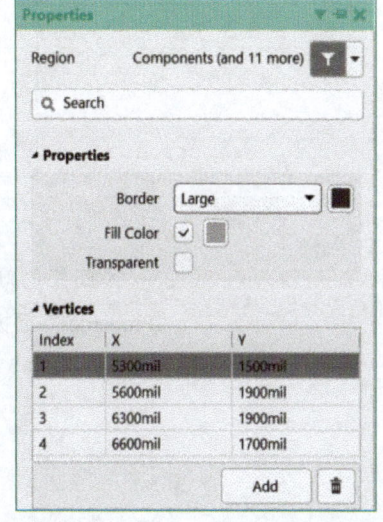

图 2-39
设置多边形属性

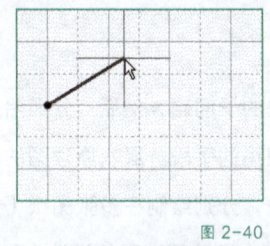

图 2-40
确定完第一个点

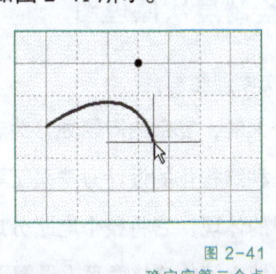

图 2-41
确定完第二个点

④ 再移动鼠标到合适位置，可以形成一条随光标移动的曲线，单击确定第三个点，如

⑤ 继续移动鼠标到合适位置，单击确定第四个点，完成一条贝塞尔曲线的绘制，如图 2-43 所示。

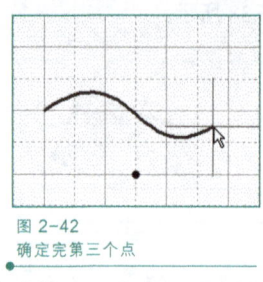

图 2-42
确定完第三个点

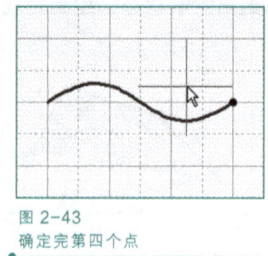

图 2-43
确定完第四个点

⑥ 右击或按"Esc"键，退出绘制状态，绘制完成的贝塞尔曲线如图 2-44 所示。

在绘制完成的贝塞尔曲线上单击选中曲线，可以看到四个顶点。拖动任意一个顶点均可以改变曲线形状，如图 2-45 所示。

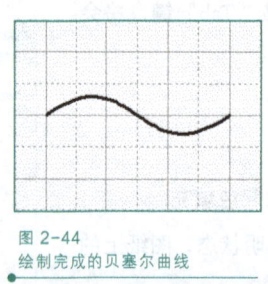

图 2-44
绘制完成的贝塞尔曲线

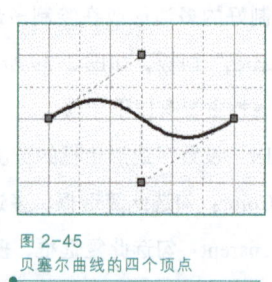

图 2-45
贝塞尔曲线的四个顶点

双击绘制好的贝塞尔曲线或在绘制贝塞尔曲线的过程中按"Tab"键，将会弹出"Properties"面板，用于设置贝塞尔曲线的宽度和颜色，如图 2-46 所示。

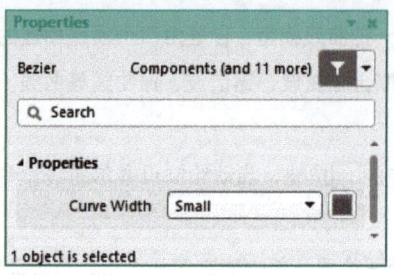

图 2-46
设置贝塞尔曲线属性

### 2.1.3 绘制层次原理图

**1. 层次原理图简介**

将一个大的、复杂的问题划分为若干个容易解决的子问题，然后"分而治之"逐个加以解决，这种结构化的设计方法是工程实践中经常使用的手段。层次原理图的设计方法正是这种思想的体现，它将整个电路分成多个功能模块，分别绘制在多张图纸（子图）上，并定义各模块之间的连接关系（母图），从而完成了整个电路原理图的设计。下面首先介绍层次原理图的相关概念。

（1）页面符

页面符表示母图下层的子图，是各个模块原理图的简化符号。每个页面符都与特定的子图相对应，代表相应的模块电路，如图 2-47 所示。

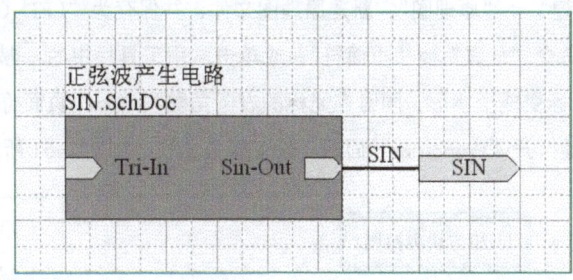

图 2-47
页面符

（2）图纸入口

一个页面符代表了一张子图，页面符的内部一般要有图纸入口，图纸入口代表了一个子图和其他子图相连接的端口。

（3）网络标签

网络标签在不同层次的电路原理图中起电气连接作用，标有相同网络标签的元件管脚、导线等在电气上是连接在一起的。

（4）端口

在与页面符相对应的子图中必须有 I/O 端口与页面符中的图纸入口相对应，两者必须同名。在同一项目的所有电路原理图中，同名的 I/O 端口之间在电气上是相互连接的。

在 Altium Designer 中绘制层次原理图可以采用自上而下和自下而上两种方法，下面以绘制图 2-48 所示发光二极管控制电路为例来说明。该电路通过一只双刀双掷开关控制方向相反的两个并联发光二极管，可将整个电路分解为控制模块 Ctrl 和显示模块 Disp 两部分，中间通过 C1-D1 及 C2-D2 两条导线相互连接。

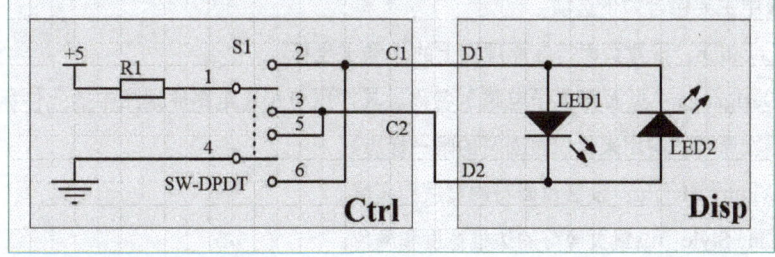

图 2-48
发光二极管控制电路

**2. 自上而下绘制层次原理图**

所谓自上而下的设计，就是由页面符产生子图，也就是先根据电路结构，将整个电路原理图划分为不同功能的子模块，然后绘制包含页面符（代表子图的方块电路图）的母图，并通过母图表示各个子模块的电气连接关系，再由母图中的各个页面符创建与之对应的子图，最终完成整个系统原理图的设计，如图 2-49 所示。

下面具体介绍自上而下层次原理图的绘制方法。

（1）绘制层次原理图母图

① 创建 PCB 工程，并保存为"二极管控制电路.PrjPcb"。在项目文件中，执行菜单命令"文件" ⇨ "创建" ⇨ "原理图"，新建原理图文件，并保存为"LED_Ctrl.SchDoc"。

② 执行菜单命令"放置" ⇨ "页面符"，或单击常用工具栏中的 ▣ 按钮，启动放置页面符命令。此时光标变成十字形，同时在光标的右下角黏附着一个页面符虚影，如图 2-50 所示。按"Tab"键打开"Properties"面板，设置相关属性，如图 2-51 所示。

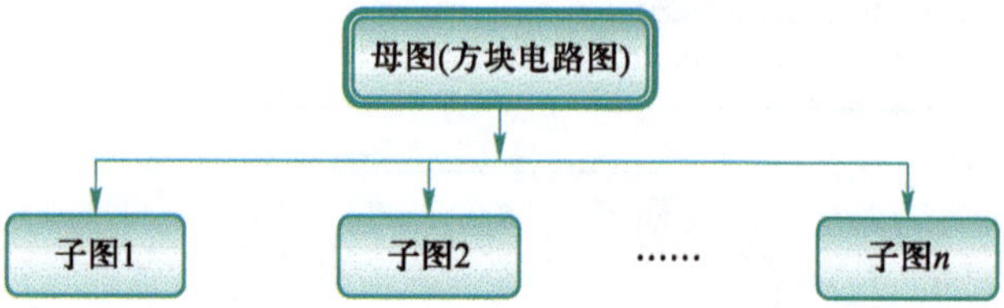

图 2-49
自上而下绘制层次原理图

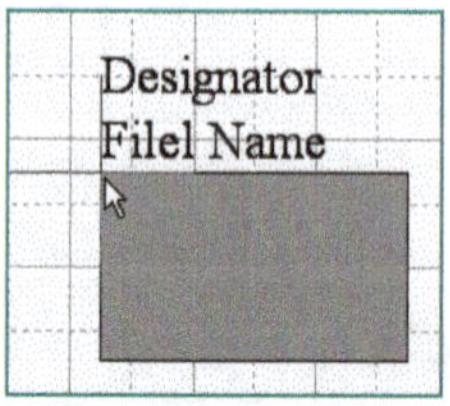

图 2-50
放置页面符

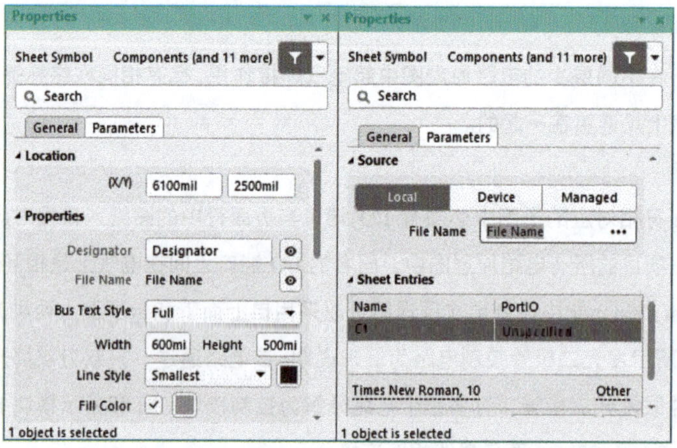

图 2-51
设置页面符属性

面板中主要包含如下选项：

➢ Location：设置页面符在原理图上的 $X$ 和 $Y$ 坐标。

➢ Designator：页面符（子电路）名称。其作用与普通电路原理图中的元件标识符相似，是层次原理图中用来标识页面符的唯一标志。

➢ Width、Height：设置页面符的宽度和高度。

➢ Line Style：设置页面符的边框宽度和颜色。

➢ Fill Color：勾选此复选框，页面符将以设定的颜色填充，一般选用系统默认设置。

➢ File Name：设置页面符所代表的下层子图的文件名。

在面板中一般只需要填写页面符名称和子图文件名，其他采用默认值。

 提示　››››››››

放置完页面符后，移动光标至页面符内，双击，也可以弹出"Properties"面板。

③ 属性设置完毕后，按"Enter"键返回页面符放置状态。将光标移动到原理图上合

适位置后，单击确定页面符的左上顶点，然后向右下方移动光标至适当位置，单击确定页面符的另一个顶点，完成页面符的放置。

④ 继续移动光标，此时光标上黏附着和刚才放置的页面符一样大小的虚影，可以按"Tab"键设置页面符相关属性后，将光标移动到合适位置，继续放置页面符。所有页面符放置完成后，右击退出放置状态。这里为了介绍方便，分别放置了"控制模块"和"显示模块"两个页面符，如图 2-52 所示。

⑤ 如果希望调整页面符上文字标注的内容、位置、字体、大小和颜色，可以将光标移动到文字标注处然后双击，这时系统将会弹出如图 2-53 所示的"Properties"面板。

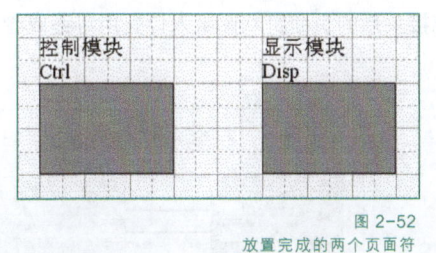

图 2-52
放置完成的两个页面符

图 2-53
设置标注属性

⑥ 执行菜单命令"放置"⇨"添加图纸入口"或单击常用工具栏中的 按钮，启动放置图纸入口命令。此时光标变成十字形，同时在光标上黏附着一个图纸入口的形状，随着光标的移动，图纸入口也沿着页面符边缘移动，如图 2-54 所示。按"Tab"键，系统将弹出"Properties"面板，如图 2-55 所示。

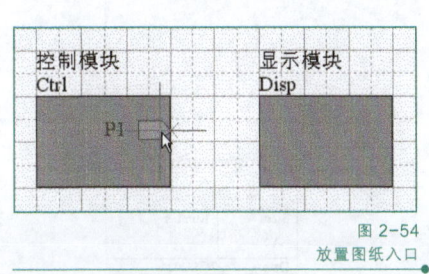

图 2-54
放置图纸入口

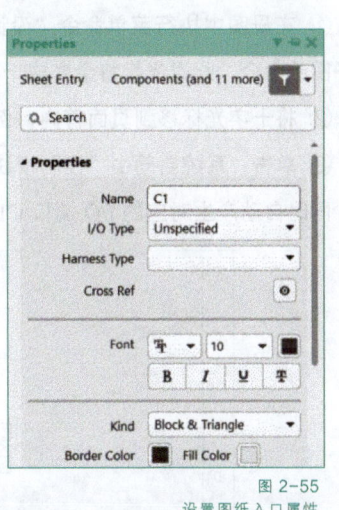

图 2-55
设置图纸入口属性

面板中主要包含如下选项：

> Name：设置图纸入口的名称，该名称应该与子图中相应的端口名称相同。
> I/O Type：设置图纸入口的输入/输出类型，表示信号的流向。有 4 种类型：Unspecified（未定义）、Output（输出）、Input（输入）、Bidirectional（双向）。
> Harness Type：设置线束入口的类型。
> Font：设置图纸入口标注文本的字体、字号、颜色，是否为粗体、斜体，是否加下画线等。
> Kind：设置图纸入口的外形。有 4 种类型：Block & Triangle、Triangle、Arrow 和 Arrow Tail。
> Border Color、Fill Color：分别设置图纸入口边框和内部的填充颜色。

⑦ 所有属性设置完毕，按"Enter"键，返回图纸入口放置状态。移动光标到页面符内合适的位置后单击，即可完成一个图纸入口的放置操作。

⑧ 此时系统仍处于图纸入口放置状态，可以连续在同一个页面符内放置多个图纸入口。当同一个页面符内所有的图纸入口均放置完毕后，右击或者按"Esc"键退出图纸入口放置状态。

按照上述方法分别放置两个页面符内的图纸入口 C1、C2 及 D1、D2。将图纸入口 C1、C2 的 I/O 类型设置为输出，D1、D2 的 I/O 类型设置为输入，如图 2-56 所示。

⑨ 调整布局，绘制导线。将具有电气连接关系的页面符从图纸入口处用导线或者总线连接起来，如图 2-57 所示。

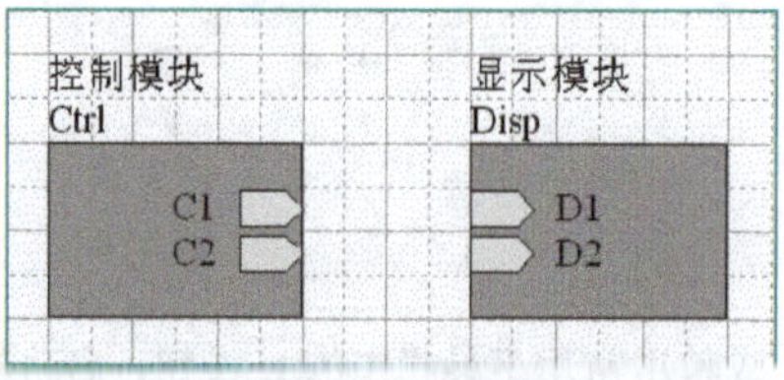

图 2-56
放置完成的图纸入口

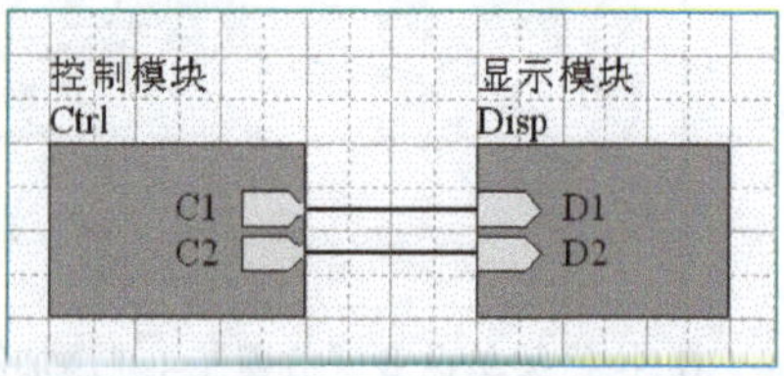

图 2-57
绘制完成的母图

至此，原理图母图已绘制完成，将其保存。接下来可以开始创建各子图。

（2）绘制层次原理图子图

① 在母图中执行菜单命令"设计" ⇨ "从页面符创建图纸"，启动由页面符产生原理图子图的命令，此时光标将会变成十字形。

② 将十字光标移到页面符内，例如移到"控制模块"页面符内。

③ 单击，系统自动由"控制模块"页面符创建一个名称为"Ctrl.SchDoc"的原理图文件，同时自动产生对应的 I/O 端口 C1、C2，如图 2-58 所示。

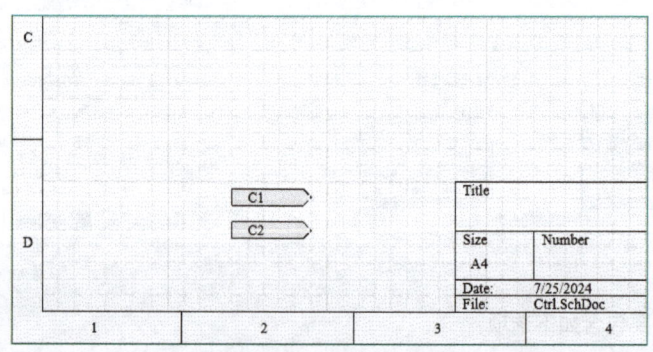

图 2-58
自动生成的原理图子图

④ 在图 2-58 基础上调整输入/输出端口的位置，设置图纸参数，放置相应的元件，并用导线连接，最终完成子图绘制，完成后的"控制模块"子图"Ctrl.SchDoc"电路如图 2-59 所示。

⑤ 保存编辑完成的"Ctrl.SchDoc"文件；采用与上面相似的方法绘制"显示模块"子图"Disp.SchDoc"电路并保存，如图 2-60 所示。至此，整个层次原理图的绘制工作就都完成了。

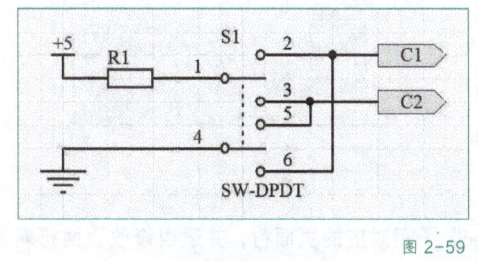
图 2-59
"控制模块"子图"Ctrl.SchDoc"电路

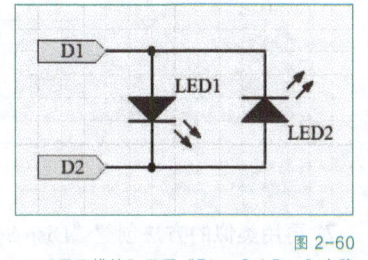
图 2-60
"显示模块"子图"Disp.SchDoc"电路

### 3. 自下而上绘制层次原理图

自下而上的层次原理图设计方法与自上而下的设计方法正好相反。先根据各个电路模块的功能，依次绘制出子图，然后由子图建立起相对应的页面符，最后完成母图的绘制。这种设计方法就是利用已绘制好的各个子图产生母图（方块电路图），如图 2-61 所示。

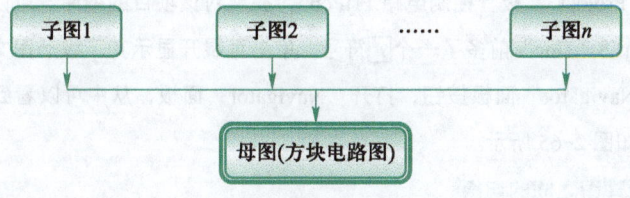
图 2-61
自下而上绘制层次原理图

下面具体介绍自下而上层次原理图的绘制方法。

① 新建一个 PCB 工程，并在其内创建子图文件，例如分别新建"二极管控制电路.PrjPcb"项目文件和"Ctrl.SchDoc""Disp.SchDoc"两个子图文件。

② 在新建的子图文件内绘制子图,绘制时须添加与各子图连接的 I/O 端口,如图 2-59、图 2-60 所示。

③ 在项目文件下新建母图文件，并保存为"LED_Ctrl.SchDoc"。

④ 在母图中执行菜单命令"设计" ➡ "Create Sheet Symbol From Sheet"，系统将弹出"Choose Document to Place"对话框，如图 2-62 所示。

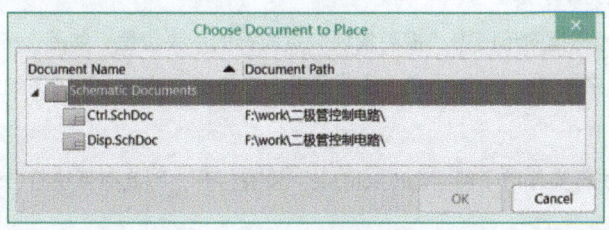
图 2-62
"Choose Document to Place"对话框

109

⑤ 在该对话框中选中所需要的子图文件，如"Ctrl.SchDoc"，单击 OK 按钮，系统将在母图中生成页面符虚影，如图 2-63 所示。

⑥ 按"Tab"键打开"Properties"面板，将"Designator"栏修改为"控制模块"后，移动光标，将页面符移至合适的位置后单击，将页面符放到母图中，如图 2-64 所示。

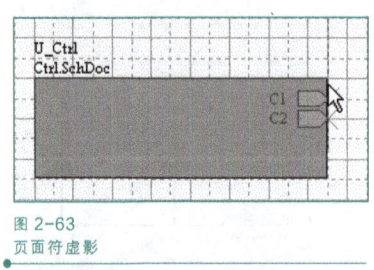

图 2-63
页面符虚影

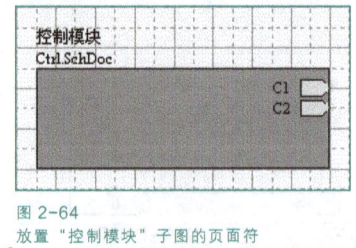

图 2-64
放置"控制模块"子图的页面符

⑦ 再用类似的方法创建"Disp.SchDoc"子图对应的页面符，并适当修改页面符属性，添加完成后的母图如图 2-56 所示。

⑧ 将页面符之间具有电气连接关系的端口用导线或总线连接起来，连线完成后的层次原理图母图如图 2-57 所示。

至此，自下而上的层次原理图的绘制过程结束。

打开"Projects"面板，选中项目"二极管控制电路.PrjPcb"，执行菜单命令"工程" ⇨ "Validate PCB Project 二极管控制电路.PrjPcb"，完成对该项目的编译。可以看到在母图文件名"LED_Ctrl.SchDoc"前多了一个 ▲ 符号，单击可展开显示其下级子图文件名。单击工作区左边的"Navigator"面板按钮，打开"Navigator"面板，从中可以看到各原理图之间的层次关系，如图 2-65 所示。

#### 4. 层次原理图之间的切换

在进行较大规模的电路设计时，往往涉及多张层次原理图，有时需要在具有层次关系的多张原理图之间进行切换并编辑。在 Altium Designer 中，层次原理图之间的切换是非常方便的，可以根据需要由母图切换到子图，或者由子图切换到母图。

##### (1) 由母图切换到子图

这里仍以图 2-57 所示的层次原理图母图为例，假设想从母图"LED_Ctrl.SchDoc"切换到"控制模块"子图，以便对"Ctrl.SchDoc"进行编辑，具体的操作步骤如下：

① 单击"LED_Ctrl.SchDoc"文档标签，如果该文档还未打开，请打开该文档。

② 执行菜单命令"工具" ⇨ "上/下层次"，或者直接单击标准工具栏中的层次按钮 ⇅，此时光标将变为十字形。

③ 移动光标指向母图中"控制模块"页面符的中央位置，如图 2-66 所示，单击即可切换到下级的子图"Ctrl.SchDoc"，其会以最大显示模式显示在原理图编辑器中。右击可退出切换状态。

④ 如果执行操作前子图"Ctrl.SchDoc"没有打开，则此时系统将自动打开该子图。

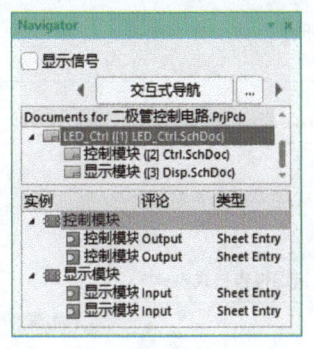

图 2-65
"Navigator" 面板中显示的原理图层次关系

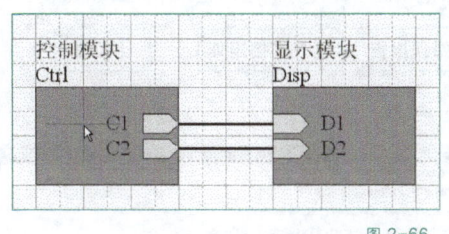

图 2-66
准备切换到子图 "Ctrl.SchDoc"

（2）由子图切换到母图

从子图 "Ctrl.SchDoc" 切换到母图 "LED_Ctrl.SchDoc" 的具体操作步骤如下：

① 保证当前正在编辑的是子图 "Ctrl.SchDoc"。如果不是，需要将当前的工作窗口切换到子图 "Ctrl.SchDoc"。

② 执行菜单命令 "工具" ⇨ "上/下层次"，或者直接单击标准工具栏中的层次按钮，此时光标将变为十字形。

③ 移动光标指向子图中的一个输入/输出端口，如图 2-67 所示，单击即可切换到母图，并以高亮的最大显示模式显示被单击的输入/输出端口所对应的子图入口，如图 2-68 所示。

④ 右击即可退出切换状态。

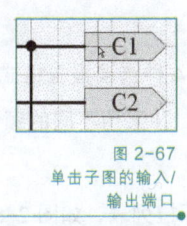

图 2-67
单击子图的输入/
输出端口

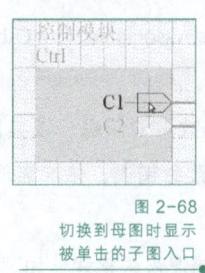

图 2-68
切换到母图时显示
被单击的子图入口

## 2.1.4　项目编译及查错

电路原理图中，元件之间的连接必须遵循一定的电气规则，在进行 PCB 设计之前要确保原理图准确无误。因此在绘制完原理图后，为了保证电路的正确性，需要对原理图进行检查并修改。Altium Designer 的项目编译功能是用来检查用户所设计的电路原理图是否符合电气规则的重要手段。

### 1. 项目编译设置

在进行项目编译之前，用户需要对项目编译参数进行设置，以确定系统在编译时所需做的工作和编译后系统的各种报告类型。

项目编译设置主要包括 Error Reporting（错误报告）、Connection Matrix（电气连接矩阵）、Comparator（比较器）等，这些设置都必须在项目管理选项对话框中完成。

（1）打开项目管理选项对话框

打开任意一个 PCB 项目，如 "信号发生器.PrjPcb"，执行菜单命令 "工程" ⇨ "Project

微课：
项目编译

Options"，即可打开项目管理选项对话框，如图 2-69 所示。

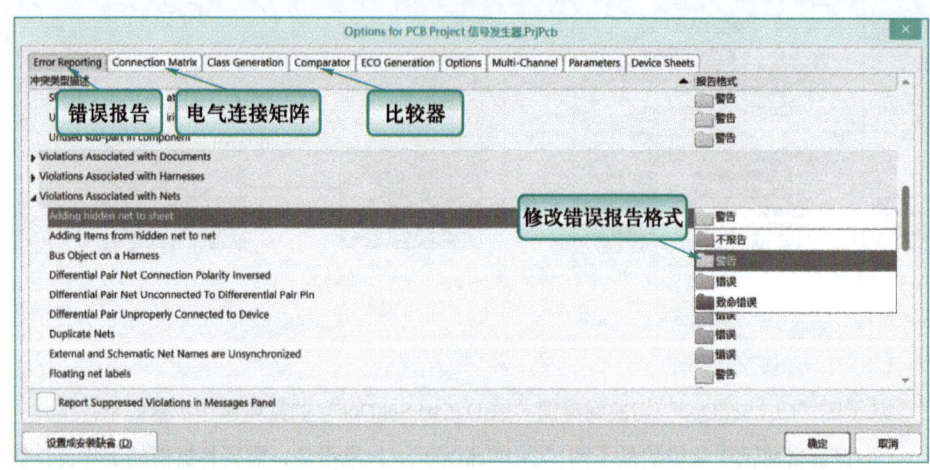

图 2-69
项目管理选项对话框

**（2）设置错误报告选项**

通过"Error Reporting"标签页，可以设置各种违规类型的报告格式。

① 违规类型。共有七大类，即 Violations Associated with Buses（总线违规）、Violations Associated with Components（元件违规）、Violations Associated with Documents（文档违规）、Violations Associated with Harnesses（线束违规）、Violations Associated with Nets（网络违规）、Violations Associated with Others（其他违规）和 Violations Associated with Parameters（参数违规）。

② 报告格式。对于每一项具体的违规类型，相应有 4 种错误报告格式，即不报告、警告、错误、致命错误，依次表明违反规则的严重程度，并采用不同的颜色，便于用户区分。

单击任一错误报告格式，如"警告"，将会弹出一个下拉列表，如图 2-69 右侧所示，修改完成后，单击右下角的 确定 按钮确认。

**说明 》》》》》》》**

在绘制电路原理图时，若有绘制电路或参数设置错误等违反电气规则的情况，则在原理图上会出现相应的错误提示。如图 2-70 中，电阻 R1（1K）与电阻 R1（100K）编号相同，会产生元件违规错误，在这两个元件下方会标注红色波浪线。

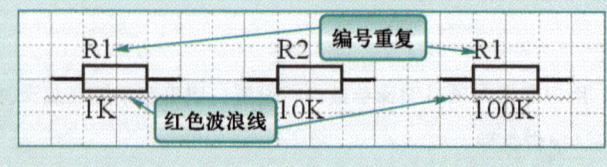

图 2-70
元件违规示例

单击选择"Violations Associated with Components"⇨"Duplicate Part Designators"（元件编号重复），并将其"报告格式"设置为"不报告"，如图 2-71 所示，则在编译时不会出现错误提示，原理图上也不会标注红色波浪线。

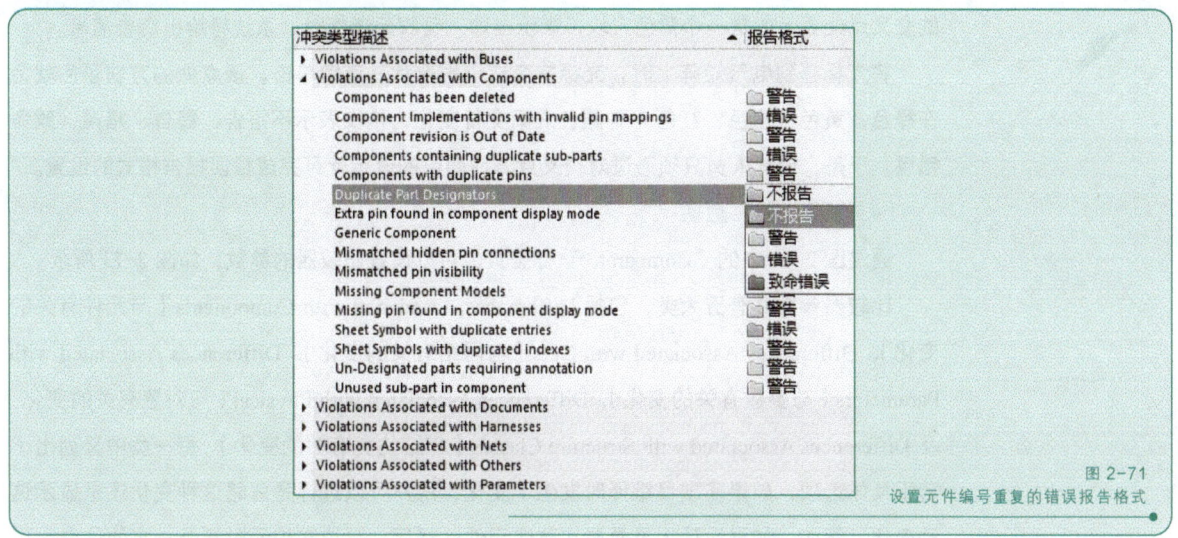

图 2-71
设置元件编号重复的错误报告格式

**（3）设置电气连接矩阵选项**

通过图 2-69 中的 "Connection Matrix" 标签页，可以设置元件管脚以及输入/输出端口间的连接状态，一般采用默认设置，如图 2-72 所示。

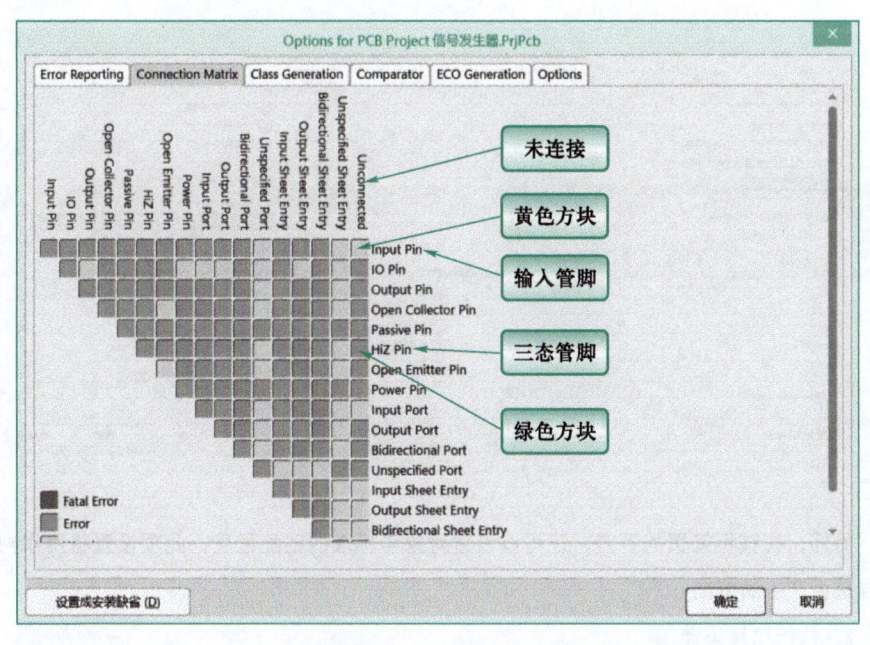

图 2-72
设置电气连接矩阵选项

电气连接矩阵中显示了各种管脚、端口、图纸入口之间的连接状态，以及相应的错误类型设置。系统在进行电气规则检查（ERC）时，将根据该电气连接矩阵设置的错误等级生成 ERC 报告。

例如，在矩阵行中找到 "HiZ Pin"（三态管脚），在矩阵列中找到 "Unconnected"（未连接），两者的交叉点处显示了一个绿色方块，表示当一个三态管脚被发现未连接时，系统将不给出任何错误报告。又如，在 "Unconnected"（未连接）与 "Input Pin"（输入管脚）

的交叉点处显示的是一个黄色方块，表示当输入管脚无连接时，系统将给出警告信息。

将光标移到电气矩阵上时，光标将变成小手形状，连续单击，该点处的方块颜色就会在绿色、黄色、橙色、红色 4 种颜色之间交替变化，依次表示不报告、警告、错误、致命错误。于是，设计人员只须通过对交叉点方块颜色的设定就可完成错误报告格式的设置。

### （4）设置比较器选项

通过图 2-69 中的"Comparator"标签页，可以设置比较器的参数，如图 2-73 所示。

比较器参数共有五大类，包括 Differences Associated with Components（与元件有关的变化）、Differences Associated with Nets（与网络有关的变化）、Differences Associated with Parameters（与参数有关的变化）、Differences Associated with Physical（与对象有关的变化）及 Differences Associated with Structure Classes（与结构类有关的变化）。每一类中又列出了若干具体选项，如果在项目编译时发生了变化，用户可以选择是忽略这种变化还是显示这种变化。例如，如果设计人员希望在改变元件注释后，系统在编译时给予一定的信息，可以在图 2-73 所示的对话框中找到"Different Comments"（元件注释变化）栏，单击右侧的"模式"区域，在弹出的下拉列表中选择"Find Differences"（查找差异）或者"Ignore Differences"（忽略差异）。

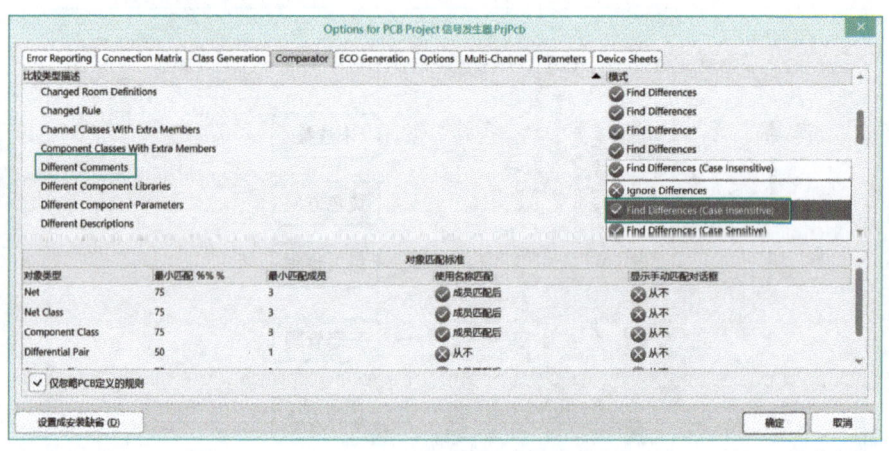

图 2-73
设置比较器选项

另外，在该标签页的下方，还可以设置对象与标准的匹配程度，此项设置将用作判别差异是否产生的依据。

### 2. 执行项目编译

完成上述各项设置后，就可以对项目进行编译，以检查并修改各种电气错误。

下面以图 2-1 所示的信号发生器电路为例，说明项目编译的具体过程。为了让读者更清楚地了解项目编译的重要作用，编译之前故意设置了一个错误，即把放大器芯片 U1A 的第 5 个管脚输入与 R2 和 R3 之间的连线断开，如图 2-74 所示。

① 执行菜单命令"工程" ⇨ "Validate PCB Project 信号发生器.PrjPcb"，则系统开始进行项目编译。

② 编译完成后，系统弹出如图 2-75 所示的"Messages"对话框。该对话框中列出了

项目原理图中的所有出错信息和相应的错误等级。

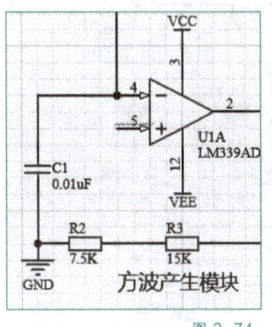

图 2-74
设置一个错误

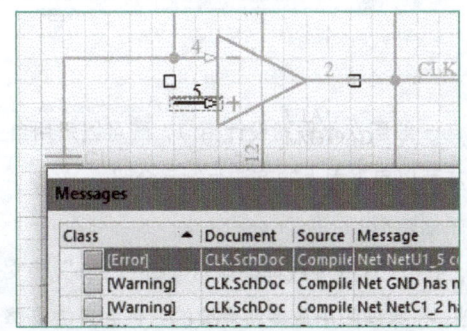

图 2-75
"Messages" 对话框

③ 双击任一出错信息行，则相应的原理图被打开，出错位置处于高亮显示状态，以便设计人员对此做出适当改正，如图 2-76 所示。但要注意编译后的出错信息并不都是准确的，也并不一定都得修改，用户应根据设计思路对系统提示的编译错误进行具体分析。

图 2-76
双击显示出错位置

④ 按照步骤③的方法，进行逐行检查，依次排除 "Messages" 对话框中显示的出错信息，并确认原理图设计的正确性，完成原理图的编译操作。

### 2.1.5　绘制多通道原理图

#### 1. 多通道原理图设计

多通道原理图设计是指对于多个完全相同的模块，不必重复设计，只要绘制一个页面符和底层电路，然后直接使用 Repeat 命令设置该模块的重复引用次数即可，系统在进行项目编译时会自动创建正确的网络表。

图 2-77 所示为由单片机控制的 3 线-8 线译码显示电路，开关 K1～K3 不同的组合状态使不同的发光二极管 DS1～DS8 点亮。从图中可以看出，3 组开关按键部分电路是完全相同的，8 组发光二极管部分电路也是一样的（图中实际只画出了 2 组）。在 Altium Designer 中，可以分别绘制其中一组开关按键电路和一组发光二极管显示电路作为两个子图，并且在顶层原理图中创建对应的页面符，再设置好引用的次数，就可以达到设计的目的。很显然，对于重复的、复杂的单元电路模块来说，使用多通道原理图设计会大大减少重复设计的工作量，提高电路的设计效率。

微课：
多通道原理图绘制

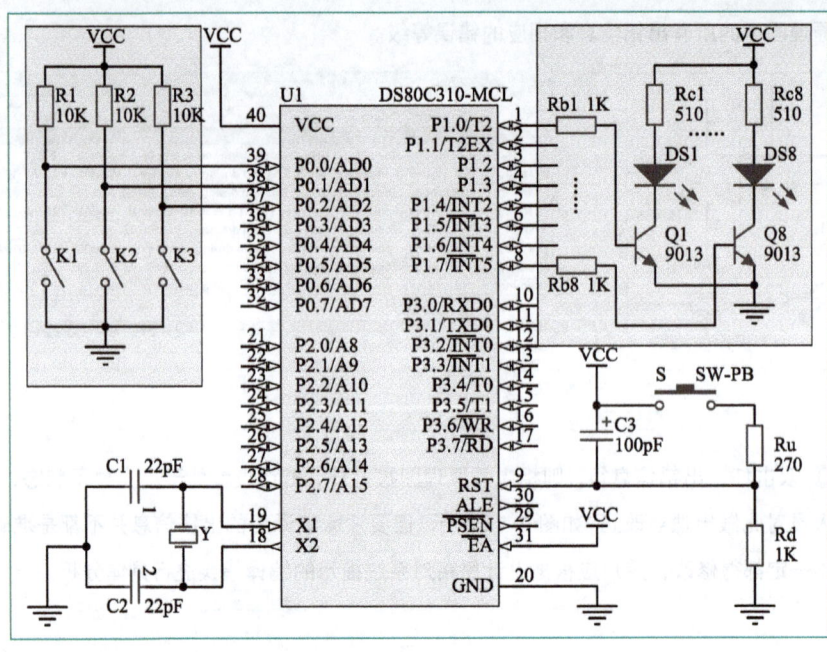

图 2-77
由单片机控制的 3 线-8 线
译码显示电路

多通道原理图设计与一般层次原理图设计相似，既可以采用自上而下的方法，也可以采用自下而上的方法，本节以自下而上的方法为例来介绍。

（1）绘制底层子电路原理图

① 创建 PCB 工程，并以"3 线 8 线译码显示电路.PrjPcb"为文件名进行保存。

② 新建原理图文档，在原理图中放置所需要的元件并连接电路，完成开关按键子电路原理图的绘制，如图 2-78 所示，并以"Key.SchDoc"为文件名进行保存。

③ 用类似的方法创建并绘制发光二极管显示子电路原理图，如图 2-79 所示，并以"Led.SchDoc"为文件名进行保存。

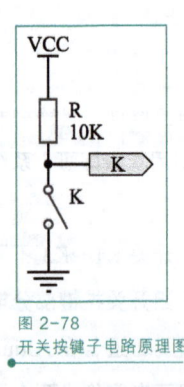

图 2-78
开关按键子电路原理图

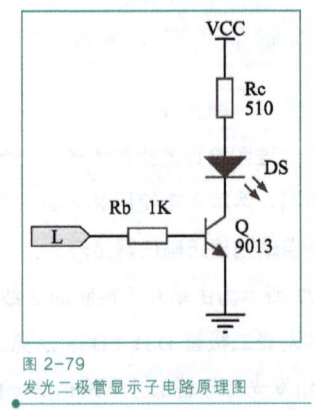

图 2-79
发光二极管显示子电路原理图

（2）绘制顶层主电路原理图

① 在工程中，新建一个原理图文档作为顶层主电路原理图，绘制除去 3 组开关按键和 8 组发光二极管外剩余部分电路，并以"Main.SchDoc"为文件名进行保存。

116

② 执行菜单命令"设计"⇨"Create Sheet Symbol From Sheet"，从打开的"Choose Document to Place"对话框中选择子图文档"Key.SchDoc"，然后单击 OK 按钮，系统将处于页面符放置状态，如图 2-80 所示。

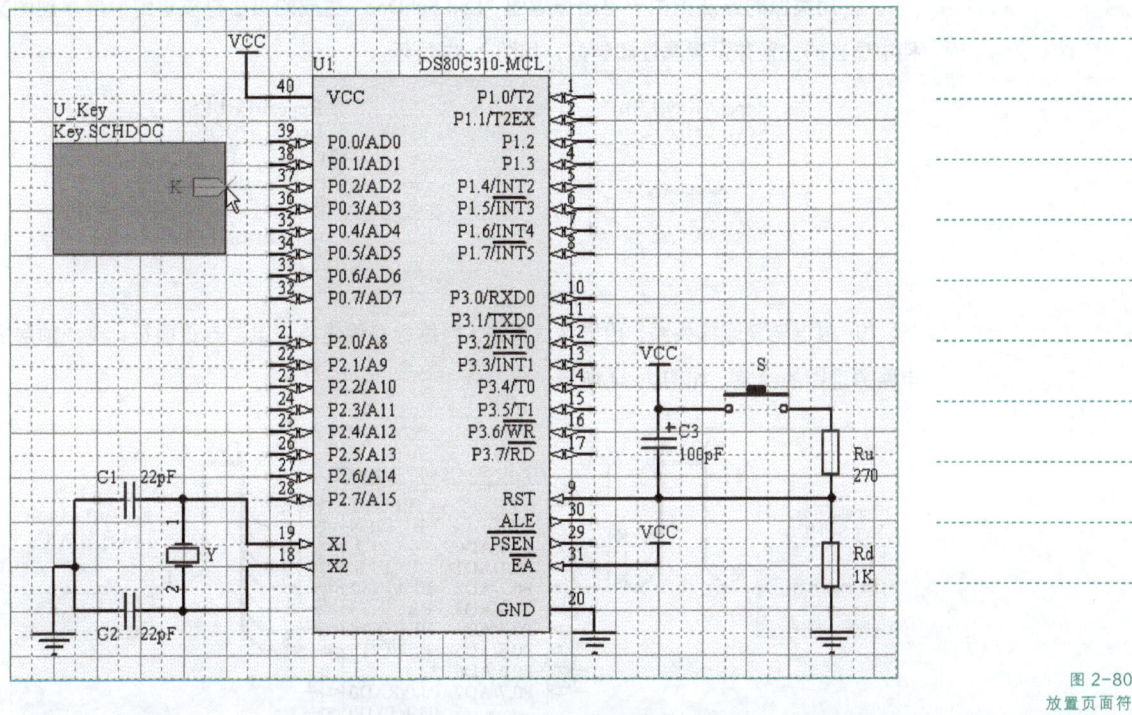

图 2-80
放置页面符

③ 在页面符放置状态下按"Tab"键，打开"Properties"面板，如图 2-81 所示。设置"Designator"栏内容为"Repeat(Key,1,3)"，表示通过页面符"Key"将原理图"Key.SchDoc"重复调用 3 次，然后按"Enter"键返回页面符放置状态。

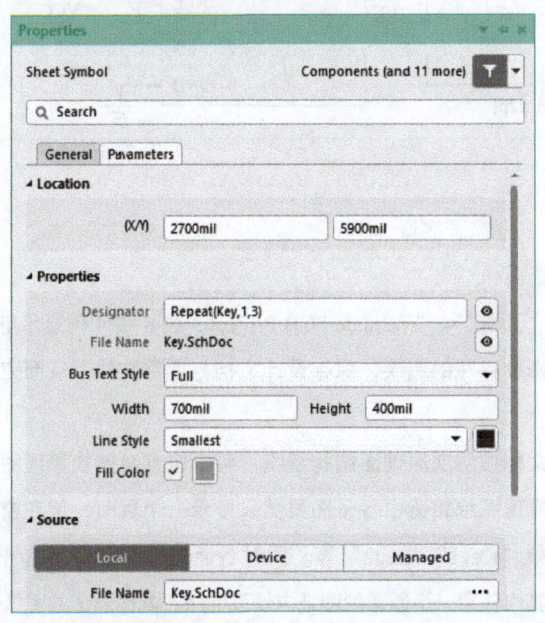

图 2-81
设置页面符属性

117

④ 移动光标到适当位置并单击，在顶层原理图中放置页面符。右击退出页面符放置状态，然后双击图纸入口"K"，将其名称修改为"Repeat(K)"，如图 2-82 所示。至此，子电路原理图"Key.SchDoc"对应的页面符放置完成。

⑤ 用类似的方法把由子电路原理图"Led.SchDoc"生成的页面符放置到顶层原理图文档中适当的位置并设置属性和参数，如图 2-83 所示。

图 2-82
"Key.SchDoc" 对应的页面符

图 2-83
"Led.SchDoc" 对应的页面符

⑥ 根据电气连接关系，用导线、总线、网络标签等连接主电路与页面符，完成顶层主电路原理图的绘制，如图 2-84 所示。

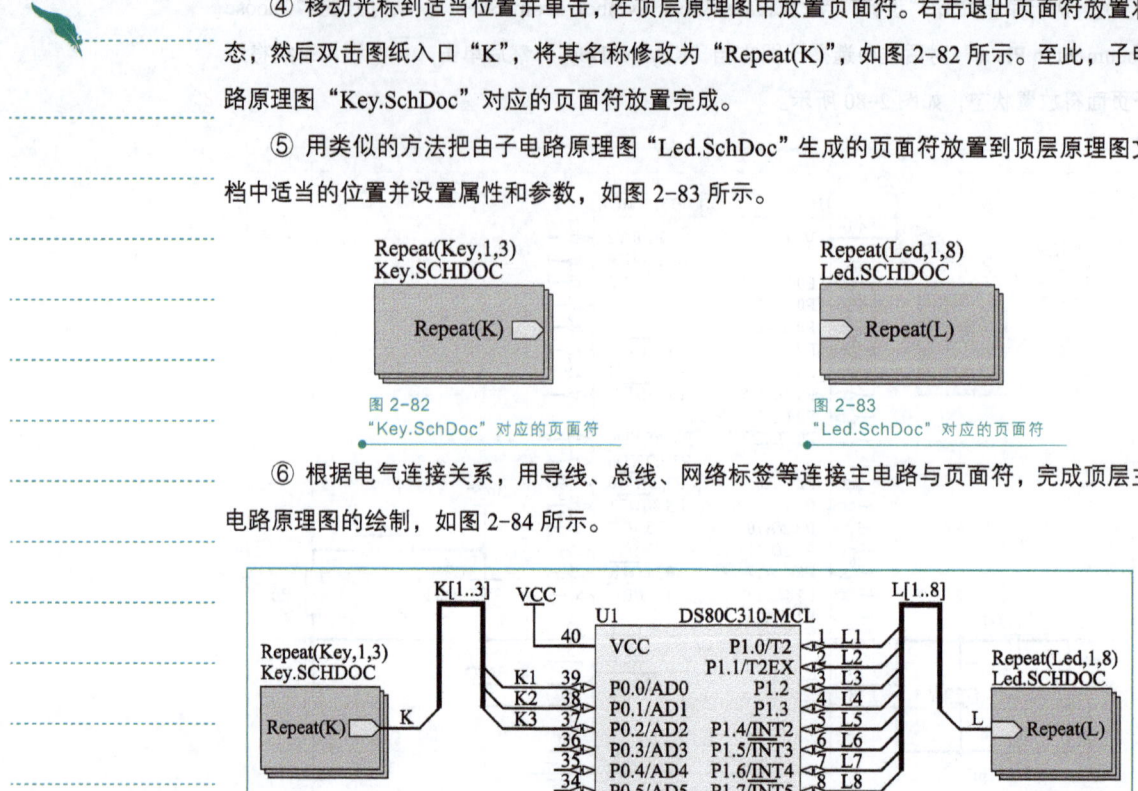

图 2-04
绘制完成的顶层
主电路原理图

## 2. 编译项目并查看装配变量

### （1）项目编译查错

执行菜单命令"工程"⇨"Validate PCB Project 3 线 8 线译码显示电路.PrjPcb"对项目进行编译，检查并修改存在的错误，保存设计文档与项目文件，从而完成多通道原理图的设计。

经过编译后，文档按层次原理图结构组织，可以像查看层次原理图一样查看多通道原理图的层次关系。原理图编辑器中各子图虽然只显示一个页面，但在窗口下方会显示每个通道的选择标签，如"Key1""Led2"等。同时各通道相同元件的编号后加上了通道名，如图 2-85 所示。在其中任意一个通道的图纸中修改电路，其他通道的图纸会自动同步更新。

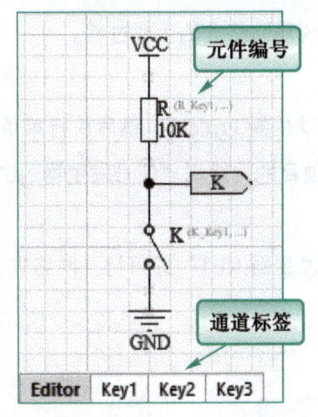

图 2-85
编译后的通道标签及元件编号

（2）查看装配变量

执行菜单命令"工程" ⇨ "装配变量"，系统弹出"装配变量管理器"对话框，可以在此详细查看装配变量信息，如图 2-86 所示。

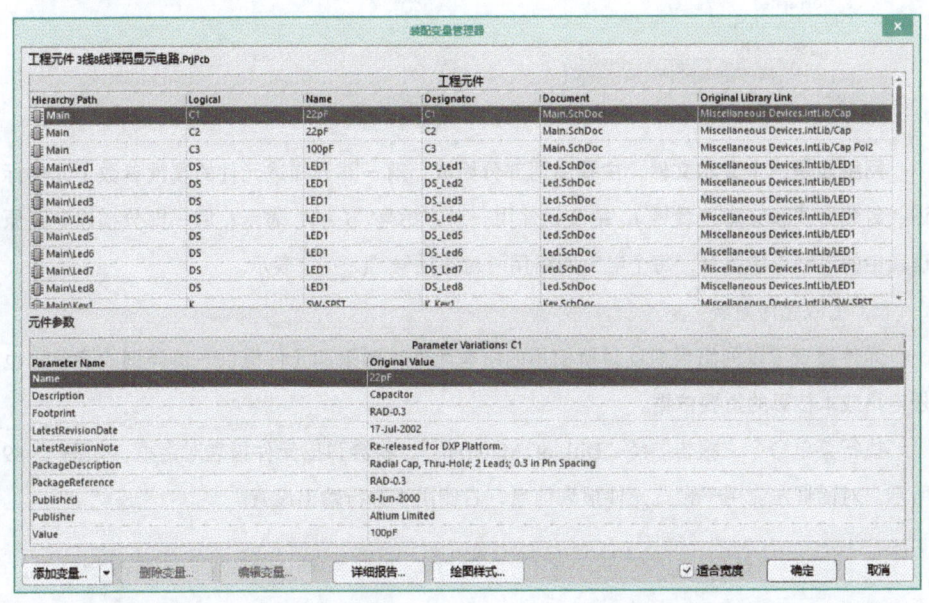

图 2-86
"装配变量管理器"对话框

单击"装配变量管理器"对话框中元件的标识符，对应的元件会以高亮居中的方式显示在主设计窗口中，但该对话框仍然保留在屏幕上，可以随意跳转到其他元件上。

## 2.1.6　生成报表文件

在工程设计中，为了方便查找数据，经常需要输出相关报表，以供设计人员参考查阅和归档。为此，Altium Designer 提供了报表输出功能。

微课：
生成报表文件

### 1. 生成网络表

网络表是原理图和 PCB 之间的桥梁文件，它包含了原理图中所有元件、端口、网络标签等关键信息，并且可以起到检查原理图错误的作用，在 PCB 制作过程中具有重要意义。

这里以信号发生器电路为例来说明网络表的生成过程。

**（1）启动网络表**

首先打开项目文件"信号发生器.PrjPcb"，然后执行菜单命令"设计"⇨"工程的网络表"⇨"Protel"，将会生成该项目的网络表"信号发生器.NET"，如图 2-87 所示。

**（2）打开网络表**

双击网络表文件名"信号发生器.NET"即可打开网络表，如图 2-88 所示。

图 2-87
生成网络表

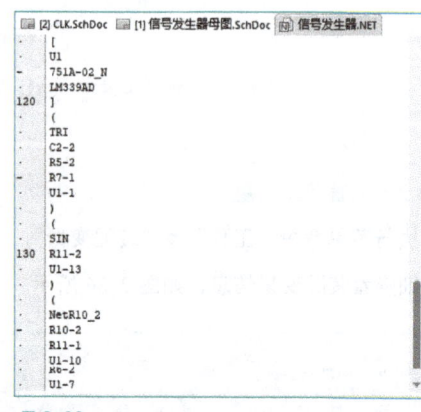

图 2-88
网络表的部分内容

网络表是一个文本文件，主要由两部分组成：前一部分描述元件的属性参数（元件标识、封装形式和文本注释等），每个元件用一对方括号"[…]"表示；后一部分描述电路原理图中的电气连接关系，每个电气网络用一对圆括号"( … )"表示。

**2. 生成元件报表**

元件报表可以列出当前项目所使用的所有元件，为采购元件提供一份详细的清单，也是电路成本核算的重要依据。

执行菜单命令"报告"⇨"Bill of Materials"，将会弹出元件报表对话框，如图 2-89 所示。对话框左侧用于预览元件报表信息，右侧用于进行输出设置。

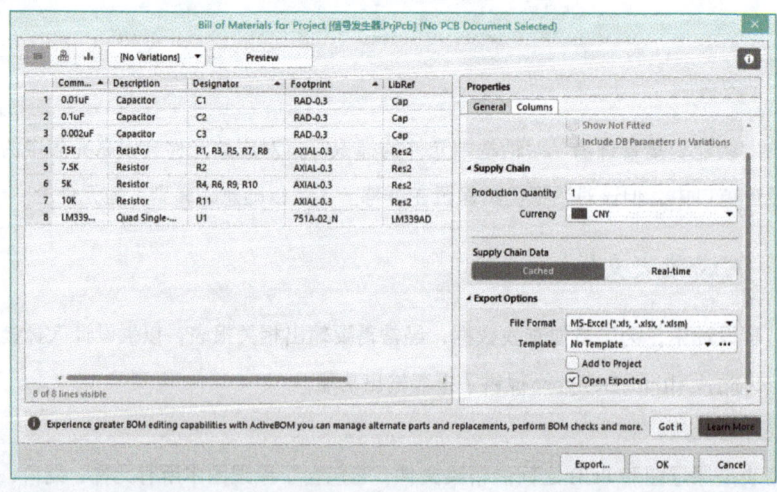

图 2-89
信号发生器电路的
元件报表对话框

① File Format：设置输出元件报表的文件格式。

② Template：选择输出元件报表的模板。

③ Add to Project：勾选此复选框，生成的报表将自动添加到项目中。

④ Open Exported：勾选此复选框，会自动打开生成的元件报表文件。

⑤ Export：单击 Export... 按钮，将生成元件报表文件。

### 3. 生成元件引用参考报表

前面介绍的元件报表会将项目中用到的所有元件列在一张表中，对于非层次结构的原理图，该报表能非常清楚地显示项目中的各种需求，但对于层次结构的原理图，有些时候会给项目设计带来很大的不便，比如不知道某个元件用在哪张子图中。针对这个问题，可以采用元件引用参考报表来解决。

执行菜单命令"报告" ⇨ "Component Cross Reference"，系统弹出如图 2-90 所示的元件引用参考报表对话框。它与元件报表的不同在于它将整个项目中的所有元件按照所属的原理图进行分组统计。

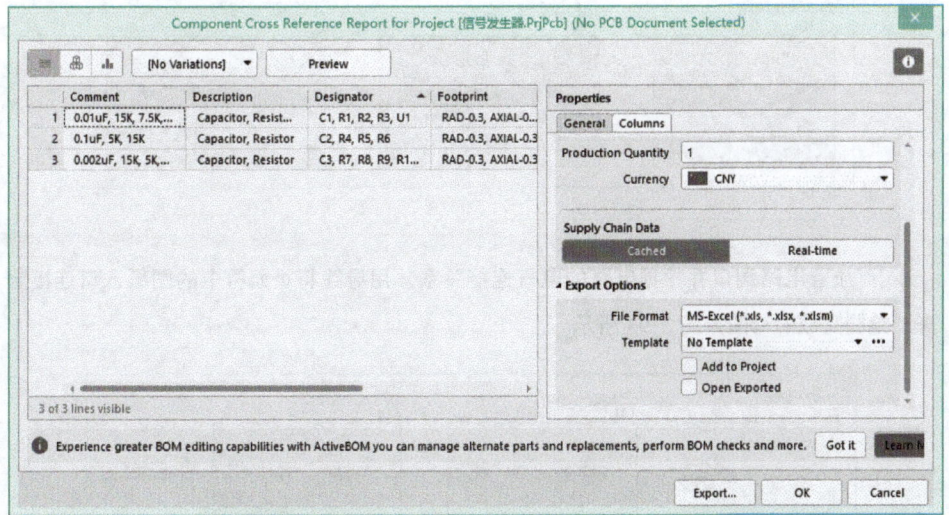

图 2-90
元件引用参考报表对话框

## 【任务实施】

### 2.1.7　实战演练——绘制信号发生器原理图

下面采用自上而下绘制层次原理图的方法，来绘制信号发生器的原理图。

#### 1. 新建项目文件

执行菜单命令"文件" ⇨ "新的" ⇨ "项目"，新建 PCB 项目文件，命名为"信号发生器.PrjPcb"。

#### 2. 绘制母图

① 在"信号发生器.PrjPcb"项目文件中，执行菜单命令"文件" ⇨ "新的" ⇨ "原理

视频：
绘制信号发生器原理图

图"，新建原理图文件。

　　② 执行菜单命令"文件"⇨"保存"，将新建的原理图文件保存为"信号发生器母图.SchDoc"。

　　③ 执行菜单命令"放置"⇨"页面符"，或单击常用工具栏中的 按钮，放置 3 个页面符，如图 2-91 所示。

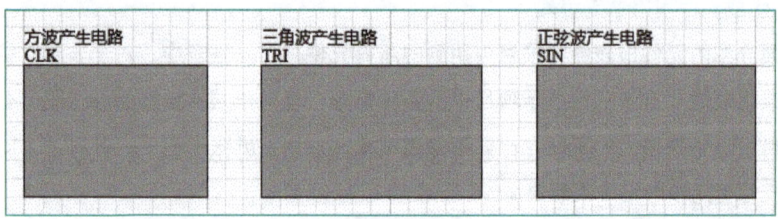

图 2-91
放置 3 个页面符

　　④ 单击常用工具栏中的 按钮，放置图纸入口，并修改为图 2-92 所示的方块电路。

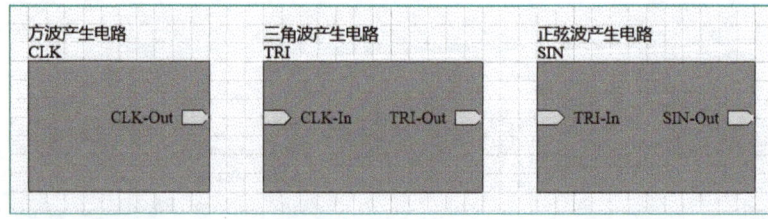

图 2-92
放置图纸入口

　　⑤ 放置电路端口并根据电路的电气连接关系，用导线将页面符中的图纸入口连接起来，绘制完成的母图如图 2-93 所示。

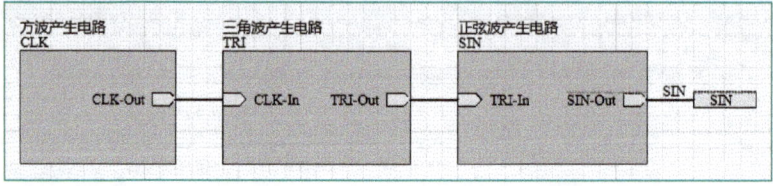

图 2-93
绘制完成的母图

### 3. 创建及绘制子图

　　① 在母图中，执行菜单命令"设计"⇨"从页面符创建图纸"，此时光标变为十字形。

　　② 将十字光标移动到页面符内，例如移到"方波产生电路"页面符内，如图 2-94 所示。

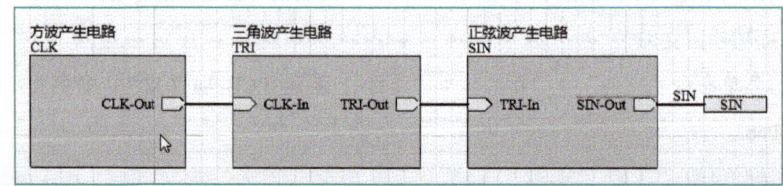

图 2-94
移动光标到页面符内

③ 单击，系统将生成子图"CLK.SchDoc"，并自动放置与该页面符相对应的 I/O 端口，
如图 2-95 所示。

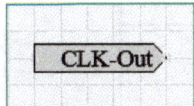

图 2-95
自动生成的 I/O 端口

④ 用类似方法创建其他页面符对应子图。

⑤ 绘制各个子图，分别如图 2-96～图 2-98 所示。

这样，完整的层次原理图绘制完毕。

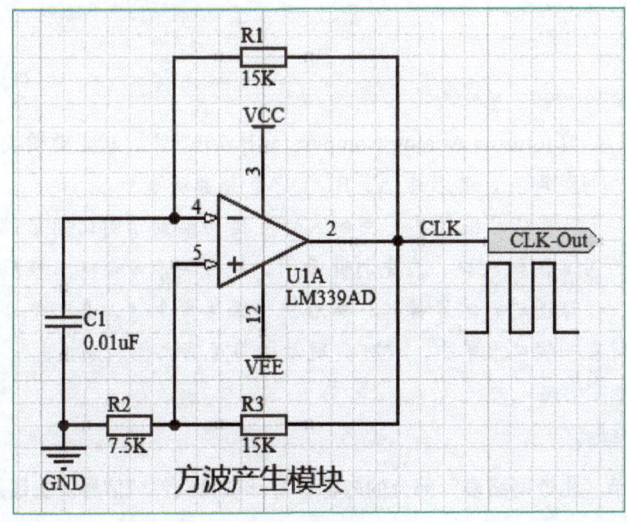

图 2-96
方波产生电路

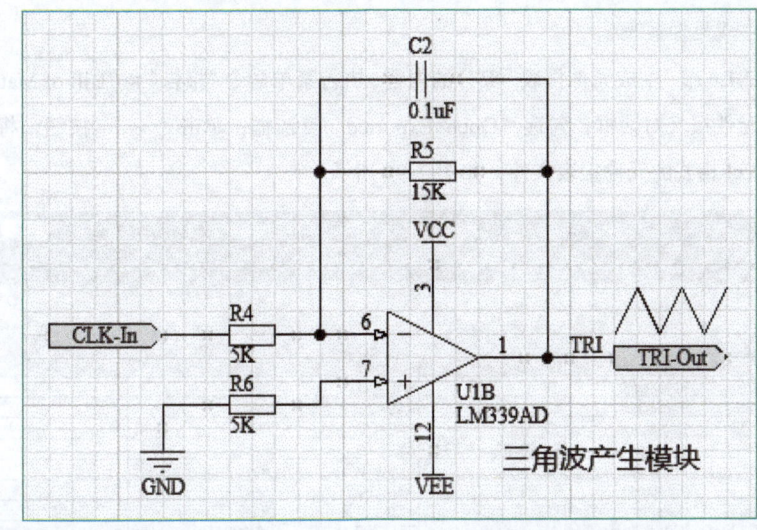

图 2-97
三角波产生电路

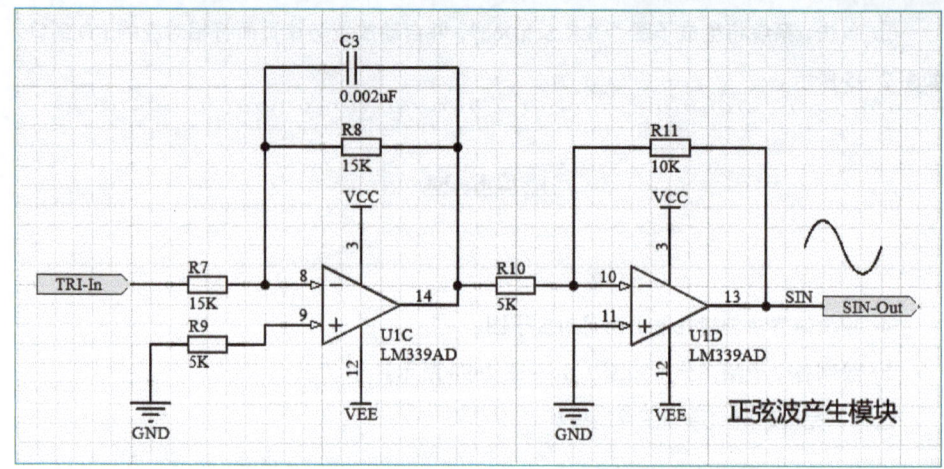

图 2-98
正弦波产生电路

---

💡 **提示** »»»»»»

　　① 元件 LM339AD 位于元件库"Motorola Analog Comparator.IntLib"中，放置前需要先加载该元件库；放置时将其标识符修改为"U1"即可，其后缀 A、B、C、D 会自动添加。

　　② 层次原理图绘制完成后，若想要从母图的某一图纸入口直接切换到子图的同名端口，或者从子图的某一端口直接切换到母图的同名图纸入口，应先打开母图，执行菜单命令"工程"⇨"Validate PCB Project 信号发生器.PrjPcb"，对母图进行编译操作，然后执行菜单命令"工具"⇨"上/下层次"，此时光标变为十字形，把光标移到某一端口上单击，即可实现母图与子图之间的切换。

### 4. 生成原理图报表

#### （1）生成网络表

　　参照 2.1.6 节"生成网络表"部分的内容，打开项目文件"信号发生器.PrjPcb"，执行菜单命令"设计"⇨"工程的网络表"⇨"Protel"，将会生成该项目的网络表"信号发生器.NET"，如图 2-88 所示。

#### （2）生成元件报表

　　参照 2.1.6 节"生成元件报表"部分的内容，执行菜单命令"报告"⇨"Bill of Materials"，将会弹出元件报表对话框，勾选"Open Exported"复选框，单击 Export... 按钮，将会生成并打开 Excel 格式的元件报表文件，如图 2-99 所示。

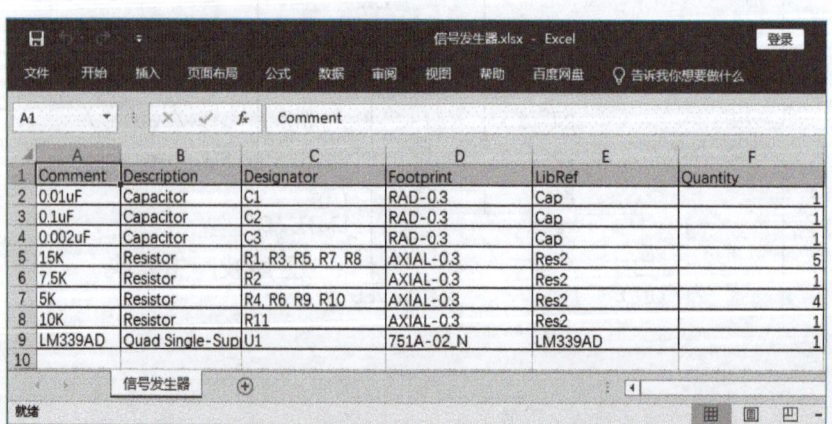

图 2-99
信号发生器的 Excel
格式元件报表文件

（3）生成元件引用参考报表

参照 2.1.6 节"生成元件引用参考报表"部分的内容,执行菜单命令"报告"⇨"Component Cross Reference",在弹出的元件引用参考报表对话框中单击  按钮,将会生成元件引用参考报表。

### 【任务拓展】

1. 将图 2-100 所示的声光报警电路原理总图按功能模块用自下而上的方法绘制成层次原理图,其中母图如图 2-101 所示。

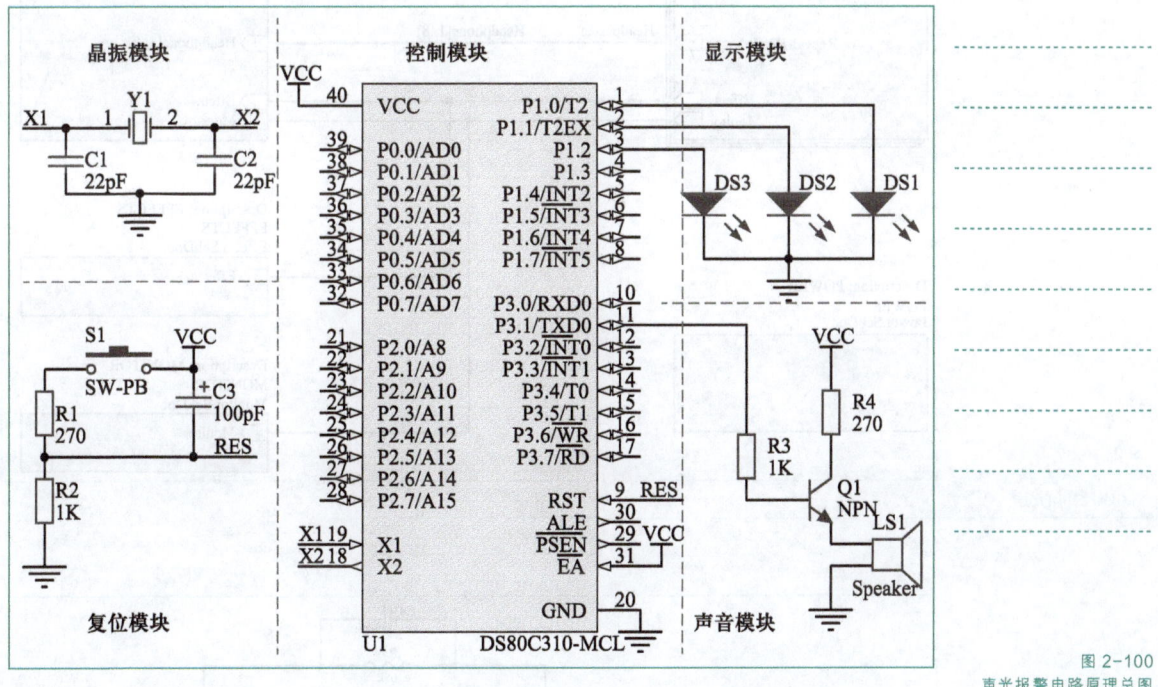

图 2-100
声光报警电路原理总图

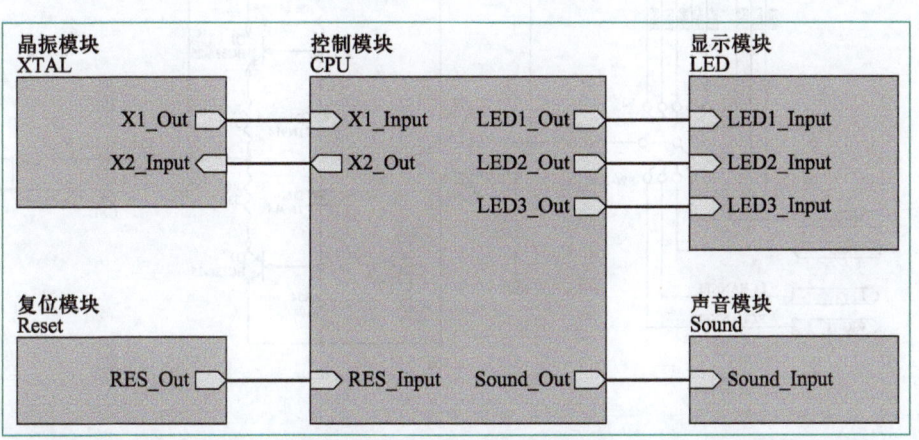

图 2-101
声光报警电路母图

2. 用自上而下绘制层次原理图的方法绘制图 2-102 所示的母图及其中各方块电路对应

的子图，子图分别如图 2-103～图 2-109 所示。

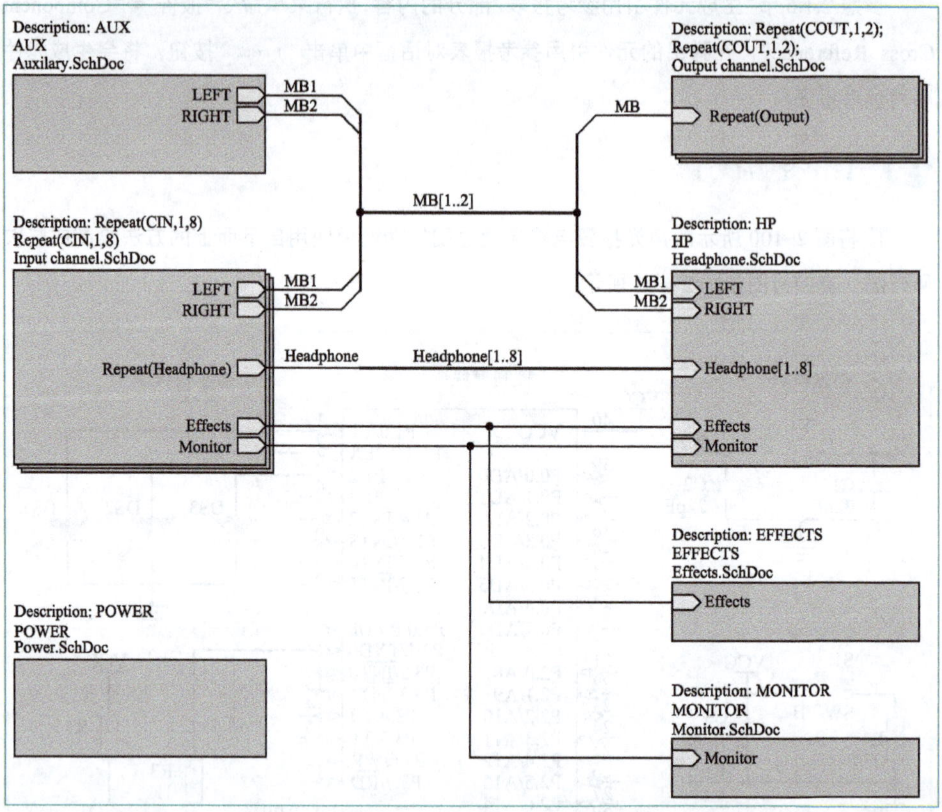

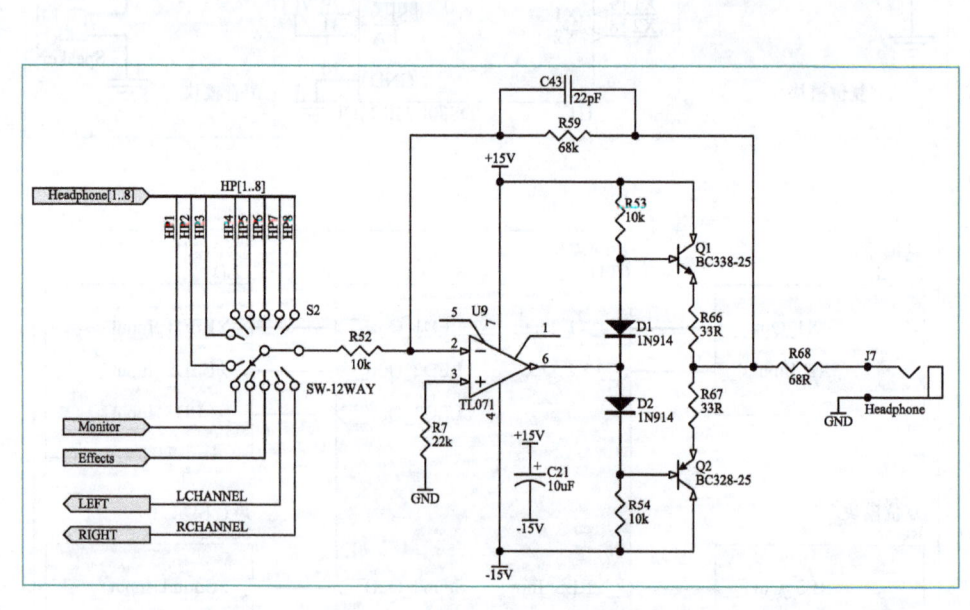

图 2-102
层次原理图的母图
"Mixer.SchDoc"

图 2-103
子图 "Headphone.
SchDoc"

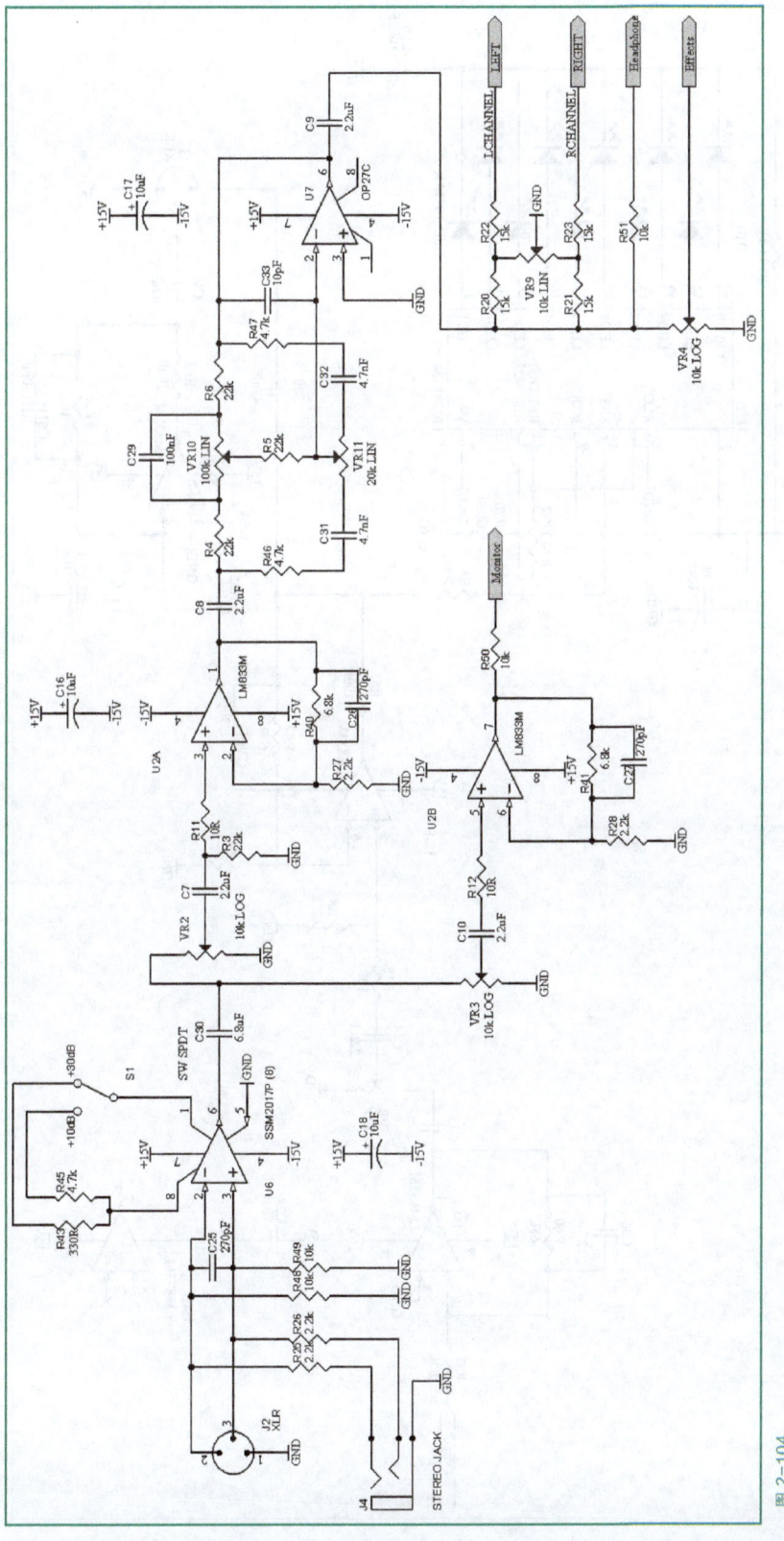

图 2-104
子图 "Input channel.SchDoc"

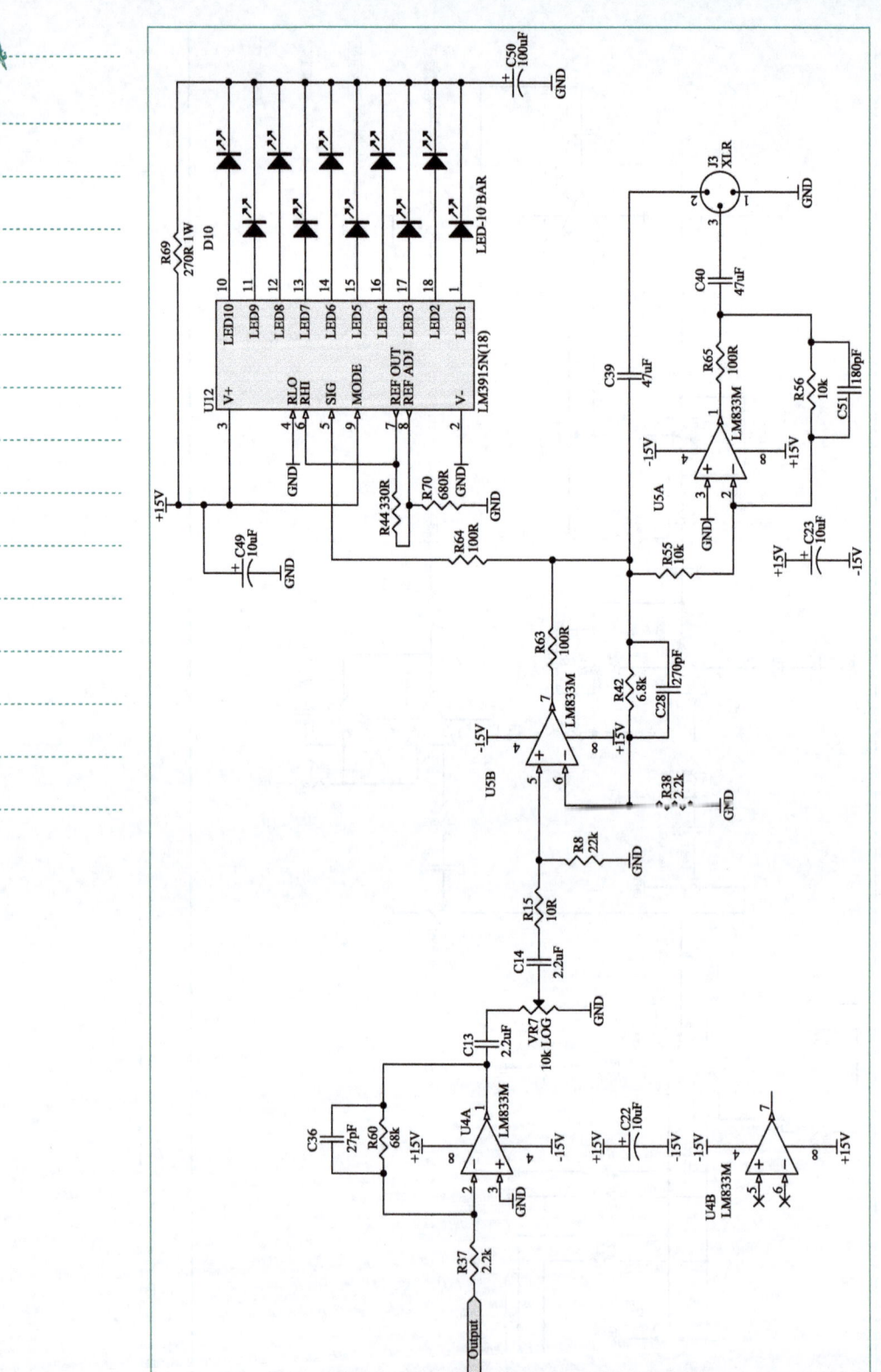

图 2-105　子图 "Output channel.SchDoc"

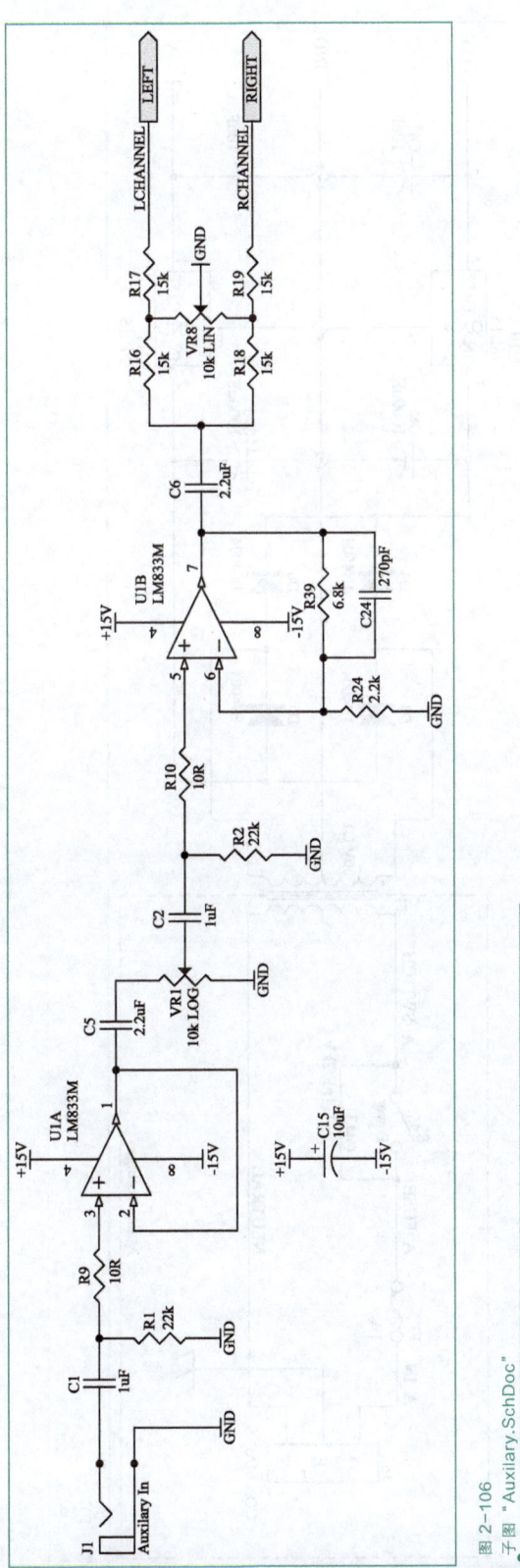

图 2-106
子图 "Auxilary.SchDoc"

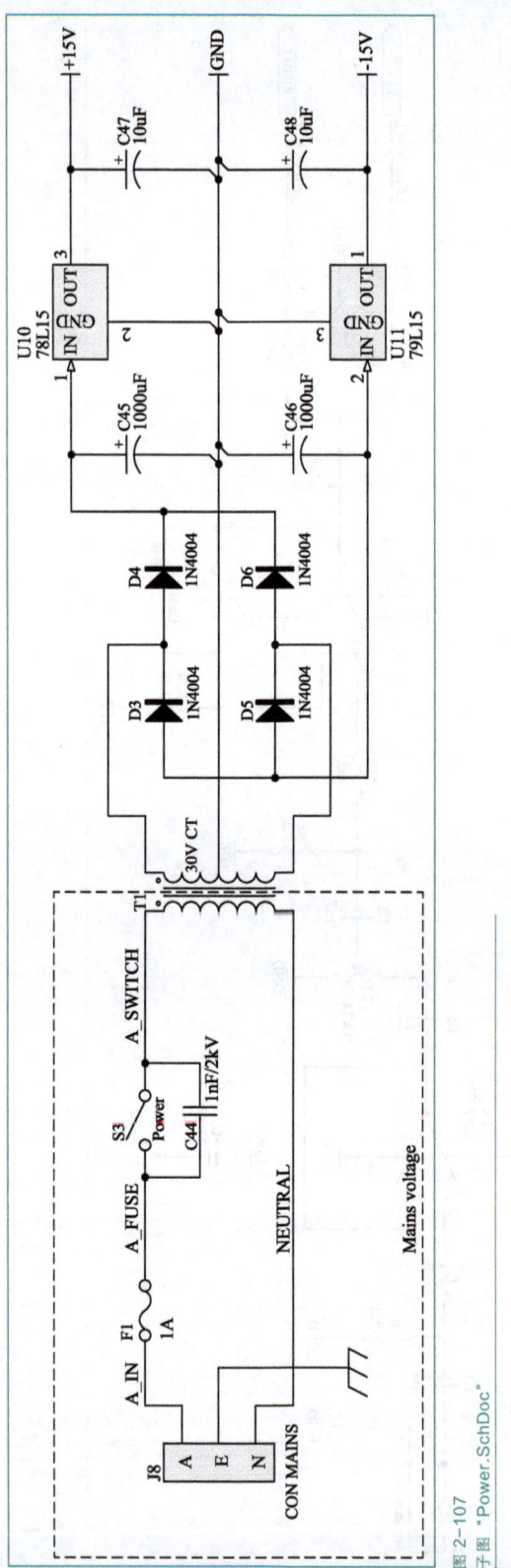

图 2-107　子图 "Power.SchDoc"

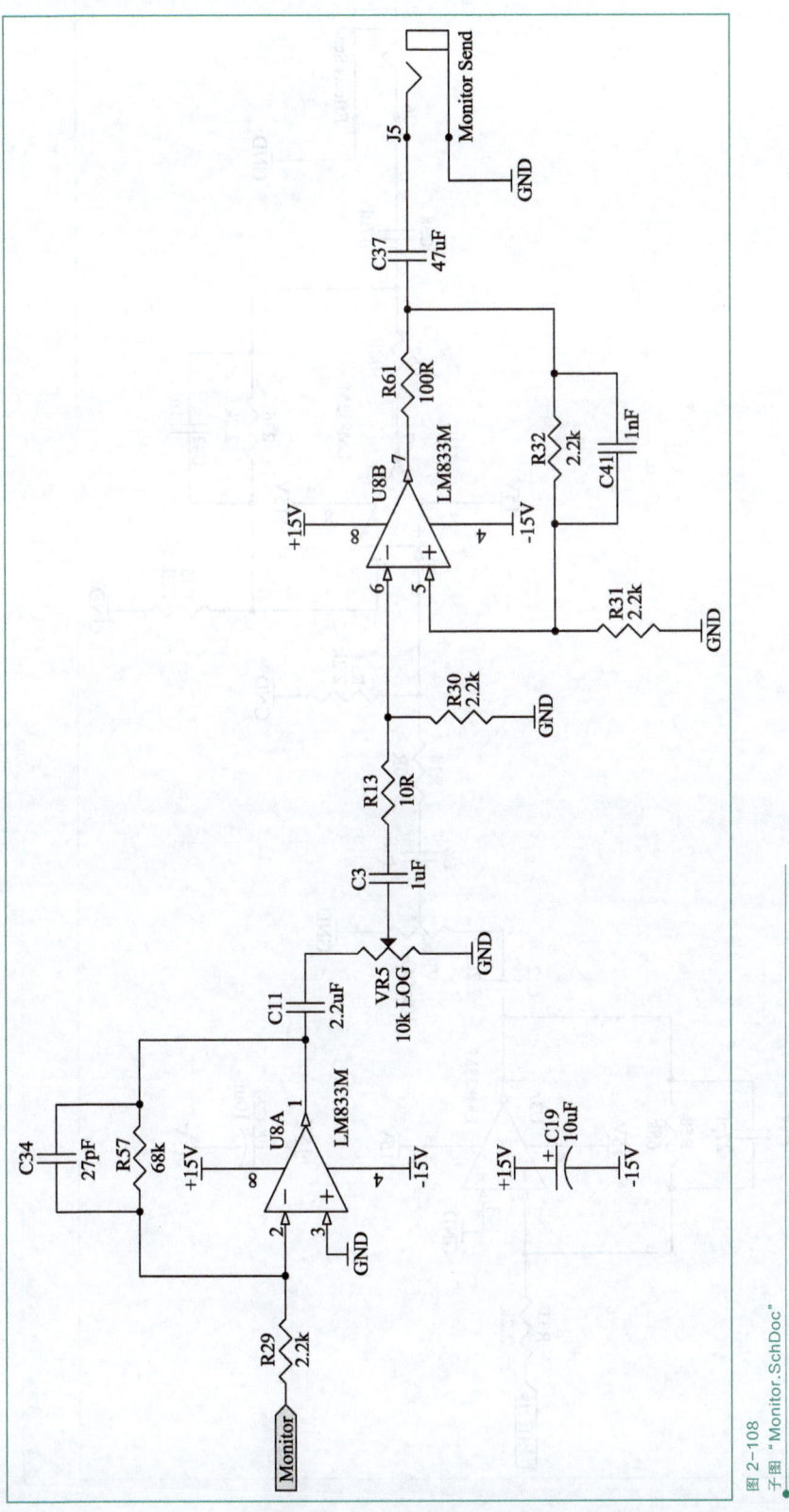

图 2-108
子图 "Monitor.SchDoc"

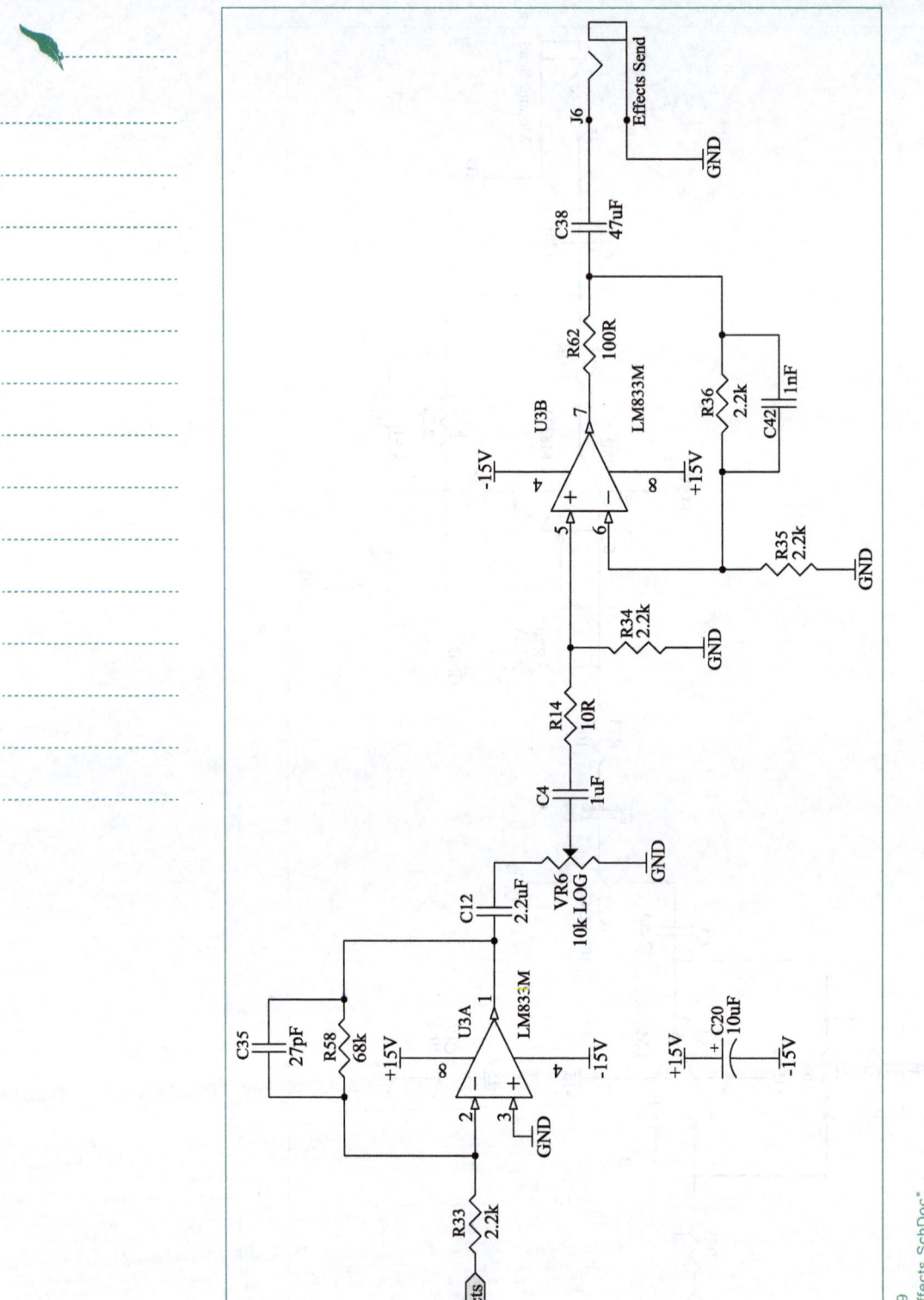

图 2-109
子图 "Effects.SchDoc"

## 任务 2　设计信号发生器 PCB

### 【任务描述】

参照图 2-110 设计信号发生器 PCB，其电路原理图如图 2-1 所示。

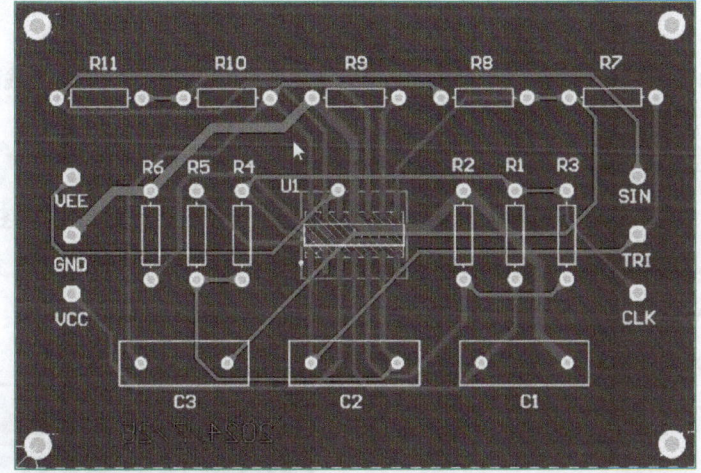

图 2-110
信号发生器 PCB

### 【任务目标】

| 知识目标 | 能力目标 | 素养目标 |
|---|---|---|
| 1. 列举几种能提升 PCB 布局效率的技巧。<br>2. 复述 PCB 布局的基本原则。<br>3. 总结交互式布线中添加过孔、切换板层、更改布线宽度和规划 PCB 板层的方法 | 1. 能合理规划 PCB 布局，完成 PCB 布线。<br>2. 能添加安装孔，对焊盘添加泪滴，放置铺铜、填充和电路板注释。<br>3. 能管理 PCB 板层 | 1. 落实可制造性设计，并运用到信号发生器 PCB 设计中。<br>2. 感受高阶技巧为工作带来的便利。<br>3. 提升 PCB 设计工作的质量意识 |

### 【知事明理】

#### 警钟长鸣——严守质量关

2014 年 12 月 28 日，亚航 QZ8501 航班从印尼泗水飞往新加坡，飞机在起飞 42 分钟之后就与空中交通管制失去联系，最后发现这架飞机在爪哇海坠毁。当时印尼国家运输安全委员会的调查报告显示，根本原因是名为方向舵行程限制器（RTLU）的电子模块出现焊接裂纹。焊接裂纹导致 RTLU 出现间歇性故障，并在整个飞行过程中发出了四次故障警告信号。飞行员关闭自动驾驶模式，飞机因为无法控制而坠毁。维修记录显示，RTLU 在过去 12 个月里共发生了 23 次故障。

由于电气设备故障引发的安全隐患和事故不在少数。2013 年，因模块电路板发生异常，中国台湾高捷电联列车失去动力。同年，因发电机控制电路板故障隐患，通用汽车在美召回 3.8 万辆汽车。同样因为电路板存在故障引发错误换挡指令，克莱斯勒召回逾 47 万辆汽车。随后在 2014 年，三菱汽车因车灯开关电路板缺陷在澳召回 11.5 万辆汽车。

事故的发生从来不是一个环节出问题，多是层层失守所导致的。作为 PCB 设计工程师，应落实可制造性设计，严守电路板产品质量这道关。

 【任务资讯】

### 2.2.1 PCB 布局进阶

在 PCB 设计中，布局是一个重要的环节。布局结果的好坏将直接影响布线的效果，因此合理的布局是 PCB 设计成功的基础。

**1. 设计界面分屏**

为了能够同时查看原理图与 PCB，最好将软件分为两个界面：一个是原理图编辑界面；另一个是 PCB 编辑界面。Altium Designer 提供了分屏操作，如图 2-111 所示，执行菜单命令 "Window" ⇨ "垂直平铺"，即可实现分屏，其效果如图 2-112 所示。

微课：
设计界面分屏

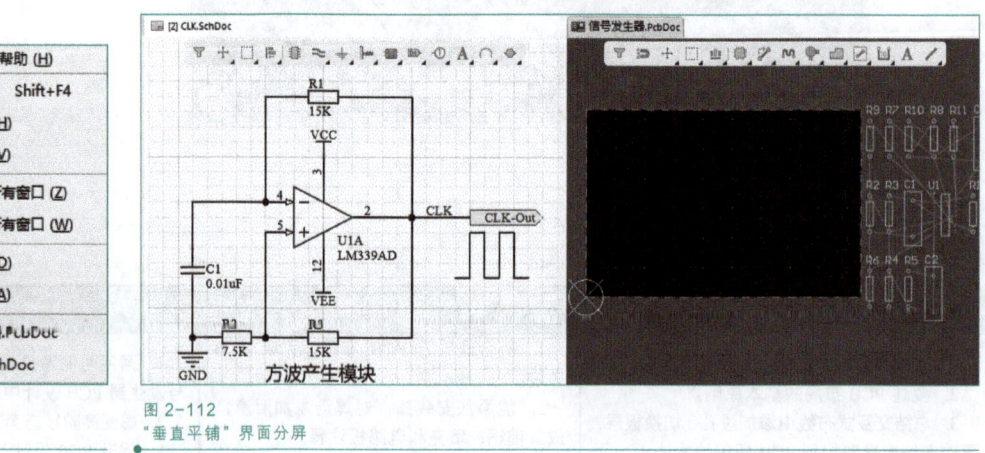

图 2-111
分屏命令

图 2-112
"垂直平铺" 界面分屏

此外，还有一种更为快捷的分屏操作，右击编辑区的文档标签页，即可打开相关操作命令，如图 2-113 所示。

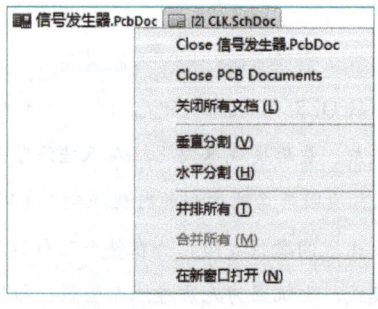

图 2-113
快速分屏

**2. 元件交叉选择**

为了在布局时快速找到元件所在的位置，可以将原理图与 PCB 的元件一一对应起来，这个过程称为元件交叉选择。

元件交叉选择的操作方法如下：

① 同时在原理图编辑界面和 PCB 编辑界面都执行菜单命令"工具"⇨"交叉选择模式"，或者按"Shift+Ctrl+X"组合键，打开交叉选择模式，如图 2-114 所示。

微课：
元件交叉选择

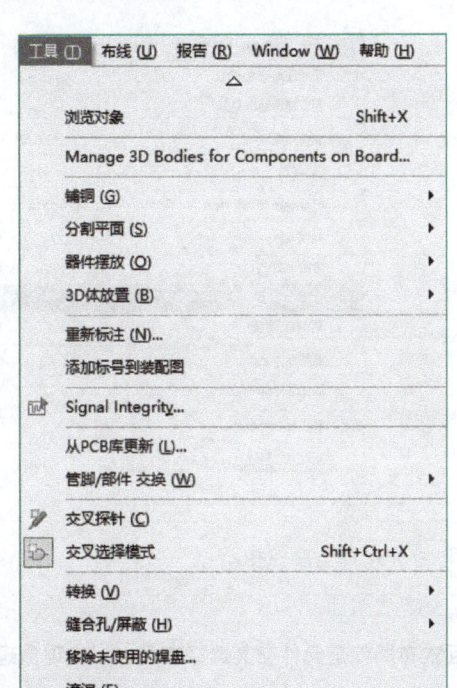

图 2-114
打开交叉选择模式

② 打开交叉选择模式后，在原理图中选择元件，PCB 中相对应的元件会同步被选中；同样，在 PCB 中选中元件，原理图中相对应的元件也会被选中，如图 2-115 所示。

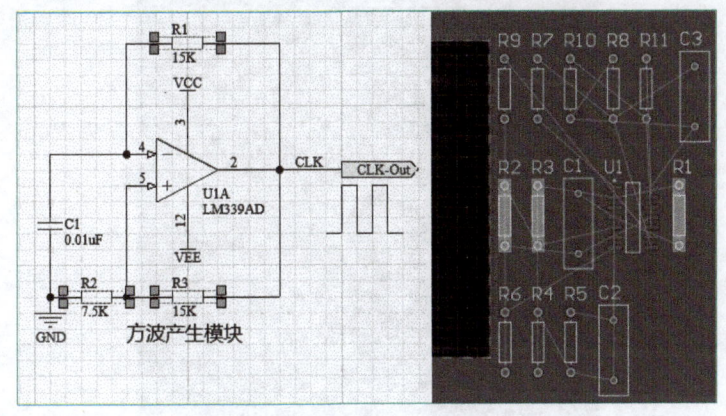

图 2-115
元件交叉选择

### 3. 元件区域内排列

在 PCB 布局时，"元件区域内排列"功能能够快速地将选中的多个元件按照用户所绘

制的区域整齐排列。操作方法如下：选中需要排列的对象，执行菜单命令"工具" ⇨ "器件摆放" ⇨ "在矩形区域排列"，如图 2-116 所示，或按快捷键"I，L"，此时将出现一个十字浮动光标，单击确定一个矩形区域，即可将元件排列到该区域中，右击退出该命令。

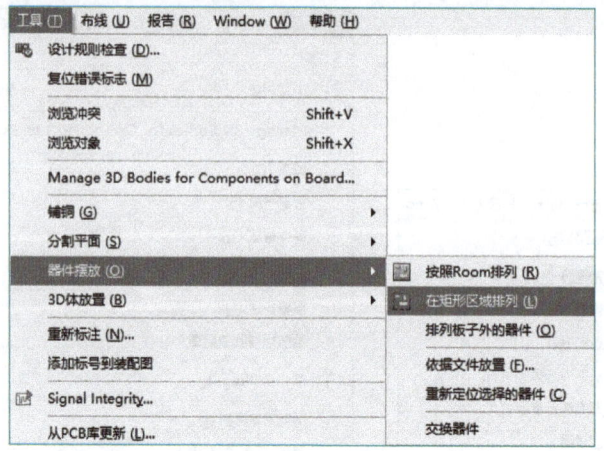

图 2-116
"在矩形区域排列"命令

### 4. 交互式布局与模块化布局

#### （1）交互式布局

交互式布局就是元件交叉选择布局，以实现原理图与 PCB 的元件对应。

#### （2）模块化布局

实现同一功能的相关电路称为一个模块。模块化布局就是结合"元件交叉选择"功能与"元件区域内排列"功能将同一模块的元件布局在一起，然后根据电源流向和信号流向对整个电路进行模块划分，将每个电路模块大致排列在 PCB 板框周边，实现预布局，如图 2-117 所示。

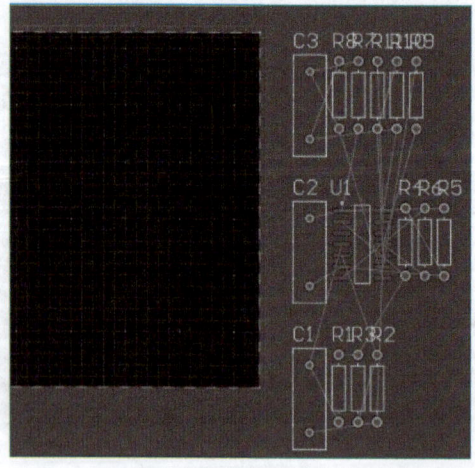

图 2-117
模块化预布局

#### （3）就近集中原则

同一模块中的电路元件，应采用就近集中原则。比如电源管脚基本都带有去耦电容，电容应靠近相应管脚摆放。

### 5. 元件对齐及换层

微课:
元件对齐及换层

**（1）元件的对齐**

Altium Designer 软件的 PCB 编辑器同样提供了元件对齐功能，可以对元件实行左对齐、右对齐、顶对齐、底对齐、水平等间距分布、垂直等间距分布等操作。

元件对齐的操作方法有如下 3 种：

① 选中需要对齐的对象，按快捷键"A，A"，打开"排列对象"对话框，如图 2-118 所示，选中对应的选项，实现对齐功能。

② 选中需要对齐的对象，按快捷键"A"，然后执行相应的对齐命令，如图 2-119 所示。也可以按组合快捷键，例如，按"A，L"可执行左对齐命令，按"A，T"可执行顶对齐命令。

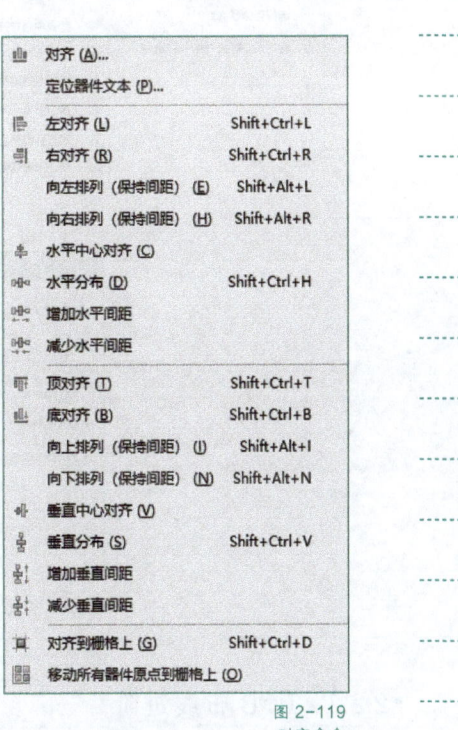

图 2-119
对齐命令

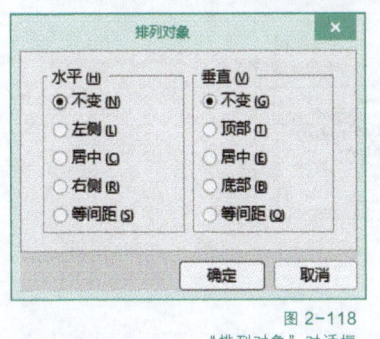

图 2-118
"排列对象"对话框

③ 选中需要对齐的对象，执行菜单命令"编辑" ⇨ "对齐"，或单击常用工具栏中的 按钮，在打开的菜单中选择相应命令，即可实现相应的对齐功能，如图 2-120 所示。

**（2）元件的换层**

Altium Designer 默认的元件层是 Top Layer 和 Bottom Layer，用户可根据 PCB 的元件密度、尺寸大小和设计要求判断是否进行双面布局。将电路原理图导入 PCB 后，元件默认放在 Top Layer，若想切换放到 Bottom Layer，最便捷的方法是在拖动元件的过程中按"L"键。

当然，也可以双击该元件，在"Properties"面板的"Layer"栏中进行设置，如图 2-121 所示。

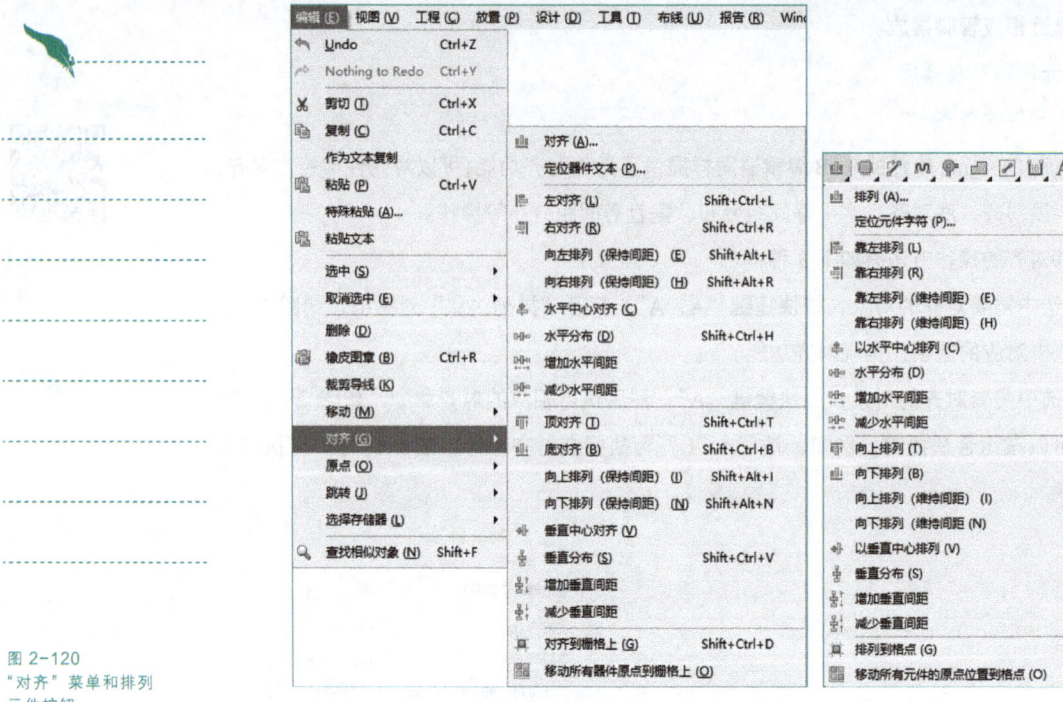

图 2-120
"对齐"菜单和排列
元件按钮

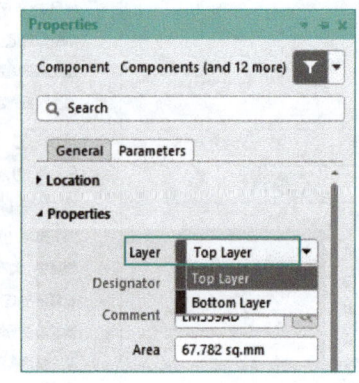

图 2-121
元件的换层

## 2.2.2　PCB 布线进阶

### 1. 常用布线命令

（1）交互式布线连接

微课：
常用布线命令

① 执行菜单命令"放置"⇨"走线"，或者单击常用工具栏中的 按钮，光标变成十字形。

② 将光标移到元件的一个焊盘上，单击选择布线的起点。手动布线转角模式包括任意角度、90°拐角、90°弧形拐角、45°拐角、45°弧形拐角 5 种，按"Shift+空格"组合键可依次切换，按"空格"键可以在预布线两端切换放置方向。

（2）交互式总线连接

"交互式总线布线"命令可以同时布一组走线，以达到快速布线的目的。需要注意的是，

138

在进行交互式总线布线之前应先选中所需多路布线的网络。

选中需要多路布线的网络，单击常用工具栏中的 按钮，或按快捷键"U，M"，即可同时布多条线，如图2-122所示。

### （3）交互式差分对布线

差分传输是一种信号传输技术。与传统的一条信号线、一条地线的做法不同，差分传输在两条线上都传输信号，这两个信号的振幅相同、相位相反。在这两条线上传输的信号就是差分信号。信号接收端通过比较这两个信号的电压差值来判断发送端发送的逻辑状态。因为两条线上的信号相互耦合，干扰相互抵消，所以对共模信号的抑制作用较强。在高速信号走线中，一般采用差分对布线的方式。在进行差分对布线时，首先要定义差分对，然后设置差分对布线规则，最后完成差分对布线。

单击常用工具栏中的 按钮，在需要进行差分布线的焊盘或者导线处单击，可根据布线的需要移动光标以改变布线路径，如图2-123所示。

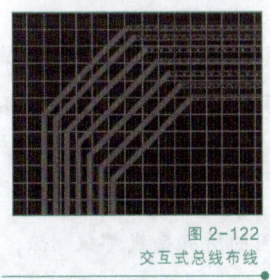

图2-122
交互式总线布线

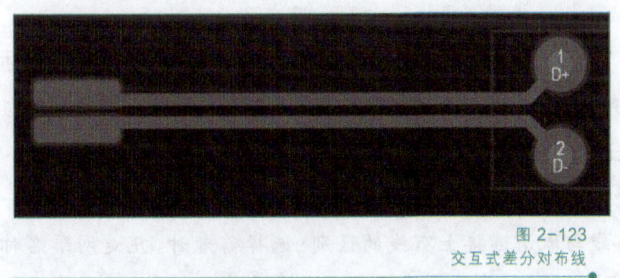

图2-123
交互式差分对布线

### 2. 取消布线

根据实际情况，可采取以下几种方法取消全部或部分布线。

### （1）取消PCB上的所有布线

执行菜单命令"布线" ⇨ "取消布线" ⇨ "全部"，如图2-124所示，可取消PCB上的所有布线。

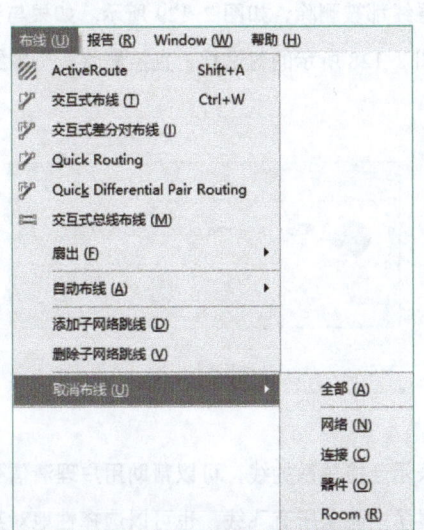

图2-124
"取消布线"菜单

（2）取消某个网络上的布线

执行菜单命令"布线" ⇨ "取消布线" ⇨ "网络"，光标将变成十字形，如图 2-125 所示。移动光标到要删除的网络对应的任一导线上并单击，则该网络上的所有导线都被删除，如图 2-126 所示。此时光标仍为十字形，可继续取消其他网络上的布线。右击或按"Esc"键，可退出该操作。

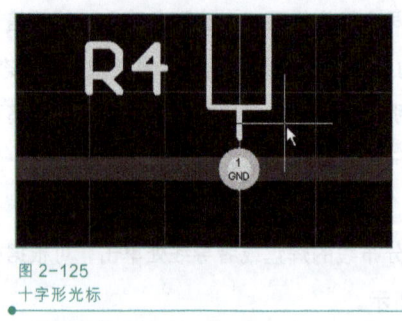

图 2-125
十字形光标

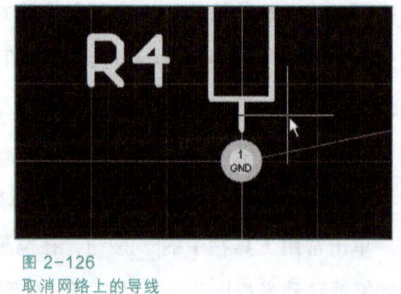

图 2-126
取消网络上的导线

（3）取消某个连接上的布线

执行菜单命令"布线" ⇨ "取消布线" ⇨ "连接"，光标将变成十字形。移动光标到某条导线上并单击，该导线建立的连接被删除。此时光标仍为十字形，可继续删除其他连接上的布线。右击或按"Esc"键，可退出该操作。

**注意** ⟩⟩⟩⟩⟩⟩

取消网络上布线与取消连接上布线的区别：选择前者时，凡是网络名称相同的所有导线都被删除；选择后者时，只能删除该连接上两焊盘之间的一条导线。

（4）取消某个元件上的布线

执行菜单命令"布线" ⇨ "取消布线" ⇨ "器件"，光标将变成十字形，如图 2-127 所示。移动光标到要删除导线的元件上（例如 R2）并单击，如果与该元件相连的导线中有一部分处于锁定状态，则系统会弹出图 2-128 所示的对话框，单击 Yes 按钮确认，这时与该元件所有管脚相连的导线都被删除，如图 2-129 所示。如果与该元件相连的导线都没被锁定，则系统不会弹出图 2-128 所示的对话框，直接删除所有导线。右击或按"Esc"键，可退出该操作。

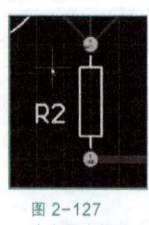

图 2-127
十字形光标

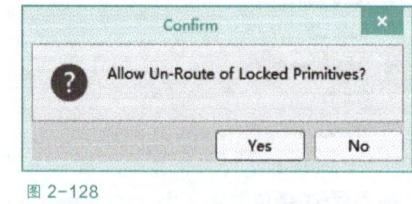

图 2-128
删除锁定导线确认对话框

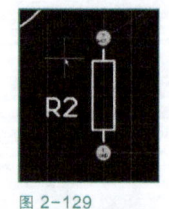

图 2-129
取消元件上的导线

### 3. 飞线的显示与隐藏

飞线是指两点之间表示连接关系的线，可以帮助用户理清信号流向，便于进行有逻辑的布线。在布线时可以显示或隐藏所有飞线，也可以选择性地对某类网络或某个网络的飞线进行显示与隐藏操作。

微课：
飞线的显示与隐藏

在 PCB 编辑界面中按"N"键，打开快捷飞线开关，如图 2-130 所示，可以选择"显示连接"进行飞线的显示，或选择"隐藏连接"进行飞线的隐藏。

① 网络：针对单个或多个网络的飞线进行操作。

② 器件：针对元件网络的飞线进行操作。

③ 全部：针对全部飞线进行操作。

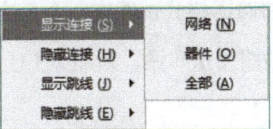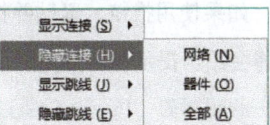

图 2-130
快捷飞线开关

#### 4. 更改网络颜色

为了方便区分不同信号的走线，用户可以对某个网络或某类网络进行颜色设置，以便快速理清信号流向，并识别网络。设置网络颜色的方法如下：

① 打开 PCB 文件，在 PCB 编辑界面中，单击右下角的 Panels 按钮，在弹出的菜单中选择"PCB"，打开"PCB"面板。在上方的下拉列表框中选择"Nets"选项，打开网络管理器。

② 选择一个或者多个网络后右击，在弹出的右键菜单中选择"Change Net Color"，对单个网络或者多个网络更改颜色，如图 2-131 所示。

③ 执行上述命令后，同样选择相关网络并右击，在弹出的右键菜单中选择"显示替换" ⇨ "选择的打开"，如图 2-132 所示，使能更改过颜色的网络。

④ 如果在 PCB 编辑界面中看不到颜色的变化，可尝试按"F5"键打开颜色开关。

微课：
更改网络颜色

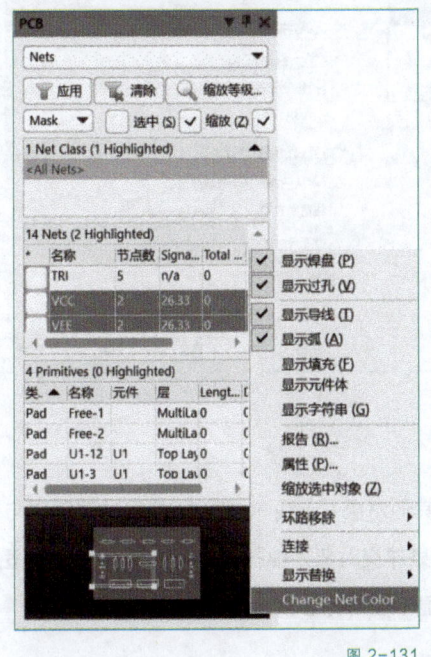

图 2-131
更改网络颜色

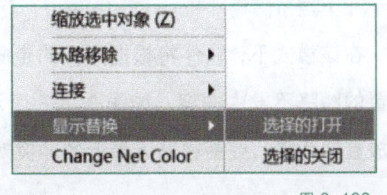

图 2-132
使能网络颜色

**5. 处理布线冲突**

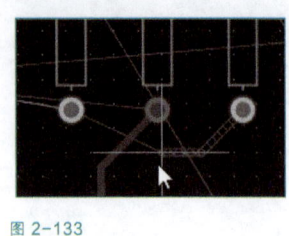

图 2-133
无法布通线路提示

布线工作是一个复杂的过程，需要在已有的元件焊盘、走线、过孔之间布置线路。在交互式布线过程中，Altium Designer 具有多种处理布线冲突的方法，可以使得布线更加快捷，同时使线路疏密均匀、美观得体。

在交互式布线过程中，可通过按"Shift+R"组合键切换不同的布线冲突处理模式。如果使用推挤、紧贴并推挤障碍模式试图在一个无法布线的位置布线，线路端将会给出提示，告知用户该线路无法布通，如图 2-133 所示。

**（1）忽略障碍（Ignore Obstacles）**

在"优选项"对话框中，单击"PCB Editor" ⇨ "Interactive Routing"（交互式布线）选项，如图 2-134 所示，在"PCB Editor – Interactive Routing"界面"布线冲突方案"区域的"当前模式"下拉列表框中选择"Ignore Obstacles"（忽略障碍），软件将直接根据光标走向布线，任何冲突都不会阻止布线。用户可以自由布线，以高亮显示冲突，如图 2-135 所示。

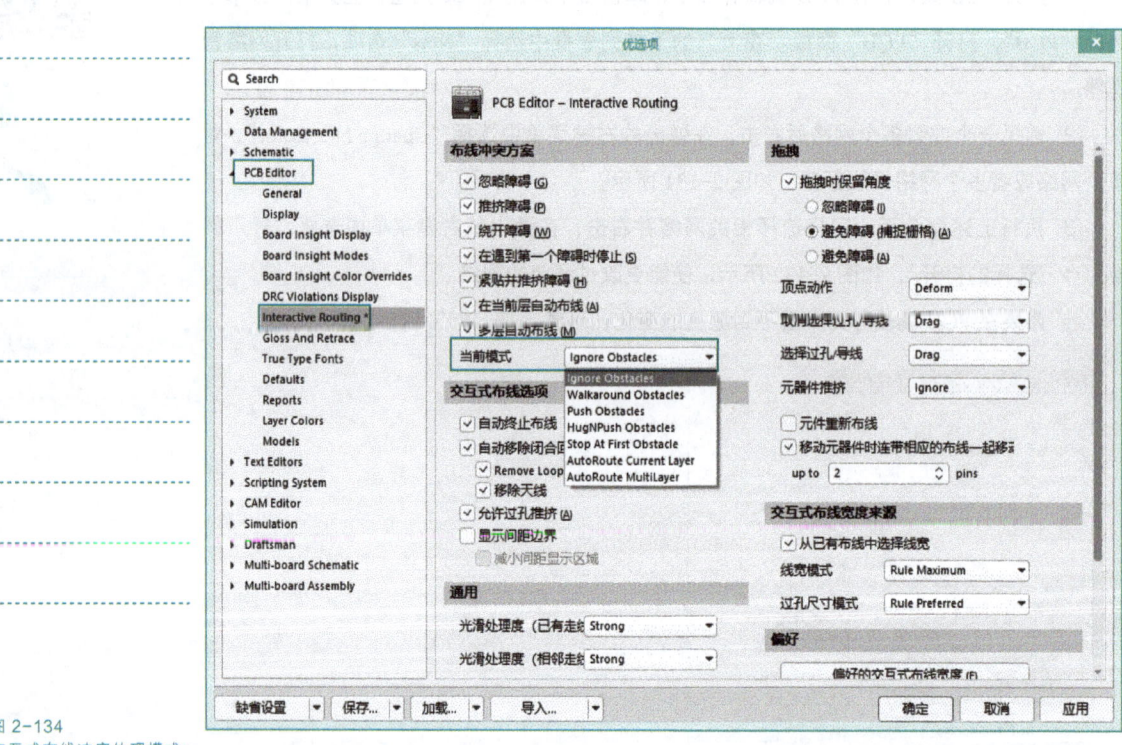

图 2-134
交互式布线冲突处理模式

**（2）推挤障碍（Push Obstacles）**

在该模式下，软件将根据光标的走向推挤其他对象（走线和过孔），使得这些障碍与新放置的线路不发生冲突，如图 2-136 所示。如果冲突对象不能被移动或移动后仍无法适应新放置的线路，线路将贴近最近的冲突对象且显示阻碍标志。

（3）绕开障碍（Walkaround Obstacles）

在该模式下，软件试图跟踪光标寻找路径绕过存在的障碍，如图 2-137 所示。

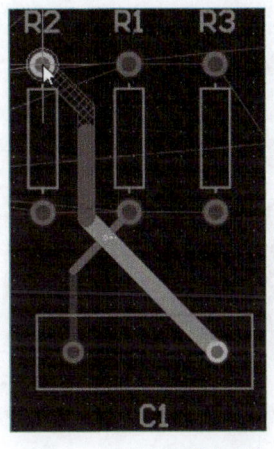

图 2-135
忽略障碍模式

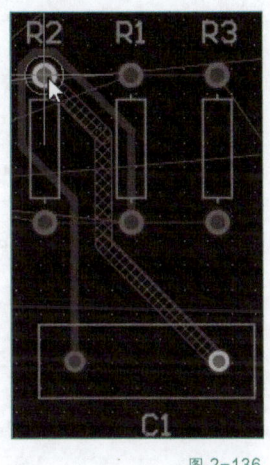

图 2-136
推挤障碍模式

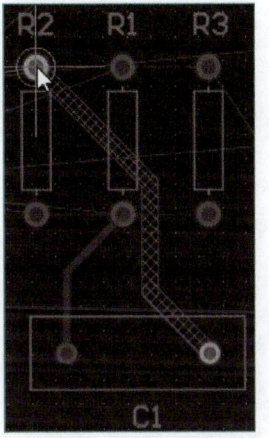

图 2-137
绕开障碍模式

绕开障碍模式依据障碍实施绕开的方式进行布线，该方法有以下两种紧贴模式：

① 最短长度：试图以最短的线路绕过障碍。

② 最大紧贴：绕过障碍布线时保持线路紧贴现存的对象。

这两种紧贴模式在线路拐弯处遵循之前设置拐角类型的原则。

如果放置新的线路时冲突对象不能被绕行，布线器将在最近障碍处停止布线。

（4）在遇到第一个障碍时停止（Stop At First Obstacle）

在该模式下，布线路径中遇到第一个障碍物时停止布线。

（5）紧贴并推挤障碍（HugNPush Obstacles）

该模式是绕开障碍和推挤障碍两种模式的结合。在该模式下，软件会根据光标的走向绕开障碍，并且在仍旧发生冲突时推开障碍。它将推开一些焊盘甚至是一些已锁定的走线和过孔，以适应新的走线。

如果无法通过绕开和推开障碍来解决新的走线冲突，布线器将自动紧贴最近的障碍并显示阻塞标志，如图 2-133 所示。

（6）冲突处理模式的设置

在首次布线时应对冲突处理模式进行设置。在"优选项"对话框的"PCB Editor – Interactive Routing"界面中，"当前模式"设置的内容将取决于最后一次交互式布线时使用的设置。在交互式布线过程中按"Tab"键，在弹出的"Properties"面板中可以进行相同的设置，如图 2-138 所示。无论在图 2-134 所示对话框还是在图 2-138 所示面板中，对冲突处理模式进行的设置都会变成下次进行交互式布线时的初始设置。

在交互式布线过程中按"Shift+H"组合键可开启悬浮显示，会显示当前的交互式布线模式，如图 2-139 所示，可使用"Shift+R"组合键对当前布线模式进行切换。

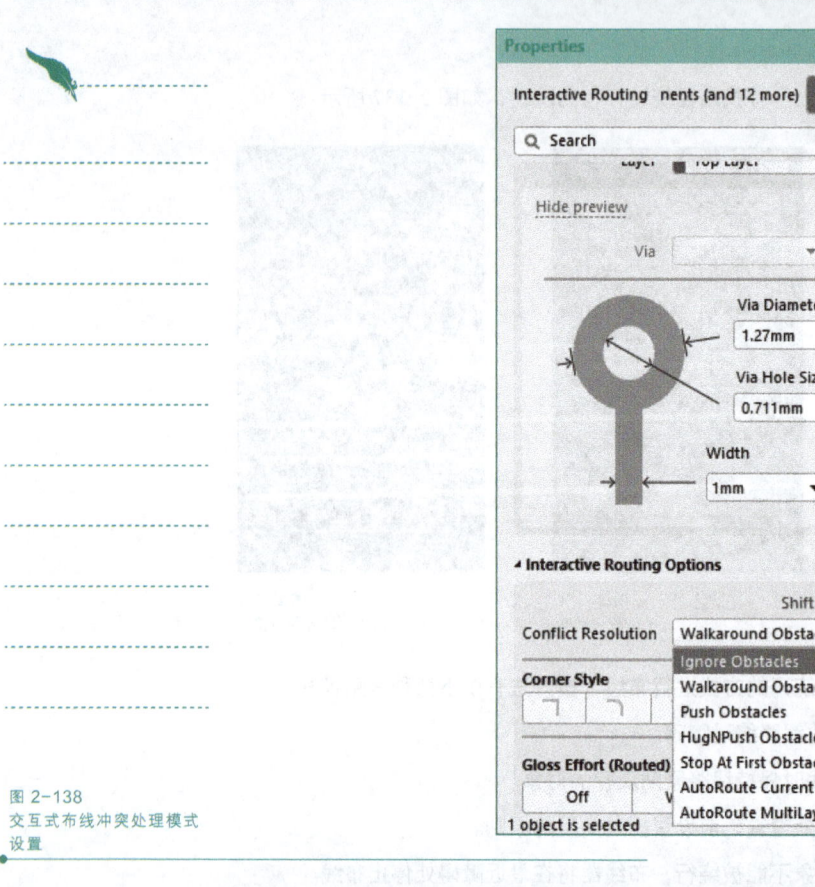

图 2-138
交互式布线冲突处理模式
设置

图 2-139
悬浮显示

### 6. 布线中添加过孔和切换板层

在 Altium Designer 交互式布线过程中可以添加过孔。过孔只能在允许的位置添加,软件会阻止在产生冲突的位置添加过孔,冲突处理模式设置为"Ignore Obstacles"(忽略障碍)的除外。

执行菜单命令"设计"⇨"规则",打开"PCB 规则及约束编辑器"对话框。过孔属性的设计规则在"Routing"⇨"Routing Via Style"选项下,如图 2-140 所示。

（1）添加过孔并切换板层

在布线过程中按数字键盘上的"*"或"+"键可添加一个过孔并切换到下一个信号层;按"-"键可添加一个过孔并切换到上一个信号层。该命令遵循布线层的设计规则,也就是只能在允许的布线层中切换。单击确定过孔位置后可继续布线。

（2）添加过孔而不切换板层

按"2"键可添加一个过孔,但仍保持在当前布线层,单击确定过孔位置。

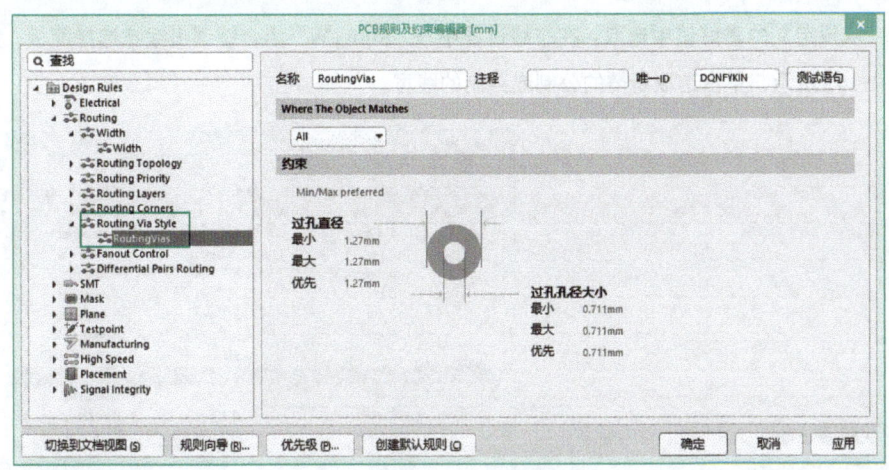

图 2-140
过孔属性的设计规则

**（3）添加扇出过孔**

按数字键盘上的"/"键可为当前布线添加过孔，单击确定过孔位置。用这种方法添加过孔后将返回原交互式布线模式，可以马上进行下一处网络布线。在需要放置大量过孔（如在一些需要扇出端口的元件布线）时使用此方法能节省大量时间。

**（4）布线中的板层切换**

当在多层板上的焊盘或过孔布线时，可以通过按"L"键把当前线路切换到另一个信号层中。在布线过程中，若当前板层无法布通而需要进行布线层切换时，此方法可以起到很好的作用。

**（5）PCB 的单层显示**

在 PCB 设计中，显示所有的层会显得比较零乱，有时需要单层显示，仔细查看每一层的布线情况。按"Shift+S"组合键可进入单层显示模式，选择哪一层的标签就显示哪一层；在单层显示模式下，按"Shift+S"组合键可回到多层显示模式。

**7. 交互式布线中更改线宽**

在交互式布线过程中，Altium Designer 提供了多种调节线宽的方法。

**（1）设置约束**

线宽设计规则定义了在设计过程中可以接受的容限值。一般来说，容限值是一个范围，例如，电源线宽的值为 0.5 mm，但最小宽度可以接受 0.2 mm。在可能的情况下应尽量加粗线宽。

线宽设计规则包含一个最佳值，它介于线宽的最大值和最小值之间，是布线过程中线宽的首选值。在进行交互式布线前应在"优选项"对话框的"PCB Editor - Interactive Routing"界面中进行设置，如图 2-141 所示。

**（2）在预定义的约束中自由切换线宽**

线宽的最大值和最小值定义了约束的边界值，而最佳值则定义了最适合的使用宽度，设计者可能需要在线宽的最大值与最小值之间选取不同的值。Altium Designer 能够提供线宽切换功能。以下介绍布线过程中线宽的切换方法。

微课：
交互式布线中更改
线宽

从预定义的喜好值中选取：在布线过程中按“Shift+W”组合键调出线宽选择面板，如图 2-142 所示，单击选取所需的公制或英制的线宽。

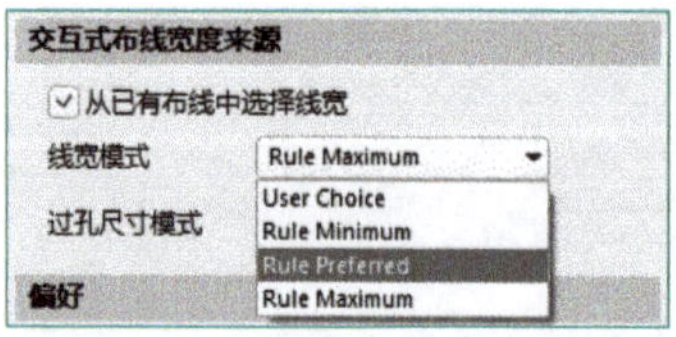

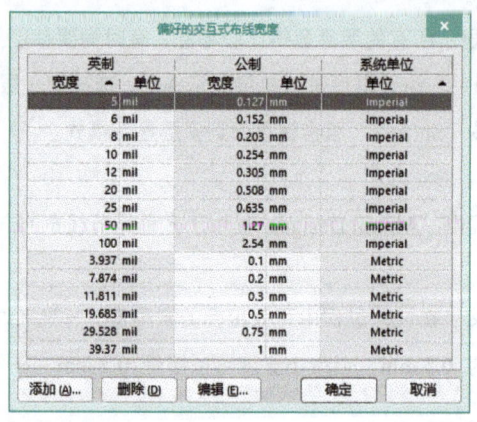

图 2-141
设置线宽模式

| Imperial Width | Imperial Units | Metric Width | Metric Units | System Units |
|---|---|---|---|---|
| 5 | mil | 0.127 | mm | Imperial |
| 6 | mil | 0.152 | mm | Imperial |
| 8 | mil | 0.203 | mm | Imperial |
| 10 | mil | 0.254 | mm | Imperial |
| 12 | mil | 0.305 | mm | Imperial |
| 20 | mil | 0.508 | mm | Imperial |
| 25 | mil | 0.635 | mm | Imperial |
| 50 | mil | 1.27 | mm | Imperial |
| 100 | mil | 2.54 | mm | Imperial |
| 3.937 | mil | 0.1 | mm | Metric |
| 7.874 | mil | 0.2 | mm | Metric |
| 11.811 | mil | 0.3 | mm | Metric |
| 19.685 | mil | 0.5 | mm | Metric |
| 29.528 | mil | 0.75 | mm | Metric |
| 39.37 | mil | 1 | mm | Metric |

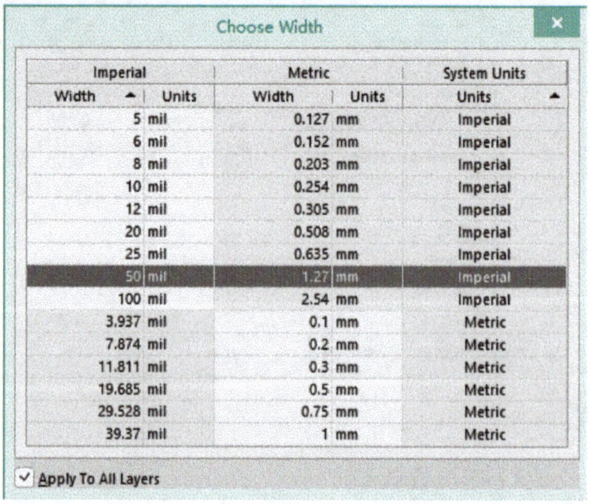

图 2-142
线宽选择面板

选择线宽时会受到设定的线宽设计规则的限制。如果选择的线宽超出约束的最大值或最小值，软件将自动把当前线宽调整为符合线宽约束的最大值或最小值。

在线宽选择面板中，选中“Apply To All Layers”复选框可使当前线宽在所有板层上可用。在“优选项”对话框的“PCB Editor - Interactive Routing”界面中单击“偏好的交互式布线宽度(F)”按钮，会弹出“偏好的交互式布线宽度”对话框，可在其中设置偏好的线宽值，如图 2-143 所示。

| 英制 宽度 | 英制 单位 | 公制 宽度 | 公制 单位 | 系统单位 单位 |
|---|---|---|---|---|
| 5 | mil | 0.127 | mm | Imperial |
| 6 | mil | 0.152 | mm | Imperial |
| 8 | mil | 0.203 | mm | Imperial |
| 10 | mil | 0.254 | mm | Imperial |
| 12 | mil | 0.305 | mm | Imperial |
| 20 | mil | 0.508 | mm | Imperial |
| 25 | mil | 0.635 | mm | Imperial |
| 50 | mil | 1.27 | mm | Imperial |
| 100 | mil | 2.54 | mm | Imperial |
| 3.937 | mil | 0.1 | mm | Metric |
| 7.874 | mil | 0.2 | mm | Metric |
| 11.811 | mil | 0.3 | mm | Metric |
| 19.685 | mil | 0.5 | mm | Metric |
| 29.528 | mil | 0.75 | mm | Metric |
| 39.37 | mil | 1 | mm | Metric |

图 2-143
“偏好的交互式布线宽度”对话框

如果想添加一种线宽，可单击“添加(A)...”按钮进行添加，用户可以选择偏好的计量单位（mm 或 mil）。

注意图 2-143 所示对话框中有部分阴影单元格，没有阴影的为线宽值的最佳单位，在选取这些最佳单位的线宽后，PCB 的计量单位将会自动切换。

### （3）在布线中使用预定义线宽

如图 2-141 所示，用户可以选择使用 Rule Maximum（最大值）、Rule Minimum（最小

值）、Rule Preferred（首选值）以及 User Choice（用户选择）四种线宽模式。

当用户通过"Shift+W"组合键更改线宽时，Altium Designer 将更改线宽模式为"User Choice"模式，并为该网络保存当前设置。

### （4）使用未定义的线宽

为了对线宽实现更详细的设置，Altium Designer 允许用户在原理图或 PCB 设计过程中对各个对象的属性进行设置。在 PCB 设计的交互式布线过程中按"Tab"键可以打开如图 2-138 所示的"Properties"面板，在该面板中可以对布线宽度或过孔进行设置，或对当前的交互式布线的其他参数进行设置，而无须为了打开"优选项"对话框而退出交互式布线模式。

### （5）留意当前布线状态

在交互式布线过程中按"Shift+H"组合键可开启悬浮显示，会显示当前的交互式布线线宽模式，并提供一些网络的反馈信息，包括网络走线的长度，如图 2-139 所示。

## 2.2.3　PCB 设计技巧

### 1. 创建类

类（Class），是特定类型设计对象的集合。用户可根据需求将网络或元件分在一起构建类，比如将 GND、3V3、5V 等电源网络分成一组，成为网络类。

创建类有助于进行特定规则的设置，如结合网络颜色，可以快速识别信号。Altium Designer 主要提供了 8 个类：Net Classes（网络类）、Component Classes（元件类）、Layer Classes（层类）、Pad Classes（焊盘类）、From To Classes（连接类）、Differential Pairs Classes（差分类）、Polygon Classes（铜皮类）、xSignal Classes（信号类）。常用的有网络类、元件类和差分类。

下面以网络类为例介绍类的创建方法。

① 在 PCB 编辑界面，执行菜单命令"设计"➪"类"，打开"对象类浏览器"对话框。

② 在"对象类浏览器"对话框中右击"Net Classes"，可对类进行添加、删除、重命名，如图 2-144 所示。这里添加一个电源类，命名为"PWR"。

微课：
创建类

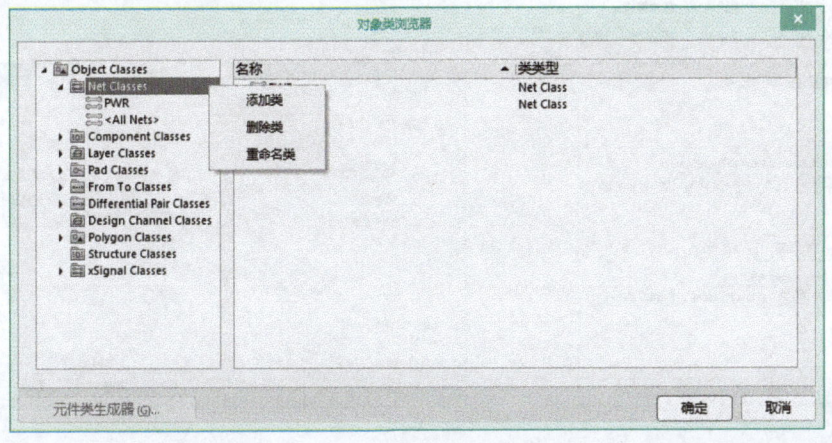

图 2-144
"对象类浏览器"对话框

③ 将需要分为一类的网络从"非成员"栏移到"成员"栏。选中网络，单击箭头按钮即可移动( 双箭头代表全部移动,单箭头代表只移动选中的网络 )。分好类的 PWR 如图 2-145 所示，然后单击 确定 按钮即可。

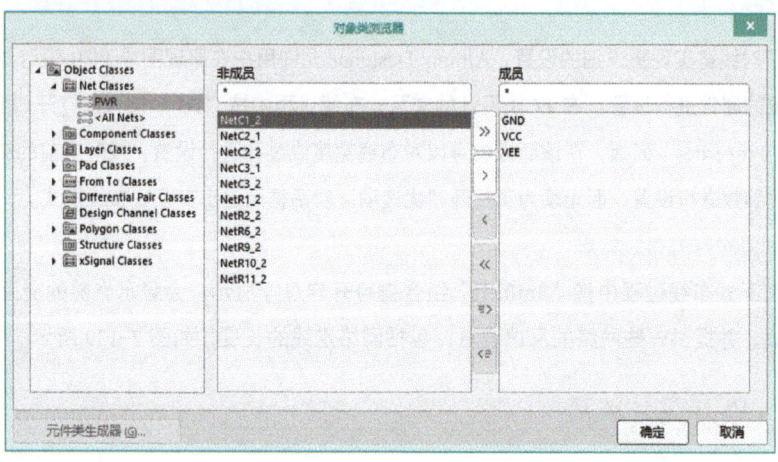

图 2-145
分好类的 PWR

### 2. 添加差分对

Altium Designer 中提供了针对差分对布线的工具，在进行差分对布线前需要定义差分对网络，即定义哪两条信号线需要进行差分对布线。差分对的定义既可以在原理图中实现，也可以在 PCB 中实现。下面介绍在 PCB 中添加差分对的方法。

① 打开 PCB 文件，在 PCB 编辑界面中，单击右下角的 Panels 按钮，在弹出的菜单中选择"PCB"，打开"PCB"面板，在上方的下拉列表框中选择"Differential Pairs Editor"( 差分对编辑 )选项，如图 2-146 所示。

② 单击 添加 按钮，在弹出的"差分对"对话框中选择差分对的正网络和负网络，并定义该差分对的名称，如图 2-147 所示。

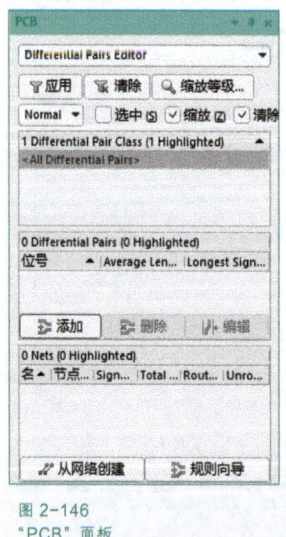

图 2-146
"PCB" 面板

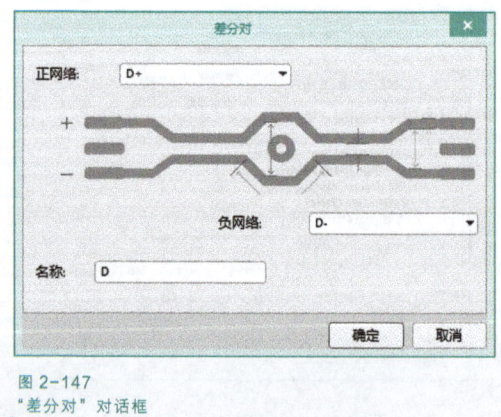

图 2-147
"差分对" 对话框

③ 完成 PCB 编辑环境下的差分对设置后，在"PCB"面板中即可查看是否添加成功，如图 2-148 所示。

### 3. 添加安装孔

在实际工程中，PCB 需要固定和安装。安装方法比较多，既可以通过卡槽从两边固定，这种方法在拆卸电路时比较方便；也可以通过接插件固定在其他 PCB 上，如计算机中的显卡。不过最常用的方法是在定位孔上用螺钉固定。因此，在完成 PCB 布线后，需要添加安装孔。安装孔通常采用过孔形式，添加安装孔的步骤如下：

① 执行菜单命令"放置" ⇨ "过孔"，或单击常用工具栏中的 按钮，此时光标会变成十字形，如图 2-149 所示。

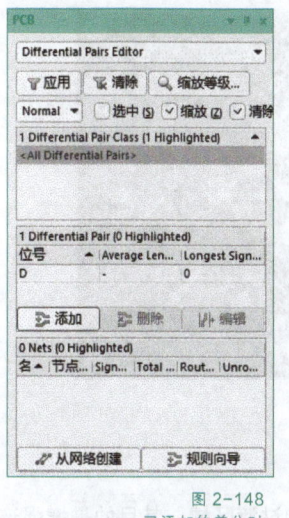

图 2-148
已添加的差分对

图 2-149
放置过孔

② 按"Tab"键，将会弹出"Properties"面板，如图 2-150 所示。

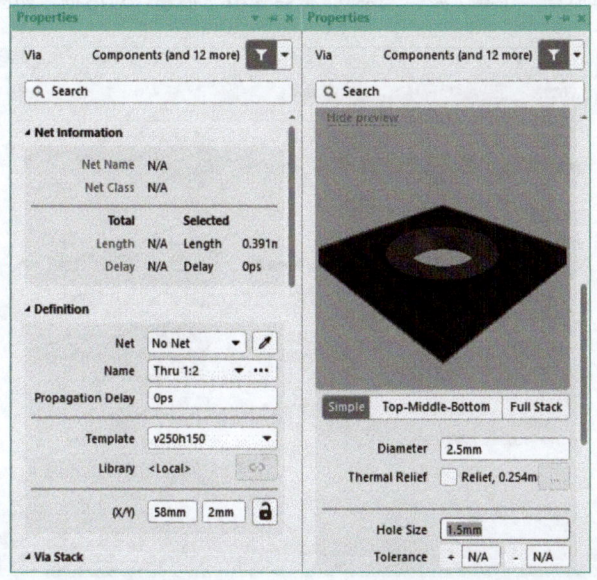

图 2-150
设置过孔属性

过孔属性的主要参数如下：

➢ Net：设置过孔所属的网络。这里设置为"GND"网络使其接地。

➢ （X/Y）：设置过孔的 X 和 Y 坐标。

➢ Diameter：设置过孔的外径。这里可以设置为 2.5 mm。

➢ Hole Size：设置过孔的内径。该过孔作为安装孔使用，因此内径比较大，可设置为 1.5 mm。

③ 按"Enter"键，移动鼠标至合适位置并单击，放置第一个安装孔。

④ 依次放置好所有安装孔后，右击或按"Esc"键，退出过孔放置状态，如图 2-151 所示。

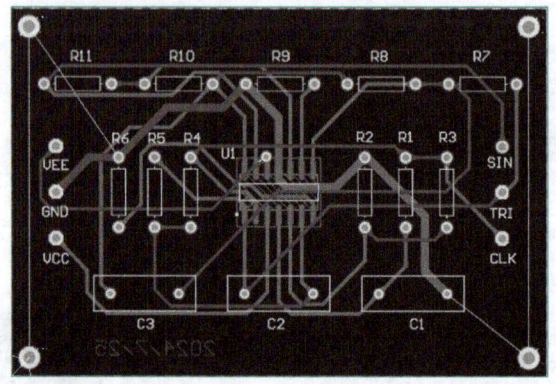

图 2-151
放置完安装孔后的 PCB

#### 4. 滴泪

滴泪是指在导线和焊盘的连接处放置泪滴状的过渡区域，其目的是增强连接处强度，操作过程如下：

① 执行菜单命令"工具"⇨"滴泪"，将会弹出"泪滴"对话框，如图 2-152 所示。

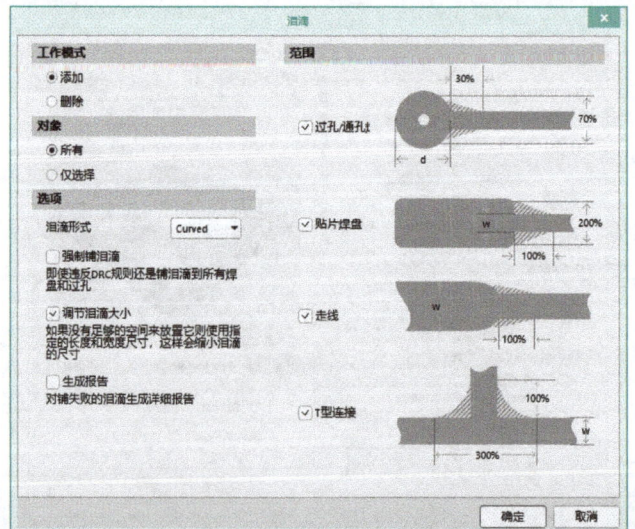

图 2-152
"泪滴"对话框

② 设置参数：在"泪滴"对话框中，有四个选项区域。

a. 工作模式：该区域有两个单选按钮，可以设置为添加泪滴或删除泪滴。

b. 对象：可以设置为对所有对象或选中对象操作。

c. 选项：

➤ 泪滴形式：确定泪滴的形状，可以选择 Curved（圆弧形泪滴）或 Line（直线形泪滴）。

➤ 强制铺泪滴：确认是否进行强制铺泪滴，采用强制方式将不考虑 PCB 的规则约束，很有可能导致 DRC 违规，所以一般不勾选此复选框。

➤ 调节泪滴大小：确认是否进行泪滴大小自动调节，采用调节方式将根据空间大小缩小泪滴的尺寸，一般需勾选此复选框。

➤ 生成报告：对铺失败的泪滴生成详细报告文件。

d. 范围：可以设置过孔/通孔、贴片焊盘、走线、T 型连接对应的泪滴格式。

③ 设置完成后，单击 确定 按钮，即可进行滴泪。

这里选择对所有对象添加圆弧形泪滴，滴泪后的效果如图 2-153 所示。

**5. 添加填充和铺铜**

（1）矩形填充

微课：
添加填充和铺铜

矩形填充具有导线的功能，可以用来连接焊盘，并且可以放置到任意工作层。在信号层，可以用矩形填充增加通过的电流，同时也可以起到增加焊盘牢固性的作用。对于元件发热量大的 PCB，矩形填充还可起到加速散热的作用。在非信号层，可以用矩形填充作为禁止布线层的禁止布线区域，也可以将其作为电源层、助焊层、阻焊层的空白区域，还可以将其作为丝印层的图形标记。

执行菜单命令"放置" ⇨ "填充"或单击常用工具栏中的 ▭ 按钮，启动放置矩形填充命令，此时光标变成十字形，将光标移到合适的位置，单击确定矩形填充的左上角位置，移动光标，此矩形填充以浮动状态随光标移动，到合适位置时，单击确定矩形填充的右下角位置，如图 2-154 所示。右击完成矩形填充的放置。

图 2-153
圆弧形泪滴

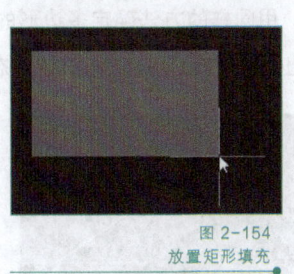

图 2-154
放置矩形填充

① 矩形填充的属性设置。在放置矩形填充时按"Tab"键，或放置结束后双击矩形填充，或在已放置的矩形填充上右击，从弹出的右键菜单中选择"属性"，都可以打开如图 2-155 所示的"Properties"面板，可以修改矩形填充的 X/Y 坐标、旋转角度、所属的层、长和宽，以及是否锁定、是否具有禁止布线区属性等。

　　② 矩形填充的调整。矩形填充放置完成后可以对其进行修改，如移动、旋转、删除和改变大小等。在待修改的矩形填充上单击，就进入修改状态。该状态下矩形填充有 10 个操控点，其中周边 8 个操控点用于改变矩形填充的大小，中央的十字形操控点用于移动矩形填充，与十字形操控点相连的操控点用于对矩形填充进行旋转操作，如图 2-156 所示。

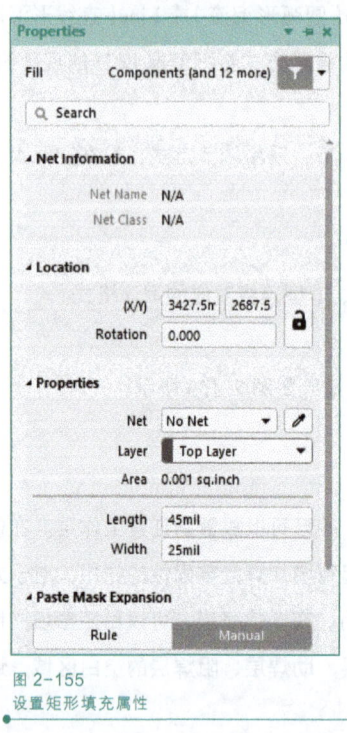

图 2-155
设置矩形填充属性

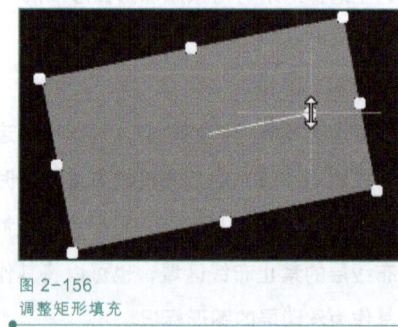

图 2-156
调整矩形填充

### （2）实心区域

　　放置实心区域与放置矩形填充相似，只不过实心区域的形状可以为多边形，外形调整较矩形填充丰富且更加灵活。

　　执行菜单命令"放置" ⇨ "实心区域"，或单击常用工具栏中的 按钮，启动放置实心区域命令，此时光标变成十字形，将光标移到合适的位置，单击确定实心区域的起始点，移动光标到合适位置，单击确定第一条边的终点，如图 2-157 所示，该点同时也是第二条边的起点。用同样的方法确定多边形的其他边界，如图 2-158 所示。放置完最后一条边后可右击或直接按"Esc"键退出放置状态。

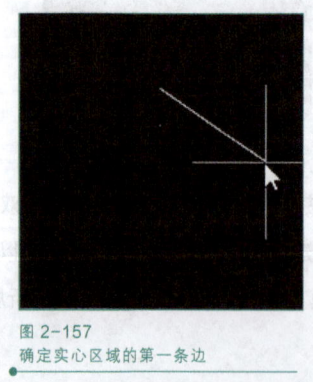

图 2-157
确定实心区域的第一条边

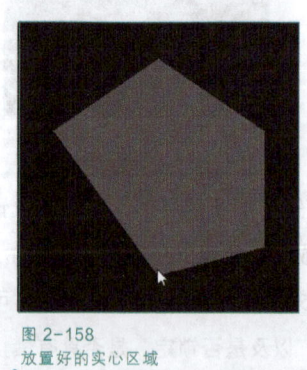

图 2-158
放置好的实心区域

① 实心区域的属性设置。与启动矩形填充"Properties"面板一样的方法，可启动实心区域"Properties"面板，如图 2-159 所示。面板内各参数的含义和功能与矩形填充相似。

② 实心区域的调整。实心区域放置完成后可对其形状和位置进行调整。要修改形状，可先选择待修改的实心区域，跟矩形填充一样会出现一些操控点，单击一个操控点，按住鼠标左键不放并拖动鼠标，可以拉伸实心区域，如图 2-160 所示。要移动实心区域，则可以单击区域内操控点外其他地方，并按住鼠标左键不放，拖动到合适位置后再松开鼠标左键。

图 2-159
设置实心区域属性

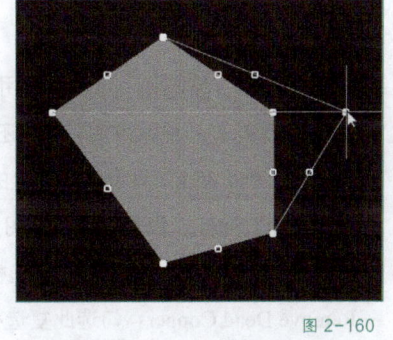

图 2-160
调整实心区域的大小

（3）铺铜

铺铜就是在 PCB 上空白的地方放置一层铜膜，主要目的是提高 PCB 的抗干扰能力，有时也可用于散热，还能提高 PCB 的强度。根据铺铜的目的，铜膜可以接地线、某一网络或特定元件。铺铜操作步骤如下：

① 执行菜单命令"放置"⇨"铺铜"，或单击常用工具栏中的 按钮，启动放置铺铜命令，光标变成十字形，按"Tab"键，系统将会弹出"Properties"面板。

② 在该面板中可以设置铺铜的属性，主要参数如下：

➤ Net：设置铺铜连接到的网络。

➤ Layer：设置铺铜所在的层。

➤ 设置铺铜的填充模式：有"Solid"（实心铺铜，见图 2-161）、"Hatched"（影线化铺铜，见图 2-162）和"None"（无铺铜）三种选择。选择不同的填充模式，则"Properties"

面板中间图形部分的相关选项会发生相应变化。

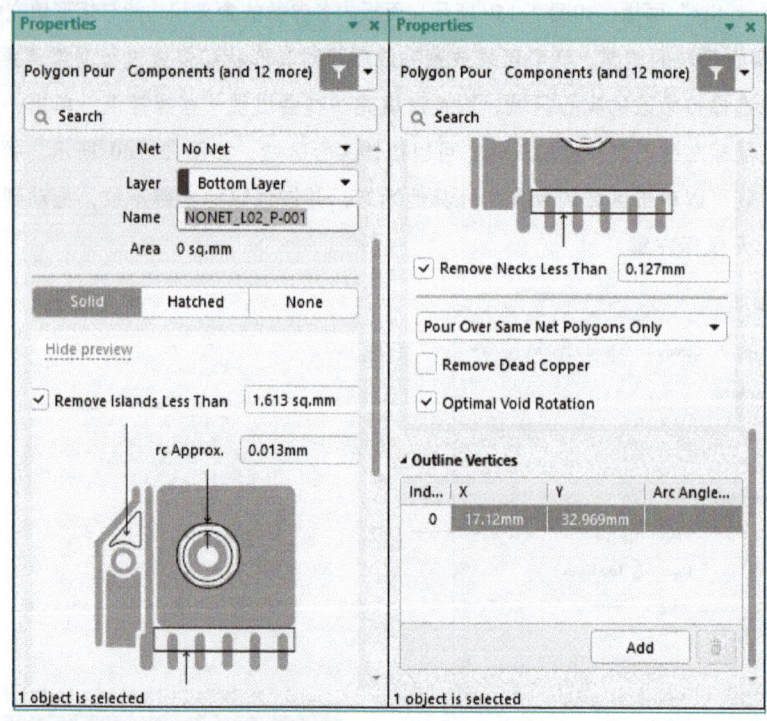

图 2-161
实心填充模式

选择"Hatched"模式时，可设置采用"90 Degree""45 Degree""Horizontal"（水平）和"Vertical"（垂直）几种影线化网格，还可设置以下参数：

➤ Surround Pad With：设置围绕焊盘的形状。

➤ Min Prim Length：设置铺铜最小图元长度。

➤ Obey Ploygon Cutout：勾选此复选框，则铺铜可使用多边形裁剪。

➤ Remove Dead Copper：勾选此复选框，将设置自动移除死铜。

➤ Optimal Void Rotation：勾选此复选框，将设置最优空隙旋转放置铺铜。

这里以信号发生器 PCB 为例，将铺铜放置到 Bottom Layer 并与"GND"网络连接，采用影线化铺铜模式，填充"45 Degree"影线化网格，导线宽度设置为 0.203 mm，网格尺寸设置为 0.508 mm，围绕焊盘形状设置为"Octagons"（八边形），其他参数设置如图 2-162 所示。

③ 设置完参数后，按"Enter"键，光标将变成十字形。

④ 移动光标到 PCB 左上角并单击，放置铺铜的一个顶点。

⑤ 移动鼠标，根据实际需要，在 PCB 上画出一个封闭多边形，将整个 PCB 包含进去，如图 2-163 所示，完成铺铜放置。

如果 Top Layer 也有线路，则 Top Layer 也应铺铜。

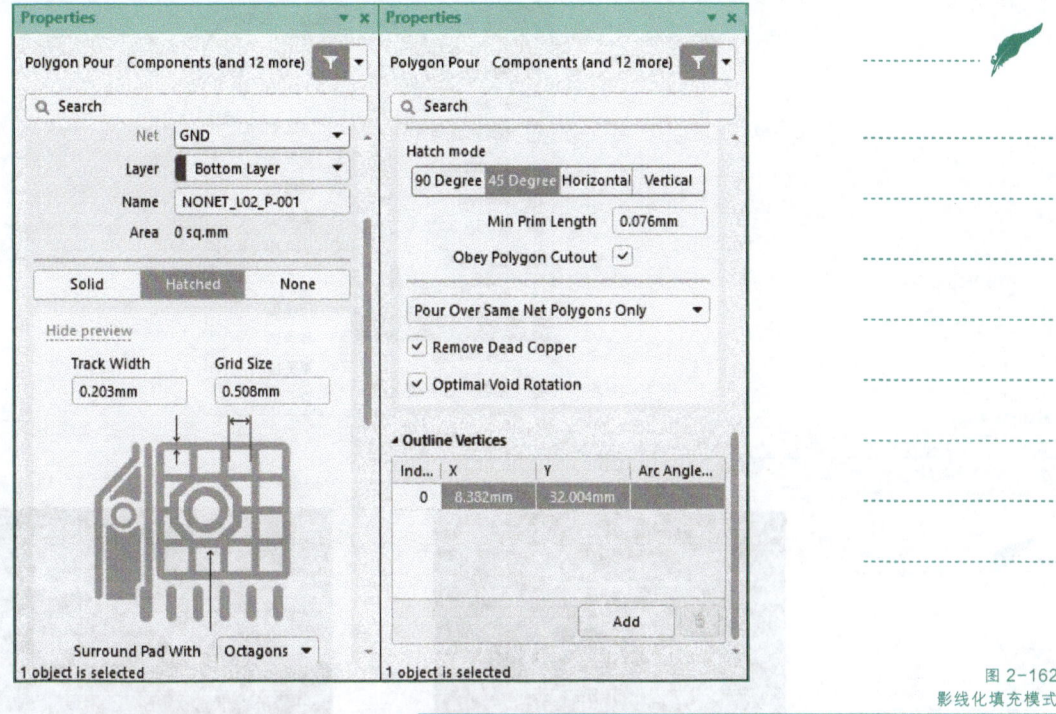

图 2-162
影线化填充模式

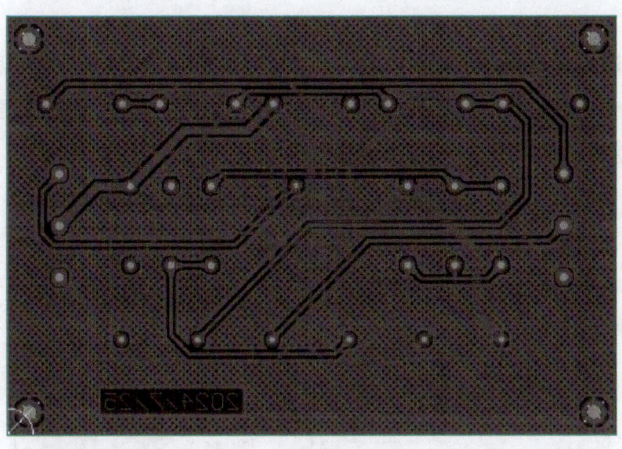

图 2-163
底层铺铜后的电路板

## 6. 放置电路板注释

### （1）放置尺寸标注

为了使设计者更加方便地了解 PCB 的尺寸信息，通常需要给设计好的 PCB 添加尺寸标注。下面以最常用的添加线性尺寸标注为例进行详细介绍。

① 在放置尺寸标注前，先把当前层切换到机械层。

② 执行菜单命令"放置"⇨"尺寸"⇨"线性尺寸"，如图 2-164 所示，或单击常用工具栏中的 ⊡ 按钮，启动放置线性尺寸命令，光标变成十字形，并且光标上带着两个相对的箭头，如图 2-165 所示。将光标移到合适的位置，单击确定标注的起点，然后再移动光标，此时尺寸标注拉开，移到合适位置后，单击确定标注的终点，如图 2-166 所示。

微课：
放置电路板注释

155

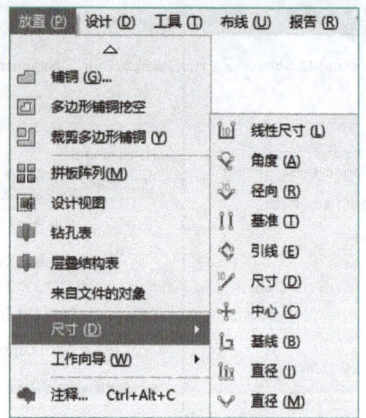

图 2-164
"尺寸" 菜单

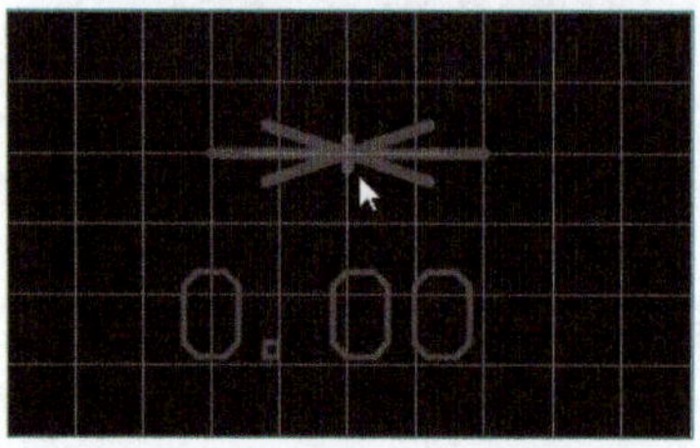

图 2-165
放置尺寸标注

图 2-166
放置线性尺寸实例

在放置尺寸标注时按"Tab"键，或者在 PCB 上双击尺寸标注，都可启动如图 2-167 所示的"Properties"面板，可以设置尺寸标注的线宽、箭头样式、放置的层、文本高度和字体、显示单位等。

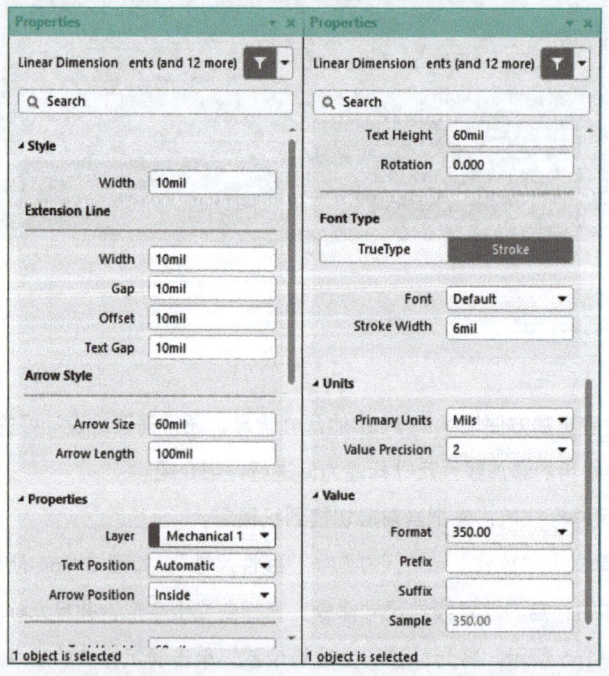

图 2-167
设置尺寸标注属性

除了线性尺寸，PCB 编辑器还提供了其他的尺寸标注方法以满足不同场合的要求，相应的命令都集中在如图 2-164 所示的"尺寸"菜单内，包括角度、径向、基准、引线、尺寸、中心、基线、直径等。

（2）放置文字注释

放置文字注释就是在 PCB 的丝印层[顶层丝印层（Top Overlay）或底层丝印层（Bottom Overlay）]上放置说明性文字，该文字没有任何电气特性，放置步骤如下：

① 在放置文字注释前，先把当前层切换到 Top Overlay。

② 在常用工具栏中单击 A 按钮，或者执行菜单命令"放置" ⇨ "字符串"，启动放置文字注释命令，此时光标将变成十字形，并且光标上带着一个系统默认的文字"string"，如图 2-168 所示。

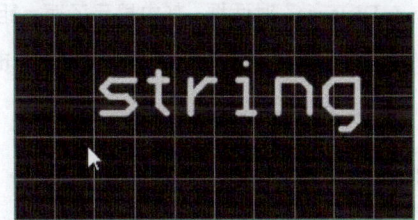

图 2-168
放置文字注释

③ 按"Tab"键，将会弹出"Properties"面板，如图 2-169 所示。

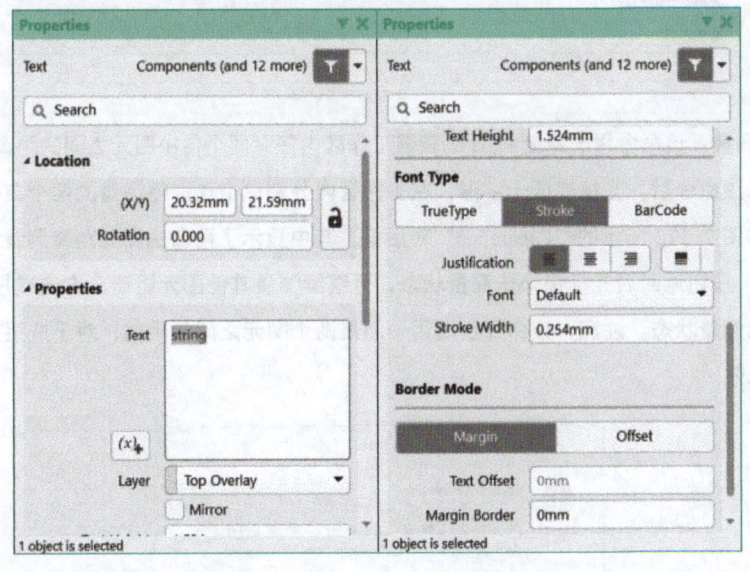

图 2-169
设置字符串属性

面板中包括以下几方面设置：

➤ Location（位置）：设置文字注释的 $X$、$Y$ 坐标位置，旋转角度，是否锁定等。

➤ Properties（属性）：设置文字注释的内容、放置的层、是否左右翻转放置、文本的高度等信息。

➤ Font Type（字体类型）：设置文字注释的字体类型和字形等。需注意，当文字注释

157

内容为中文时，需指定为 TrueType 类型。

④ 设置好文字属性后，按"Enter"键返回文字放置状态，移动光标到合适位置，单击放置文字注释。

⑤ 放置完文字注释后，右击或按"Esc"键退出。

（3）PCB 距离测量

在 PCB 设计过程中，经常需要进行各种距离测量，如测量两焊盘之间的距离、测量导线的长度等。除了以放置尺寸标注的方式来获得距离信息外，Altium Designer 还提供其他几种测量命令，这些命令都集中在"报告"菜单内，如图 2-170 所示。

① 测量距离：该命令用于测量 PCB 编辑器工作区内任意两点之间的距离。

选择该命令后，光标变成十字形，在工作区内分别单击待测量距离的两个点，将弹出如图 2-171 所示的"Measure Distance"对话框，其中显示了两点距离测量结果。单击"OK"按钮返回后光标仍处于距离测量状态，可继续测量其他距离，右击或按"Esc"键可退出距离测量状态。

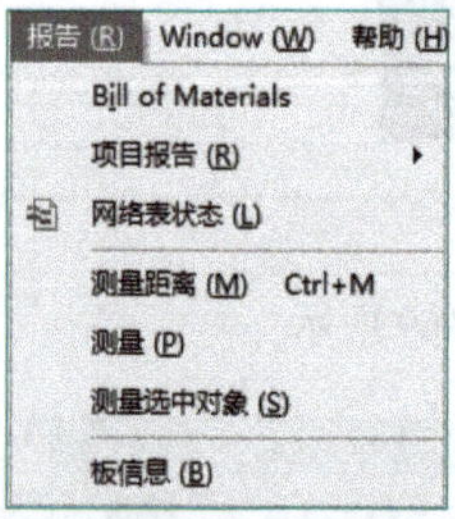

图 2-170
"报告"菜单

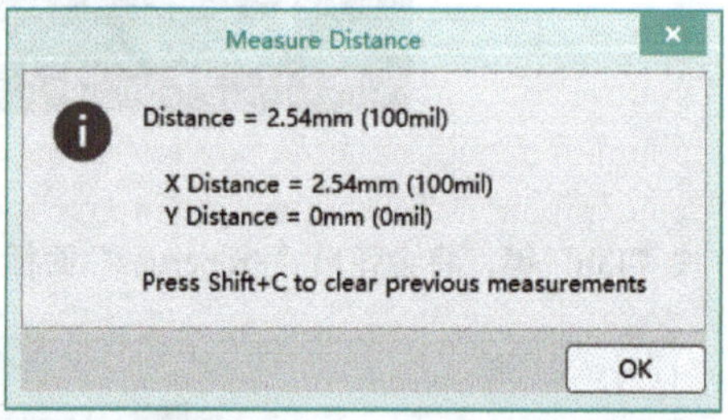

图 2-171
两点距离测量结果

② 测量：该命令用于测量 PCB 编辑器工作区内任意两个自由图元之间的距离。

选择该命令后，光标变成十字形，在工作区内分别单击选取待测量的两个自由图元，将弹出如图 2-172 所示的"Clearance"对话框，其中显示了两自由图元距离测量结果。单击"OK"按钮返回后光标仍处于测量状态，可继续测量其他图元距离，右击或按"Esc"键可退出测量状态。注意，该命令仅适用于测量两个图元之间的距离，对于成组对象之间该命令无效。

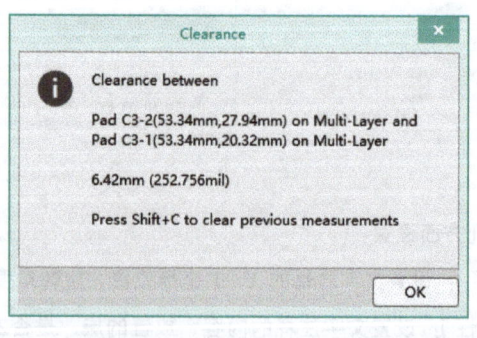

图 2-172
两自由图元距离测量结果

③ 测量选中对象：该命令用于测量 PCB 编辑器工作区内选定导线的总长度，该导线

可以是相同或不同网络的单段或多段导线。

先选择待测量的所有导线，然后执行该命令，将弹出"Information"对话框，其中显示了选定导线总长度测量结果，如图 2-173 所示。对话框内显示的尺寸单位为公制，可以执行菜单命令"视图" ➡ "切换单位"或按"Q"键将显示的尺寸单位切换成英制。

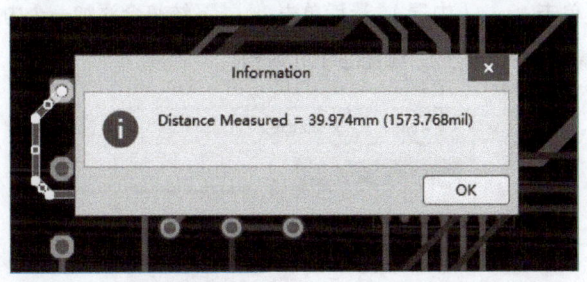

图 2-173
选定导线总长度测量结果

### 2.2.4 板层规划与设置

PCB 板层管理是指通过层叠管理器对 PCB 的物理层进行设置，包括层数、各层属性及叠放次序等。建立 PCB 内层，可以增加电源功率、降低布线密度。这里以信号发生器 PCB 为例进行介绍。

微课:
板层规划与设置

#### 1. 层叠管理器

打开 PCB 文档"信号发生器.PcbDoc"，执行菜单命令"设计" ➡ "层叠管理器"，将会生成"信号发生器.PcbDoc [Stackup]"层叠管理器文档，同时打开"Properties"面板，如图 2-174 所示。

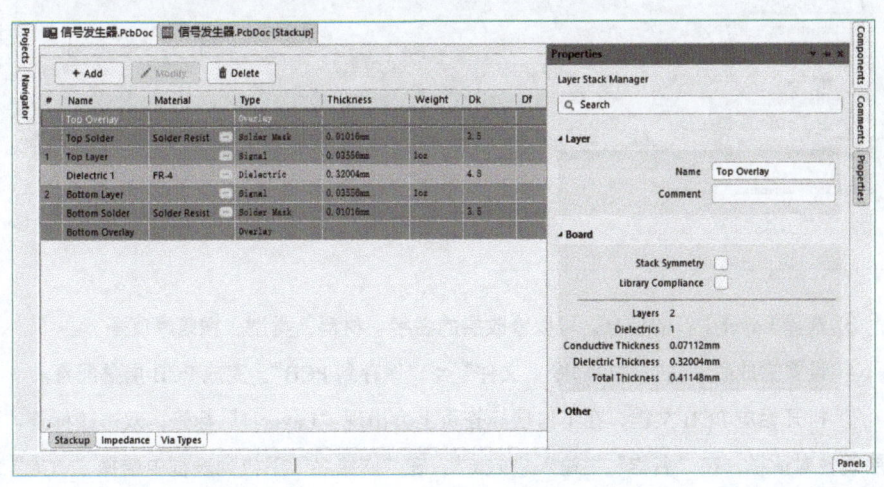

图 2-174
层叠管理器文档

图中显示此 PCB 的基本层面由 Top Overlay（顶层丝印层）、Top Solder（顶层阻焊层）、Top Layer（顶层信号层）、Dielectric 1（绝缘层 1）、Bottom Layer（底层信号层）、Bottom Solder（底层阻焊层）、Bottom Overlay（底层丝印层）组成。

### 2. 手动添加内层

PCB 内层主要是指内部电源层和接地层，以便放置电源线和接地线，内层也可以是信号层。手动添加内层的方法如下：

① 在图 2-174 中，单击选中"Top Layer"（不勾选"Stack Symmetry"复选框）。

② 单击 + Add 按钮，将弹出如图 2-175 所示的"Add"面板。单击 Below （在当前层下方添加），再单击 Plane （内层），最后单击 OK ，系统将会添加一个内层 Layer 1，同时自动添加一个绝缘层 Dielectric 2，如图 2-176 所示。

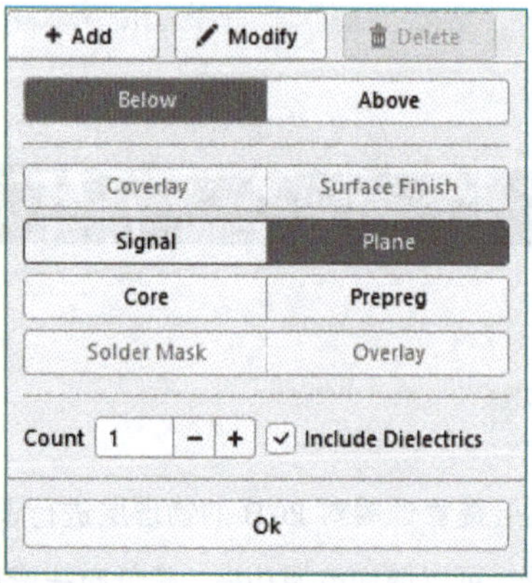

图 2-175
"Add"面板

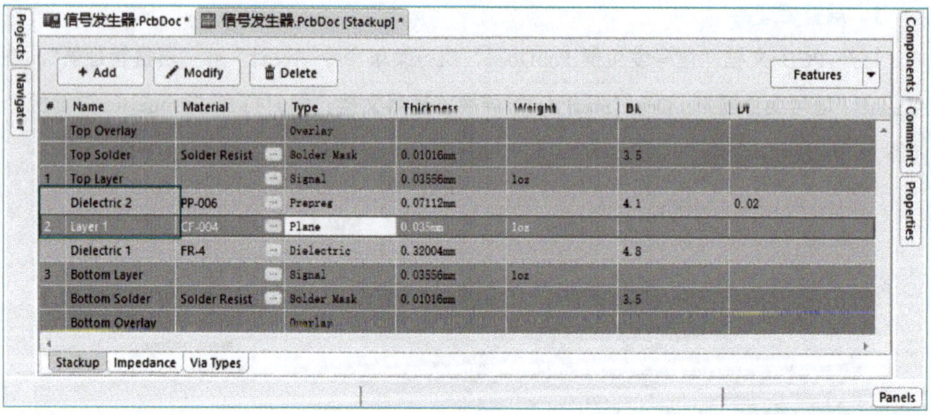

图 2-176
添加 Layer 1 和
Dielectric 2

③ 选择 Layer 1 行的信息，可以修改层的名字、材料、类型、铜箔厚度等。

④ 设置完成后，执行菜单命令"文件" ⇨ "保存到 PCB"，完成 PCB 层叠配置。

⑤ 打开相应 PCB 文档，在下方层标签页上会出现"Layer 1"标签，双击该标签，弹出层属性对话框，在"名称"栏输入"VCC"，在"网络名"下拉列表框中选择"VCC"网络，表示将该内层设置为电源"VCC"层，如图 2-177 所示。单击 确定 按钮，完成层属性设置。

⑥ 使用同样的方法，可以继续添加其他内层或信号层。这里再添加一个内层"GND"。建立完内层后，层叠管理器如图 2-178 所示。

160

VCC properties [mm]
名称
VCC
网络名
VCC
确定
取消
[1] Top Layer
[2] Layer 1
[3] Bottom Layer
Mecha

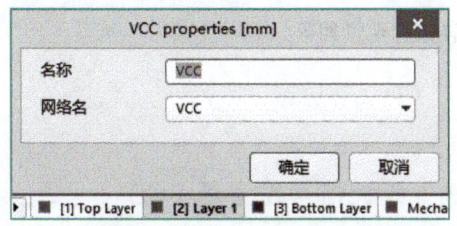

图 2-177
设置层属性

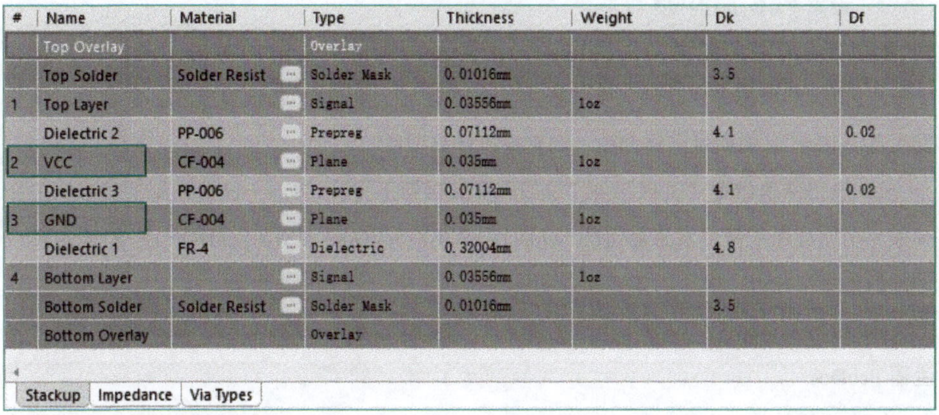

# Name Material Type Thickness Weight Dk Df
Top Overlay Overlay
Top Solder Solder Resist Solder Mask 0.01016mm 3.5
1 Top Layer Signal 0.03556mm 1oz
Dielectric 2 PP-006 Prepreg 0.07112mm 4.1 0.02
2 VCC CF-004 Plane 0.035mm 1oz
Dielectric 3 PP-006 Prepreg 0.07112mm 4.1 0.02
3 GND CF-004 Plane 0.035mm 1oz
Dielectric 1 FR-4 Dielectric 0.32004mm 4.8
4 Bottom Layer Signal 0.03556mm 1oz
Bottom Solder Solder Resist Solder Mask 0.01016mm 3.5
Bottom Overlay Overlay
Stackup
Impedance
Via Types

图 2-178
新建两个内层

### 3. 层的删除与调整

① 删除层：打开层叠管理器文档，选中待删除的层，然后单击上方的 Delete 按钮。或右击该层，弹出的右键菜单如图 2-179 所示，选择“Delete Layer”即可。

② 调整层的位置：右击该层，在弹出的右键菜单中选择“Move layer up”或“Move layer down”，可对层的位置进行调整。

Add
Modify
Delete
# Name Material Type Thickness Weight Dk Df
Top Overlay Overlay
Top Solder Solder Resist Solder Mask 0.01016mm 3.5
1 Top Layer Signal 0.03556mm 1oz
Dielectric 2 PP-006 Prepreg 0.07112mm 4.1 0.02
2 VCC CF-004 Plane 0.035mm 1oz
Dielectric 3 PP-006 Prepreg 0.07112mm 4.1 0.02
3 GND
Insert layer above
Insert layer below
Move layer up
Move layer down
Delete layer
Cut Ctrl+X
Copy Ctrl+C
Paste Ctrl+V

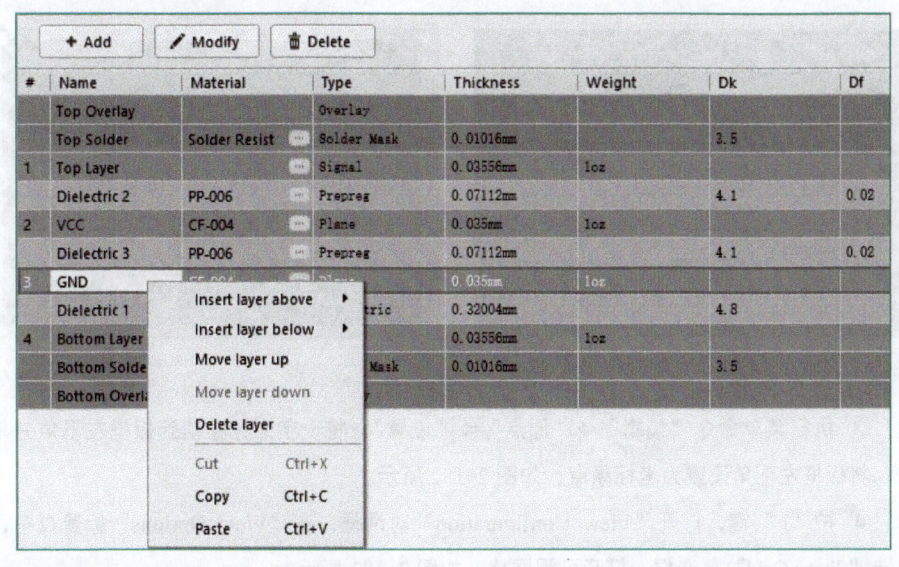

图 2-179
层的删除与调整

在层叠管理器中，还可以配置钻孔对，进行阻抗计算，设置是否显示顶部绝缘体和底部绝缘体，并设置绝缘体的介电性能等。

【任务实施】

### ● 2.2.5 实战演练——设计信号发生器 PCB

下面通过完成"设计信号发生器 PCB"的任务，学习较复杂 PCB 的设计方法。

**1. 设置 PCB 工作环境**

（1）创建项目与文件

视频：
设计信号发生器 PCB

① 执行菜单命令"文件" ⇨ "新的" ⇨ "项目"，新建 PCB 项目文件，命名为"信号发生器.PrjPcb"。如项目已经创建，则直接打开该项目。

② 执行菜单命令"工程" ⇨ "添加已有文档到工程"，将前一任务绘制的信号发生器相关电路原理图"信号发生器母图.SchDoc""CLK.SchDoc""SIN.SchDoc""TRI.SchDoc"添加到项目中并进行编译。如各原理图已经在项目中，则忽略此步骤。

③ 执行菜单命令"文件" ⇨ "新的" ⇨ "PCB"，新建 PCB 文档，并保存为"信号发生器.PcbDoc"。

（2）设置板框

① 切换到机械层 1，执行菜单命令"放置" ⇨ "矩形"，在 PCB 编辑界面绘制一个宽为 60 mm、高为 40 mm 的矩形框，如图 2-180 所示。

绘制 PCB 板框时，若界面显示尺寸单位为英制，可以执行菜单命令"视图" ⇨ "切换单位"或按快捷键"Q"将显示尺寸单位切换为公制。

② 选中该矩形框，再执行菜单命令"设计" ⇨ "板子形状" ⇨ "按照选择对象定义"，完成板框的定义，如图 2-181 所示。具体方法可参考 1.3.2 节相关内容。

图 2-180
绘制 PCB 矩形框

图 2-181
定义 PCB 板框

③ 执行菜单命令"编辑" ⇨ "原点" ⇨ "设置"，将十字光标移动到板框左下角并单击，将板框左下角设置为坐标原点，如图 2-182 所示。

④ 按"L"键，打开"View Configuration"对话框，在"View Options"标签页中，勾选"Show Grid"复选框，打开可视网格，如图 2-183 所示。

设置好的 PCB 编辑界面如图 2-184 所示。

图 2-182
坐标原点设置

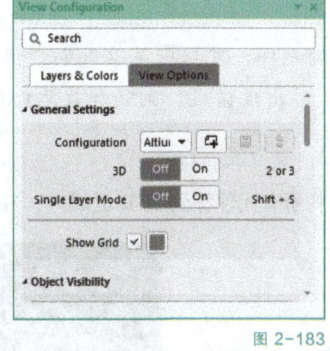
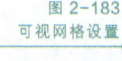

图 2-183
可视网格设置

图 2-184
设置好的 PCB 编辑界面

### 2. 同步原理图数据

在 PCB 编辑界面下，执行菜单命令"设计"⇨"Import Changes From 信号发生器.PrjPcb"，在弹出的"工程变更指令"对话框中，取消勾选"Add Rooms(3)"下的 3 个复选框，如图 2-185 所示，然后依次单击 验证变更 、 执行变更 、 关闭(C) 3 个按钮，装入网络表信息，如图 2-186 所示。

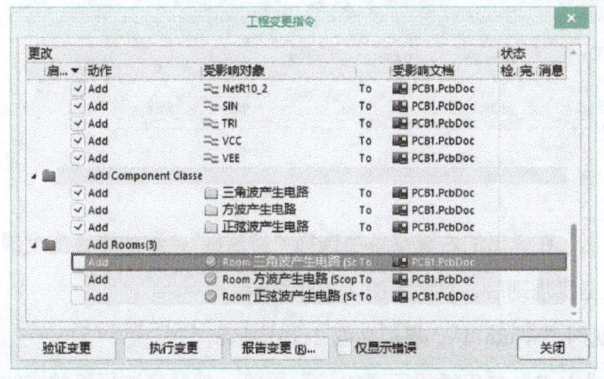

图 2-185
取消勾选"Add Rooms(3)"下的 3 个复选框

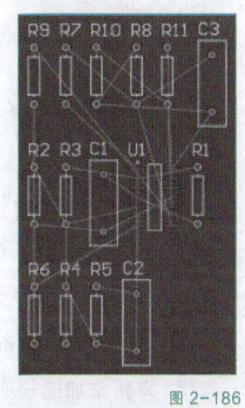

图 2-186
装入网络表信息后的 PCB

**提示** »»»»»»

① 若看不到装入的元件，可执行菜单命令"视图" ⇨ "适合文件"。

② 若导入元件 U1 时出现错误，则须加载元件库"Motorola Analog Comparator.IntLib"。

### 3. 交互式布局

将所有元件移到 PCB 区域内，并手动调整元件位置，参照图 2-187 所示进行 PCB 布局。

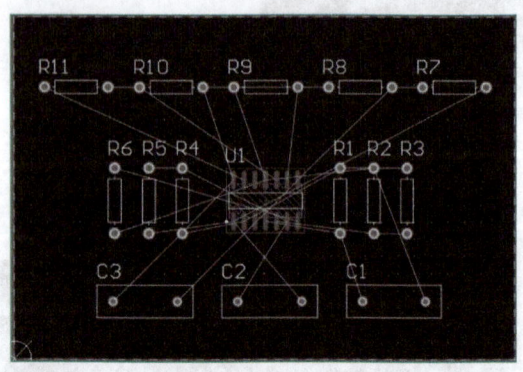

图 2-187
手动布局结果

注意，在手动调整布局时，应尽量使同类元件靠近，并可通过旋转或翻转元件使预拉线尽量减少交叉。

**提示** »»»»»»

将所有电阻的封装用批量修改方法设置为"AXIAL-0.3"。

### 4. 设置布线规则

① 执行菜单命令"设计" ⇨ "规则"，弹出"PCB 规则及约束编辑器"对话框，如图 2-188 所示。

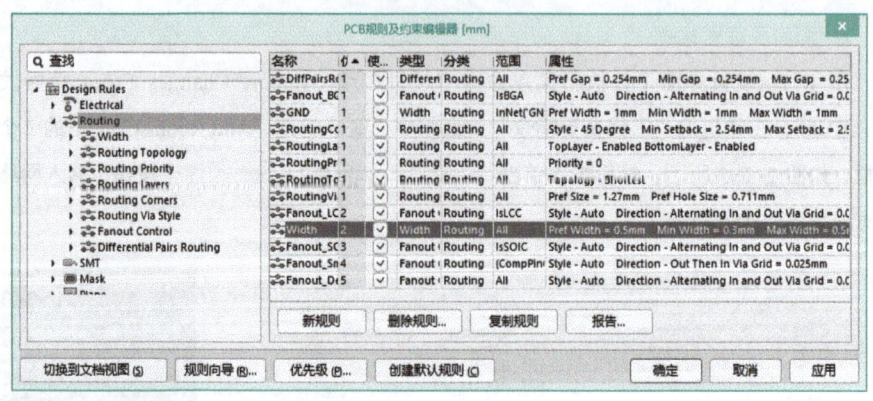

图 2-188
"PCB 规则及约束
编辑器"对话框

② 展开"Routing"选项。

③ 选择"Width"选项并右击，在弹出的右键菜单中选择"新规则"，添加布线宽度规则，如图 2-189 所示。添加布线宽度规则后，界面如图 2-190 所示。

④ 双击新添加的布线宽度规则"Width_1"，界面如图 2-191 所示。

⑤ 将新添加的规则命名为"GND"并仅适用于"GND"网络，然后将该网络的布线宽度设置为 1 mm。

⑥ 用同样的方法将布线宽度规则“Width”的布线宽度设置为 0.5 mm。

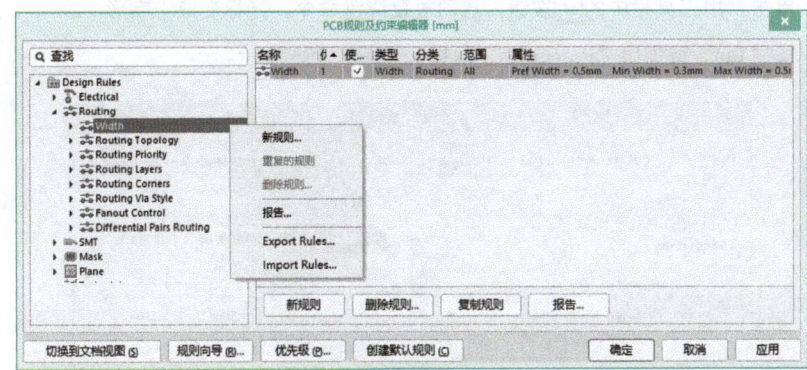

图 2-189
选择“新规则”

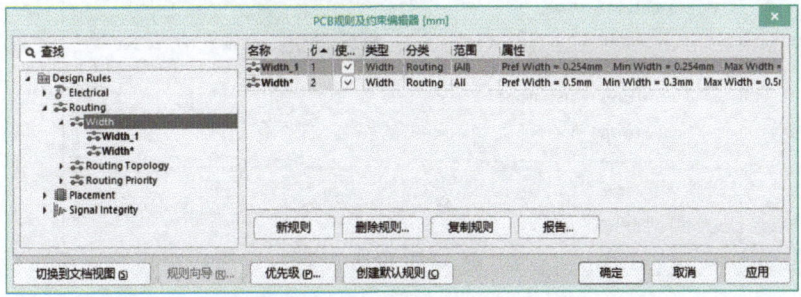

图 2-190
添加布线宽度规则

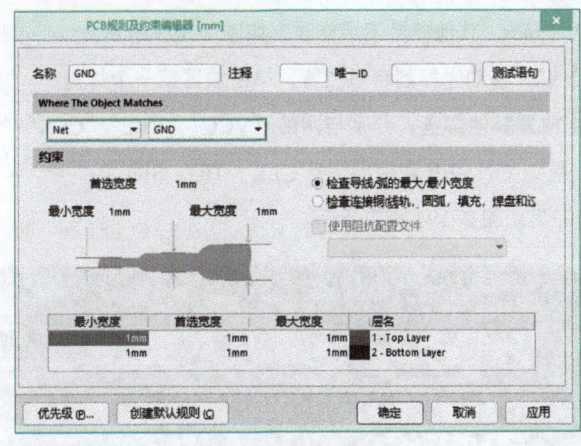

图 2-191
修改布线宽度规则

⑦ 设置完成的布线宽度规则如图 2-192 所示，单击 确定 按钮返回 PCB 编辑界面。

| 名称 | 优... | 使... | 类型 | 分类 | 范围 | 属性 |
|---|---|---|---|---|---|---|
| GND | 1 | ✓ | Width | Routing | InNet('GND | Pref Width = 1mm Min Width = 1mm Max Width = 1mm |
| Width | 2 | ✓ | Width | Routing | All | Pref Width = 0.5mm Min Width = 0.2mm Max Width = 0.5mm |

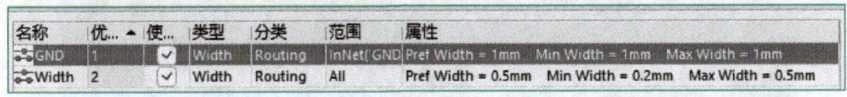

图 2-192
设置完成的布线宽度规则

## 5. 自动布线

### (1) 放置电气连接点

为了实际使用方便，往往要将电源引到 PCB 上，并将输出信号从 PCB 上引出。这里可以通过在 PCB 上放置几个焊盘并与相应网络连接实现，具体做法如下：

① 单击常用工具栏中的■按钮，启动放置焊盘命令，光标变成十字形。

② 按 "Tab" 键弹出 "Properties" 面板，如图 2-193 所示。

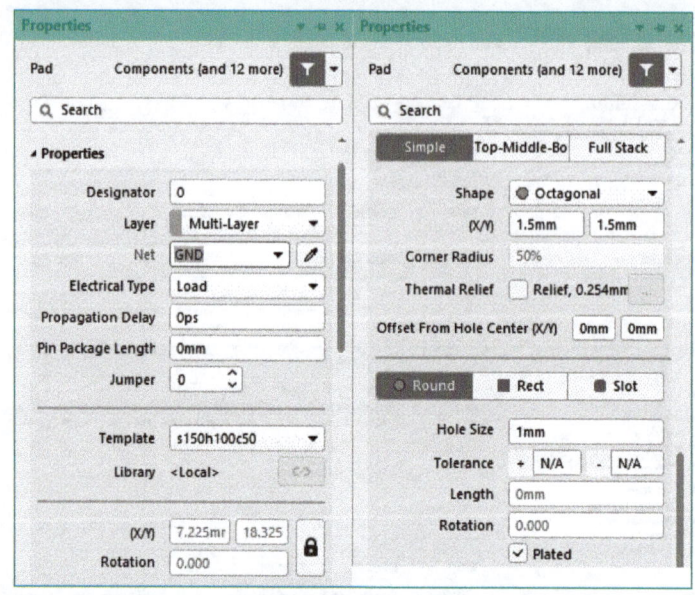

图 2-193
设置焊盘属性

③ 将 "Net" 设置为 "GND"，"Shape" 设置为 "Octagonal"，"（X/Y）" 设置为 1.5 mm，"Hole Size" 设置为 1 mm，其他参数不用修改，如图 2-193 所示。

④ 按 "Enter" 键，移动光标到合适位置，单击放置第一个焊盘。

⑤ 重复②～④放置其他焊盘，分别与网络 "VCC" "VEE" "CLK" "TRI" 和 "SIN" 相连，用于连接电源 VCC、VEE 和输出信号 CLK、TRI、SIN。

放置完成的各焊盘如图 2-194 框中所示。

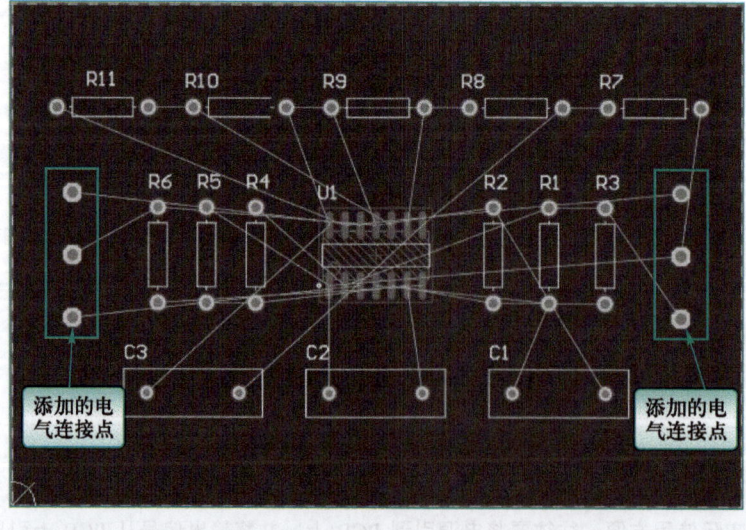

图 2-194
放置完成的各焊盘

（2）自动布线

执行菜单命令"布线"⇨"自动布线"⇨"全部"，弹出"Situs 布线策略"对话框，单击 [Route All] 按钮开始自动布线。自动布线完成后的 PCB 如图 2-195 所示。

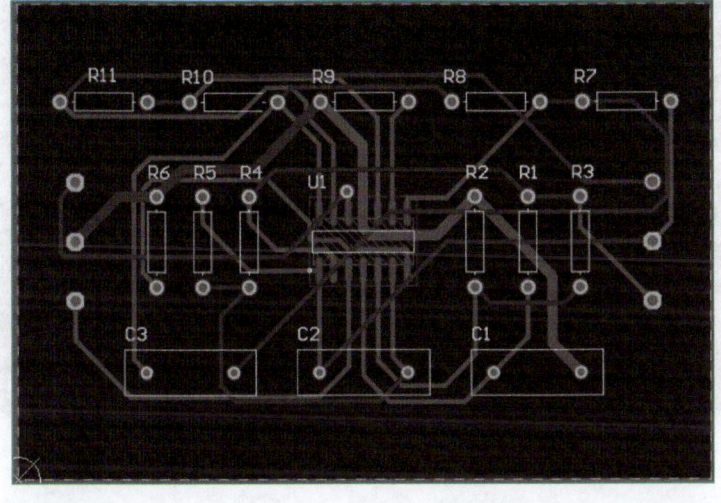

图 2-195
自动布线完成后的 PCB

## 6. 完善 PCB

（1）手动布线进行修正

这里对 R7～R11 标注的位置进行了调整，并将部分导线重新进行了手动布线。手动布线调整后的 PCB 如图 2-196 所示。

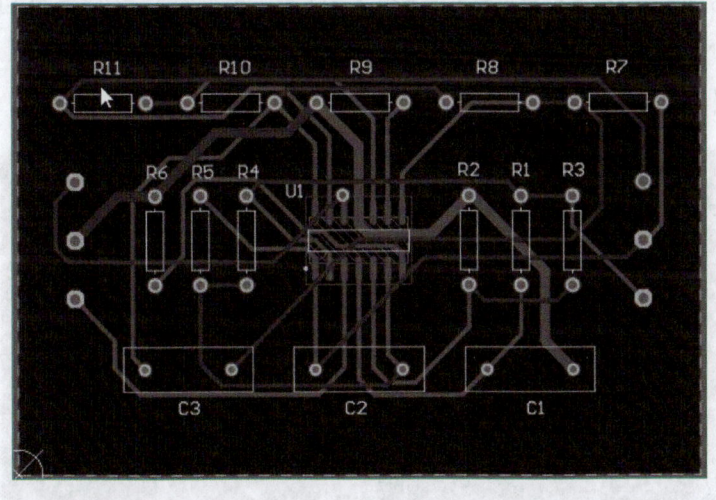

图 2-196
手动布线调整后的 PCB

### 提示 》》》》》》》

在手动布线调整前首先要选中相应的层，如调整红线应选中 Top Layer 层、调整蓝线应选中 Bottom Layer 层。单击常用工具栏中的 ✎ 按钮进行手动布线，新导线布好后，原来的导线会自动删除。

（2）放置安装孔

参照 2.2.3 节"添加安装孔"部分的内容，在 PCB 的四角放置 4 个安装定位孔。内径设为 1.5 mm, 外径设为 2.5 mm, 并将安装孔与 "GND" 网络相连接, 如图 2-197 所示。

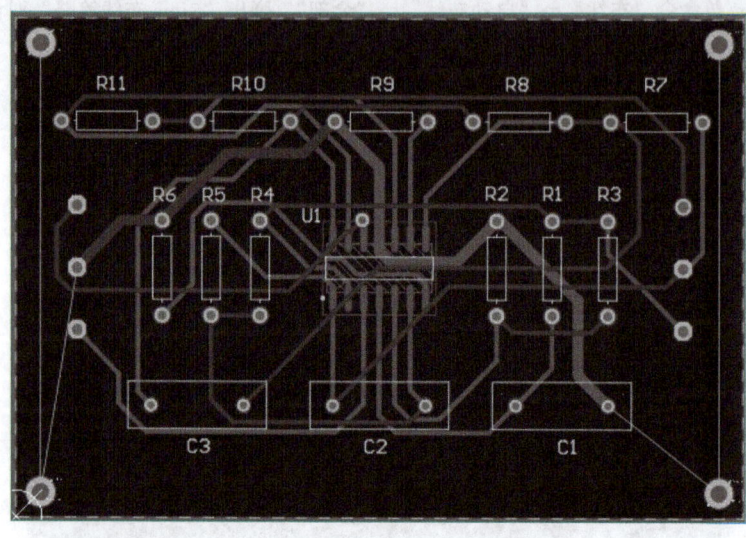

图 2-197
放置安装定位孔

**（3）滴泪**

参照 2.2.3 节 "滴泪" 部分的内容, 执行菜单命令 "工具" ➯ "滴泪", 对所有焊盘和过孔添加圆弧形泪滴。

**（4）放置文字注释**

参照 2.2.3 节 "放置电路板注释" 部分的内容, 执行菜单命令 "放置" ➯ "字符串", 分别在 Top OverLay 适当位置放置电源及信号标注字符串 "GND" "VCC" "VEE" "CLK" "TRI" "SIN", 义字高度设为 1 mm; 在 Bottom Layer 放置当前日期, 文字高度设为 1.5 mm, 如图 2-198 所示。

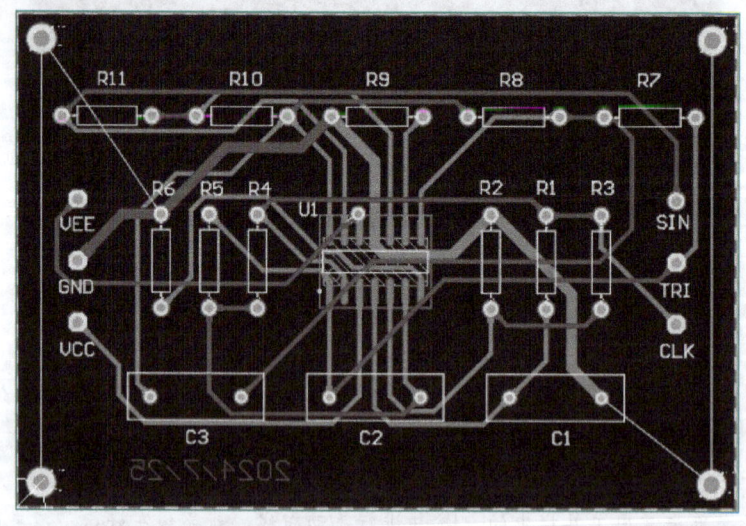

图 2-198
放置文字注释

（5）铺铜

单击常用工具栏中的  按钮，启动铺铜命令，分别在 Top Layer 和 Bottom Layer 放置铺铜，并将铺铜与 GND 网络连接，如图 2-199、图 2-200 所示（可按"Shift+S"组合键，使用单层模式分别查看铺铜结果）。

图 2-199
Top Layer 铺铜结果

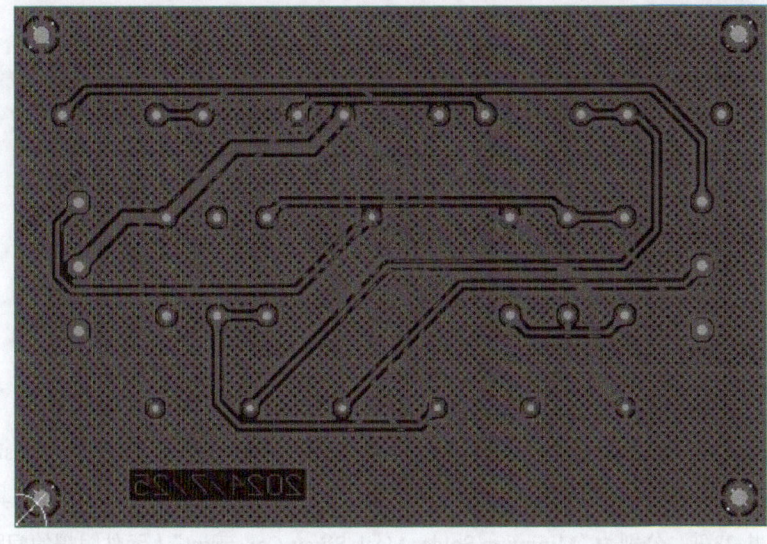

图 2-200
Bottom Layer 铺铜结果

### 7. 设计规则检查

（1）进行设计规则检查

布线完成后，要对 PCB 的布线结果进行 DRC 检查。执行菜单命令"工具"⇨"设计规则检查"，打开如图 2-201 所示的"设计规则检查器"对话框，对其进行适当设置后，单击 运行DRC (R)... 按钮，检查 PCB 图是否有错误。检查时会显示"Messages"对话框，并会生成"Design Rule Verification Report"检验报告文件，如图 2-202 所示。

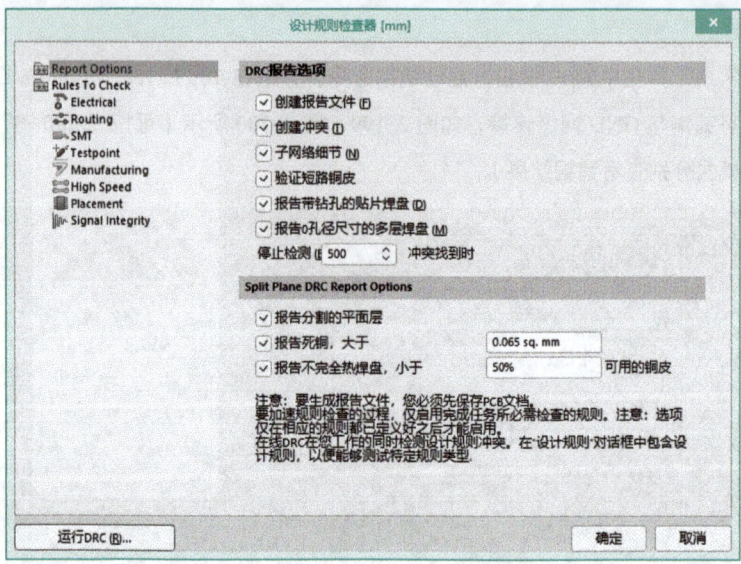

图 2-201
"设计规则检查器"对话框

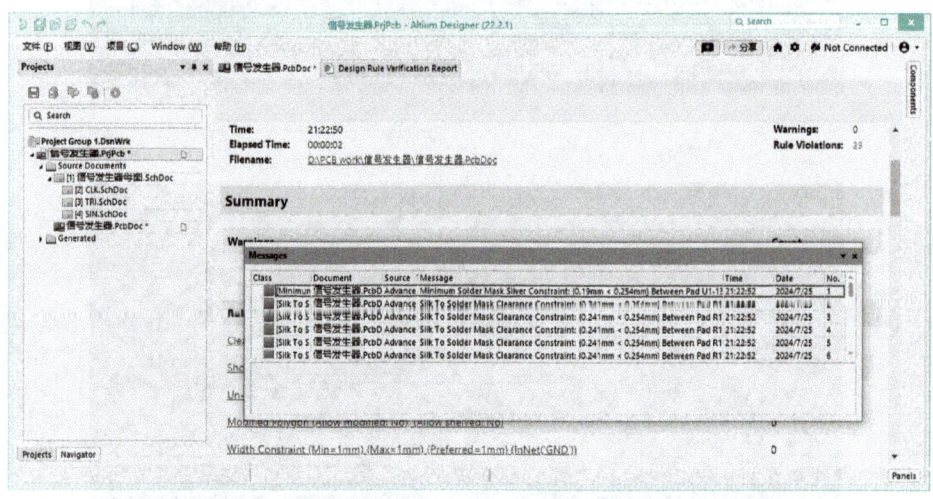

图 2-202
进行设计规则检查时的
"Messages"对话框及
检验报告文件部分内容

（2）错误定位与修改

如果设计中有违规现象，则在进行设计规则检查后，"Messages"对话框及"Design Rule Verification Report"检验报告文件中会一一列出这些违规现象。如图 2-202 所示，其中有 2 类违规，共 23 项，分别为"Minimum Solder Mask Sliver Constraint"（元件阻焊的间距违规）和"Silk To Solder Mask Clearance Constraint"（丝印与阻焊的间距违规）。

① 定位违规对象：将 PCB 文件激活为当前文件，为便于观察违规图例，先将顶层和底层的铺铜删除，再双击"Messages"对话框中的某一错误信息，可以看到在 PCB 文件中，发生违规的地方会给出提示，如图 2-203 所示。

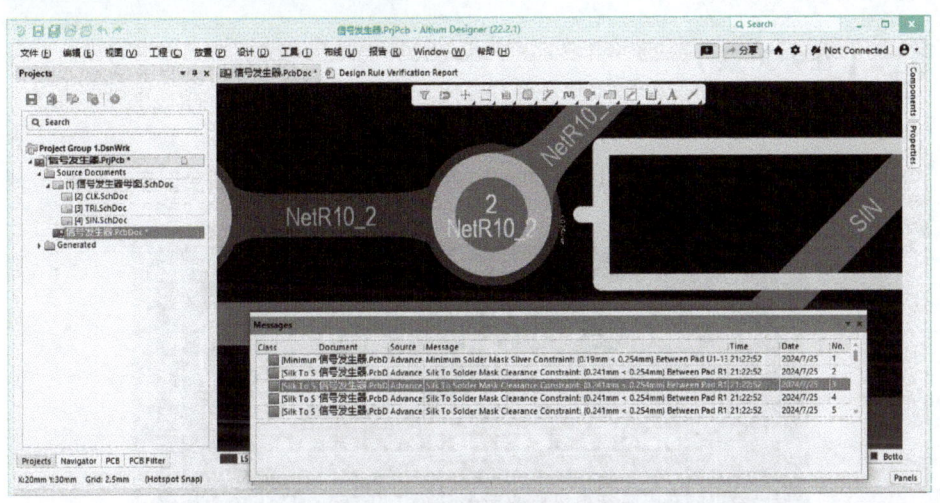

图 2-203
通过"Messages"
对话框定位违规对象

② 修改违规现象：根据实际情况，既可以修改设计规则，也可以修改设计对象。双击"Messages"对话框中的"Silk To Solder Mask Clearance Constraint"信息，观察违规处，结合"Messages"对话框中的违规提示信息，可以确定是 PCB 中元件封装的外形丝印图形与焊盘阻焊的间距不足 0.245 mm 所导致的违规，此时可根据封装丝印与阻焊的实际尺寸修改设计规则。

在"PCB 规则及约束编辑器"对话框中，选择左侧目录树中的"Manufacturing" ⇨ "Silk To Solder Mask Clearance" ⇨ "SilkToSolderMaskClearance"选项，将右侧"约束"区域中的"对象与丝印层的最小间距"修改为 0.24 mm，如图 2-204 所示。再次运行设计规则检查，会发现"Silk To Solder Mask Clearance Constraint"错误信息消失。

类似处理其他错误信息，直至没有错误。

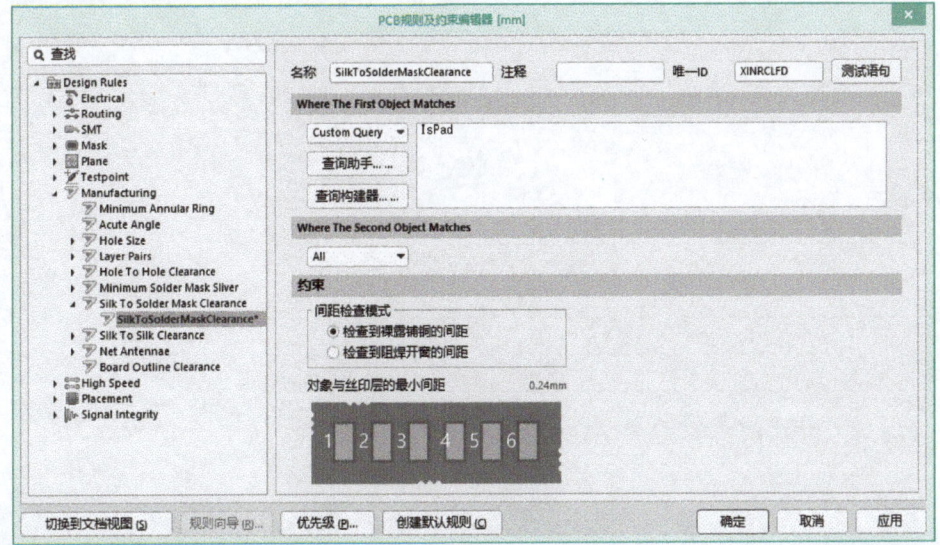

图 2-204
修改 Silk To Solder Mask
Clearance 规则限制

【任务拓展】

参照图 2-205 设计图 2-100 所示声光报警电路的 PCB。

要求：PCB 尺寸为 3 000 mil×2 000 mil，布线宽度为 20 mil，导线全部布在底层。

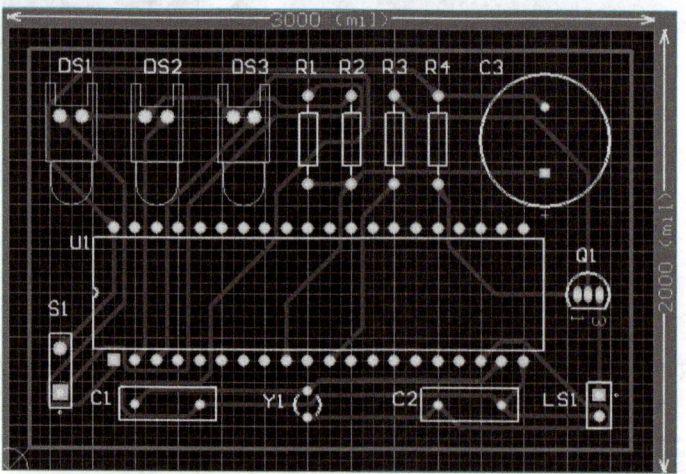

图 2-205
声光报警电路 PCB

# 项目3  简易单片机实验板的完整设计

## 【项目概述】

PCB设计及其数据管理的技术性、实践性很强，需要通过大量的实践练习来掌握其方法和技巧。本项目通过简易单片机实验板的完整设计来学习掌握从工程建立、用户元件库创建，到原理图绘制与PCB设计，再到工程文档的输出与设计发布的整个过程；同时还会介绍一些设计经验和技巧，并对一些重要的操作过程进行具体说明。通过本项目实践，读者会对PCB设计更加熟悉和明确。希望读者能够按照操作步骤全部练习一遍，以便掌握操作技巧、积累设计经验，同时能将其应用到自己的设计当中。

## 【教学导航】

<table>
<tr><td rowspan="8">教学</td><td>教学目标</td><td>1. 掌握原理图元件符号的绘制方法、PCB元件封装的制作方法以及集成元件库的创建方法。<br>2. 自制元件，创建集成元件库，绘制简易单片机实验板的原理图，并设计其PCB。<br>3. 践行工匠精神，培养PCB审美能力</td></tr>
<tr><td>教学重点</td><td>元件及集成元件库的创建、简易单片机实验板层次原理图的绘制和PCB的设计</td></tr>
<tr><td>教学难点</td><td>元件布局、布线原则及规则设置在简易单片机实验板PCB中的运用，设计工程的发布</td></tr>
<tr><td>职业技能<br>等级标准</td><td>对接《智能硬件应用开发职业技能等级标准》(高级)：<br>2.2.4 能绘制层次原理图。<br>2.2.5 能建立PCB元件库文件，设计较复杂电路的PCB图。<br>2.2.6 能优化完善设计的PCB图。<br>2.2.7 能优化完善PCB加工工艺文件</td></tr>
<tr><td>教学方式</td><td>多媒体机房教学演示、线上课程辅助教学</td></tr>
<tr><td>建议学时</td><td>24</td></tr>
<tr><td colspan="2"></td></tr>
<tr><td colspan="2"></td></tr>
<tr><td rowspan="4">学习</td><td>学习任务</td><td>1. 绘制LED数码管的原理图符号和PCB封装图形，并将其加入集成元件库中。<br>2. 绘制简易单片机实验板的层次原理图。<br>3. 设计简易单片机实验板的PCB，发布工程</td></tr>
<tr><td>知识储备</td><td>原理图符号及封装、设计工程发布及制造文件</td></tr>
<tr><td>技能训练</td><td>1. 绘制规则元件和非规则元件的原理图符号及PCB封装。<br>2. 创建、修改、调用自定义集成元件库中的元件。<br>3. 简易单片机实验板原理图全局化编辑。<br>4. 从3D视图定义板卡外形，设计PCB。<br>5. 输出工程设计文档，发布设计工程</td></tr>
<tr><td>学习方式</td><td>结合实物、实际设计过程理解学习元件、元件模型、元件库概述部分相关知识；原理图元件库编辑器与PCB元件库编辑器同原理图编辑器与PCB编辑器大同小异，主要跟随教师演示操作练习元件及集成元件库的创建、编辑与调用方法；通过实践练习掌握简易单片机实验板原理图绘制和PCB设计的方法；在教师的指导下完成设计工程发布；利用课余时间完成任务拓展的练习</td></tr>
</table>

**任务 1 创建用户元件库**

【**任务描述**】

Altium Designer 提供了丰富的原理图符号和 PCB 封装，并可以通过在线加载或者下载元件库不断更新元件符号和封装，基本上可以满足大多数原理图绘制和 PCB 设计的需求。但是也有部分元件符号或封装在库中没有收录或库中的元件与实际元件有一定的差异，这就需要我们设计自己的原理图符号和 PCB 封装。本任务将通过完成"绘制数码管与单片机原理图符号和 PCB 封装"来学习元件与元件库管理方面的有关知识，并创建用户集成元件库。具体任务如下：

① 创建一个原理图元件库"MyLib.SchLib"和一个 PCB 元件库"MyLib.PcbLib"，参照图 3-1 分别绘制 LED 数码管的原理图符号"DPY_7-SEG"和 PCB 封装图形"LED8"；数码管的实物照片如图 3-2 所示。

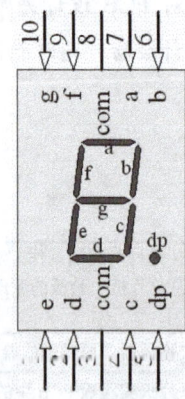
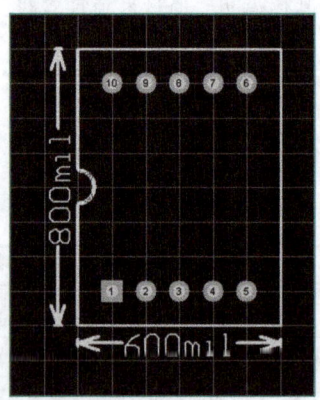

图 3-1
LED 数码管的原理图符号和 PCB 封装图形

图 3-2
数码管实物照片

**提示** 》》》》》》

① 管脚顺序：在图 3-2 中，从数码管的正面看，以左下角第 1 脚为起点，按逆时针方向排序，管脚分别为：1-e，2-d，3-com，4-c，5-dp，6-b，7-a，8-com，9-f，10-g。

② 用游标卡尺测得数码管的管脚直径为 0.6 mm（约为 25 mil），相邻两管脚的中心距为 2.54 mm（约为 100 mil）。

② 在原理图元件库"MyLib.SchLib"和 PCB 元件库"MyLib.PcbLib"中，分别参照图 3-3 和图 3-4 绘制单片机的原理图符号"AT89S51"和 PCB 封装图形"DIP-40"。

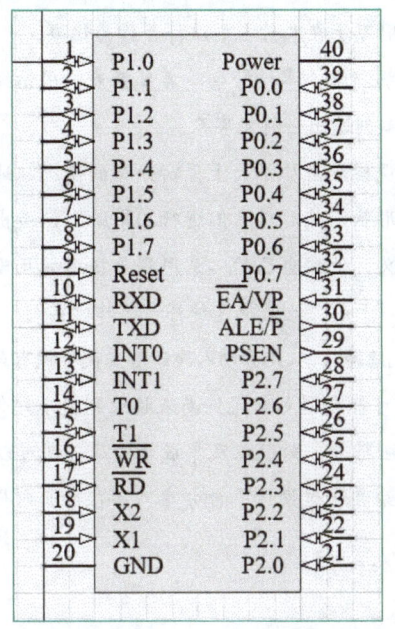

图 3-3
单片机的原理图符号

图 3-4
单片机的 PCB 封装图形

③ 利用原理图元件库"MyLib.SchLib"和 PCB 元件库"MyLib.PcbLib"创建集成元件库"MyLib.IntLib"。

 【任务目标】

| 知识目标 | 能力目标 | 素养目标 |
| --- | --- | --- |
| 1. 能总结原理图元件库、PCB 元件库和集成元件库的创建及调用流程。<br>2. 能理解焊盘、过孔大小与实物尺寸的关系。<br>3. 能列举规则元件与非规则元件原理图符号和 PCB 封装绘制的区别 | 1. 能制作原理图元件符号和 PCB 封装。<br>2. 能根据实物尺寸合理选择焊盘与过孔大小。<br>3. 能创建、修改、调用集成元件库 | 1. 知道创建元件符号、封装、模型和用户集成元件库的目的和意义。<br>2. 领会物理元件与抽象模型之间的本质联系。<br>3. 把握封装尺寸，领悟"失之毫厘，谬以千里"的内涵 |

 【知事明理】

**劳动创造智慧**

相传，在仓颉造字以前，人们结绳记事，即大事打一大结，小事打一小结，相连的事

175

打一连环结，后又发展到用刀子在木竹上刻以符号作为记事。

随着历史的发展，文明渐进，事情繁杂，名目繁多，用结绳和刻木的方法记事远不能适应需要。于是，仓颉决心创造出一种文字来。

仓颉日思夜想，到处观察，看尽了天上星宿分布的情况、地上山川脉络的样子、鸟兽虫鱼的痕迹、草木器具的形状，然后对它们进行描摹绘写，造出种种不同的符号，并且定下了每个符号所代表的意义。他按自己的心意用符号拼凑成几段，拿给别人看，并进行解说，别人倒也能看得明白，于是，他便把这种符号叫作"字"。

仓颉"始作书契，以代结绳"，从此劳动人民的智慧便可被有效记录，华夏文明千古传承。在 PCB 设计过程中，可能会遇到新元件尚未收录到某个元件库的情况，这时设计者可以动手去创建元件的原理图符号、封装以及集成元件库，还可以将其共享给其他用户。而 PCB 工程师劳动与智慧的结晶通过设计平台分享，可在行业内代代传承，提高工作效率。

【任务资讯】

### 3.1.1　模型、元件与元件库

在物理世界中，元件是有形的、相对容易识别的对象；但在虚拟的设计世界中，元件被抽象成不同的设计模型，也就是说一个元件对应有多个不同的表示方法。Altium Designer 统一设计的关键就是将这些不同设计域的模型连接到一起，成为单个紧密结合的元件。

**1. 模型**

模型是在一个设计域中对元件的特定表达方式。如设计过程中，一个元件在原理图中用逻辑符号表示，即在原理图域，模型就是元件的原理图符号；在 PCB 域，模型是元件的 PCB 封装或 3D 体；而在仿真和信号完整性域，模型则是包含特性数据的文本文件。

Altium Designer 中的元件模型称为域模型（Domain Model），每个元件都是这些域模型的综合。一个物理元件在设计域有多种方式来表示，如图 3-5 所示，从左到右依次为三极管的实物图片、原理图符号、PCB 封装、3D 设计模型。

微课：
模型、元件与元件库

 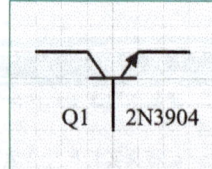  

图 3-5
三极管及其不同域模型

原理图是整个设计的核心，它定义了系统的连接性。所以在 Altium Designer 中使用原理图符号来存储其他各种设计域的模型，诸如 PCB 封装等。

**2. 元件**

元件是电子设计中所有器件的通称，它是电子产品的基本构造模块。从物理意义上而言，元件可以是被放置、插入或包含在电子产品中的可以购买到的器件，例如 IC、连接器或一些有形的无源器件等。

元件在每个设计阶段都有单独的表示方法，根据当前执行的操作可能会有不同的上下文称谓。在原理图设计时，元件被称为"Symbol"（符号）；在 PCB 布线时，元件被称为"Footprint"（封装），或简单称为"PCB Component"（PCB 元件）；而在仿真时，元件被称为"Simulation Model"（仿真模型）。元件可以通过不同的方法构建。

（1）相同的图形，不同的元件

① 每个真实世界的元件对应一个元件符号。这种类型元件的表示对于复杂的元件而言是非常理想的（如集成电路芯片），每个单独的元件都有其独特的逻辑符号表示。

② 逻辑功能相同的真实元件对应一个元件符号。有时逻辑等效的元件符号可以映射到真实世界中只有微小参数差异的多个元件，例如各类门电路（如 74LS32 和 74HC32）。这种情况下原理图符号只绘制一次，然后为每个逻辑等效的元件定义一个别名，最终元件符号作为拥有多个名字的元件进行存储。

③ 每种类型的真实元件对应一个元件符号。电阻、电容、二极管等都是典型的元件类型。例如，在原理图中所有的电阻通常使用同一个符号来表示，也就是一个 10 Ω 的电阻与一个 100 MΩ 的电阻具有相同的符号，仅仅通过它们的"Designator""Comment"或"Value"参数来加以区别。

（2）相同的元件，不同的图形

不同的组织机构对于如何绘制元件可能会有不同的标准，所以同一个元件可能对应几种不同的表示符号（见图 3-6），从而在原理图中使用不同的符号来建模。创建元件时使用"Mode"（模式）功能特性来定义同一个元件的多个图形表示。第一个模式称为"Normal"，接下来的模式称为"Alternate 1"等。

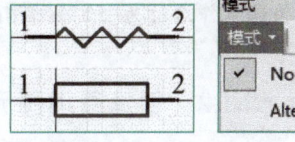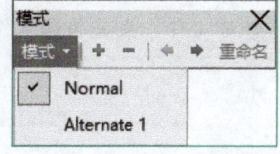

图 3-6
相同元件的不同外形

（3）多部件元件

在有些情况下用多个符号去表示一个实际元件是更合适的，例如图 3-7 所示的逻辑门电路 SN74LS00N。与其绘制一个方形的 NAND 门电路（右图）来表示 4 个"与非"门，不如单独画出每个门器件（中图），并为每个门器件分配一个唯一的部件标号。

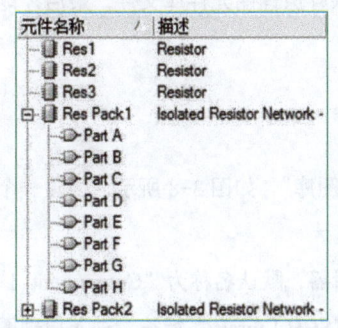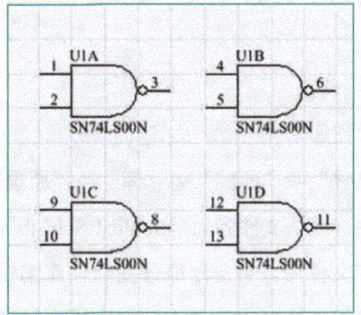

图 3-7
多部件元件

**3. 元件库**

元件库是包含模型的集合。有时库仅包含一种类型的模型，如原理图元件库和 PCB 元件库；有时库可以结合这些模型生成更完整的元件定义，如集成元件库。

### （1）模型库

每个域的模型表示都存储在模型库中，不同设计域的模型分组和架构可能不同。模型通常根据分类按组存储在库文件中，如 PCB 元件库（*.PcbLib）等。

### （2）原理图元件库

原理图元件库（*.SchLib）是比较特殊的，它可以是只包含原理图符号的模型库；如果每个模型都包含了到其他库模型的链接，也可以认为它是一个元件库。

> 🎓 **说明** ››››››› 》
>
> 在一个给定的设计工程中，可通过执行菜单命令"设计"⇨"生成原理图库"创建一个新的原理图元件库文件，生成的库文件名称为"工程名.SchLib"。

### （3）集成元件库

集成元件库（*.IntLib）是将原理图符号、PCB 封装和其他信息（如 SPICE 和其他模型文件）编译到一个单独的文件中。在编译过程中同时还会验证模型和符号之间的有效性，并将其集成到单个的集成元件库文件中。

集成元件库的优点是单个文件中所有元件信息的接口性更强；但集成元件库中的元件和模型通常无法被编辑，除非反向编译集成元件库来提取源数据。

> 🎓 **说明** ››››››› 》
>
> 在一个给定的设计工程中，可通过执行菜单命令"设计"⇨"生成集成库"创建一个新的集成元件库文件，生成的库文件名称为"工程名.IntLib"。

## 3.1.2　创建原理图元件库

原理图文件中元件的域模型是一个逻辑符号，也称为原理图符号，即原理图符号是在原理图环境中使用的元件的图形化表示。原理图符号可在原理图元件库编辑器中创建、编辑，一个原理图元件库中往往包含多个元件。

绘制元件的原理图符号，要先创建一个原理图元件库文件，接着绘制满足实物要求的图形并放置管脚，再为元件添加其他设计域模型，然后保存原理图元件库文件，最后才能在原理图中调用。

### 1. 原理图元件库编辑器

### （1）新建原理图元件库文件

执行菜单命令"文件"⇨"新的"⇨"库"⇨"原理图库"，如图 3-8 所示，创建一个新的原理图元件库文件，默认文件名为"Schlib1.SchLib"。

新建原理图元件库文件后，将启动原理图元件库编辑器，默认名称为"Component_1"的空白元件页会显示在设计窗口中；单击工作面板中的"SCH Library"标签，进入原理图元件库编辑环境，准备绘制原理图符号，如图 3-9 所示。

"SCH Library"面板用于查看和管理已经打开的原理图元件库中的元件符号。如果该面板当前不可见，可单击设计界面右下方的 Panels 按钮，选择"SCH Library"将其打开。

执行菜单命令"文件" ⇨ "另存为"，将原理图元件库文件保存为"MySchLib.SchLib"。

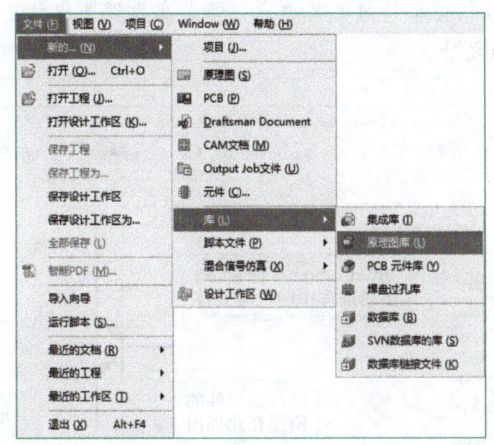

图 3-8
新建原理图元件库文件

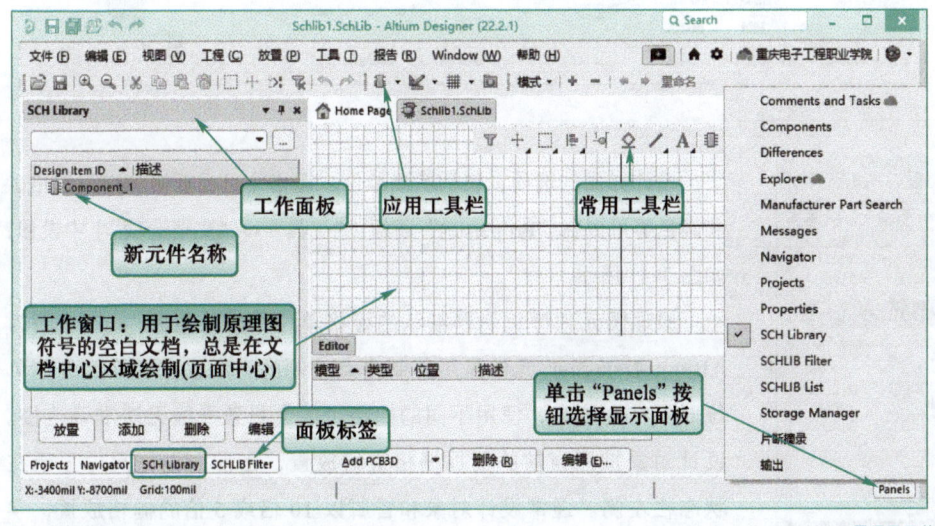

图 3-9
原理图元件库编辑器中显示的空白元件

（2）原理图元件库编辑环境

原理图元件库编辑器用于创建和更改原理图符号、附加模型到元件、添加参数到元件、管理原理图元件。打开或新建原理图元件库文件，即可进入原理图元件库编辑器，如图 3-10 所示。整个界面由主菜单、工具栏、工作面板和工作窗口等部分组成。

说明 》》》》》》》》》

由于原理图元件库编辑器的高缩放特性，在"优选项"对话框的"Schematic - Graphical Editing"界面的"选项"区域禁用 自动缩放(Z) 特性会非常有用，它可以防止元件过于频繁地滑出屏幕。另外，按快捷键"V，F"可以重新将视窗焦点设置在当前元件上。

一般元件都是围绕原点创建的，原点由页面中心的十字来标识。如果需要，可以执行菜单命令"编辑" ⇨ "跳转" ⇨ "原点"（快捷键"J，O"）重新设置原点到工作窗口中心。

检查状态栏，确保光标的确位于原点（0，0）。

> **提示** 〉〉〉〉〉〉〉
>
> 应尽量在原点附近创建元件，如果创建元件时远离原点，那么在原理图中放置这个元件时，该元件就会远离光标，甚至会在原理图页面之外。

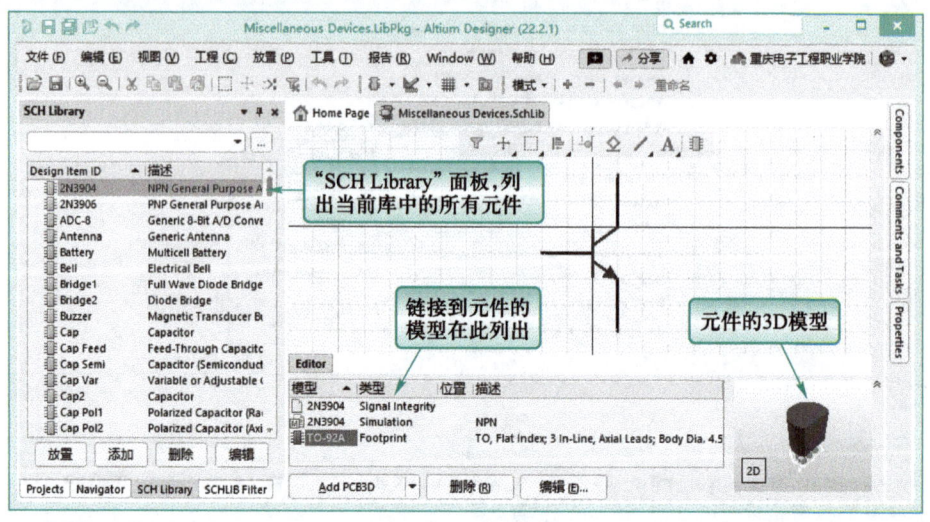

图 3-10
原理图元件库编辑器

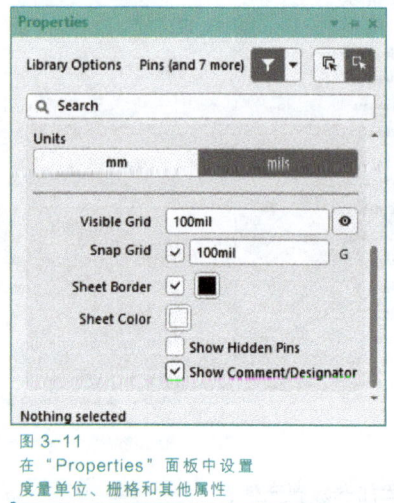

图 3-11
在"Properties"面板中设置
度量单位、栅格和其他属性

设计界面的选项，包括度量单位、栅格（可视栅格和捕捉栅格）和颜色等可以在"Properties"面板（"工具"⇨"文档选项"）中设置，如图 3-11 所示。

原理图元件库编辑器默认的栅格单位系统是英制"mil"，因为 Altium Designer 元件是用英制格点绘制的，所以在切换为公制单位时要特别注意，使用不同的栅格可能会导致导线无法准确连接。设计对象按照当前的捕捉栅格进行放置，当前的栅格尺寸显示在状态栏左侧。通常设计对象和管脚以 10 倍或 5 倍的栅格放置，字符串是唯一需要使用 1 单位栅格进行放置的对象。

> **说明** 〉〉〉〉〉〉〉
>
> 可通过 ☑ Show Comment/Designator （总是显示注释/标识）选项切换库文件中活动元件的"注释/标识"字符串的显示状态。

### （3）原理图元件库编辑工具

原理图元件库编辑器和原理图编辑器在操作上有很多相似之处，但原理图元件库编辑器有一个附加的对象（Pin），用作导线到元件的连接点；另外，原理图元件库编辑器有其自己的右键菜单、模式工具栏和应用工具栏。

① 主菜单与右键菜单。原理图元件库编辑器主菜单如图 3-12 所示，通过操作主菜单，可以完成创建原理图元件库所需的操作；右边的 ⚙ 按钮用于设置系统参数，🔩 按钮用于显示当前用户信息。

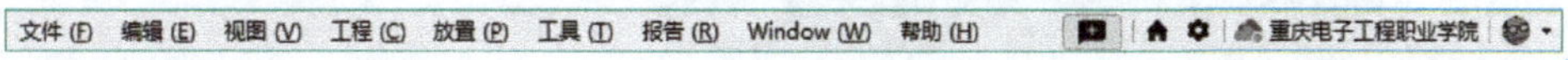

文件 (F)　编辑 (E)　视图 (V)　工程 (C)　放置 (P)　工具 (T)　报告 (R)　Window (W)　帮助 (H)　　💬 | 🏠 ⚙ | 🏛 重庆电子工程职业学院 | ⚙ ▾

图 3-12
原理图元件库编辑器主菜单

原理图元件库编辑器右键菜单提供了与主菜单相近的操作，包括"放置""工具""视图"等命令，如图 3-13 所示。

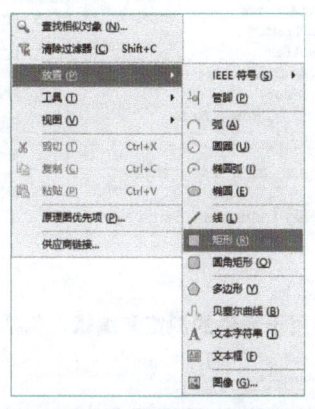

图 3-13
原理图元件库编辑器右键菜单

② 工具栏。原理图元件库编辑器工具栏包括标准工具栏、模式工具栏、常用工具栏、应用工具栏等。标准工具栏包括打开、保存、缩放、复制、粘贴等标准工具；模式工具栏用来定义同一个元件的多个表示模式；常用工具栏集合了过滤、移动、选择、排列对象和放置管脚、IEEE 符号、图形、文本、部件等一些常用工具（固定在工作窗口中上部），如图 3-14 所示。当光标悬停在某个工具栏按钮上时，即显示该按钮的功能说明。

  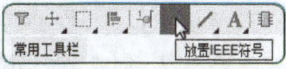

图 3-14
原理图元件库编辑器工具栏

应用工具栏用于快速创建元件，它包括一系列标准的绘图工具、一组全面的 IEEE 符号，也提供了栅格相关的控件和符号管理器，元件的模型绘制可以通过应用工具来完成，如图 3-15 所示。其中，🔧 按钮用于放置元件管脚；▦ 按钮用于在当前元件中添加一个子部件（Component Part），通常用于一个元件包含几个独立部件的情况。

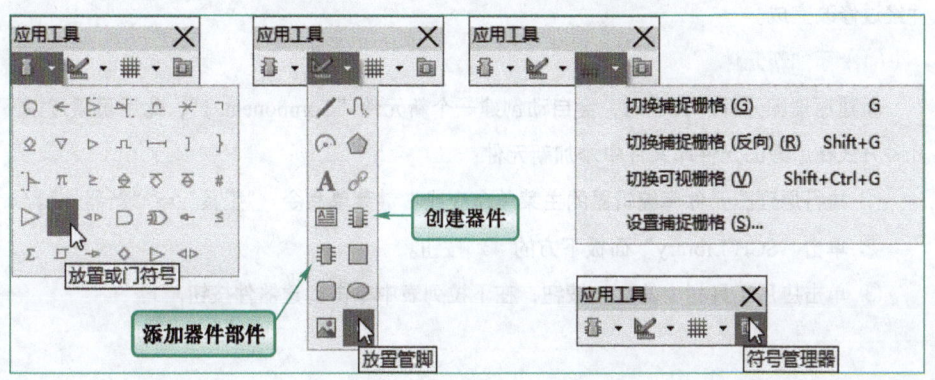

图 3-15
原理图元件库编辑器应用
工具栏

③ 工作面板。在原理图元件库编辑器中，单击工作面板中的"SCH Library"标签，或者在状态栏右侧单击 Panels 按钮并选择"SCH Library"，即可显示"SCH Library"面板，如图 3-16 所示。

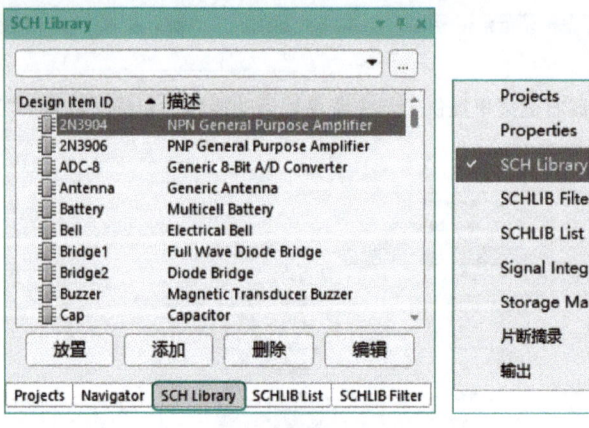

图 3-16
原理图元件库编辑器"SCH Library"面板

"SCH Library"面板主要用于元件的浏览和编辑，包括中部的"器件"区域和下部的 放置 添加 删除 编辑 四个按钮。

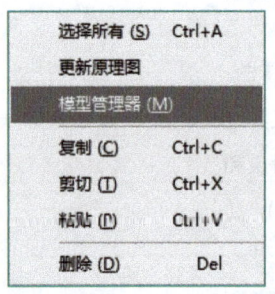

图 3-17
"器件"区域右键菜单

"器件"区域列出了当前原理图元件库（图 3-16 中为"Miscellaneous Devices.SchLib"）中的所有元件，选中其中一个元件，即可在工作窗口中修改原理图符号；双击一个元件，则会打开"Properties"面板，可以编辑元件属性；右击"器件"区域，会弹出右键菜单，如图 3-17 所示。

放置 按钮用于将选中元件放置到当前原理图中，添加 按钮用于在原理图元件库中添加一个新元件，删除 按钮用于从当前原理图元件库中删除选中元件，而 编辑 按钮用于打开"Properties"面板。

### 2. 创建元件模型

原理图符号通常包括一个反映元件功能的外形以及多个管脚，通过绘制图形代表元件体，通过添加管脚对象代表真实的物理管脚。

创建一个原理图元件一般要经过添加新元件、绘制元件主体、添加元件管脚、定义元件其他属性、添加模型到元件等阶段。创建过程既可以手动完成，也可以通过复制已有元件经过修改完成。

### （1）添加新元件

新建原理图元件库文件时，会自动创建一个新元件"Component_1"；此后可通过以下几种方式在原理图元件库文件中添加新元件：

① 执行原理图元件库编辑器的主菜单命令或右键单菜命令："工具" ⇨ "新器件"。

② 单击"SCH Library"面板下方的 添加 按钮。

③ 单击应用工具栏中的 按钮，在下拉列表中单击创建器件按钮 。

（2）绘制元件主体

元件符号的主体通过在原理图元件库编辑器中放置图形对象来创建，Altium Designer 包含了很多闭合的图形符号，如矩形、多边形、椭圆等。使用图形对象构建元件符号可从应用工具栏、常用工具栏或"放置"菜单进行，如图 3-18 所示。

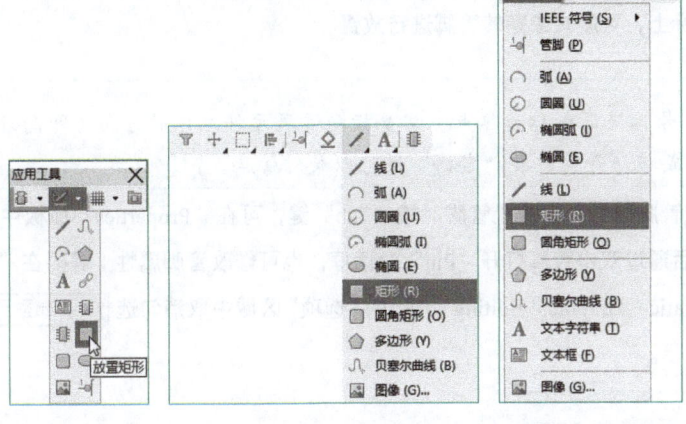

图 3-18
放置图形对象

线段对象包括直线、弧线、多段折线等。所有对象默认的属性，诸如线宽和颜色等，都可以在"优选项"对话框的"Schematic - Default"界面中设置。对象属性也可以在放置对象过程中按"Tab"键进行编辑。放置之后若要重新调整对象尺寸，可单击对象将其选中，此时会出现锚点，单击锚点并拖动到新位置，就可以调整元件的形状及尺寸。

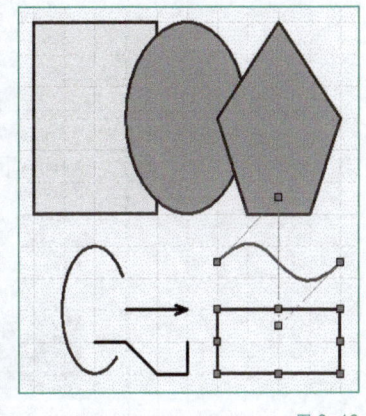

对象按放置的顺序堆叠，要前后移动一个堆叠对象，可按"M"键，此时会显示"移动"子菜单，在其中选择需要的命令即可。图 3-19 所示为使用多个对象创建元件符号外形示例，图中矩形和贝塞尔曲线被选中，显示出了它们的编辑锚点。

为原理图符号图形设置标准是非常重要的，Altium Designer 提供一个设计符号图形的模板（IEEE 315 标准），如图 3-20 所示，从而保证一致性。图 3-21 为反相器符号图形实例，该反相器 IC 是使用标准的图形设计对象（多边形、线段）和 IEEE 符号绘制的。

图 3-19
使用多个对象创建元件符号外形示例

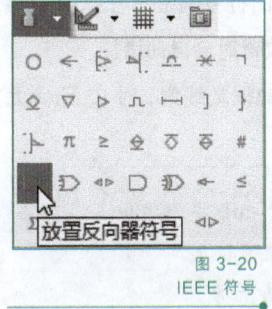

图 3-20
IEEE 符号

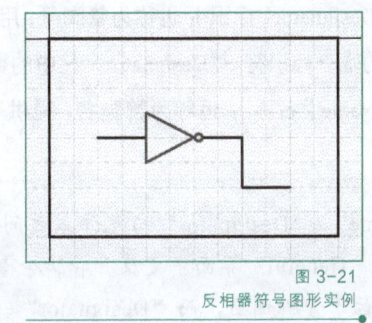

图 3-21
反相器符号图形实例

**（3）添加元件管脚**

元件管脚赋予了元件电气属性，并且定义了元件的连接点，用作信号输入或输出。每个放置的管脚对象都代表了真实物理元件的管脚。

① 管脚放置方法。执行原理图元件库编辑器的主菜单命令或右键菜单命令"放置"⇒"管脚"（快捷键"P，P"），或者单击常用工具栏/应用工具栏中的 按钮，管脚的电气端会黏附在光标上，可旋转或翻转管脚进行放置。

> **注意** ⟩⟩⟩⟩⟩⟩⟩
>
> 管脚的电气端（有"×"号标记，也称为热点）需要指向远离元件主体的方向（即向外），非电气端旁边有管脚名称。在放置或移动管脚时按"空格"键可以旋转管脚。

② 设置管脚属性。在放置管脚时按"Tab"键，可在"Properties"面板中编辑管脚属性；放置之后通过双击管脚打开"Pin"对话框，也可修改管脚属性（需要在"优选项"对话框"Schematic - Graphical Editing"界面的"选项"区域中取消勾选 双击运行交互式属性），如图3-22所示。

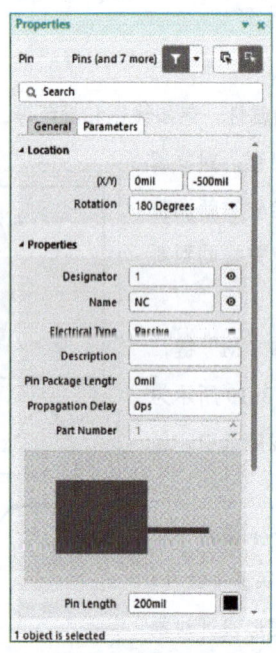
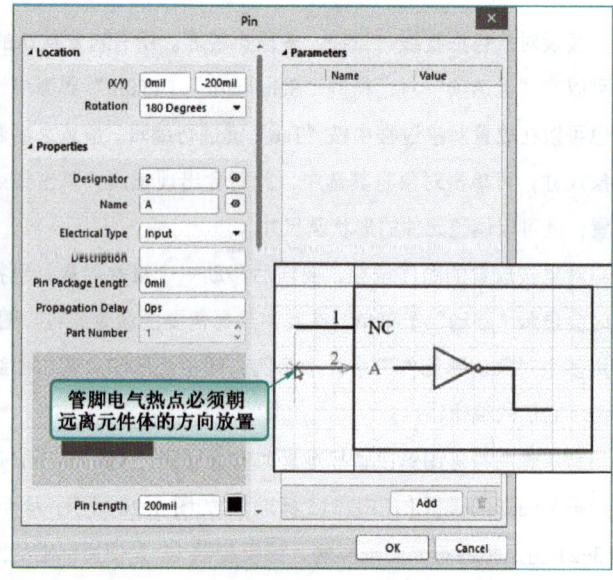

图3-22
在"Properties"面板或"Pin"对话框中设置管脚属性

主要的管脚属性包括：

➤ Designator(标识)：也称为管脚号，用于匹配原理图符号的管脚与PCB封装的焊盘，是管脚的唯一标识符。"Designator"栏中的数值在连续放置时会自动增加。

➤ Name(名称)：也称为管脚名，提供了管脚功能的视觉线索，对IC元件尤其有用。

> **说明** ⟩⟩⟩⟩⟩⟩⟩
>
> ① 要改变管脚"Name"/"Designator"与元件体之间的距离（以mil作为单位），可在"优选项"对话框的"Schematic - General"界面中更改"管脚余量"栏中的值。
> ② 管脚的"Name"位于管脚侧面，而"Designator"一般位于管脚上方。

➢ Electrical Type（电气类型）：如 Input（输入）、Output（输出）、I/O（双向）等，常在编译工程或分析原理图文档过程中，检查原理图页的电气连接错误时使用。

➢ Pin Length（管脚长度）：指定管脚的长度，默认值为 300 mil，常用的长度是 200 mil 或者 300 mil。

在放置管脚之前定义的管脚属性会成为放置多个管脚时的默认属性，管脚名称会自动加 1。图 3-23 所示为所有添加到原理图符号上的管脚实例。

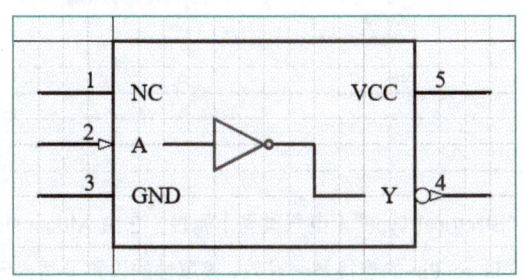

图 3-23
所有添加到原理图符号上的管脚实例

💡 **提示** 〉〉〉〉〉〉》

管脚号的自动增加特性可以由"优选项"对话框"Schematic - General"界面中的"放置时是自动增加"选项来控制（其中"首要的"值对应管脚号）。输入一个负值，管脚号可以自动递减；输入一个字母，管脚号会按照字母序递增。

③ 管脚操作的小技巧：

➢ 放置管脚之后若要更改属性，可双击设计界面中的管脚。

➢ 要反相标识一个管脚名称（在管脚名称上方添加上画线）有两种方法，一是在每个名称字符的后面加一个反斜线"\"（如"W\R\"），二是在名称前面添加一个反斜线"\"（如"\RD"），如图 3-24 所示。后者需要在"优选项"对话框"Schematic - Graphical Editing"界面的"选项"区域中勾选 ☑ 单一 "\" 符号代表负信号 (S) 。

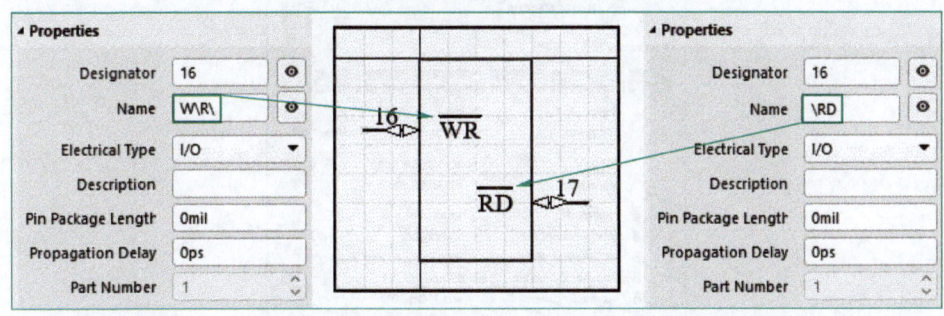

图 3-24
反相显示管脚名称

➢ 某些管脚属性可以在"元件管脚编辑器"对话框中编辑，如图 3-25 所示。通过在"SCH Library"面板中双击元件名称打开"Properties"面板，在其中的"Pins"标签页下方单击 ✎ 按钮，可打开"元件管脚编辑器"对话框，除了编辑管脚属性外，也允许添加新的管脚或者删除已经存在的管脚。

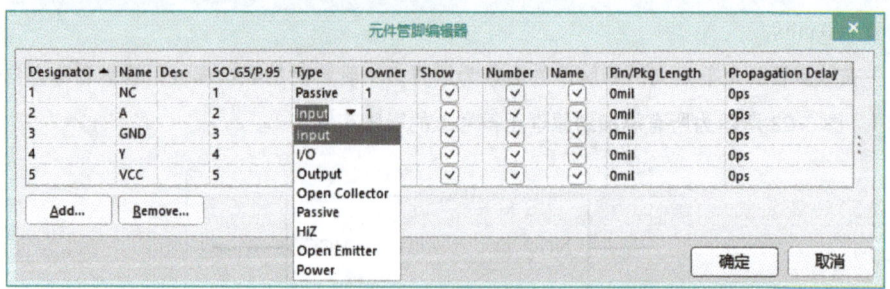

图 3-25
"元件管脚编辑器"对话框

> 管脚对象有"Electrical Type"(电气类型)属性,它由 Altium Designer 的电气规则检查系统使用,来验证 Pin-to-Pin 的连接是否有效,该属性的设置要适合元件管脚的电气类型。

**(4)定义元件其他属性**

在"SCH Library"面板中双击元件名称,会弹出"Properties"面板,如图 3-26 所示。该面板可以为原理图元件定义其他属性,以及添加其他域模型和参数信息。

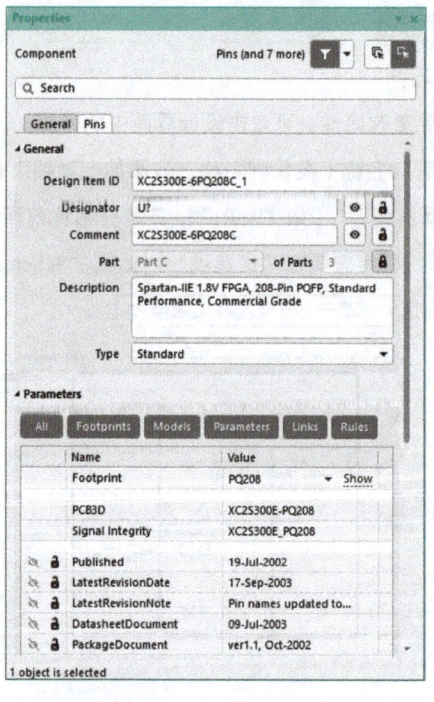

图 3-26
"Properties"面板

通常一个元件定义的信息包括:

① Designator:定义用于元件标识的前缀,用"?"结尾。"?"用来指示系统在标注过程中将其替换为唯一的标号。

② Comment:元件注释。如果是通用元件,如电阻、电容、晶体管,则保持该参数为

空白。对于可以改变参数值的分立元件，如电阻、电容等，也可以输入需要的值。对于明确定义的元件，如 74HC32，则可以编辑该参数对元件进行注释说明。

如果元件符号用于多部件元件，对各不相同的任一部件，诸如电源部分，可以使用 🔒 来锁定部件编号。这可以防止 Altium Designer 在执行设计标注操作时将该部件与其他部件交换（例如，交换了门电路部分和电源部分）。

③ Description：用于搜索和显示在 BOM（元件报表）中的一个有意义的描述。

④ Type：特殊情况下使用的备用元件类型。

⑤ Parameters：可以在库编辑器或原理图页中添加任意数量的参数；通过添加到工程的数据库链接，Parameters 可以链接到公司数据库。

⑥ Models：可以添加到不同元件模型的链接，包括封装、3D、仿真和信号完整性等。

**（5）添加模型到元件**

在原理图阶段，设计是逻辑连接到一起的元件集合。要测试或执行设计时，它需要传递到其他模型域，诸如 PCB、仿真、信号完整性分析等。

每个设计域都需要一些元件信息，所有必要的设计域信息都使用了一个独立的接口包含在原理图元件中。实际上，一个完整的模型是存储在元件中的所有模型映射信息和存储在模型库中的所有模型信息的集合。如图 3-27 所示。

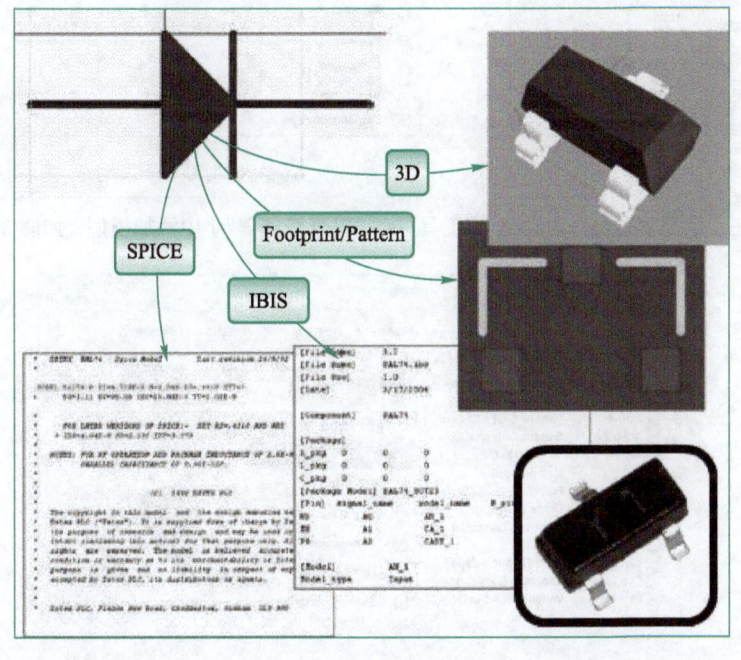

图 3-27
原理图符号到其他设计域模型的链接

链接到的模型是元件在特定设计域的表示，如同 PCB 中的封装、仿真时的 SPICE 定义、3D 视图中的 3D 模型等。原理图元件可能链接到多个设计域模型，每个设计域可以有多个模型，但当下每个设计域只能有一个模型生效。

在原理图元件库编辑器中，可以用以下方法添加一个新的元件模型：

　　① 在元件 "Properties" 面板的 "Parameters" 区域单击 Add... ▾ 按钮添加模型，如图 3-28 所示。

　　② 在设计界面的 "模型" 区域（ 单击窗口右下角 ⋁ 按钮展开 ）左下角单击 Add PCB3D ▾ 添加模型，如图 3-29 所示。

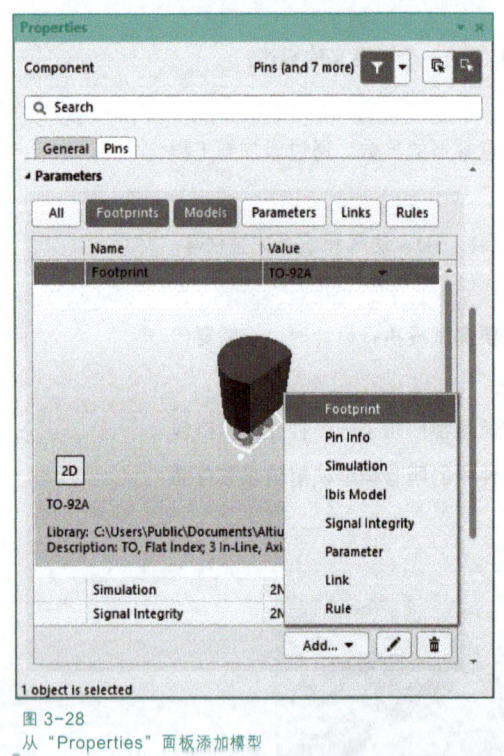

图 3-28
从 "Properties" 面板添加模型

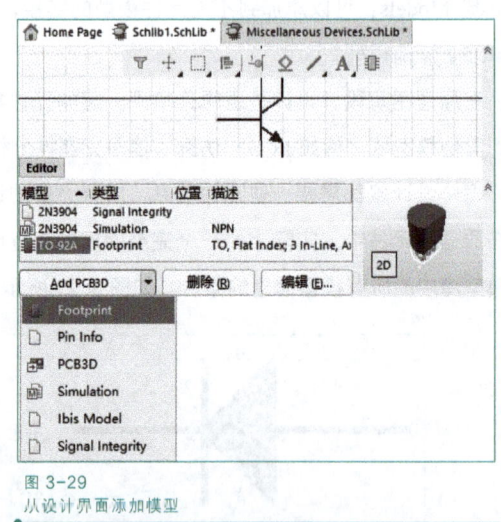

图 3-29
从设计界面添加模型

　　③ 在 "模型管理器" 对话框（ "工具" ⇨ "符号管理器" ）中添加模型，如图 3-30 所示。

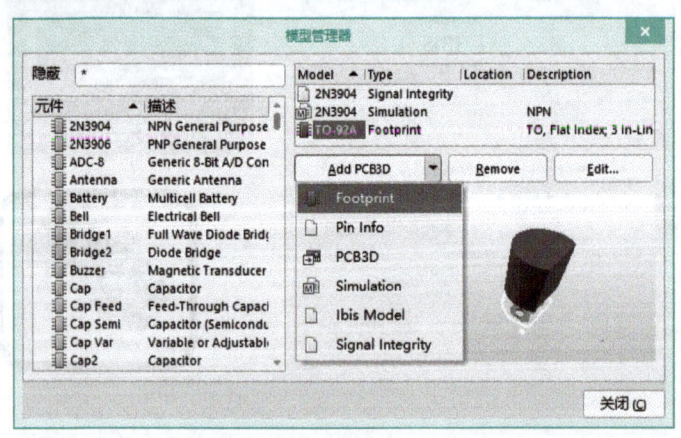

图 3-30
从 "模型管理器" 对话框添加模型

　　不管使用何种方法添加一个新的模型，都可以在 "*模型" 对话框中定义模型的名称、模型所属文件以及管脚映射关系。

　　对于 PCB 模型，在 "PCB 模型" 对话框中定义，如图 3-31 所示。

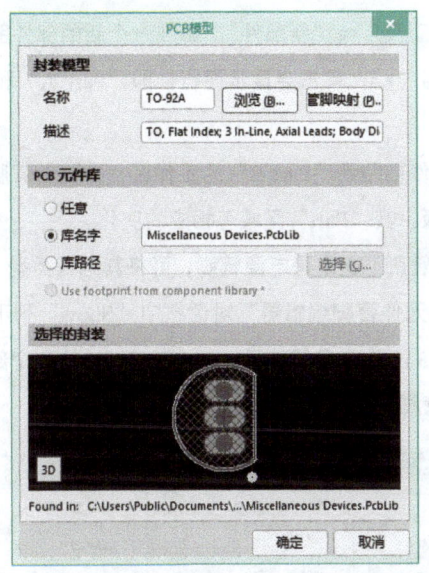

图 3-31
定义 PCB 模型

单击"名称"字段右侧的 浏览⑧… 按钮,会弹出"浏览库"对话框,使用该对话框浏览当前可用库中的封装模型;原理图元件管脚到 PCB 封装模型焊盘的映射在"模型匹配"对话框中定义,单击 管脚映射⑩… 按钮可以访问该对话框。

对于 PCB 3D 模型,在"PCB 3D 模型库"对话框中定义,如图 3-32 所示。

图 3-32
定义 PCB 3D 模型

尽管可以从 PCB 3D 库中链接 3D 模型,但最好的方式是在定义 PCB 2D 模型时,为元件添加 3D 信息,即创建 PCB 2D/3D 元件模型。

（6）创建多部件元件

有时候一个真实的单个封装的物理元件会包含多个独立的部件,这种元件称为多部件元件。可以按照以下步骤创建一个多部件元件:

① 首先创建一个部件并将其选中,然后执行菜单命令"编辑" ⇨ "复制",将其复制到剪切板。

② 执行菜单命令"工具" ⇨ "新部件"，添加一个新的部件图页，元件名称前面会出现一个向右的三角形符号"▶"，单击会显示两行，即"Part A"和"Part B"，表明一个元件有两个组成部件。

③ 将刚才复制的部件粘贴到"Part B"的工作区，并更新管脚信息。注意，此时若打开元件"Properties"面板，其"Part"区域有相应的变化。

④ 接下来添加隐藏管脚（通常是电源管脚，可将其电气类型"Electrical Type"设置为"Power"）到部件，在"元件管脚编辑器"对话框中"Show"列下，取消勾选对应的复选框，使管脚隐藏。图 3-33 所示为多部件元件 SN74AS32D 的 4 个部件，注意图中每个部件上的电源管脚（隐藏的管脚被显示出来了）。

图 3-33
多部件元件 SN74AS32D
的 4 个部件

### 3. 创建库元件

下面以绘制 LM358 的原理图符号为例来说明原理图库元件的创建过程。图 3-34 所示为 LM358 的管脚功能，它内部包含两个独立的运算放大器。

#### （1）确定元件名称

新建原理图元件库文件时会自动创建一个新元件"Component_1"，在"SCH Library"面板中双击此元件，在弹出的"Properties"面板中的"Design Item ID"栏中修改元件名称为"LM358"，如图 3-35 所示。可以看到"SCH Library"面板的"器件"区域中元件名称改变为"LM358"。

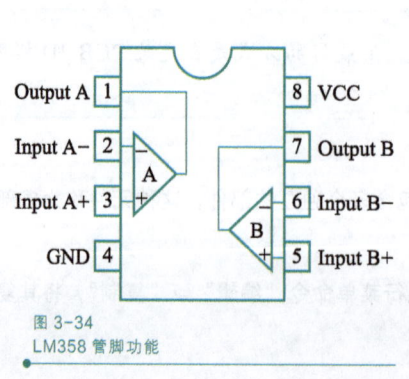

图 3-34
LM358 管脚功能

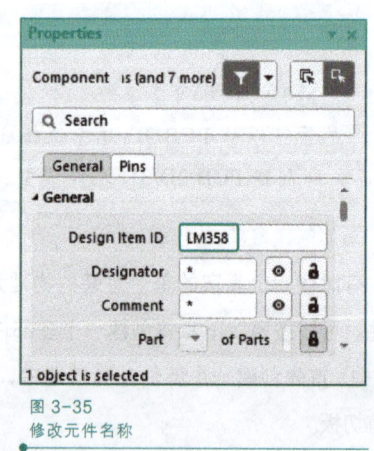

图 3-35
修改元件名称

此后通过其他方式新建元件（如执行菜单命令"工具"⇨"新器件"），会弹出"New Component"对话框，直接在"Design Item ID"栏中输入新元件名称即可，如图 3-36 所示。

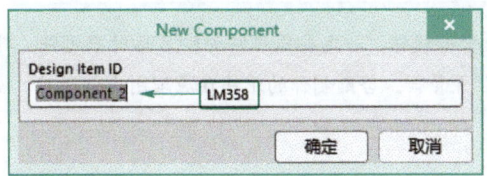

图 3-36
为新建元件命名

（2）绘制第一个子部件

由于 LM358 内部包含两个独立的运算放大器，所以可以分为两部分绘制。首先绘制元件的第一个子部件，步骤如下：

① 单击应用工具栏中原理图符号绘制工具  中的放置多边形按钮 ，绘制一个三角形的运算放大器符号。

② 绘制完三角形后右击，在右键菜单中选择"Properties"，或者直接双击三角形，弹出如图 3-37 所示的"Region"（多边形）对话框，可对其属性进行修改，包括边框（Border）的宽度、颜色，是否填充及填充颜色（Fill Color），是否透明（Transparent）等。

③ 单击应用工具栏中原理图符号绘制工具 中的放置管脚按钮 ，在合适的位置放置输入脚 2、3，输出脚 1，电源脚 8 和接地脚 4。单击 按钮后，按"Tab"键，会弹出如图 3-38 所示的管脚属性"Pin"对话框；双击已放置的管脚，也可以打开此对话框。

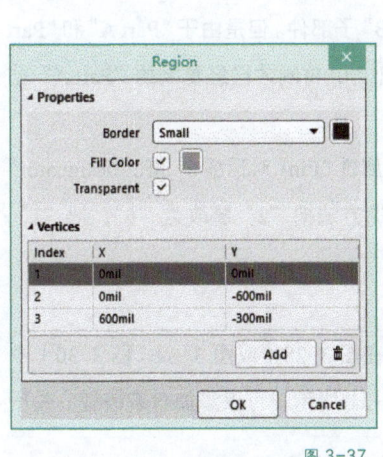

图 3-37
"Region"属性对话框

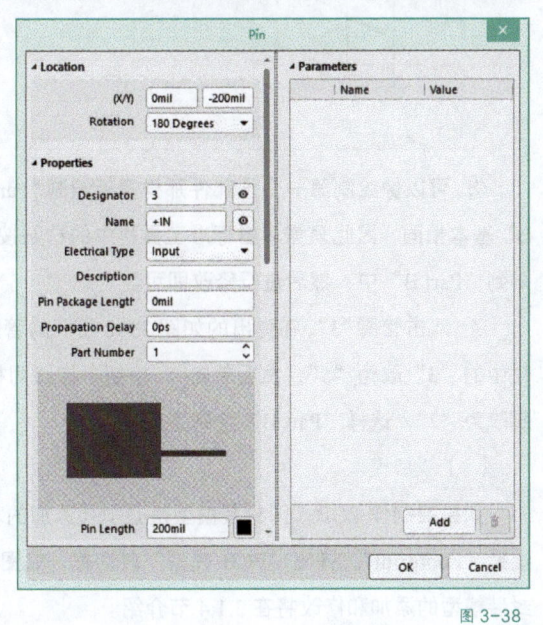

图 3-38
管脚属性"Pin"对话框

图 3-38 所示为管脚 3 的属性设置对话框，在"Designator"和"Name"栏中输入管脚"3"的信息"+IN"；在"Electrical Type"下拉列表框中选择"Input"，表示此管脚为输入

脚；在"Pin Length"栏中修改管脚长度为 200 mil。

对于 4、8 脚的属性，单击"Name"后面的 ⊙ 按钮使其变为 ◌ ，则 4、8 脚的名称不显示。最终绘制好的运算放大器符号如图 3-39 所示。

> **注意** ≫≫≫≫≫≫
>
> 放置管脚时，可通过按"空格"键使管脚旋转，一定要保证将管脚名称对准元件，具有电气特性的一端，即带有"×"号的一端朝外，然后再单击放置管脚。否则制作的元件在原理图中调用时，没有电气连接。

（3）绘制第二个子部件

继续绘制元件的第二个子部件，即另一个放大器，步骤如下：

① 单击标准工具栏中的选择区域内对象按钮 ▦ ，或者执行菜单命令"编辑" ⇨ "选择" ⇨ "区域内部"，将刚才所画的运算放大器符号全部选中，然后单击标准工具栏中的复制按钮 ▣ ，将选中的原理图符号进行复制。

② 执行菜单命令"工具" ⇨ "新部件"，或者单击 ⬢▾ 中的添加器件部件按钮 ▦ ，此时"SCH Library"面板的元件"LM358"的名称前多了一个三角形符号"▶"，单击此符号，此元件下出现两个子部件"Part A"和"Part B"，如图 3-40 所示。前面已绘制的为"Part A"，现在要绘制的第二个子部件为"Part B"。

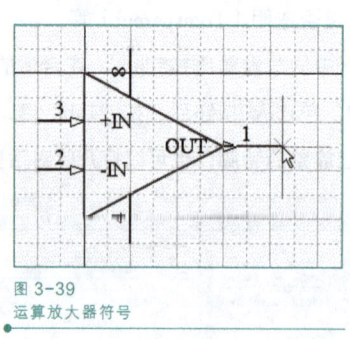

图 3-39
运算放大器符号

图 3-40
LM358 的两个子部件

③ 可以像绘制第一个子部件那样重新绘制"Part B"子部件。但是由于"Part A"和"Part B"基本相同，因此只需单击标准工具栏中的粘贴按钮 ▣ ，将刚才已经复制的"Part A"粘贴到"Part B"中，然后进行修改即可。

④ 双击管脚"3"，在弹出的如图 3-38 所示的管脚属性"Pin"对话框中，把"Designator"栏中的"3"改为"5"，然后单击 ok 按钮。按照同样的方法把"2"脚改为"6"，把"1"脚改为"7"，这样"Part B"绘制完成。

（4）添加模型

如果要制作 PCB，则封装模型是必须要添加的。在图 3-28（或图 3-29、图 3-30）中选择"Footprint"，弹出"PCB 模型"对话框，如图 3-31 所示，可以添加封装模型。关于封装模型的添加和修改将在 3.1.4 节介绍。

（5）修改参数

在"SCH Library"面板的"器件"区域中选中元件"LM358"并双击，打开"Properties"面板，对该元件的属性进行简单设置。其中，"Designator"设置为"U?"，"Comment"设置为"LM358"。

（6）保存文件

执行菜单命令"文件"➪"保存"，在弹出的对话框中选择存储路径，把此元件保存到前面创建的"MySchLib.SchLib"中。

**4. 原理图元件库和元件管理**

（1）复制库元件

元件除在原理图元件库编辑器中直接创建外，还可以从其他的原理图元件库中复制，或者从原理图编辑器复制并粘贴到原理图元件库编辑器，然后按要求更改属性。

下面以复制"Dallas Microcontroller 8-Bit.IntLib"集成元件库中的"DS87C520-MCL"元件到自己创建的原理图元件库文件中为例进行介绍，具体步骤如下：

① 打开前面创建的原理图元件库文件"MySchLib.SchLib"。

② 打开系统安装目录"Dallas Semiconductor"文件夹中的集成元件库文件"Dallas Microcontroller 8-Bit.IntLib"，如图 3-41 所示。或者先将该文件复制到新的文件夹中然后打开，这样做的目的是防止误操作而对系统库文件造成破坏或修改。单击 [打开(O)] 按钮后，弹出如图 3-42 所示的"解压源文件或安装"对话框，根据对话框提示，这里单击 [解压源文件(E)] 按钮。

微课：
原理图元件库和元件
管理

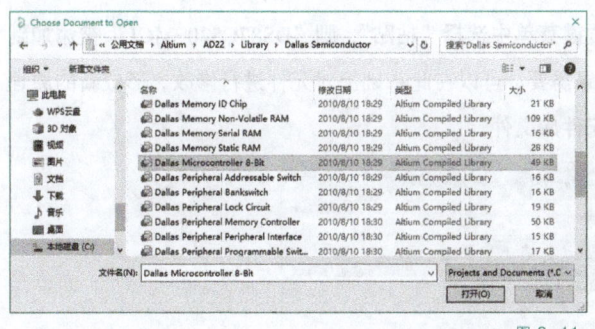
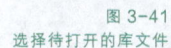

图 3-41
选择待打开的库文件

图 3-42
选择库文件的处理方式

> **提示** ››››››》
>
> 将项目 1 资源中的压缩包文件（常用元件库）解压到安装目录下，即可找到"Dallas Semiconductor"文件夹。

③ 查看"Projects"面板，如图 3-43 所示，原理图元件库文件"Dallas Microcontroller 8-Bit.SchLib"已经添加在其中。此时，如果打开该库文件所在文件夹，发现自动创建了一个新的文件夹"Dallas Microcontroller 8-Bit"，此文件下包含"Dallas Microcontroller 8-Bit.PcbLib"和"Dallas Microcontroller 8-Bit.SchLib"两个文件。

④ 双击"Projects"面板中的"Dallas Microcontroller 8-Bit.SchLib"打开此文件；或者执行菜单命令"文件"➪"打开"，找到上述新建文件夹下的此文件并打开。

⑤ 在"SCH Library"面板上找到并选中"DS87C520-MCL"元件，右击，在弹出的右键菜单中选择"复制"，如图 3-44 所示。

图 3-43
打开库文件后的"Projects"面板

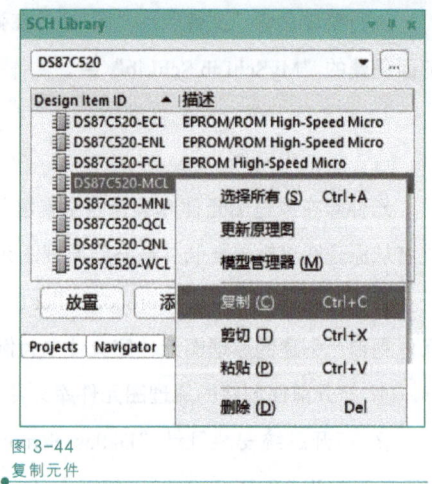

图 3-44
复制元件

⑥ 选中"MySchLib.SchLib"为当前活动窗口，然后在"SCH Library"面板上的"器件"区域空白处右击，在弹出的右键菜单中选择"粘贴"，则"DS87C520-MCL"被添加到此元件库中，如图 3-45 所示。如果需要，可以在此基础上对元件进行修改，形成新的原理图符号。最后保存并关闭原理图元件库文件。

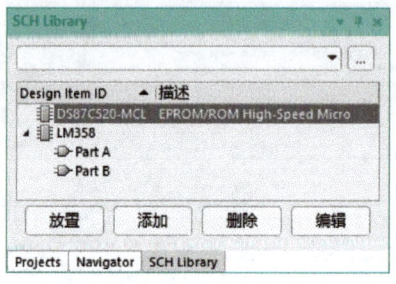

图 3-45
粘贴元件后的"SCH Library"面板

（2）元件验证

可以生成多种报告来检查新元件库是否被正确创建，如元件规则检查、元件报告、元件库列表、元件库报告，但要确保在生成报告之前已保存了原理图元件库文件。

① 元件规则检查。元件规则检查器用于检查当前元件库中的元件错误，如重复管脚或

缺失管脚。执行菜单命令"报告"⇨"器件规则检查"（快捷键"R，R"），会弹出"库元件规则检测"对话框。选择需要检查的属性，单击 确定 按钮，将会生成一个名为"*.err"的报告（*为当前原理图元件库名称，下同）并作为活动文档打开。报告中会列出违背规则检查的选项，如图3-46所示。

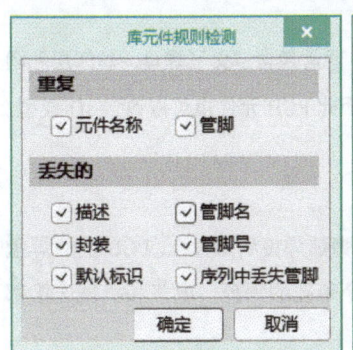
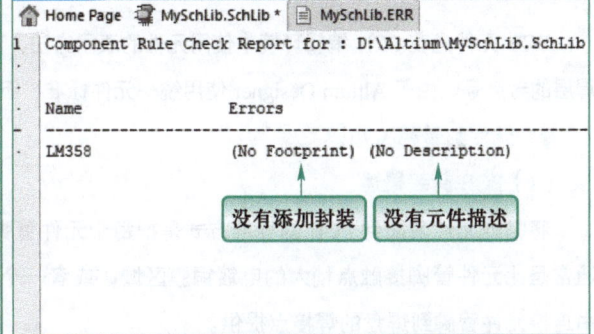

图 3-46
元件规则检查

> **提示** 〉〉〉〉〉〉〉
> 从元件管脚到模型的链接不会在元件规则检查器中检查，但会在将元件库编译成集成元件库时检查。

② 元件报告。执行菜单命令"报告"⇨"器件"（快捷键"R，C"），会生成一个名为"*.cmp"的报告并作为活动文档打开，报告当前库中活动元件的相关细节信息。

③ 元件库列表。创建一个列出当前活动库中所有元件的基本报告，可执行菜单命令"报告"⇨"库列表"（快捷键"R，L"），会生成两个文档：

➤ "*.rep"：提供元件总数，并列出所有元件的名称和描述。

➤ "*.csv"：提供每个元件链接到的封装模型、定义参数、元件标号和描述的列表。

④ 元件库报告。创建更详细的元件报告，可执行菜单命令"报告"⇨"库报告"（快捷键"R，T"），会生成 Microsoft Word 或 HTML 格式的报告。

在弹出的"库报告设置"对话框中可以设置报告格式和名称，以及在报告中包含哪些消息——参数或模型，元件及其模型预览也可以包含在报告中，如图3-47所示。

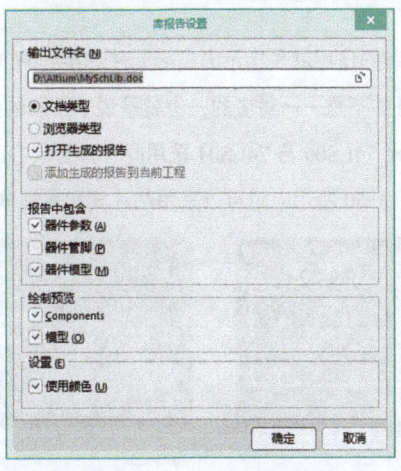

图 3-47
"库报告设置"对话框

（3）原理图元件库的调用

创建完原理图元件库后，即可采用调用标准元件库的方法调用制作的原理图元件库，详见 1.2.3 节。

### 3.1.3　创建 PCB 元件库

PCB 元件是在 PCB 编辑环境中使用元件的表示方法，通常包含定义了焊盘、丝印层和阻焊层的封装等。由于 Altium Designer 使用统一元件标准，因此 PCB 元件也可以包含 3D 模型。

**1. 元件封装相关知识**

（1）PCB 封装概述

微课：
PCB 元件封装

将物理元件装配到 PCB 的标准方式是把每个元件管脚都焊接到焊盘上。PCB 上的焊盘通常是比元件管脚接触点稍大的电镀铜膜区域，或者一个带孔的焊盘。电气和机械连接都由连接元件管脚到焊盘的焊接点提供。

在 Altium Designer 中，每个元件的对应焊盘都被定义为 PCB 封装 "Footprint"。封装就是元件在 PCB 设计中采用的，与其物理尺寸相对应的，包含了封装名称、外形尺寸、管脚定义、焊盘和钻孔位置等信息的组合图形，其中外形尺寸、管脚定义及焊盘是封装不可缺少的组成元素。图 3-48 所示为一种电解电容的封装。

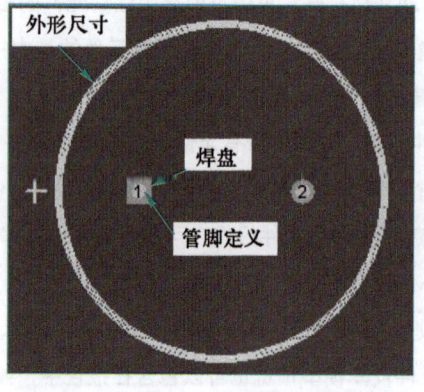

图 3-48
电解电容的封装

在 PCB 图中，元件封装的作用就是指示出实际元件焊接到 PCB 时所处的位置，并提供焊点。元件的封装与元件本身并不是一一对应的，也就是说，不同的元件可以采用同一种封装，如图 3-49 所示数字集成电路 74LS00 与 74LS04 采用同一种封装 DIP-14；而同一种元件也可以采用不同的封装结构，如图 3-50 所示电阻可以采用贴片式和直插式两种不同结构的封装。

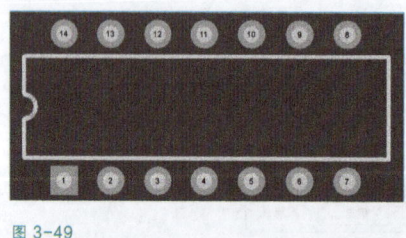

图 3-49
不同元件采用同一封装

图 3-50
电阻的两种不同封装

（2）PCB 元件及封装相关术语

① 元件（Component）：在装配 PCB 时放置到板上的物理器件，诸如集成电路或电阻。在这些元件中，可能有单个部件，或者有多个部件组装到一起。

② 对象（Object）：任何可以单独放置到 PCB 元件库编辑器空间的元素。

③ 焊盘（Pads）：通常用于创建封装，用于元件管脚连接。

④ 管脚（Pins）：赋予了元件电气特性，定义了到元件的连接点。

⑤ 隐藏管脚（Hidden Pins）：存在于元件上但无须显示出来的管脚，通常是自动连接到特定网络的电源管脚。

⑥ 标识（Designators）：PCB 中的元件都有唯一的标识符与其他元件相区别。它们可以使用字母、数字，或者两者结合。焊盘也有与元件管脚号对应的唯一标号。

（3）常用元件的封装

常用元件主要分为分立元件和集成电路两大类。其中分立元件出现最早，种类也很多，包括电阻、电容、二极管、三极管等，这里介绍常见的几种分立元件的封装结构。

① 电阻的封装。电阻有固定电阻与可调电阻之分，其封装上的最大区别就是前者是两管脚，后者是三管脚。对于固定电阻类元件，其封装尺寸主要取决于额定功率及工作电压等级，一般情况下，这两项指标的数值越大，电阻的体积就越大。

固定电阻的封装可以分为直插式、贴片式与引线式等，常见的是前两种。

➤ 直插式封装：在软件自带的 PCB 元件库中，直插式电阻封装的名称为"AXIAL-\*.\*"，主要有 AXIAL-0.3~AXIAL-1.0 几种，其中数字"\*.\*"表示焊盘中心距，单位为 in，如图 3-51 所示。例如，"AXIAL-0.4"的焊盘中心距为 0.4 in，即 400 mil；"AXIAL-1.0"的焊盘中心距为 1 in，即 1 000 mil。

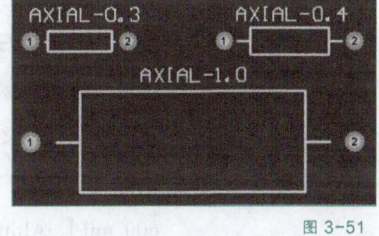

图 3-51
不同的直插式电阻封装

➤ 贴片式封装：贴片式电阻封装的名称一般为"(C)R\*\*\*\*-\*\*\*\*"，其中"-"前面的"\*\*\*\*"是对应的公制尺寸，"-"后面的"\*\*\*\*"是对应的英制尺寸，如图 3-52 所示。"\*\*\*\*"分成两部分，前两个数字表示元件的长度，约为焊盘中心距，后两个数字表示元件的宽度，通常看作焊盘宽度，公制单位是mm，英制单位是 10 mil。例如，"0805"表示焊盘中心距为 80 mil，焊盘宽度为 50 mil；而"5025-2010"表示 5 mm×2.5 mm 或 200 mil×100 mil。固定电阻的贴片封装并不从属于特定的元件类属，也就是说，它不仅适用于电阻的封装，同样还适用于电容、二极管等其他元件。

可调电阻的封装根据被调节对象性能要求、成本、操作方式及安装方式的不同而不同，如图 3-53 所示，其焊盘中心距不是唯一的。

图 3-52
贴片式电阻封装

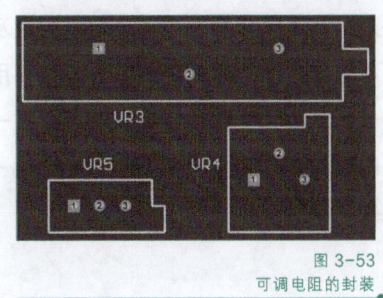

图 3-53
可调电阻的封装

② 二极管的封装。常见的二极管尺寸主要取决于其额定电流和额定电压。二极管的封装与电阻的封装类似，同样也有直插式封装、贴片式封装等，不同之处就是二极管有正负极之分。

Altium Designer 中的直插式二极管封装如图 3-54 所示，以"DIODE-*.*"或"DIO*.*-*×*"命名，其中前者单位为 in，后者单位为 mm。例如，"DIODE-0.4"表示焊盘中心距为 0.4 in，即 400 mil；"DIO10.46-5.3×2.8"表示焊盘中心距为 10.46 mm，二极管尺寸为 5.3 mm×2.8 mm。普通二极管的贴片式封装类似于电阻的贴片式封装，考虑到二极管的极性，可以在相应的正极管脚上加上标志以示区别，如图 3-55 所示。

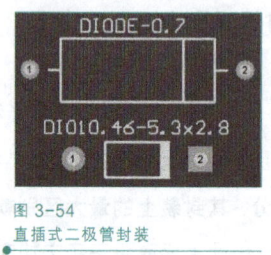

图 3-54
直插式二极管封装

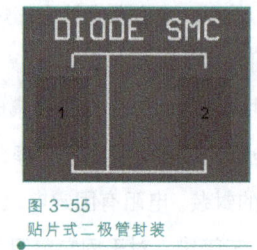

图 3-55
贴片式二极管封装

③ 电容的封装。电容大体上可以分为两大类：电解电容和无极性电容，其中无极性电容又包括瓷片电容、CBB 电容、涤纶电容等。电容的体积与耐压值和容量有关，一般来说，容量越大，耐压值越大，相应的体积也就越大。由于电容的种类很多，不能像电阻和二极管一样简单地归类确定，这里只介绍常见的封装。

大容量高耐压的电解电容，在目前的工艺下一般做成直插式封装，如图 3-48 所示。电容的封装以"RB**-**"命名，其中"**-**"表示焊盘中心距-外圆直径，单位为 mm。例如，"RB7.6-15"表示焊盘中心距为 7.6 mm（约为 300 mil），外圆直径为 15 mm（约为 600 mil）。Altium Designer 提供了 RB5-10.5 和 RB7.6-15 两种规格。实际使用发现，很多小容量低耐压的电解电容，由于尺寸较小，无法使用这两个封装结构，需要针对实际电容的尺寸自行设计满足需要的封装图。

还有一类电容，如瓷片电容，一般都是没有极性的，容量也不大。这类电容的封装可以采用如图 3-56 所示的结构，名称一般为"RAD-*.*"。例如，"RAD-0.4"表示电容焊盘中心距为 0.4 in，即 400 mil。对于体积较大的无极性电容，如 CBB 电容，需要针对电容的规格尺寸建立专用封装图。

④ 三极管、场效应管、晶闸管的封装。三极管、场效应管和晶闸管同属于三管脚器件，其外形尺寸主要与额定功率、耐压等级及工作电流有关。一般这三个参数值越高，元件的体积越大，外形相差也比较大。在使用这些封装时，要特别注意管脚的顺序，因为不同型号的三极管管脚功能排列有可能不一样。在设计封装时，一定要注意元件原理图元件库的管脚号与 PCB 元件库的焊盘编号一致。在 Altium Designer 中，三极管的常用封装名称是"BCY-W3"，如图 3-57 所示。

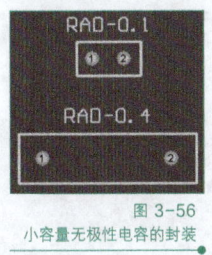

图 3-56
小容量无极性电容的封装

图 3-57
三极管的封装

⑤ 集成芯片的封装。集成电路是电子线路中应用最为广泛的一类元件,其品种最为丰富,封装形式也非常多。即便是同一类的封装方法,由于管脚数目的不同,衍生的品种也格外丰富。

➢ DIP(Dual Inline Package,双列直插式封装):这是一种传统的封装形式,如图 3-58 所示,也是目前比较常见的集成电路封装形式,它的特点是体积比较大,焊接比较方便,散热条件好。DIP 的管脚中心距为 100 mil(2.54 mm),管脚数为 4～64 个;封装宽度通常为 300 mil(7.62 mm),也有其他宽度,如 400 mil(10.16 mm)、600 mil(15.24 mm)等;焊盘直径通常为 1.5 mm,孔直径为 0.9 mm。

➢ SIP(Single Inline Package,单列直插式封装):管脚从封装的一个侧面引出,排成一条直线,如图 3-59 所示。SIP 的管脚中心距为 100 mil(2.54 mm),管脚数不等。有些时候,分立元件也可以采用 SIP,例如三极管可以采用 SIP3 等。

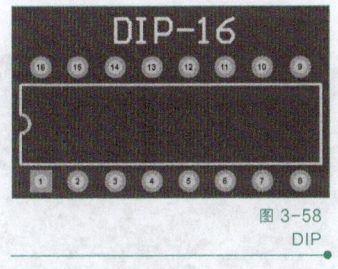

图 3-58
DIP

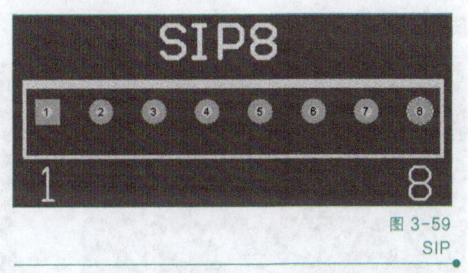

图 3-59
SIP

➢ SOP(Small Outline Package,小外形封装):这是一种贴片式封装结构,如图 3-60 所示,近年来应用广泛。大多数 DIP 的芯片都有对应的 SOP,与 DIP 相比,芯片的体积大大减小。这种封装的管脚从封装两侧引出,呈海鸥翼形(L 形)。SOP 的管脚中心距为 50 mil(1.27 mm),常见管脚数为 8～44 个。其实 SOP 是 SO 封装中的一种,其他 SO 封装还包括SOJ、SOL 和 TSOP 等,它们之间的差别在于外形及管脚中心距不同。

➢ PLCC(Plastic Leaded Chip Carrier,塑料有引线芯片载体):这也是贴片式封装的一种,芯片的管脚在芯片体的底部向内弯曲成丁字形,如图 3-61 所示。这种封装很节省空间,但焊接时要采用回流焊工艺,手动操作困难。PLCC 的管脚中心距为 50 mil(1.27 mm),常见管脚数为 18～84 个。

➢ QFP(Quad Flat Package,四方扁平封装):它与 PLCC 类似,但管脚并没有向内弯曲而是向外伸展,如图 3-62 所示。与 PLCC 相比,QFP 所占的 PCB 面积比较大,但焊接方便,而且很容易拆卸下来。此外,还有 TQFP(薄型四方扁平封装)系列、PQFP(塑料四方扁平封装)系列、SQFP(小四方扁平封装)系列和 CQFP(陶瓷四方扁平封装)系列等。

图 3-60
SOP

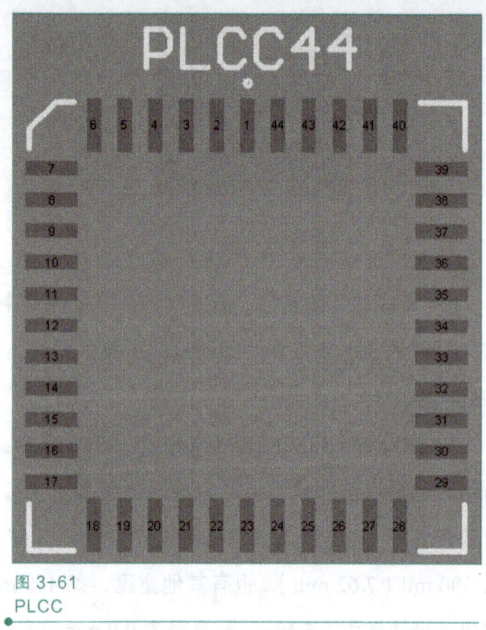

图 3-61
PLCC

> PGA（Pin Grid Array，阵列管脚封装）：这也是一种传统的封装形式，管脚从芯片底部垂直引出，整齐地分布于芯片四周，如图 3-63 所示。目前，这种封装使用非常广泛，很多微型计算机的 CPU 都采用这种封装。PGA 的管脚中心距为 100 mil（2.54 mm），常见管脚数为 64～655 个。

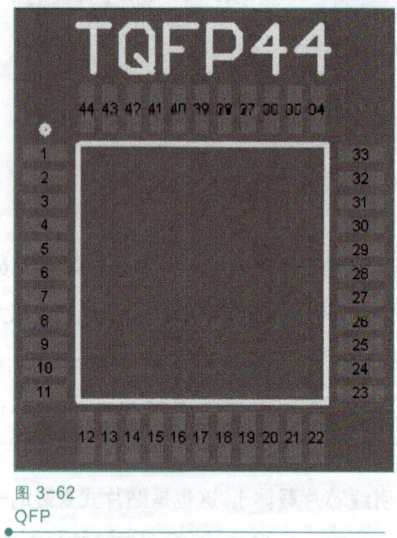

图 3-62
QFP

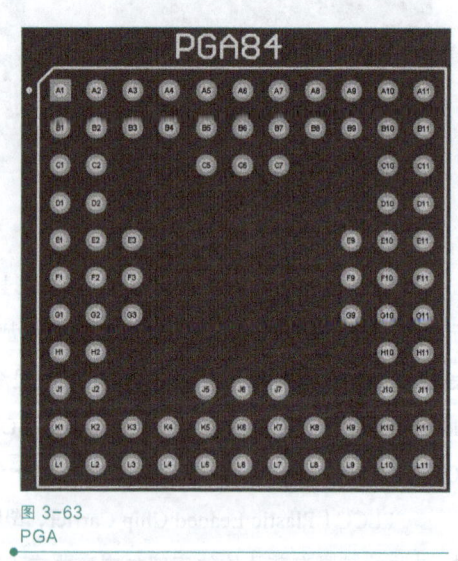

图 3-63
PGA

　　PLCC 及 QFP 两种封装都可以通过 PGA 管脚的转换插座固定在 PCB 上。此外还有其他类型的封装，这里不一一列举。

　　（4）封装的选择

　　元件封装的正确与否会直接影响 PCB 及相关产品的质量高低。如果选择错误的封装，或者封装尺寸不对，会使得元件安装不上，甚至导致 PCB 报废。因此，完成原理图部分的设计之后，还要认真选择恰当的元件封装。

在选择元件封装时，要考虑以下几个方面：

① 利用现有元件库的封装：在设计 PCB 时，多数元件利用集成元件库自带的封装。

② 创建元件封装：有些元件的封装在 PCB 元件库中没有提供，这就需要单独为其创建封装，也可以"借用"其他元件的封装。

③ 机箱空间：机箱的空间大小决定了 PCB 的外形与大小，这是很显然的。如果 PCB 的外形尺寸超出了范围，PCB 就不可能安装到机箱内。PCB 的外形与大小又决定了元件在 PCB 上的布置安排。如果 PCB 上的元件很少，可以考虑体积略大的元件封装，因为这样散热条件会比较好。如果 PCB 上的元件很多，就相应地要考虑体积较小的元件封装。

④ 制造成本：制造产品时，成本问题不可不考虑，因为这跟最后的收益有直接的关系。对于同一种元件，不同的封装结构，价格也不一样。

⑤ 元件发热：封装结构不同，元件的散热能力也不一样，对于功耗较大的元件，传热与散热设计是必须要考虑的问题。

⑥ 生产条件：生产条件及技术水平会影响要选择什么类型的封装。通常贴片式元件要采用自动化焊接工艺，而传统直插式元件则采用手动与自动化工艺均可。

**2. PCB 元件库编辑器**

要制作 PCB 元件封装，应该先创建一个 PCB 元件库文件，接着绘制满足实物要求的图形并放置管脚，然后保存 PCB 元件库文件，最后才能在 PCB 图中调用。

（1）新建 PCB 元件库文件

执行菜单命令"文件"⇨"新的"⇨"库"⇨"PCB 元件库"，如图 3-64 所示，新建 PCB 元件库文件，默认名称为"PcbLibl.PcbLib"。

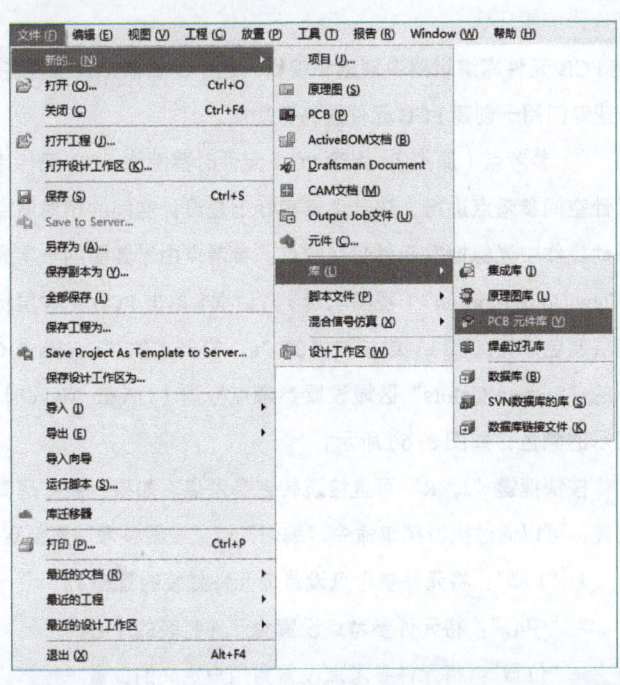

图 3-64
新建 PCB 元件库文件

新建 PCB 元件库文件后，将启动 PCB 元件库编辑器，如图 3-65 所示，"PCB Library"面板中显示一个默认名称为"PCBCOMPONENT_1"的新元件。

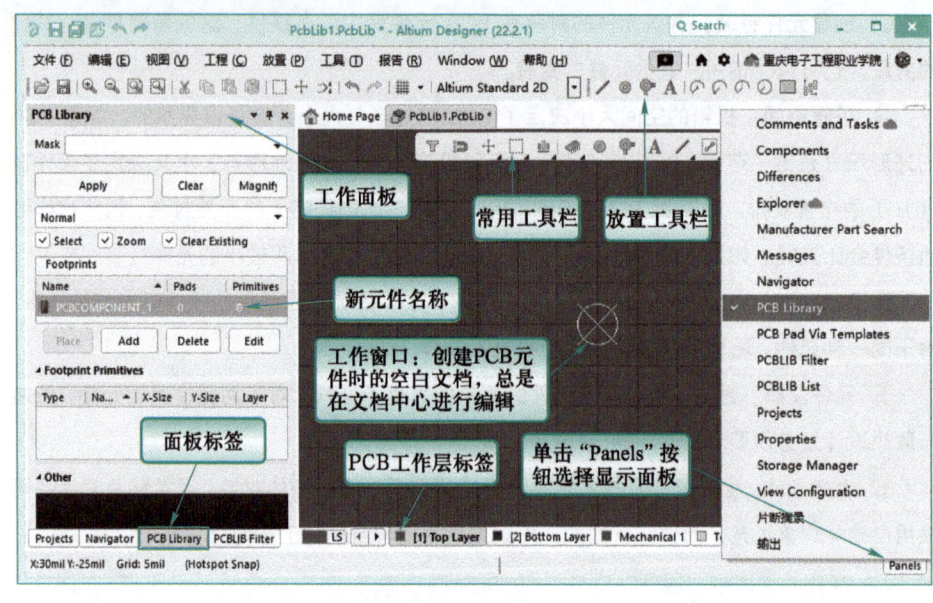

图 3-65
PCB 元件库编辑器中
显示的空白元件封装

"PCB Library"面板用于查看和管理已经打开的 PCB 元件库中的元件封装。如果该面板当前不可见，可单击设计界面右下方的 Panels 按钮，选择"PCB Library"将其打开。

执行菜单命令"文件" ⇨ "另存为"，重命名并保存新的 PCB 元件库文件为"MyPcbLib.PcbLib"。

（2）PCB 元件库编辑环境

PCB 元件在 PCB 元件库编辑器中创建和编辑，这个编辑器中包含许多 PCB 编辑器的功能特性以及一些专门用于创建 PCB 元件的特有功能。

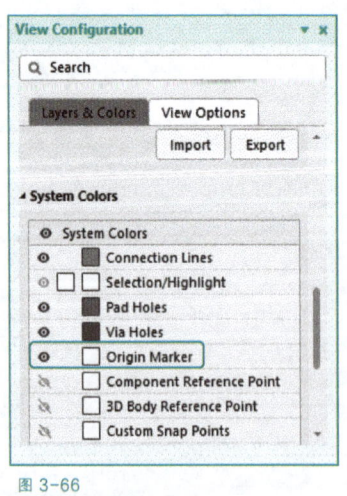

图 3-66
参考点标识的显示设置

① 参考点（原点）。构建 PCB 元件时要围绕 PCB 元件库编辑器中心的设计空间参考点进行，该参考点实际上是设计空间的相对原点，也是放置和移动操作中光标拾取元件封装的点。参考点由带圆圈的十字光标标识，可在"View Configuration"（视图配置）对话框（单击 PCB 工作层标签最左边的当前层颜色按钮 ▆▆ LS 或按快捷键"L"打开）的"Layers & Colors"标签页下的"System Colors"区域设置参考点标识（Origin Maker）是否显示以及显示的颜色，如图 3-66 所示。

按快捷键"J，R"可直接跳转到参考点。如果封装在远离参考点的区域创建，可以通过执行菜单命令"编辑" ⇨ "设置参考"重新定位参考点：

➤ "1 脚"：将元件参考点设置为元件封装的管脚 1。

➤ "中心"：将元件参考点设置为元件封装的中心。

➤ "位置"：将元件参考点设置为用户定义的位置。

所选点的坐标将被设置为"0，0"，即成为新的相对原点，所有图元的位置都将相对于该点更新。

② 栅格。PCB 元件库工作空间是基于栅格的编辑环境，封装可以用公制或英制栅格创建，按"Q"键可以在公制和英制之间切换。可在"View Configuration"对话框的"View Options"标签页下的"Show Grid"区域设置是否显示捕捉栅格以及栅格的颜色，如图 3-67 所示。

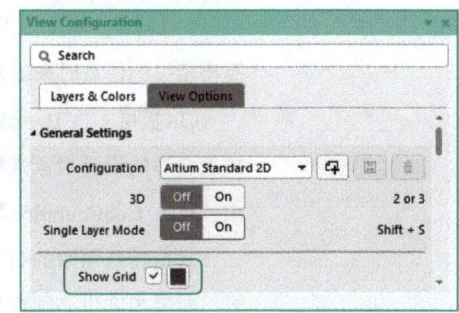

图 3-67
栅格显示设置

Altium Designer 支持多种栅格，默认的栅格应用到整个库，用户自定义的栅格可用于单个元件封装或整个库。可通过按"Ctrl+G"组合键打开"Cartesian Grid Editor"（笛卡儿栅格编辑器）对话框来配置栅格属性，如图 3-68 所示。

图 3-68
"Cartesian Grid Editor"对话框

在该对话框中，可以设置精细/粗糙栅格的显示形式["Dots"（点）或"Lines"（线）]、颜色以及粗糙栅格相对于精细栅格的倍增数，而步进值则决定了栅格的大小。

除了捕捉栅格外，光标还可以捕捉存在的热点，如焊盘中心或导线的两端。按"Shift+E"组合键可在 3 种热点捕捉模式之间循环切换，当前模式显示在状态栏中。捕捉范围可在"Properties"面板中定义，如图 3-69 所示。

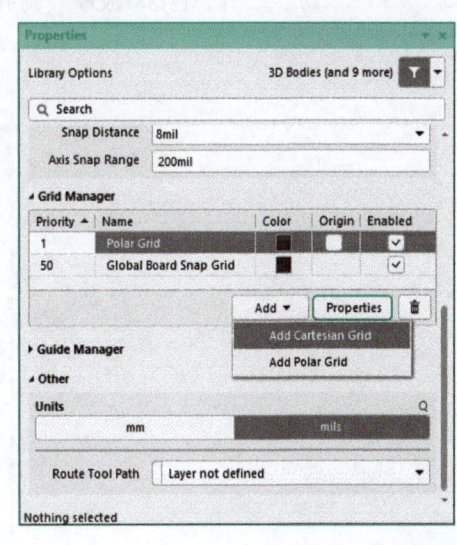

图 3-69
"Properties"面板

➢ Snap Distance：当光标与启用的对象捕捉点（并且为活动层启用捕捉）在此距离内时，光标将捕捉到该点。

➢ Axis Snap Range：当光标轴向对齐并且与启用的对象捕捉点在此距离内时，将显示动态指南以指示已实现对齐。

➢ Grid Manager：栅格管理器，定义和管理本地自定义栅格，以及默认捕捉栅格（包括优先级、名称、颜色、是否启用等）。

➢ Add ▼ 按钮：可添加笛卡儿栅格或极坐标栅格。

➢ Properties 按钮：可打开选中栅格的栅格编辑器对话框（见图 3-68）以修改栅格属性。

➢ Units：单位，用于选择当前 PCB 元件库文件的默认测量单位。如果在指定任何与距离相关的信息时未输入单位后缀（mm 或 mil），则始终使用默认单位。

③ 板层。PCB 元件库工作空间是一个叠层的设计环境，元件封装通过在不同的层上放置合适的设计对象来创建。创建元件封装时默认为放置到顶层，可用的板层及是否显示由"View Configuration"对话框控制，按"L"键可以打开该对话框。

其他特殊用途的封装信息，如阻焊层在机械层定义。在元件从电路板顶层翻转到底层时，封装内容也必须翻转，这可通过定义机械层对来处理。元件丝印层是可选的，它的使用和设计取决于设计要求和是否有足够的 PCB 空间。

PCB 元件库工作空间的对象会放置在当前激活的工作层。当前的活动工作层可以在工作空间下方的 PCB 工作层标签页查看，如图 3-70 所示。单击某个工作层标签，可使该工作层成为当前活动工作层。还可以按"Shift+S"组合键切换为单层显示模式，只显示当前工作层。

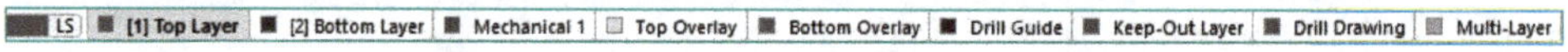

图 3-70
PCB 工作层标签页（Top
Layer 是当前活动工作层）

| LS | ■ [1] Top Layer | ■ [2] Bottom Layer | ■ Mechanical 1 | □ Top Overlay | ■ Bottom Overlay | ■ Drill Guide | ■ Keep-Out Layer | ■ Drill Drawing | ■ Multi-Layer |

### （3）PCB 元件库编辑工具

打开或新建 PCB 元件库文件，即可进入 PCB 元件库编辑器，如图 3-65 所示。整个界面由主菜单、标准工具栏、放置工具栏、工作面板和工作窗口等部分组成。

① 主菜单与右键菜单。主菜单与原理图元件库编辑器相同，但其下级菜单内容不同；通过操作主菜单，可以完成 PCB 元件编辑的相关操作。右键菜单提供了与主菜单相近的操作，包括"放置""对齐""工具""视图"等命令，如图 3-71 所示。

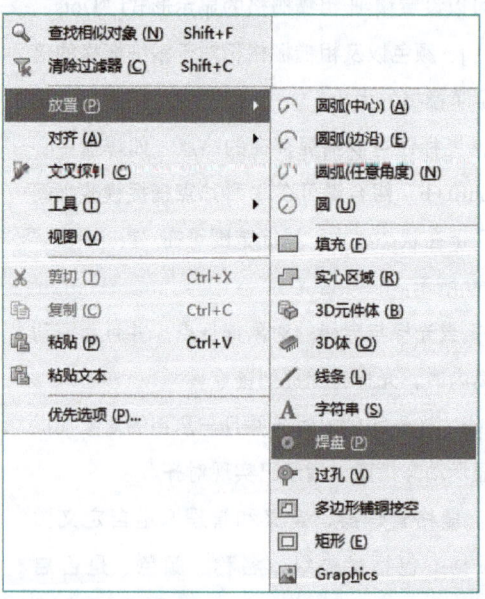

图 3-71
PCB 元件库编辑器右键菜单

② 工具栏。PCB 元件库编辑器工具栏包括标准工具栏、放置工具栏、常用工具栏等。标准工具栏包括打开、保存、缩放、复制、粘贴、栅格设置等标准工具；放置工具栏主要用于绘制 PCB 封装模型、放置焊盘与过孔等；常用工具栏集合了过滤、捕捉、移动、选择、排列对象和放置 3D 体、焊盘、过孔、文本、图形、填充、尺寸等一些常用工具，如图 3-72 所示。

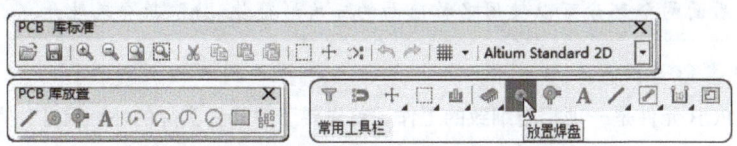

图 3-72
PCB 元件库编辑器工具栏

③ 工作面板。进入 PCB 元件库编辑器后，单击工作面板中的"PCB Library"标签，或在状态栏中单击 Panels 按钮并选择"PCB Library"，即可显示"PCB Library"面板，如图 3-73 所示。

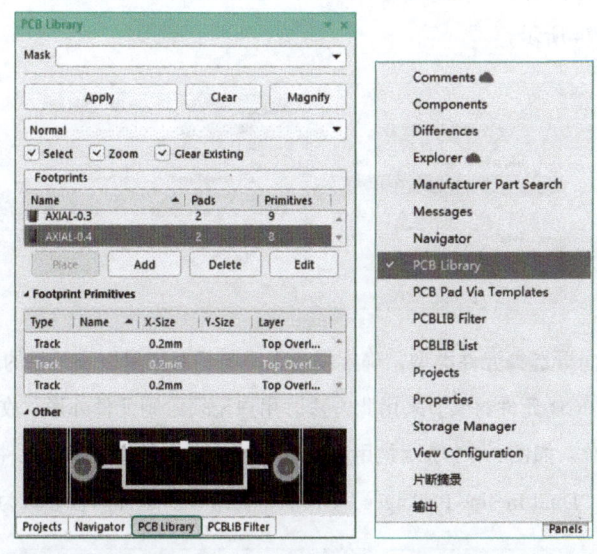

图 3-73
PCB 元件库编辑器"PCB Library"面板

"PCB Library"面板用于浏览和编辑当前 PCB 元件库中的元件封装，主要包括以下几部分：

➤ Mask：屏蔽查询栏，用于过滤 PCB 元件库中的元件，达到筛选元件的目的。在屏蔽查询栏中输入字符，按"Enter"键即可。如输入"C"，则"Footprints"列表中将只列出 PCB 元件库内名称以"C"开头的元件封装。

➤ Footprints：封装列表，列出当前 PCB 元件库中所有符合查询条件的元件封装名称、焊盘数及图元数，双击可以编辑该封装的"名称""描述""类型""高度"等参数。右键菜单中显示库管理操作命令，例如在库之间复制和粘贴元件封装，或从 PCB 到库文件的操作，它支持多重选择。

➤ Footprint Primitives：元件图元栏，显示当前元件封装中包含的焊盘等图元信息，选择此部分中的图元对象会使相应的对象在设计空间中突出显示。双击一个图元可以进行编辑，右击可配置显示哪些元素，也支持多重选择。

➤ Other：元件封装预览窗口，可预览选中的元件封装，拖曳这个矩形窗口会改变主编辑窗口的尺寸。

**提示** 》》》》》》

"PCB Library"面板的后面两个部分可以使用名称前面的三角形符号"▶"折叠或展开

### 3. 创建 PCB 元件

创建 PCB 元件是一项相当细致的工作。首先要了解元件实际的外形尺寸、焊盘类型、管脚顺序等，而这些数据必须要通过认真查阅相关元件的数据手册或实际测量得到。Altium Designer 中既可以使用向导创建 PCB 元件，也可以手动创建 PCB 元件。

（1）使用"元器件向导"创建 PCB 元件

PCB 元件库编辑器提供了"元器件向导"，可以在"PCB Library"面板的"Footprints"区域中通过右键菜单选择"Footprint Wizard"，或执行菜单命令"工具" ⇨ "元器件向导"来启动，如图 3-74 所示。

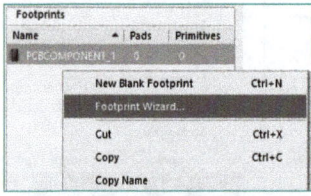

图 3-74
启动"元器件向导"

用户通过该向导选择元件类型，确定焊盘大小与相对位置以及元件的外形，系统就会自动生成所需的 PCB 元件封装。采用此方法时用户无须绘制元件外形、放置焊盘等，可以减少很多绘制工作。如图 3-75 所示是用该向导创建的一个双列直插式元件封装 DIP-8，只需在第 2 步选择"Dual In-line Packages（DIP）"，在第 6 步选择焊盘总数为"8"即可。

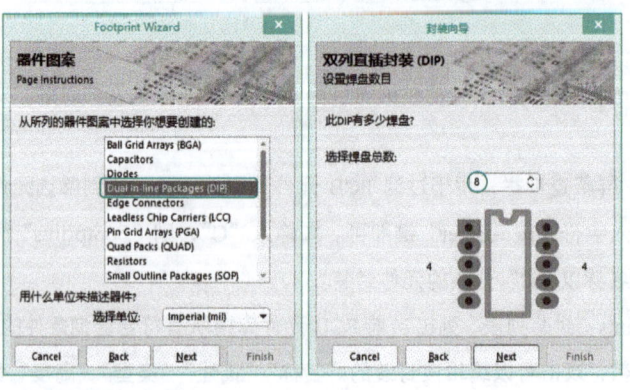

图 3-75
使用"元器件向导"创建 PCB
元件

（2）使用 IPC 封装向导创建 PCB 元件

IPC 封装向导用于创建符合 IPC 标准的元件封装，如图 3-76 所示。它不像"元器件向导"那样从元件封装尺寸开始创建，IPC 封装向导使用来自元件本身的尺寸标注信息，然后利用 IPC 发布的算法计算出合适的焊盘和其他封装属性。

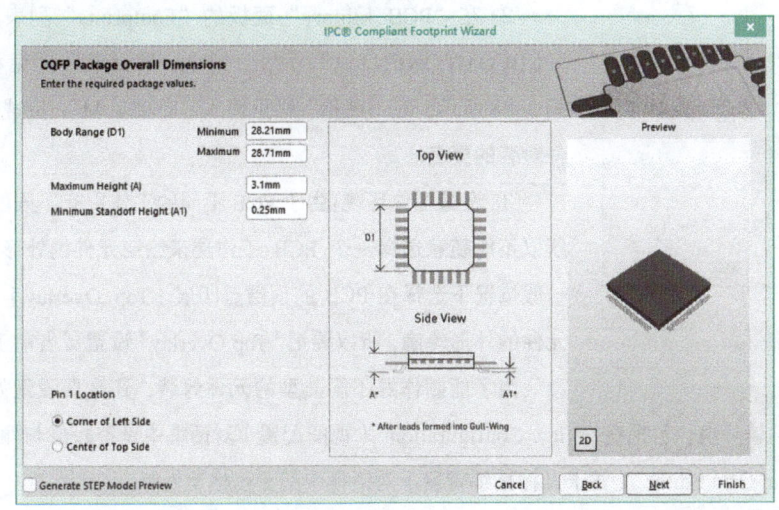

图 3-76
使用 IPC 封装向导创建 PCB 元件

① 执行菜单命令"工具"⇨"IPC Compliant Footprint Wizard…"，启动 IPC 封装向导。

② 该向导可以创建 BGA、BQFP、CFP、CHIP、CQFP、DPAK、LCC、MELF、MOLDED、PLCC、PQFP、QFN 等多种封装类型。

③ 所有测量尺寸都需要以公制（mm）单位输入。

### （3）手动创建 PCB 元件

虽然各向导中包含了大量的封装类型，但有些元件的封装结构在向导里还是没有的，例如有些继电器、串口母头等非标准元件的封装都不能通过向导生成，只能通过手动绘制的方式为其创建封装。手动绘制封装与利用向导生成封装相比，用户要做的工作相对比较多，例如绘制外形、放置焊盘、设置基准点等。

下面以创建一个串口母头为例说明手动绘制元件封装的详细工作过程。串口母头的外形结构及参数如图 3-77 所示。

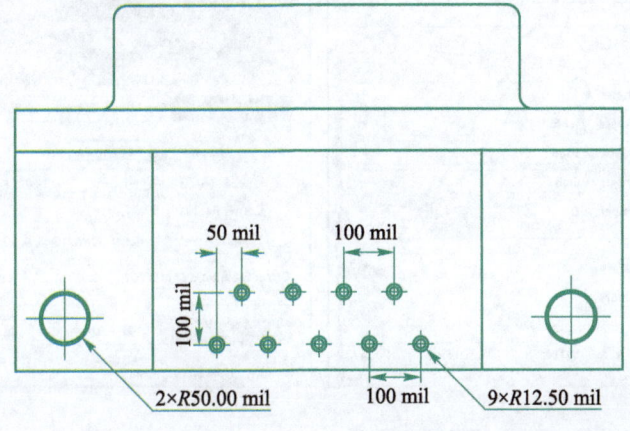

图 3-77
串口母头的外形结构及参数

207

根据串口母头的结构及尺寸，就可以创建其封装，具体步骤如下：

① 打开先前创建好的"MyPcbLib.PcbLib"库文件，进入 PCB 元件库编辑器。

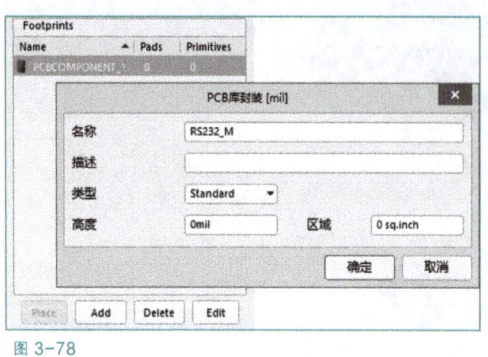

图 3-78
修改元件封装名称

② 在"PCB Library"面板的"Footprints"列表区双击"PCBCOMPONENT_1"，弹出"PCB 库封装"对话框，如图 3-78 所示，在"名称"栏里输入"RS232_M"，完成对新元件封装的更名。

③ 设置工作环境：由于 PCB 不同的工作层有不同的作用，所以不能随意选择一个 PCB 工作层来绘制元件的外形轮廓。一般情况下选择在 PCB 的顶层丝印层（Top Overlay）上绘制元件的外形轮廓，所以要把"Top Overlay"设置成当前工作层。

为了能制作好不同类型的元件封装，还需要设置好 PCB 元件库编辑环境，包括在"View Configuration"（视图配置）对话框中设置板层与颜色、在"Cartesian Grid Editor"（笛卡儿栅格编辑器）对话框中配置栅格属性等。

微课：
创建 RS232_M 元件封装

④ 放置焊盘与安装定位孔：单击放置工具栏或者常用工具栏中的放置焊盘按钮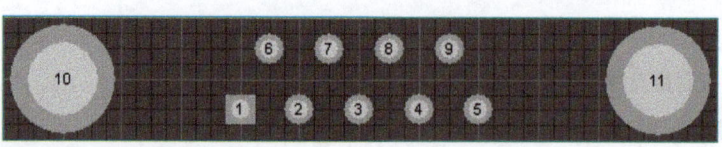，或者执行菜单命令"放置"⇨"焊盘"，参考串口母头相关参数放置所有焊盘，如图 3-79 所示。

图 3-79
放置焊盘

⑤ 设置焊盘参数：在放置焊盘时按"Tab"键，可以打开"Properties"面板，如图 3-80 所示（由于面板较长，只截取了部分相关内容且左右并排）；或者放置焊盘之后双击某一焊盘，可弹出"Pad"对话框，如图 3-81 所示。

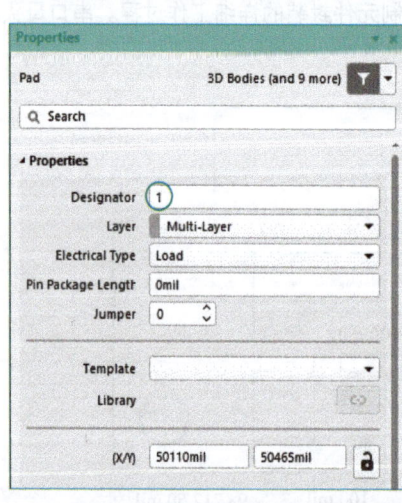

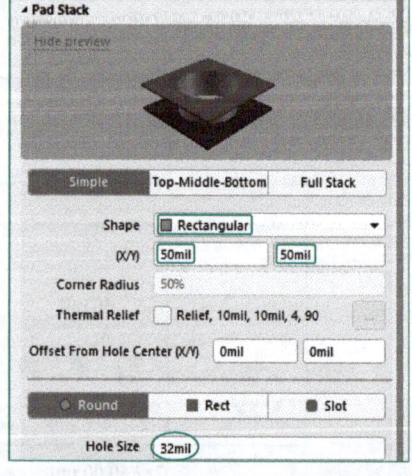

图 3-80
在"Properties"面板中设置焊盘参数

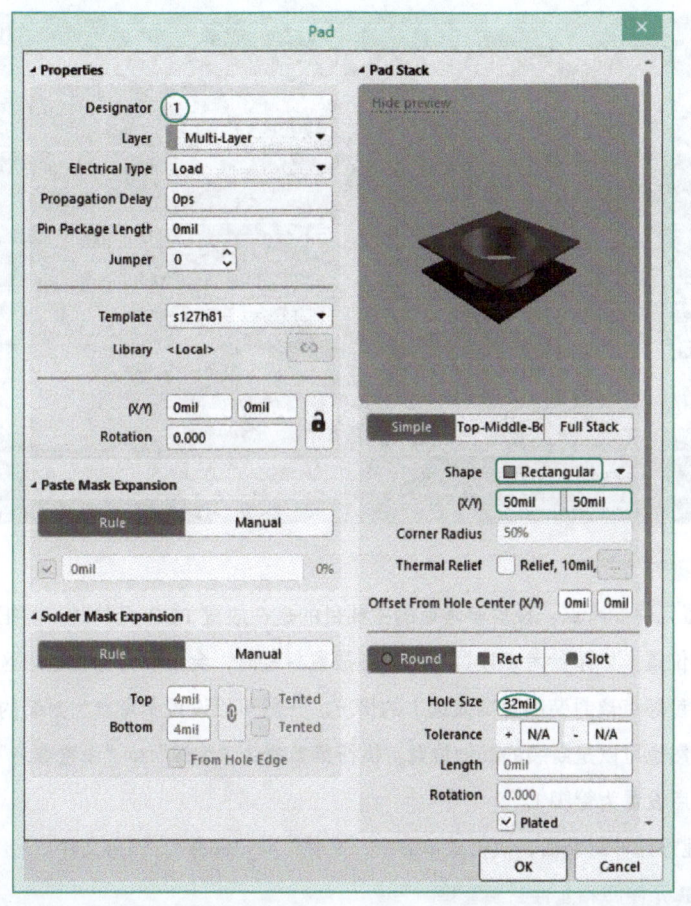

图 3-81
在"Pad"对话框中设置焊盘参数

　　焊盘参数的设置非常重要，如果设置不恰当，将导致元件安装遇到麻烦。比如，若焊盘与孔的尺寸设得太小，则元件很难安装上去或者很难焊到 PCB 上；若尺寸设得太大，元件也很难固定在 PCB 上并可能导致虚焊。

　　这里的 10 号焊盘与 11 号焊盘为串口母头的定位孔，取焊盘直径为 180 mil，孔径为 120 mil 就可以满足设计要求，两焊盘中心距为 1 000 mil；1～9 号焊盘是串口母头的管脚，根据串口母头的参数，取焊盘直径为 50 mil，孔径为 32 mil 即可，焊盘位置和间距参考图 3-77。另外，除 1 号焊盘外，将所有的管脚焊盘与定位焊盘设置成圆形，然后将 1 号焊盘的外形设为方形，边长为 50 mil。

**说明** ››››››››

　　根据经验，焊盘直径、过孔直径与实物管脚直径一般遵循以下规则：

　　① 过孔直径≥实物管脚直径+（5～10 mil）。

　　② 焊盘直径≥过孔直径+过孔直径×（20%～40%）。

　　⑥ 绘制元件的外形轮廓：选择"Top Overlay"作为当前工作层，单击放置工具栏中的 及 等按钮，就可以绘制外形轮廓，然后再利用 按钮放置焊盘编号文字说明。绘制完成的串口母头外形轮廓如图 3-82 所示。

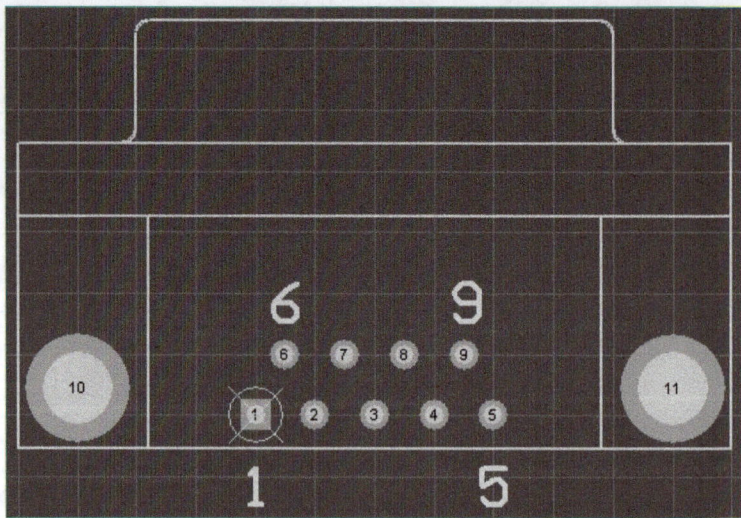

图 3-82
绘制完成的串口母头外形
轮廓

⑦ 设置元件参考点：设置参考点的主要目的是在放置 PCB 元件时，能把光标定位在封装的某个位置。如果参考点设置不好，在放置封装时，会出现光标在编辑区里而封装却不见踪影（参考点离封装图距离太远）的情况。一般可以设置参考点为封装的中心点或 1 号焊盘，当然也可以是封装的其他位置。执行菜单命令"编辑" ⇨ "设置参考" ⇨ "1 脚"，即可将参考点设置为管脚 1。

⑧ 创建好元件封装后，执行菜单命令"文件" ⇨ "保存"，保存文件。

#### 4. PCB 元件库和元件封装管理

微课：
**PCB 元件库和元件封装
管理**

（1）从 PCB 文件生成 PCB 元件库

在设计 PCB 时，为了查看、编辑等工作方便，常常利用当前的 PCB 文件生成对应的 PCB 元件库。采用这种方式建立 PCB 元件库时，必须打开一个已经存在的 PCB 文件，然后再由这个 PCB 文件生成一个 PCB 元件库，所生成的 PCB 元件库中包含了 PCB 文件里所有元件的封装。

① 在 Altium Designer 中打开 PCB 文档，执行菜单命令"设计" ⇨ "生成 PCB 库"，此时会创建一个新的库，当前 PCB 中的所有封装都被添加到了该库中。

② 新生成的 PCB 元件库默认名称为当前 PCB 文件的文件名加上扩展名 ".PcbLib"，保存该 PCB 元件库。

（2）通过复制图元创建 PCB 元件

可以从 PCB 元件库编辑器中选择部分图元复制到另一个 PCB 元件库，以充分利用现有的 PCB 元件封装创建新的 PCB 元件封装。

① 打开 PCB 元件库编辑器，新建空的库文件"PcbLib1.PcbLib"，如图 3-83（a）所示。

② 打开要被复制的 PCB 元件库文件，这里为"PcbLib2.PcbLib"，如图 3-83（b）所示。

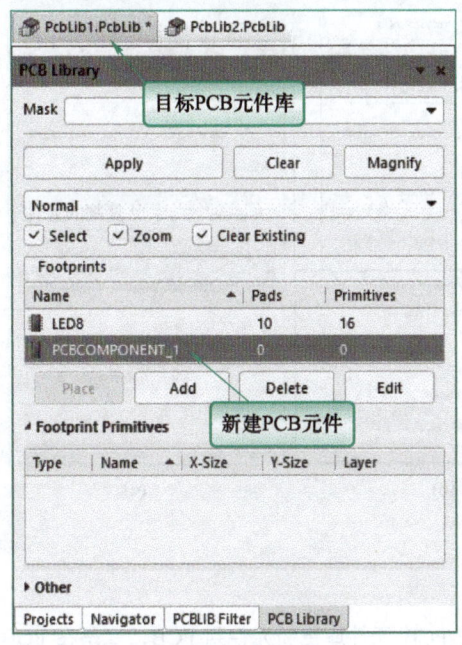

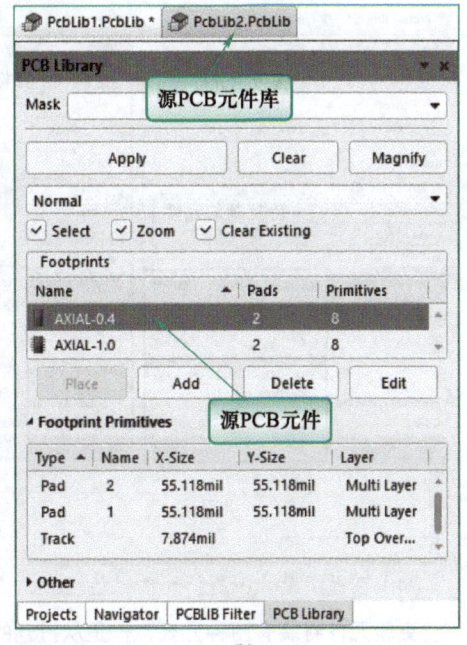

图 3-83
通过复制图元创建 PCB 元件

③ 在"PcbLib2.PcbLib"的 PCB 编辑区中选择源 PCB 元件"AXIAL-0.4"所有图元，然后执行菜单命令"编辑"⇨"复制"，并指定参考点（这个位置并不重要，因为每个 PCB 元件封装在粘贴到新库时都会使用自己原来的参考点），如图 3-84（a）所示。

④ 在目标文件"PcbLib1.PcbLib"的 PCB 编辑区中执行菜单命令"编辑"⇨"粘贴"，把源 PCB 封装图形粘贴过来，如图 3-84（b）所示。

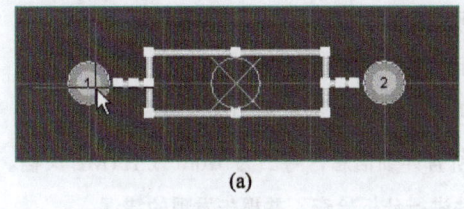

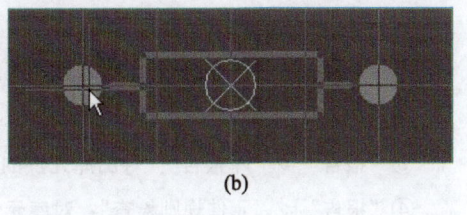

图 3-84
复制、粘贴元件封装

⑤ 此时在编辑区里可以对图形进行修改，最后更改封装名并保存文件。

（3）通过复制元件创建 PCB 元件

可以通过"PCB Library"面板直接对 PCB 元件进行复制、粘贴。

① 打开源库文件"PcbLib2.PcbLib"，在"PCB Library"面板的"Footprints"列表中选中要被复制的元件（按住"Ctrl"键可以进行多重选择，这里选择两个元件），在右键菜单中选择"Copy"，如图 3-85（a）所示。

② 打开目标库文件"PcbLib1.PcbLib"，在"PCB Library"面板的"Footprints"列表中右击，选择"Paste 2 Components"，如图 3-85（b）所示，此时库里会新增两个与被复制元件同名的 PCB 元件，如图 3-85（c）所示，可以在此基础上进一步修改。

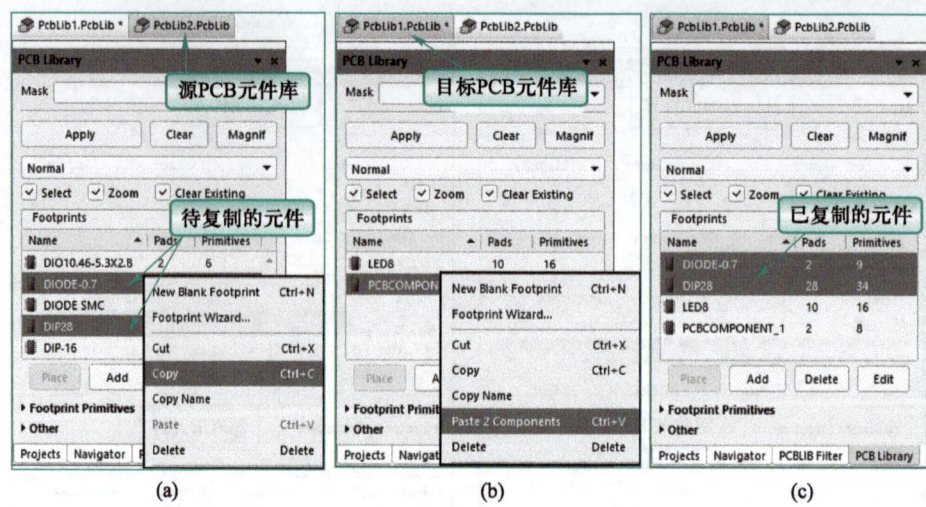

图 3-85
通过 "PCB Library" 面板
复制创建 PCB 元件

（4）在板级设计中更新元件封装

更新元件封装有两种方式，一是从打开的 PCB 元件库更新元件到 PCB，二是在 PCB 中更新来自 PCB 元件库的元件。

① 要从打开的 PCB 元件库将元件封装更新到当前打开的 PCB 文件，可在 PCB 元件库编辑器中右击元件名称，并选择 "Update PCB With <FootprintName>"。

② 要从可用的 PCB 元件库中更新元件封装，在 PCB 编辑器中执行菜单命令 "工具" ⇨ "从 PCB 库更新"。该命令会为每个元件封装做一个详细的比较，用户可以完全控制更新哪些封装。

（5）库报告

从 PCB 元件库编辑器的 "报告" 菜单中可以生成一系列报告，汇总如下：

① "报告" ⇨ "器件"：列出单个元件使用的设计元素数目和类型。

② "报告" ⇨ "库列表"：使用文本方式导出当前 PCB 元件库中的所有元件名称。

③ "报告" ⇨ "库报告"：导出库元件的所有详细信息，导出为 Word 或 HTML 文档。

④ "报告" ⇨ "元件规则检查"：对库元件进行分析检查，并报告发现的错误。

## 3.1.4    创建集成元件库

集成元件库集成了原理图元件库、PCB 元件库、SPICE 仿真和信号完整性模型等库文件，可以大大方便用户在设计过程中的操作，如元件调用、信号完整性分析、PCB 3D 模拟等。

集成元件库不能通过编辑产生，而要通过编译 "Integrated Library Package"（集成元件库文件包）项目来生成。首先向集成元件库文件包项目添加任意多个独立的 "Source Library"（源库文件），例如原理图元件库文件、PCB 元件库文件和模型文件等，然后经过编译生成一个集成元件库文件，在集成元件库文件里就集成了所添加的源库文件和模型文件。

### 1. 创建集成元件库

下面通过一个简单的例子来说明创建集成元件库的详细操作。例子中使用的两个源库文件分别是之前创建的原理图元件库文件"MySchLib.SchLib"及 PCB 元件库文件"MyPcbLib.PcbLib",如图 3-86 所示。

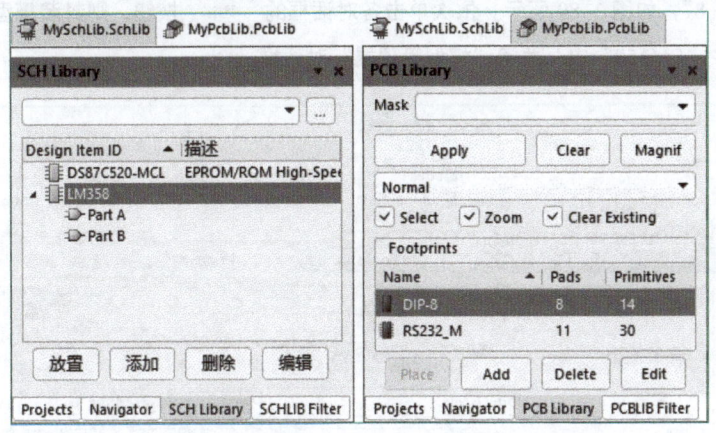

图 3-86
已经建立好的原理图元件库文件和
PCB 元件库文件

（1）创建集成元件库工程

执行菜单命令"文件"⇨"新的"⇨"库"⇨"集成库",新建一个集成元件库工程,文件名为"Integrated_Library1.LibPkg"。

（2）保存集成元件库工程

在工程名称"Integrated_Library1.LibPkg"上右击,选择"保存"保存文件,并更名为"MyIntLib.LibPkg"。此时工程中没有任何源库文件或者模型文件加入,并且不能使用工作窗口。

（3）添加源库文件到集成元件库工程

在工程名称"MyIntLib.LibPkg"上右击,在弹出的右键菜单中选择"添加已有文档到工程",如图 3-87 所示,在弹出的选择文件对话框中选取"MySchLib.SchLib"文件,然后单击 打开(O) 按钮,就添加了一个源库文件。用同样的方法添加"MyPcbLib.PcbLib"源库文件,完成后如图 3-88 所示。

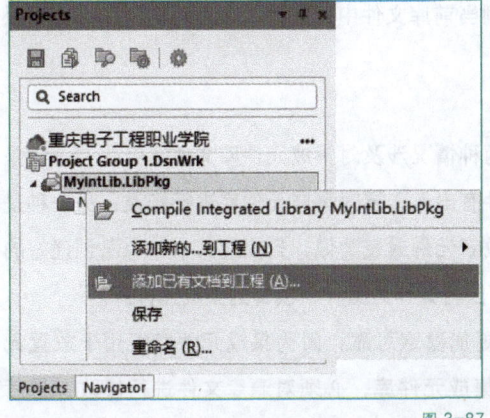

图 3-87
在工程中添加库文件

图 3-88
添加源库文件后的"Projects"面板

（4）添加封装模型到原理图元件

打开原理图元件库文件"MySchLib.SchLib"，在"SCH Library"面板中右击，选择"模型管理器"，打开"模型管理器"对话框。选择元件"LM358"后单击 Add Footprint ▾ 按钮，在弹出的"PCB 模型"对话框中单击 浏览(B)... 按钮，接着在弹出的"浏览库"对话框中选择封装"DIP-8"，如图 3-89 所示。依次单击各对话框的 确定 按钮，则封装模型"DIP-8"添加到元件"LM358"中，关闭"模型管理器"对话框。

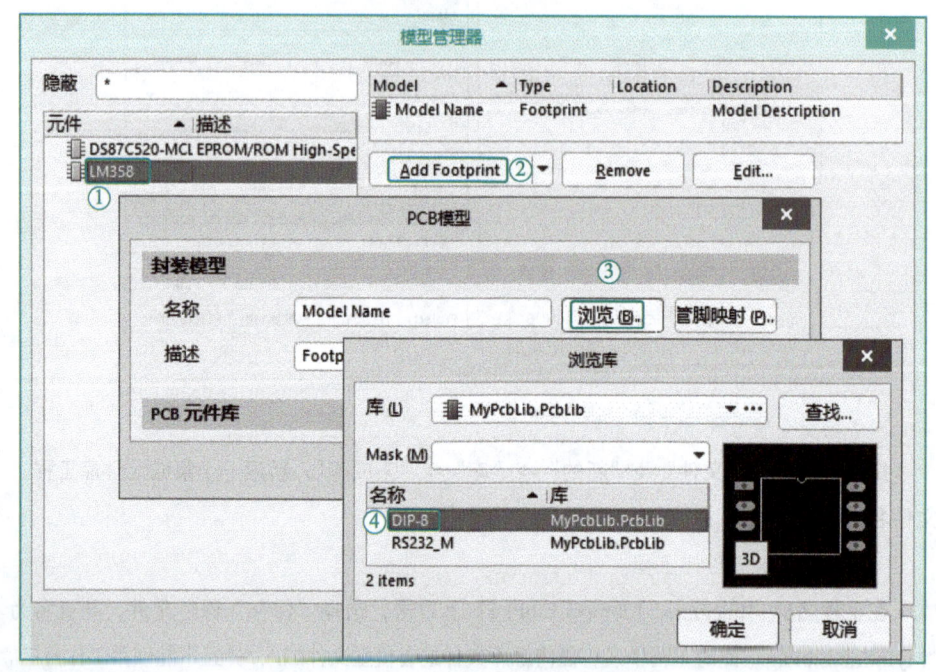

图 3-89
添加封装模型到原理图元件

（5）编译集成元件库工程

执行菜单命令"工程"⇨ "Compile Integrated Library MyIntLib.LibPkg"，或在"Projects"面板中右击"MyIntLib.LibPkg"，从弹出的右键菜单中选择"Compile Integrated Library MyIntLib.LibPkg"，编译"MyIntLib.LibPkg"，生成集成元件库文件"MyIntLib.IntLib"，并自动安装到当前库文件中，在"Components"面板中可以看到，如图 3-90 所示。

**2. 更改集成元件库**

在实际设计过程中常常会遇到两种情况涉及对集成元件库文件的修改：一种是实际用到的元件与设计时使用的元件有出入，要对集成元件库进行修改；另一种是发现两个项目中用到的元件差不多或者元件封装类似，只要对其中一个已创建好的集成元件库做少量的修改或增删就可以将其作为另一个项目的集成元件库。

从安全角度考虑，集成元件库更加稳定可靠，因为集成元件库仅用于放置元件，无法被直接编辑。要更改一个集成元件库，必须对源库文件进行修改，然后重新编译。

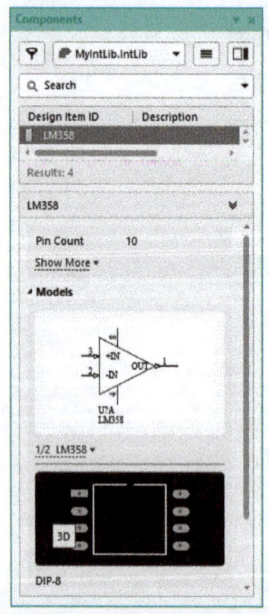

图 3-90
自动加载的集成元件库

（1）修改集成元件库

修改集成元件库的步骤如下：

① 执行菜单命令"文件" ⇨ "打开"，打开之前创建好的集成元件库工程"MyIntLib.LibPkg"。

② 双击打开"MyPcbLib.PcbLib"文件，进入 PCB 元件库编辑器；此时编辑区里显示 PCB 元件库文件里第一个元件的封装。

③ 打开"PCB Library"面板，在元件封装列表区选中要修改的元件封装，在右边的编辑区里显示要修改元件的封装图；也可以在"MyPcbLib.PcbLib"文件中添加新的元件封装。

④ 保存修改后的 PCB 元件库文件。

⑤ 如有需要可以打开并修改"MySchLib.SchLib"文件。

⑥ 执行菜单命令"工程" ⇨ "Compile Integrated Library MyIntLib.LibPkg"，重新编译集成元件库工程"MyIntLib.LibPkg"，新生成的集成元件库会取代旧的集成元件库。

（2）反向编译集成元件库

元件在原理图元件库文件中建模，其他域模型都链接到原理图符号，元件参数也添加到原理图符号中。所有的源库（原理图符号及链接的模型）都在 Library Package 工程中定义，之后编译成一个单独的集成元件库文件。所有的元件模型都封装到集成元件库中，如果一个元件从集成元件库中放置到了原理图上，Altium Designer 能确保找到正确的元件模型。

有时候需要对集成元件库中的源库进行更改，但在集成元件库中无法访问源库。尽管集成元件库无法直接编辑，但可以反向编译成源原理图元件库和其他模型库，步骤如下：

① 执行菜单命令"文件" ⇨ "打开"，打开包含需要更改的源库的集成元件库。

② 系统弹出如图 3-42 所示的"解压源文件或安装"对话框，单击 解压源文件(E) 按钮。源原理图元件库和 PCB 元件库被提取出来并保存到一个新的文件夹中，文件夹名称就是集成元件库的文件名——它与集成元件库文件位于同一个目录之中。之后会自动创建一个集成元件库工程（*.LibPkg），其中添加了源原理图元件库和 PCB 元件库，并在"Projects"面板中列出。

③ 根据需要分别对源原理图元件库和 PCB 元件库等进行更改，保存更改的文件并关闭。

④ 重新编译集成元件库工程，新生成的集成元件库会取代旧的集成元件库。

**【任务实施】**

通过练习创建元件的原理图符号和 PCB 封装，并创建集成元件库，进一步熟悉原理图元件库编辑器、PCB 元件库编辑器的使用，学会原理图符号与 PCB 封装的创建与管理，掌握原理图元件库、PCB 元件库、集成元件库的使用。

### 3.1.5　实战演练——创建 LED 数码管元件

**1. 创建数码管元件的原理图符号**

（1）新建原理图元件库文件

执行菜单命令"文件"⇨"新的"⇨"库"⇨"原理图库"，新建原理图元件库文件，并进入原理图元件库编辑器，打开"SCH Library"面板，如图 3-9 所示。

（2）定义元件属性

在"SCH Library"面板中，双击默认元件"Component_1"（或单击下方的 编辑 按钮），弹出"Properties"面板，如图 3-91 所示。

在图 3-91 中，列出了元件的各种属性，需修改的属性如下：

① Designator：元件标识，如电阻的编号为"R?"，这里输入"DS?"。

② Comment：元件注释，这里输入"DPY_7-SEG"。

③ Description：元件描述，这里输入"14.2 mm General 7-Segment Display"。

④ Design Item ID：元件名称，这里输入"DPY_7-SEG"。

图 3-91
设置元件属性

（3）绘制元件符号外形

① 绘制矩形外框。数码管外形为矩形，因此选用放置矩形工具 ▢ 绘制边框。放置时，先单击确定矩形的第一个顶点（一般为十字中心），再拖动矩形至适当大小，单击确定矩形的对角顶点，如图 3-92 所示。在绘制矩形时按"Tab"键，将会展开"Properties"面板，可在此设置边框线宽、颜色，以及是否填充、填充颜色、是否透明等属性，如图 3-93 所示。

视频：
创建数码管元件的
原理图符号

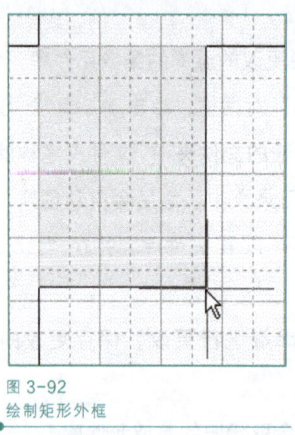

图 3-92
绘制矩形外框

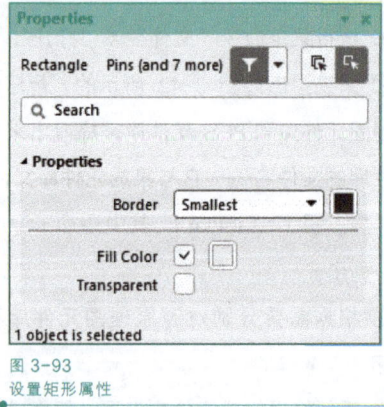

图 3-93
设置矩形属性

放置后的矩形外框如图 3-94 所示。双击绘制好的矩形，会弹出"Rectangle"对话框，在此可修改有关参数，包括矩形的位置、长和宽，如图 3-95 所示。

② 绘制数码管笔画。数码管笔画由七段导线和一个圆点组成，因此选用放置直线工具 ✏ 和放置椭圆工具 ⬭ 绘制。绘制方法与绘制矩形外框的方法基本相同。这里直线的线宽选择"Medium"，颜色选择红色，按"空格"键调整为斜线模式；小数点为 $X$、$Y$ 半径均为

"2"的红色实心圆。绘制完成的数码管笔画如图 3-96 所示。

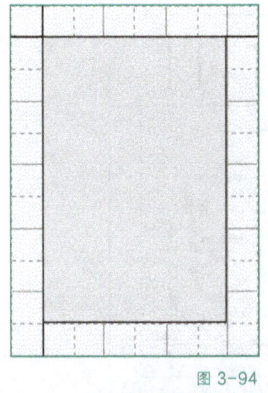

图 3-94
放置后的矩形外框

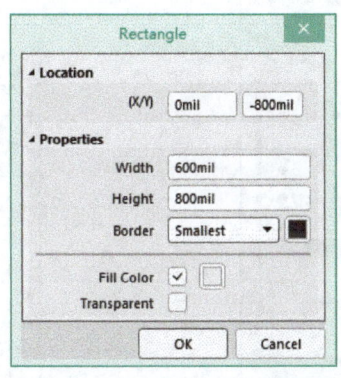

图 3-95
修改矩形参数

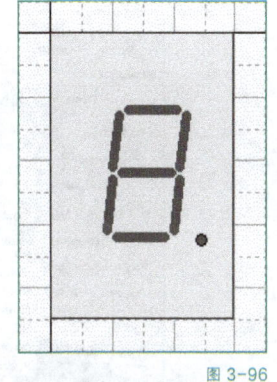

图 3-96
绘制完成的数码管笔画

**提示** 》》》》》》》》

① 为了使数码管各段笔画的位置、长度、倾角适合，可将捕捉栅格的数值设置得小一些，以便于操作。

② 为了使绘制的数码管同类笔画段的长度、倾角等一致，可先画出一个，再进行复制。

（4）放置元件管脚

单击放置元件管脚工具 ，按"Tab"键，弹出"Properties"面板，如图 3-97 所示。对照图 3-1 给出的各管脚名称和序号，修改元件管脚属性，主要包括管脚的名称、标识、电气类型与长度，其他参数不用修改。设置完参数后返回放置状态，移动光标到合适位置并按"空格"键旋转方向后放置管脚。

这里 10 个管脚的各项参数设置如下：

① Designator（标识）：管脚序号，分别输入 1～10。

② Name（名称）：管脚名称，分别输入 e、d、com、c、dp、b、a、com、f 和 g。

③ Electrical Type（电气类型）：管脚的电气类型，有 Input（输入管脚）、I/O（输入/输出管脚）、Output（输出管脚）、Open Collector（集电极开路）、Passive（无源管脚）、HiZ（高阻抗管脚）、Open Emitter（发射极开路）、Power（电源管脚）共 8 个选项。对于数码管，除 3 脚与 8 脚选用"Power"外，其他管脚均选用"Input"。

④ Pin Length（长度）：管脚长度，这里设置为 200 mil。

逐一修改属性后放置 10 个管脚。放置完元件所有管脚后，再使用放置文本字符串工具在各段笔画旁边标注文字注释。最终绘制完成的原理图符号如图 3-98 所示。

视频：
创建数码管元件的
PCB 封装

**注意** 》》》》》》》》

放置管脚时一定要旋转方向，使电气端（有"×"号标记，放大后可以看到有 4 个小白点）向外。

（5）保存原理图元件库文件

执行菜单命令"文件" ⇨ "保存"或单击保存按钮 ，将原理图元件库文件保存为"MyLib.SchLib"。这样数码管元件的原理图符号就创建完成了。

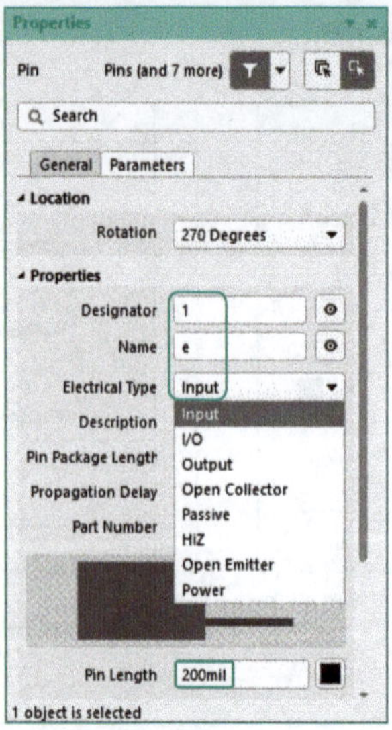

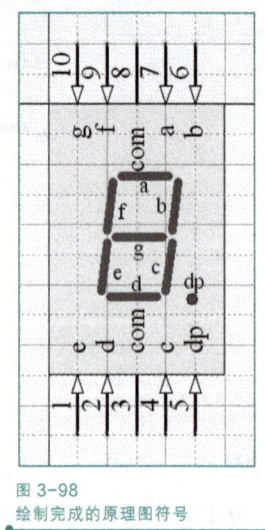

图 3-97
修改元件管脚属性

图 3-98
绘制完成的原理图符号

### 2. 创建数码管元件的 PCB 封装

PCB 封装可采用向导生成或手动绘制。向导工具一般用于绘制电阻、电容、DIP 等规则元件的 PCB 封装，手动绘制主要用于绘制一些不规则元件的 PCB 封装。

（1）向导生成

① 新建 PCB 元件库文件。执行菜单命令"文件"➪"新的"➪"库"➪"PCB 元件库"，新建 PCB 元件库文件并进入 PCB 元件库编辑器，如图 3-65 所示。

② 选择元件模型。执行菜单命令"工具"➪"元器件向导"，启动封装向导工具。在封装向导初始界面单击 Next 按钮，进入选择元件模型与尺寸单位界面，如图 3-99 所示。可供选择的元件模型有电容模型、电阻模型、DIP 模型等。由于数码管形状类似 DIP，因此这里选择"Dual In-line Packages（DIP）"。元件尺寸单位选择英制单位 mil。

③ 设置过孔、焊盘直径。单击 Next 按钮，进入设置过孔与焊盘直径界面，如图 3-100 所示。这里将过孔直径设置为 35 mil，焊盘直径设置为 60 mil。

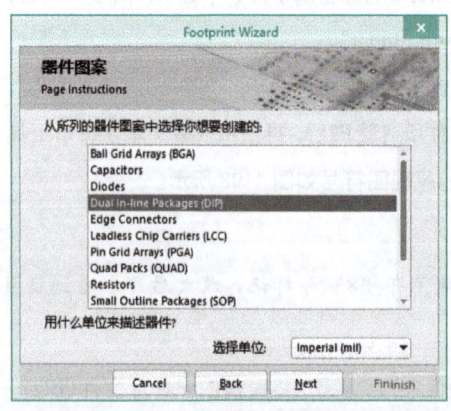

图 3-99
选择元件模型与尺寸单位

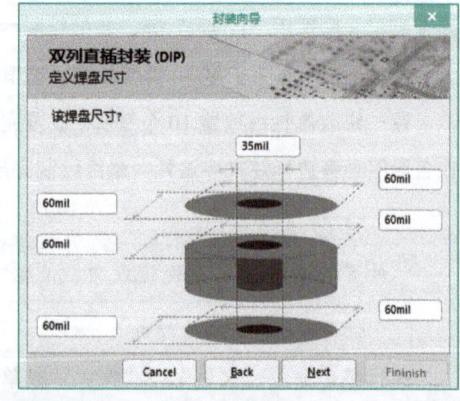

图 3-100
设置过孔与焊盘直径

④ 设置焊盘间距离。单击 Next 按钮，进入设置焊盘间距界面，如图 3-101 所示。根据要求，这里将同一列焊盘之间的距离设置为 100 mil，两列焊盘之间的距离设置为 600 mil。

⑤ 设置元件轮廓线宽。单击 Next 按钮，进入设置元件轮廓线宽界面，如图 3-102 所示，保持默认的 10 mil。

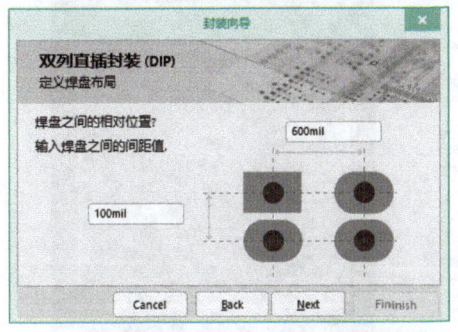

图 3-101
设置焊盘间距

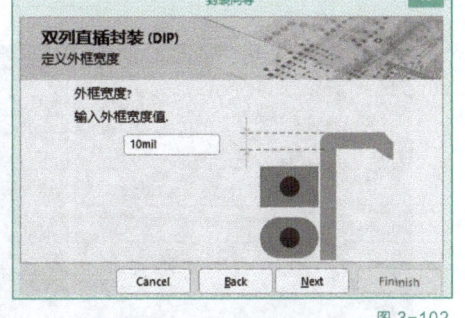

图 3-102
设置元件轮廓线宽

⑥ 选择元件中焊盘数目。单击 Next 按钮，进入选择元件中焊盘数目界面，如图 3-103 所示。数码管共有 10 个管脚，因此这里选择"10"。

⑦ 设定 PCB 元件封装名称并确认完成。单击 Next 按钮，进入设定 PCB 元件封装名称界面，如图 3-104 所示。输入封装名称"LED8"后单击 Next 按钮，进入完成操作界面，单击 Back 按钮可以重新设置，单击 Finish 按钮，关闭向导返回 PCB 元件库编辑器。创建完成的 PCB 元件封装如图 3-105 所示。

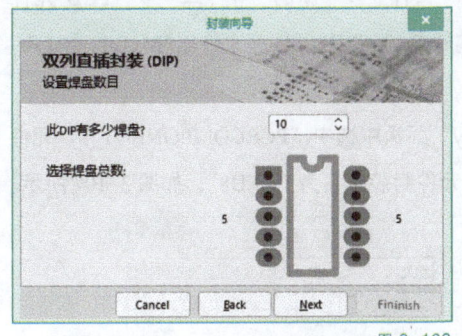

图 3-103
选择元件中焊盘数目

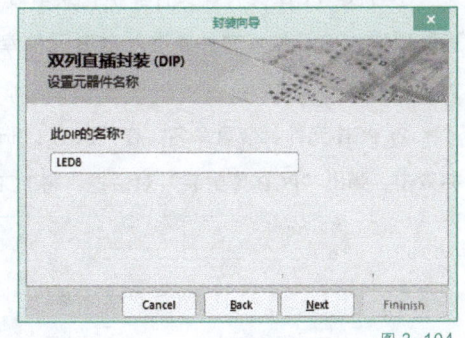

图 3-104
设定 PCB 元件封装名称

⑧ 旋转 PCB 元件封装。图 3-105 中元件管脚方向与数码管不同，需要整体旋转 90°。首先执行菜单命令"编辑" ⇨ "选中" ⇨ "全部"或单击标准工具栏中的选择工具按钮，将所有图元选中；接着执行菜单命令"编辑" ⇨ "移动" ⇨ "旋转选中的"，在弹出的旋转角度对话框中输入"90"，并单击 确定 按钮；然后将十字光标移动到管脚 1 位置并单击，则整个图形绕管脚 1 旋转 90°，如图 3-106 所示。

**提示** 》》》》》》

按住鼠标左键选中图形某个位置，待光标变为"+"字形，再按"空格"键也可以使图形围绕该点旋转。

219

⑨ 修改轮廓线。使用封装向导获得的轮廓线与图 3-1 所示的数码管封装轮廓线不同，可以拖动轮廓线的操控点改变轮廓线形状；也可以先删除现有轮廓线，然后利用直线和圆弧工具重新绘制轮廓线。修改后的 PCB 元件封装如图 3-1 所示。

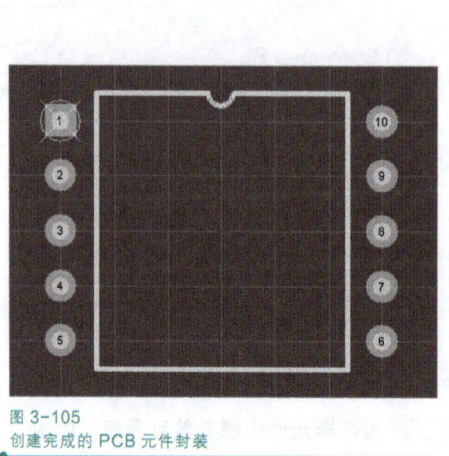

图 3-105
创建完成的 PCB 元件封装

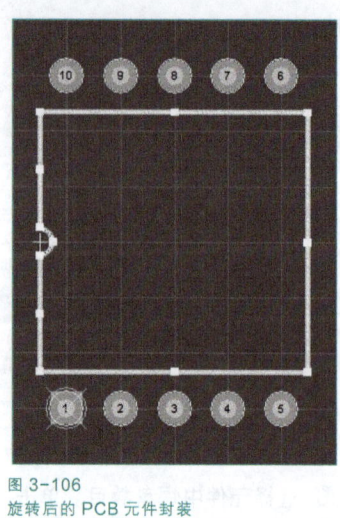

图 3-106
旋转后的 PCB 元件封装

**注意 〉〉〉〉〉〉**

利用直线和圆弧工具绘制数码管轮廓线时，必须将线画在顶层丝印层（Top Overlay），即默认颜色为黄色。

⑩ 保存。执行菜单命令"文件" ➪ "保存"，将 PCB 元件库文件保存为"MyLib.PcbLib"。

（2）手动绘制

① 新建 PCB 元件库文件。执行菜单命令"文件" ➪ "新的" ➪ "库" ➪ "PCB 元件库"，新建 PCD 元件库文件并进入 PCB 元件库编辑器。将 PCB 元件库文件以"MyLib.PcbLib"为文件名进行保存。

② PCB 元件封装重命名。在"PCB Library"面板中选中"PCBCOMPONENT_1"元件并双击，弹出"PCB 库封装"对话框，将 PCB 元件封装命名为"LED8"，如图 3-107 所示。

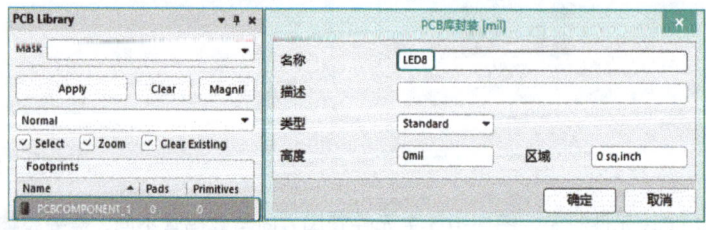

图 3-107
PCB 元件封装重命名

③ 放置焊盘。单击工具栏中的放置焊盘按钮 ⊙，为 PCB 元件封装添加 10 个焊盘。在放置焊盘时按"Tab"键，设置焊盘属性。根据图 3-2 所示的数码管管脚实物尺寸（25 mil），这里选择过孔直径为 35 mil，焊盘直径为 60 mil；管脚 1 的形状选择方形，其余管脚选择圆形。放置焊盘时，焊盘的编号和名称要与图 3-1 中的数码管管脚一致。

④ 调整焊盘位置。根据图 3-1 调整焊盘间距离，这里将管脚 1 置于坐标原点，同一行焊盘之间的距离设置为 100 mil，两行焊盘之间的距离设置为 600 mil，调整完成后如图 3-108 所示。

⑤ 绘制封装轮廓线。根据图 3-1 给出的数码管外形尺寸，利用直线和圆弧工具绘制数码管轮廓线，如图 3-109 所示。

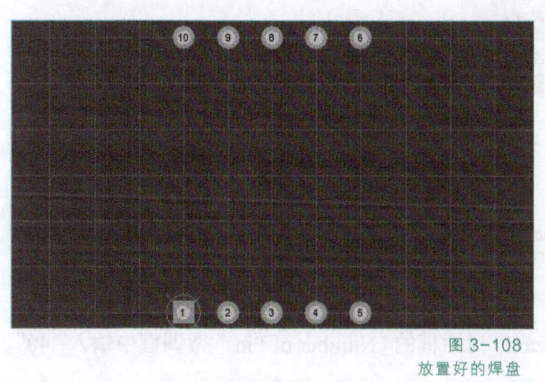

图 3-108
放置好的焊盘

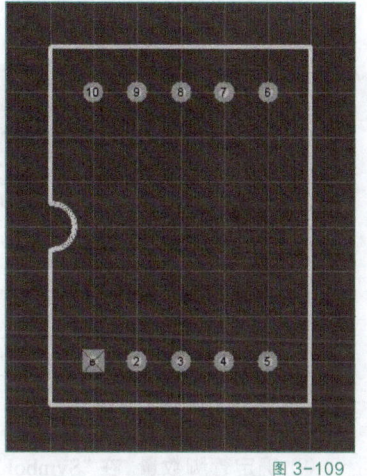

图 3-109
绘制完成的数码管 PCB 封装

⑥ 保存。执行菜单命令"文件"⇨"保存"，保存 PCB 元件库文件。

## 3.1.6  实战演练——创建 AT89S51 单片机元件

**1. 创建单片机元件的原理图符号**

（1）打开原理图元件库文件

执行菜单命令"文件"⇨"打开"，在弹出的对话框中选择前面创建的原理图元件库文件"MyLib.SchLib"，单击 打开(O) 按钮打开该文件。

（2）新建原理图元件

执行菜单命令"工具"⇨"新器件"，弹出如图 3-36 所示的"New Component"对话框，在"Design Item ID"栏中输入新元件名称"AT89S51"，单击 确定 按钮新建元件。

（3）定义元件管脚属性

在"SCH Library"面板中选中元件"AT89S51"，执行菜单命令"工具"⇨"Symbol Wizard"，弹出如图 3-110 所示的"Symbol Wizard"对话框。在该对话框中可定义元件外形、管脚数量以及每个管脚的名称、电气类型等属性。

视频：
创建 AT89S51 单片机元件的原理图符号

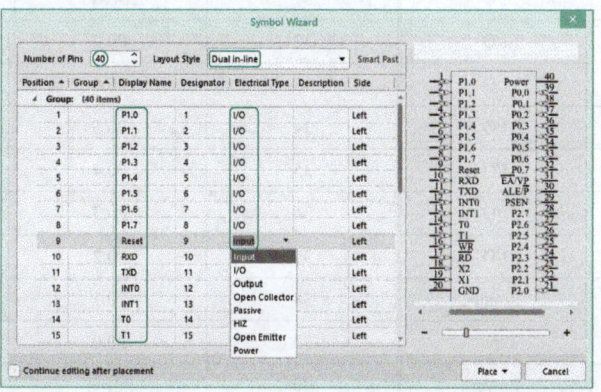

图 3-110
"Symbol Wizard" 对话框

① 确定元件外形。因单片机 AT89S51 为 40 脚双列直插式元件，故在"Symbol Wizard"对话框的"Layout Style"下拉列表框中选择"Dual In-line"，如图 3-111 所示。

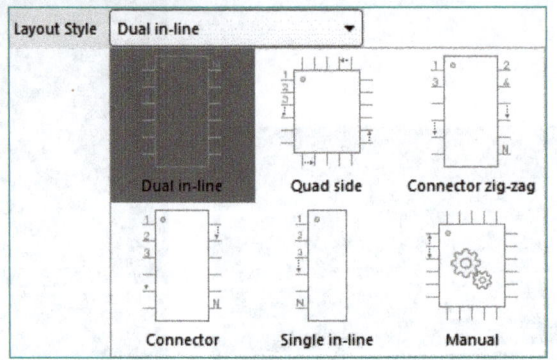

图 3-111
选择元件外形

② 确定管脚数量。在"Symbol Wizard"对话框的"Number of Pins"微调框中输入"40"。

③ 确定管脚名称与电气类型。在"Symbol Wizard"对话框的"Display Name"和"Electrical Type"列下方分别确定各个管脚的名称与电气类型。元件"AT89S51"各管脚参数见表 3-1。

表 3-1　元件"AT89S51"各管脚参数

| 管脚序号 | 管脚名称 | 电气类型 | 管脚序号 | 管脚名称 | 电气类型 |
|---|---|---|---|---|---|
| 1 | P1.0 | I/O | 21 | P2.0 | I/O |
| 2 | P1.1 | I/O | 22 | P2.1 | I/O |
| 3 | P1.2 | I/O | 23 | P2.2 | I/O |
| 4 | P1.3 | I/O | 24 | P2.3 | I/O |
| 5 | P1.4 | I/O | 25 | P2.4 | I/O |
| 6 | P1.5 | I/O | 26 | P2.5 | I/O |
| 7 | P1.6 | I/O | 27 | P2.6 | I/O |
| 8 | P1.7 | I/O | 28 | P2.7 | I/O |
| 9 | Reset | Input | 29 | PSEN | Output |
| 10 | RXD | I/O | 30 | ALE/P\ | Output |
| 11 | TXD | I/O | 31 | E\A\/VP | Input |
| 12 | INT0 | I/O | 32 | P0.7 | I/O |
| 13 | INT1 | I/O | 33 | P0.6 | I/O |
| 14 | T0 | I/O | 34 | P0.5 | I/O |
| 15 | T1 | I/O | 35 | P0.4 | I/O |
| 16 | W\R\ | I/O | 36 | P0.3 | I/O |
| 17 | R\D\ | I/O | 37 | P0.2 | I/O |
| 18 | X2 | Input | 38 | P0.1 | I/O |
| 19 | X1 | Input | 39 | P0.0 | I/O |
| 20 | GND | Power | 40 | Power | Power |

④ 放置元件符号。单击 "Symbol Wizard" 对话框右下部的 Place ▾ 按钮，从弹出的菜单中选择 "Place Symbol"，如图 3-112 所示，则元件符号被放置到原理图元件库编辑区中，如图 3-3 所示。

图 3-112
放置元件符号

**（4）定义元件属性并保存文件**

在 "SCH Library" 面板中双击元件 "AT89S51"（或单击下方的 编辑 按钮），弹出 "Properties" 面板，如图 3-91 所示。修改 "Designator" 为 "U?"，"Comment" 为 "AT89S51"，"Description" 为 "AT89xx Series 8-Bit Microcontroller，DIP-40，89C51，89S51，89S52…"。

执行菜单命令 "文件" ⇨ "保存" 或单击保存按钮 🖫，保存原理图元件库文件 "MyLib.SchLib"。

**2.创建单片机元件的 PCB 封装**

**（1）打开 PCB 元件库文件**

执行菜单命令 "文件" ⇨ "打开"，在弹出的对话框中选择前面创建的 PCB 元件库文件 "MyLib.PcbLib"，单击 打开(O) 按钮打开该文件。

**（2）新建 PCB 元件**

执行菜单命令 "工具" ⇨ "元器件向导"，启动封装向导工具。在第 2 步选择 "Dual In-line Packages（DIP）"，在第 3 步设置焊盘尺寸为 60 mil（约为 1.5 mm）、过孔尺寸为 35 mil（约为 0.9 mm），在第 6 步选择焊盘数目为 "40"，在第 7 步输入 PCB 封装名称 "DIP-40"。单击 Finish 按钮，关闭向导返回 PCB 元件库编辑器，则 PCB 元件封装被放置到 PCB 元件库编辑区中。

**（3）保存 PCB 元件**

执行菜单命令 "编辑" ⇨ "设置参考" ⇨ "1 脚"，将参考点设置为管脚 1，然后将封装以管脚 1 为中心旋转为水平放置，如图 3-4 所示。单击保存按钮 🖫，保存 PCB 元件库文件 "MyLib.PcbLib"。

视频：
创建 AT89S51 单片机元件的 PCB 封装

## 3.1.7　实战演练——创建用户集成元件库

**1.新建集成元件库工程**

（1）执行菜单命令 "文件" ⇨ "新的" ⇨ "库" ⇨ "集成库"，新建一个集成元件库工程 "Integrated_Library1.LibPkg"。

（2）在工程名称 "Integrated_Library1.LibPkg" 上右击，选择 "保存"，保存工程为 "MyLib.LibPkg"。

**2.添加源库文件到集成元件库工程**

在 "Projects" 面板中拖动前面创建的 "MyLib.SchLib" 和 "MyLib.PcbLib" 两个独立

微课：
创建集成元件库

文件到"MyLib.LibPkg"工程中,如图 3-113 所示。如果这两个库文件没有打开,可以右击工程名,在弹出的右键菜单中选择"添加已有文档到工程",加入这两个文件。完成文件添加后的"Projects"面板如图 3-114 所示。

图 3-113
拖动文件到集成元件库工程中

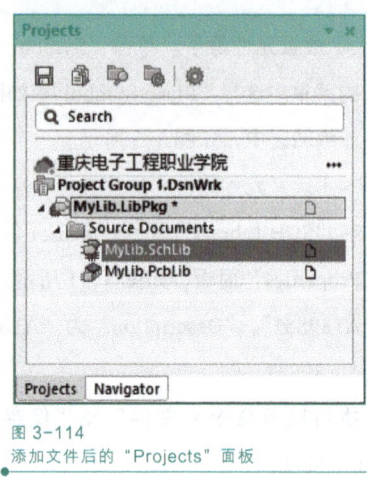

图 3-114
添加文件后的"Projects"面板

### 3. 添加封装模型到原理图元件

打开原理图元件库文件"MyLib.SchLib",在"SCH Library"面板中右击,选择"模型管理器",打开"模型管理器"对话框。选择元件"DPY_7-SEG"后单击 Add Footprint 按钮,在弹出的"PCB 模型"对话框中单击 浏览(B)... 按钮,再在弹出的"浏览库"对话框中选择 PCB 元件库文件"MyLib.PcbLib"中的封装"LED8",如图 3-115 所示。然后依次单击各对话框的 确定 按钮,则封装模型"LED8"添加到元件"DPY_7-SEG"中。

用类似的方法为元件"AT89S51"添加封装模型"DIP-40"。元件添加 PCB 封装模型后,"模型管理器"对话框如图 3-116 所示。

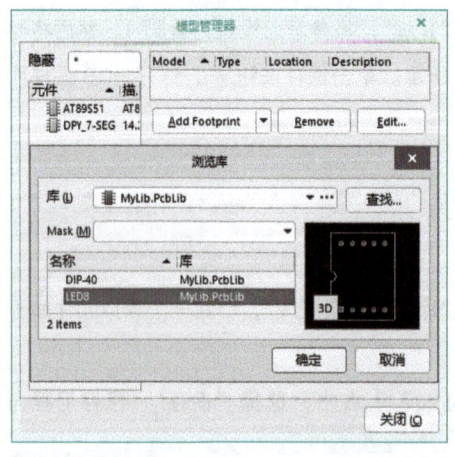

图 3-115
为元件添加封装模型"LED8"

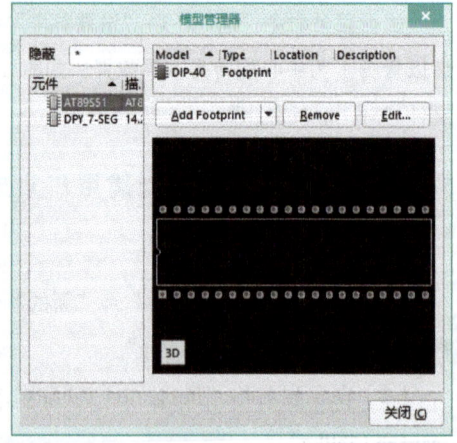

图 3-116
添加模型后的"模型管理器"对话框

### 4. 编译集成元件库工程

切换到"Projects"面板，保存"MyLib.SchLib"，然后执行菜单命令"工程" ⇨ "Compile Integrated Library MyLib.LibPkg"，编译"MyLib.LibPkg"，生成集成元件库文件"MyLib.IntLib"，并自动安装成为当前库文件。保存集成元件库工程"MyLib.LibPkg"，至此用户集成元件库创建完成。

 【任务拓展】

1. 创建一个原理图元件库"MySch.SchLib"，并通过复制集成元件库"Agilent LED Display 7-Segment, 4-Digit.IntLib"（路径："..\Library\Agilent Technologies"）中的元件"HDSP-B03E"创建如图 3-117 所示的 4 位数码管元件"DPY_4B"。

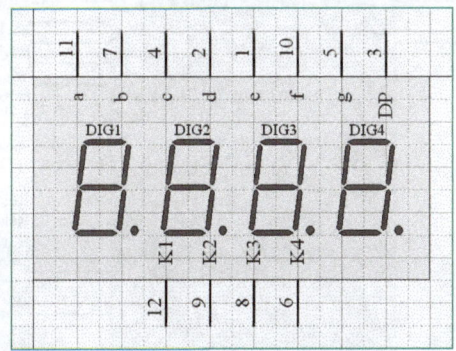

图 3-117
原理图元件库"MySch.SchLib"中的元件
"DPY_4B"

2. 创建一个 PCB 元件库"MyPcb.PcbLib"，并手动绘制图 3-117 所示的 4 位数码管的 PCB 封装"DIP_12B"，如图 3-118 所示。

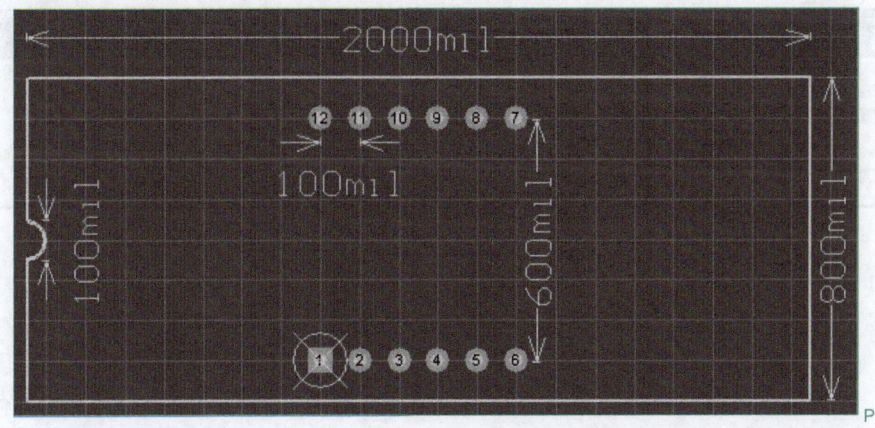

图 3-118
PCB 元件库"MyPcb.PcbLib"
中的 PCB 封装"DIP_12B"

3. 创建一个集成元件库工程"MyInt.LibPkg"，将拓展任务 1、2 创建的原理图元件库"MySch.SchLib"和 PCB 元件库"MyPcb.PcbLib"加入该工程。修改"MySch.SchLib"，将"MyPcb.PcbLib"中的 PCB 封装"DIP_12B"添加到元件"DPY_4B"的模型中，并编译生成集成元件库文件"MyInt.IntLib"。

## 任务 2　绘制简易单片机实验板原理图

 【任务描述】

　　用层次原理图绘制简易单片机实验板原理图，同时生成原理图报表文件。本实例中的单片机实验板主要由电源电路、CPU 控制电路、串口通信电路、继电器电路、蜂鸣器和数码管电路等部分组成。其原理图的主图如图 3-119 所示。

图片：
单片机实验板原理图

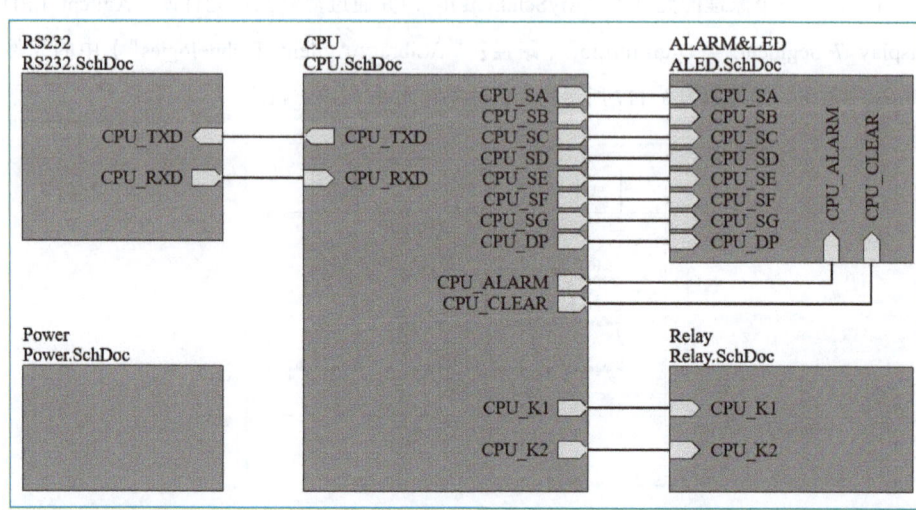

图 3-119
简易单片机实验板原理图
主图

 【任务目标】

| 知识目标 | 能力目标 | 素养目标 |
| --- | --- | --- |
| 1. 知道元件及封装的修改方法。<br>2. 能够举例说明元件重新标注的意义。<br>3. 能够系统化设计层次原理图 | 1. 会对元件进行重新标注。<br>2. 会对简易单片机实验板项目进行编译、查错与修改。<br>3. 会生成原理图相关报告 | 1. 能应用拆分理论到单片机实验板原理图绘制中。<br>2. 培养化繁为简的设计理念。<br>3. 能运用全局观与细节观相结合的工作方法，在具体与抽象切换中寻找事物本质 |

 【知事明理】

### 分解任务　化繁为简

　　拆分，也称为分而治之，是一种各个学科通用的方法。拆分是将复杂问题分成可以解决的小问题，然后各个击破。哲学家、物理学家笛卡儿说："将面临的所有问题尽可能地细分，细至能用最佳的方式将其解决为止。"

　　比如你买了一个西瓜，你不会直接用嘴去啃西瓜，因为西瓜太大了，不好下嘴。这相当于直接吃整个西瓜的难度超出了嘴的能力。用刀将西瓜切成一块一块的，然后再吃，这就是拆分。

那么要拆分到什么程度呢？至少要使得能力大于问题的难度，这时才有能力去解决问题。比如对于大人，西瓜可以拆分成较大的块，而对于老人和孩子，拆分的块应该小一点，这样才更利于他们吃西瓜。

拆分的应用随处可见，比如在曹冲称象的故事中，称象的难度超过了当时秤的称重能力，所以曹冲采用了拆分的方法。不能将大象杀了进行拆分，那么就通过等量替换原理，将大象替换成一大堆石头，也就相当于把大象的体重进行了拆分。大的家具不方便整体搬运，所以人们首先把组合家具拆分成方便搬运的最小单元，然后去搬运，最后再组装就可以了。在军事学上，分散敌人的兵力，然后集中自己的兵力进行打击，这也是拆分。国家为了方便管理，会进行行政区划分，分为省、市、县等，这样管理的难度就降低了。

层次原理图的设计方法也是拆分理论的典型应用，将一个复杂的电路原理图拆分成若干模块，分别设计并绘制各个模块的原理图，最后再组合成整体的原理图，既降低了设计难度，又降低了查错难度。

 【任务实施】

## 3.2.1　创建 PCB 工程项目

首先创建一个 PCB 工程项目"89S51.PrjPcb"，再新建原理图文件"89S51.SchDoc"与 PCB 文件"89S51.PcbDoc"。

### 1. 新建 PCB 工程项目文件

执行菜单命令"文件"⇨"新的"⇨"项目"，如图 3-120 所示，弹出如图 3-121 所示的"Create Project"（创建项目）对话框。依次选择"Local Projects"以及"PCB"下的"<Empty>"，在本地新建 PCB 工程项目，在"Project Name"文本框中用"89S51"替换默认的工程项目名称"PCB_Project"，在"Folder"栏内选择工程项目保存的路径，然后单击 Create 按钮创建一个新的 PCB 工程项目文件"89S51.PrjPcb"。

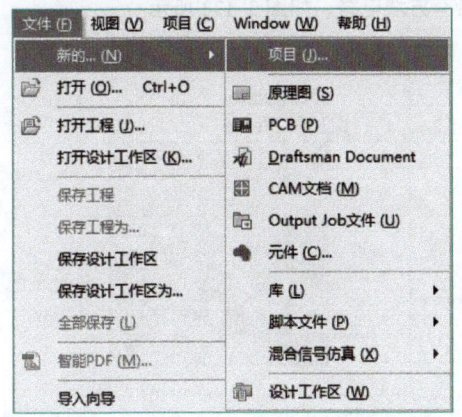

图 3-120
通过菜单创建新工程项目

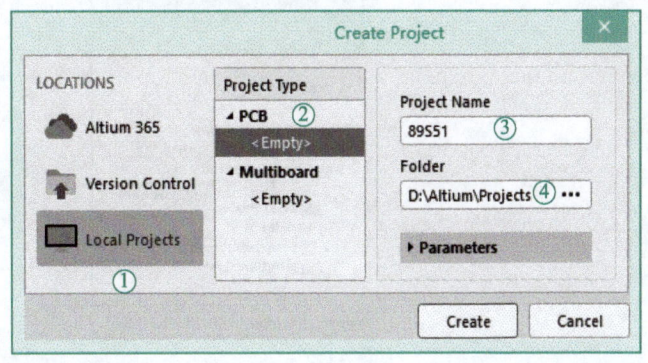

图 3-121
"Create Project"对话框

**2. 新建原理图文件**

执行菜单命令"文件" ⇨ "新的" ⇨ "原理图"，新建原理图文件；或者在"Projects"面板中，右击 PCB 工程项目文件名，在弹出的右键菜单中选择添加新的原理图文件到工程项目中，将其命名为"89S51.SchDoc"并保存。

**3. 新建 PCB 文件**

执行菜单命令"文件" ⇨ "新的" ⇨ "PCB"，新建 PCB 文件；或者通过右键菜单添加新的 PCB 文件到工程项目中，将其命名为"89S51.PcbDoc"并保存。

**4. 加载用户集成元件库**

在系统默认加载"Miscellaneous Devices.IntLib"和"Miscellaneous Connectors.IntLib"两个基本元件库的基础上，通过右键菜单添加任务 1 创建的用户集成元件库"MyLib.IntLib"。

**5. 保存 PCB 工程项目文件**

新建文件和添加元件库后，"Projects"面板中显示的工程项目文件结构如图 3-122 所示。执行菜单命令"文件" ⇨ "保存工程为…"，保存工程项目文件为"89S51.PrjPcb"。

### 3.2.2 层次原理图设计

本实例介绍的实验板通过单片机端口控制各个外设，可以完成大部分经典的单片机实验，包括串口通信、跑马灯实验、单片机音乐播放、LED 显示及继电器控制等。拟采用自上而下的层次原理图设计方法，绘制单片机实验板电路原理图。实验板使用的单片机芯片为 AT89S51。

微课：
层次原理图主图绘制

**1. 绘制主图**

① 打开原理图文件"89S51.SchDoc"，启动原理图编辑器。

② 单击布线工具栏或常用工具栏中的放置页面符按钮或者执行菜单命令"放置" ⇨ "页面符"，执行放置页面符命令。

③ 启动该命令后，光标变为十字形，并带有方块电路，如图 3-123 所示。

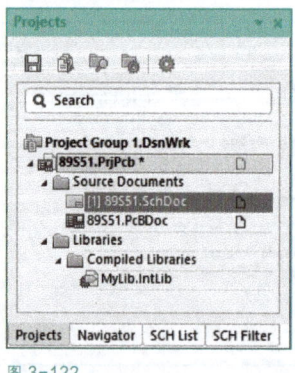

图 3-122
工程项目文件结构

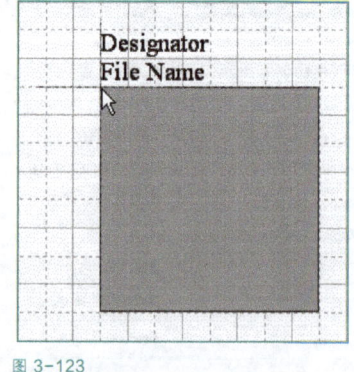

图 3-123
放置页面符状态

④ 在此状态下，按"Tab"键，在出现的"Properties"面板中，修改"Designator"将

页面符标识为"RS232"，修改"File Name"将页面符对应的原理图文件名设置为"RS232.SchDoc"，其他属性暂不修改，如图 3-124 所示。

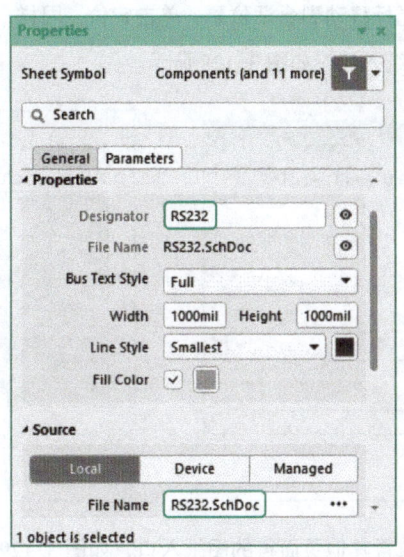

图 3-124
设置标识符与文件名

⑤ 设置完属性后，确定页面符的大小和位置。将光标移动到适当的位置后，单击确定页面符左上角的位置；然后拖动鼠标到适当的位置，再单击确定页面符右下角的位置。这样就定义了页面符的大小和位置，绘制出一个名为"RS232"的模块，如图 3-125 所示。

⑥ 绘制好一个页面符之后，光标仍处于放置页面符的状态，可以用同样的方法继续放置其他页面符，并设置属性。

⑦ 单击布线工具栏或常用工具栏中的放置图纸入口按钮或者执行菜单命令"放置" ⇨ "添加图纸入口"，执行放置图纸入口命令。

⑧ 执行该命令后，光标变为十字形，在需要放置图纸入口的页面符上单击，此时光标处就附着了页面符的图纸入口符号，如图 3-126 所示。

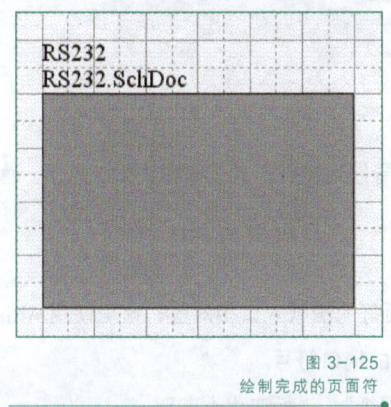

图 3-125
绘制完成的页面符

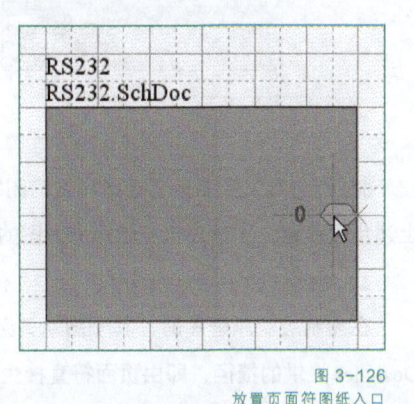

图 3-126
放置页面符图纸入口

⑨ 在此状态下，按"Tab"键，系统弹出"Properties"面板，设置图纸入口的名称为"CPU_TXD"，选择 I/O 类型为"Input"，如图 3-127 所示。

⑩ 设置完成后，将光标移动到合适位置，单击定位。同样，根据实际电路的安排，可以在该模块上放置其他图纸入口，如图 3-128 所示。

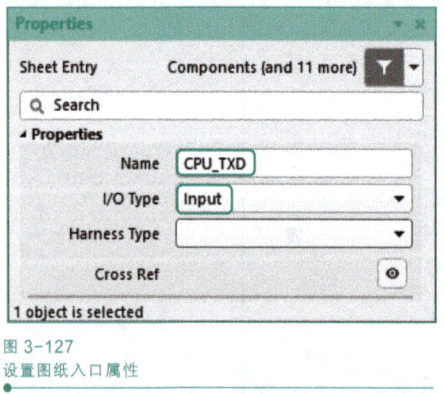

图 3-127
设置图纸入口属性

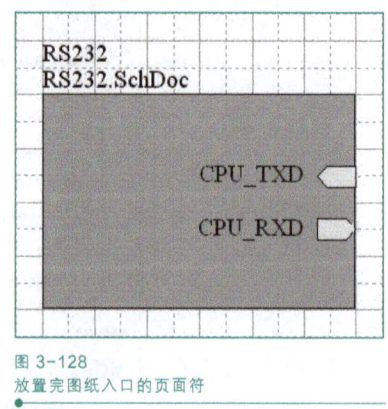

图 3-128
放置完图纸入口的页面符

⑪ 重复上述操作，放置其他页面符的图纸入口，如图 3-129 所示。

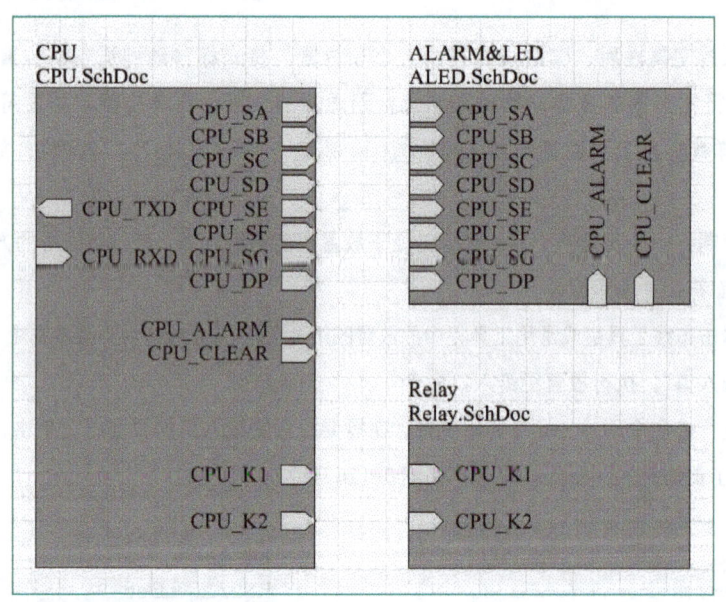

图 3-129
放置完图纸入口的其他页面符

⑫ 将电气关系上具有连接属性的图纸入口用导线连接在一起，如图 3-119 所示。通过上述步骤就建立了单片机实验板原理图的主图。

**2. 绘制子图**

在绘制层次原理图时，其子图端口必须和页面符的图纸入口相对应，这里使用 Altium Designer 提供的捷径，即由页面符直接生成原理图的端口符号。

① 执行菜单命令"设计"⇨"从页面符创建图纸"，光标变为十字形。

② 移动光标到页面符"RS232"上单击。

微课：
层次原理图子图绘制

③ 此时自动生成一个文件名为"RS232.SchDoc"的原理图文件，并将主图的图纸入口符号转换为子图的端口符号，如图 3-130 所示。

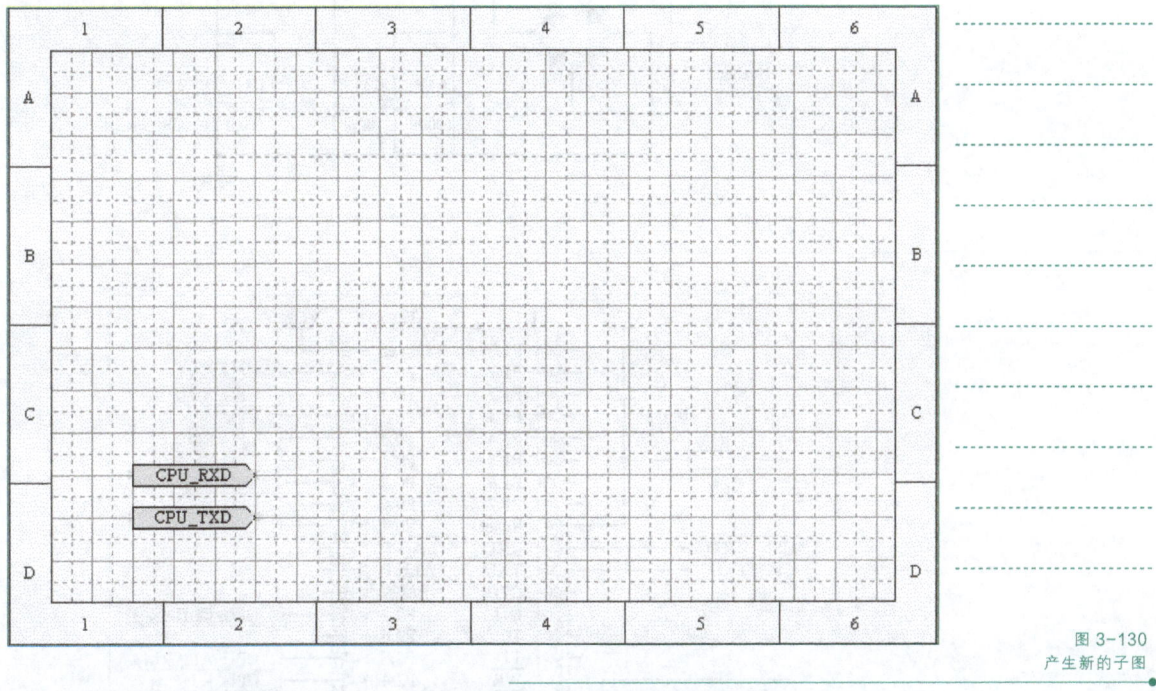

图 3-130
产生新的子图

④ 在新生成的子图"RS232.SchDoc"中依照电气关系放置需要的元件，适当布局后，按照电气连接关系连接各个元件和端口，得到如图 3-131 所示的串口通信电路。

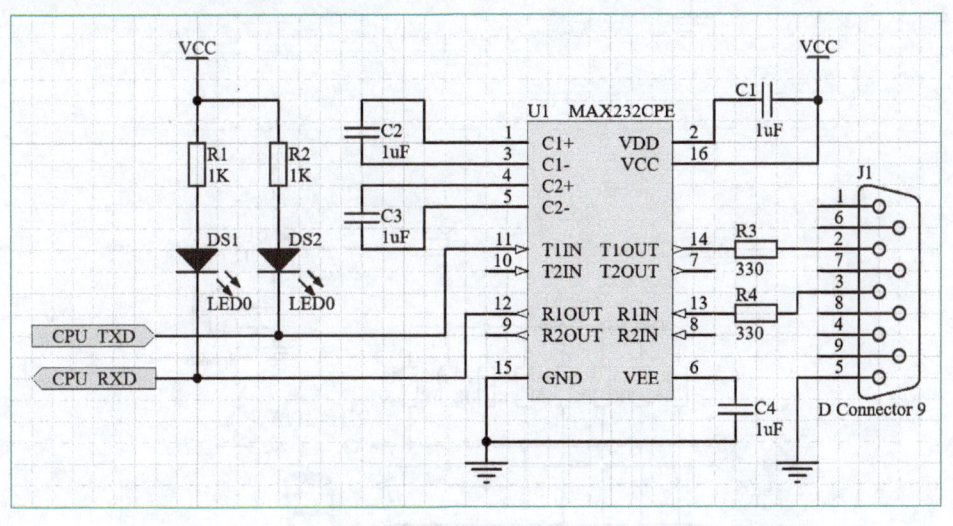

图 3-131
串口通信电路

⑤ 重复上述操作，绘制其他部分的子图。电源电路如图 3-132 所示，CPU 电路如图 3-133 所示，蜂鸣器和数码管电路如图 3-134 所示，继电器电路如图 3-135 所示。

231

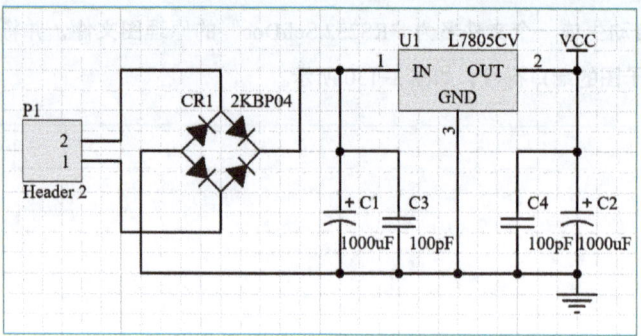

图 3-132
电源电路

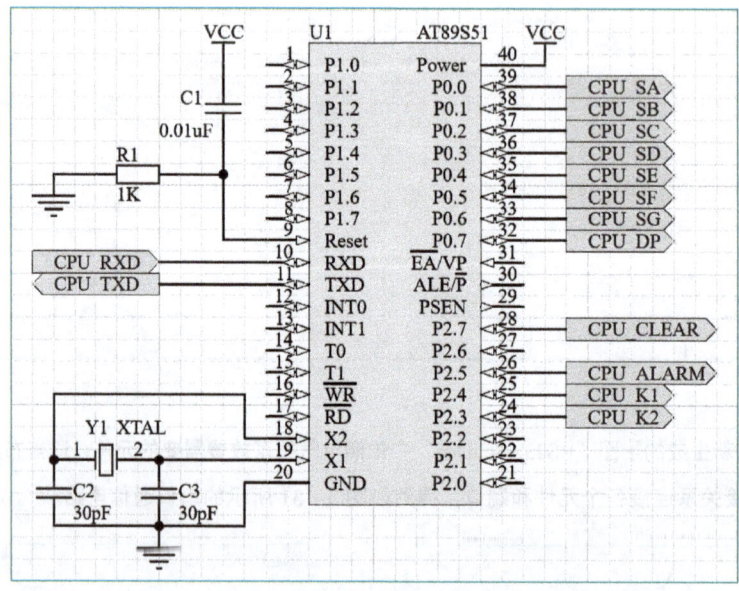

图 3-133
CPU 电路

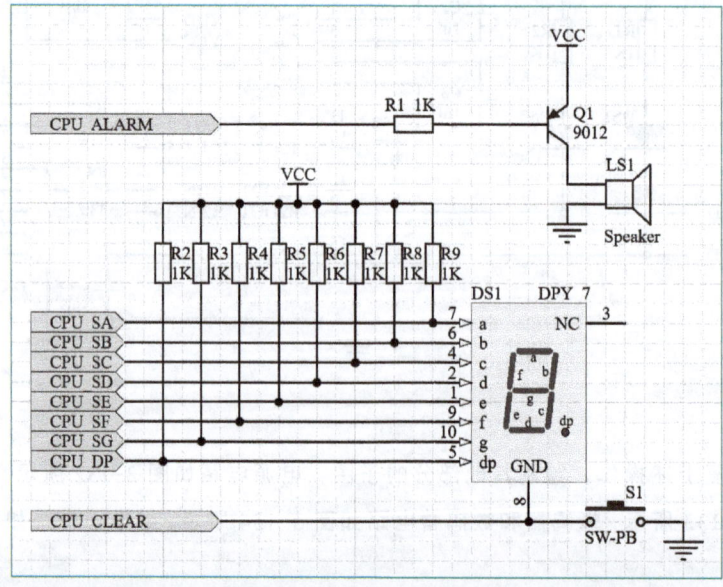

图 3-134
蜂鸣器和数码管电路

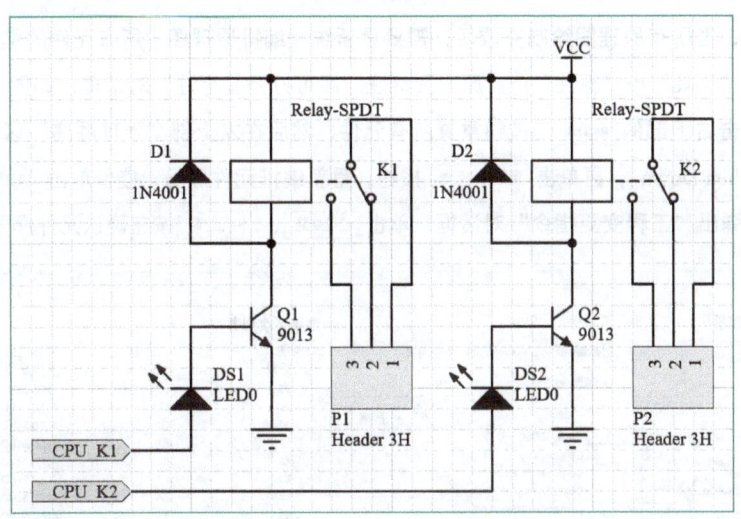

图 3-135
继电器电路

### 3. 重新标注元件

当所有子图绘制完成并编译之后，在"Projects"面板中文件会以层次结构列出，如图 3-136 所示。执行右键菜单命令"Validate PCB Project 89S51.PrjPcb"校验工程项目，在弹出的"Messages"对话框中会出现一些错误提示，其中很多是元件编号重复（Duplicate Component Designators）错误，在原理图相关元件旁边也有红色波浪线标注，如图 3-137 所示。这是因为单独绘制各个子图时，元件是独立编号的，导致不同子图之间的元件编号会存在重复的现象。

微课：
层次原理图重新
标注元件

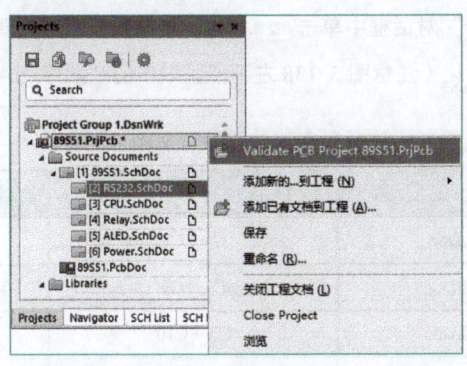

图 3-136
"Projects"面板中的层次结构

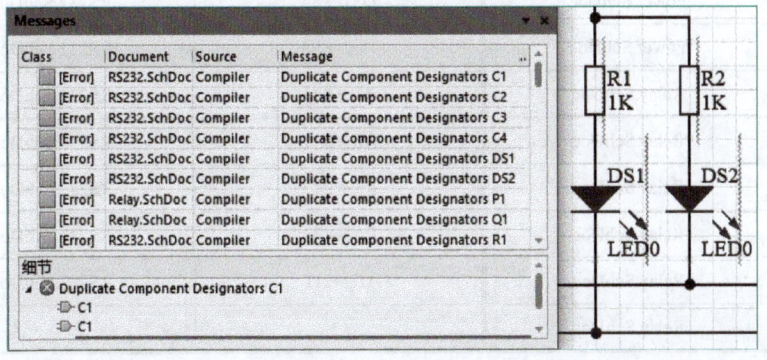

图 3-137
元件编号重复

因此，当所有原理图绘制完成后，需要重新统一编排原理图中所有元件的编号。执行菜单命令"工具"⇨"标注"⇨"原理图标注"即可打开"标注"对话框，如图 3-138 所示。先单击右下部的 Reset All 按钮重置所有元件，然后在左上部"处理顺序"区域中选择"Across Then Down"，再单击 更新更改列表 按钮，重新编排元件序号；接着单击 接收更改(创建ECO) 按钮，会弹出"工程变更指令"对话框，单击 验证变更 、 执行变更 按钮确认元件序号改变。

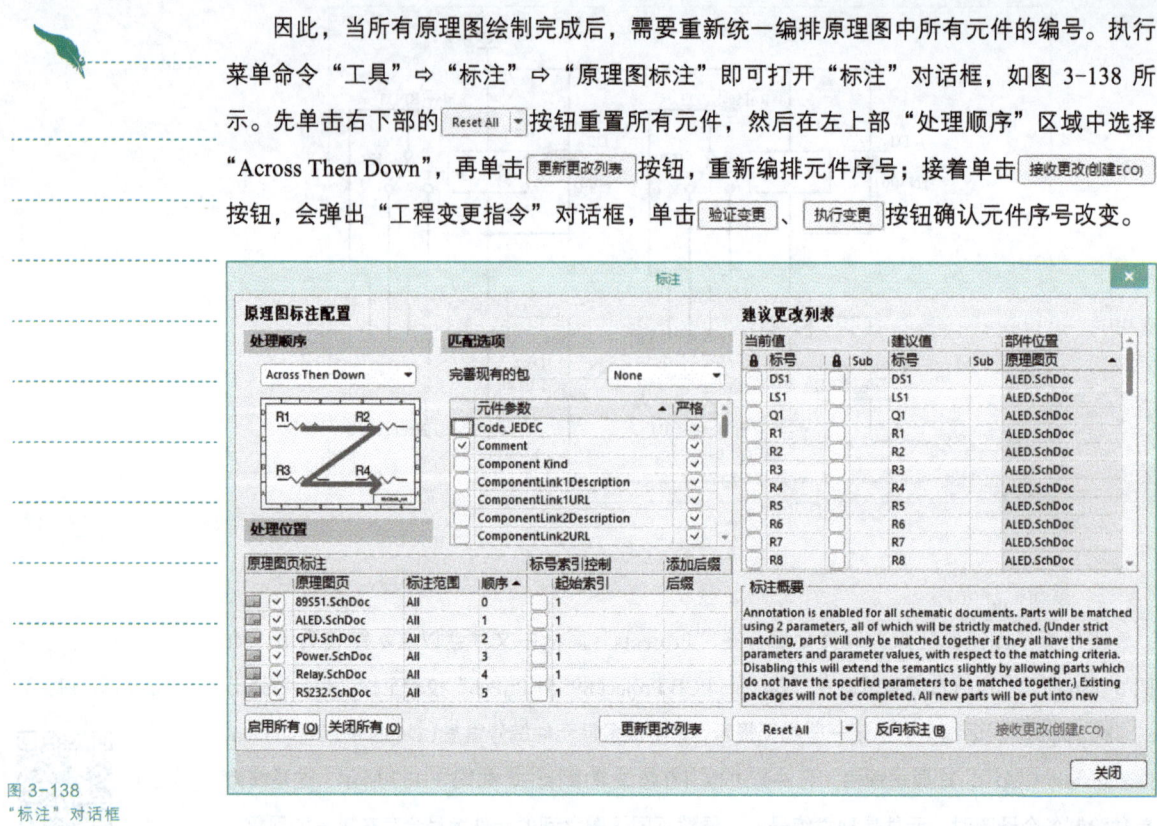

图 3-138
"标注"对话框

在"工程变更指令"对话框中单击 报告变更(R)... 按钮，将生成变更文档，可以看出有 23 个元件的标注发生了变化（注意图 3-138 左下部区域中的"顺序"），见表 3-2。

表 3-2 重新标注后受影响的元件和文档

| 元件 | 文档 | 元件 | 文档 |
|---|---|---|---|
| R1→R10 | CPU.SchDoc | C1→C8 | RS232.SchDoc |
| C1→C4 | Power.SchDoc | C2→C9 | RS232.SchDoc |
| C2→C7 | Power.SchDoc | C3→C10 | RS232.SchDoc |
| C3→C5 | Power.SchDoc | C4→C11 | RS232.SchDoc |
| C4→C6 | Power.SchDoc | DS1→S4 | RS232.SchDoc |
| U1→U2 | Power.SchDoc | DS2→S5 | RS232.SchDoc |
| DS1→S2 | Relay.SchDoc | R1→R11 | RS232.SchDoc |
| DS2→S3 | Relay.SchDoc | R2→R12 | RS232.SchDoc |
| P1→P2 | Relay.SchDoc | R3→R13 | RS232.SchDoc |
| P2→P3 | Relay.SchDoc | R4→R14 | RS232.SchDoc |
| Q1→Q2 | Relay.SchDoc | U1→U3 | RS232.SchDoc |
| Q2→Q3 | Relay.SchDoc | | |

#### 4. 元件放置说明

为了方便 PCB 制作及焊接，实验板上所有元件均选用直插式封装。利用给工程项目添加元件库、搜索元件等方法，可以在各子图中放置单片机实验板用到的各个元件，查找、添加元件的具体方法在前面内容中有详细介绍。下面就放置元件有关问题加以说明。

① 在 "Miscellaneous Devices.IntLib" 库中选择发光二极管 LED0、电阻 Res2、晶振 XTAL、电解电容 Cap Pol1、无极性电容 Cap，以及二极管 1N4001、PNP 和 NPN 三极管 9012 和 9013、蜂鸣器 Speaker、继电器 Relay-SPDT 和按键 SW-PB 等。

② 在 "Miscellaneous Connectors.IntLib" 库中选择插针 Header 3H、插座 Header 2 和串口 D Connector 9 等。

③ 放置以上各元件之后，根据本例的需要对元件进行适当的修改。由于绘图时选择的 "D Connector 9" 串口的接头是 11 针，而在这里只需要 9 针，所以需要稍加修改。双击串口接头，弹出如图 3-139 所示的 "Component" 对话框。

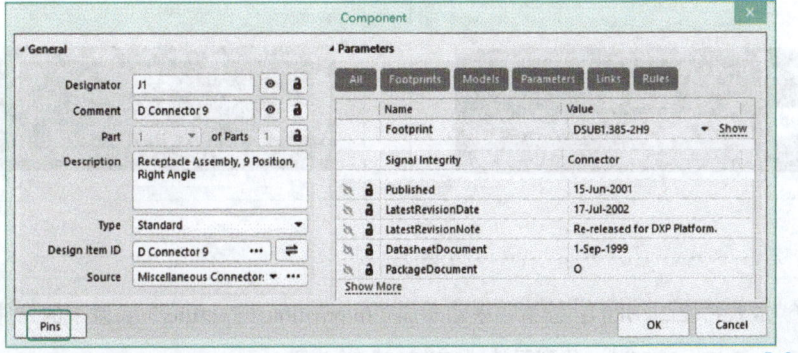

图 3-139
D Connector 9 "Component" 对话框

单击 "Component" 对话框左下角的 Pins 按钮，弹出 "元件管脚编辑器" 对话框，如图 3-140 所示。取消勾选管脚 10 和管脚 11 的 "Show" 属性，单击 确定 按钮，元件即被修改。

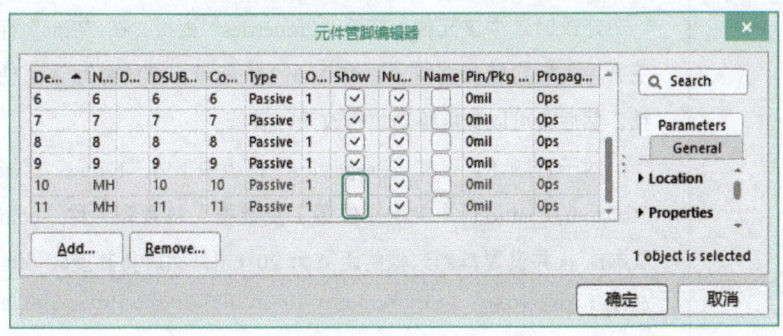

图 3-140
"元件管脚编辑器" 对话框

④ 放置三端稳压器：三端稳压器 "L7805CV" 不在默认载入的元件库中，需要搜索或手动添加 "ST Microelectronics" 目录下的元件库 "ST Power Mgt Voltage Regulator.IntLib"，找到元件 "L7805CV" 并放置，如图 3-141 所示。

⑤ 放置 MAX232：串口芯片"MAX232"也不在默认载入的元件库中，需要搜索或手动添加"Maxim"目录下的元件库"Maxim Communication Transceiver.IntLib"，找到元件"MAX232CPE"并放置，如图 3-142 所示。

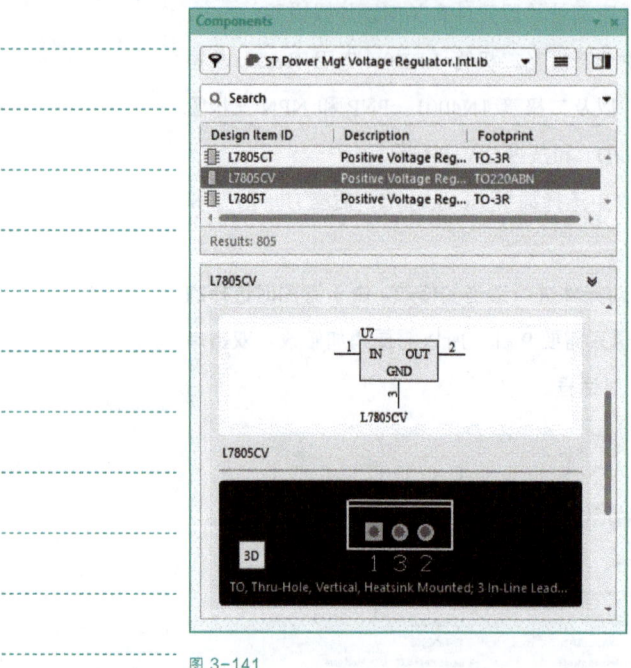

图 3-141
三端稳压器"L7805CV"

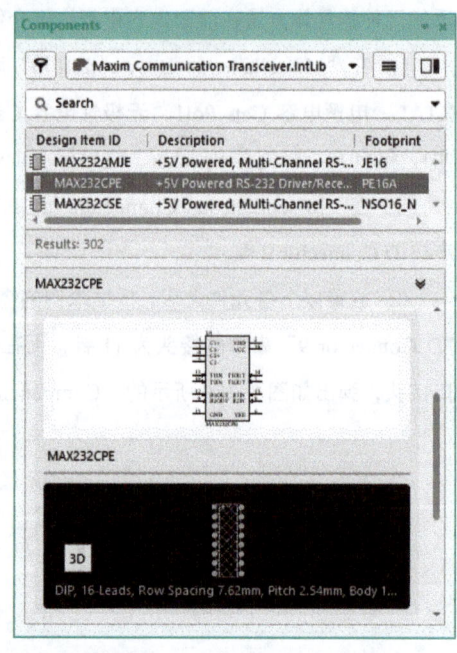

图 3-142
串口芯片"MAX232CPE"

⑥ 放置桥堆 2KBP04：搜索或手动添加"International Rectifier"目录下的元件库"IR Rectifier - Bridge.IntLib"，找到元件"2KBP04"并放置。

⑦ 放置数码管 DS1：直接放置用户集成元件库"MyLib.IntLib"中的元件"DPY_7-SEG"。用户自建数码管元件时，管脚是按物理位置排列的，比较直观；但绘制原理图时，一般要按逻辑顺序排列比较方便，因此需要对元件符号进行一些修改。

修改时选中该元件，打开"Properties"面板，在"Pins"标签页左下方单击锁定管脚按钮 🔒，如图 3-143 所示，将其变为 🔓，使管脚解锁，然后就可以直接移动或修改元件管脚。

对于管脚 8，在其"Properties"面板中下方"Name"区域，勾选"Custom Position"（自定义位置）复选框，将管脚名称"com"改为"GND"，并设置其到边框的距离为 20 mil，然后将其旋转 90° 放置，如图 3-144 所示。

对于管脚 3，将其名称修改为"NC"；对于其他管脚，旋转并移动到相应位置放置；将整个数码管的元件注释修改为"DPY_7"。修改完成后在"Properties"面板中恢复管脚锁定状态。修改前后的数码管如图 3-145 所示。

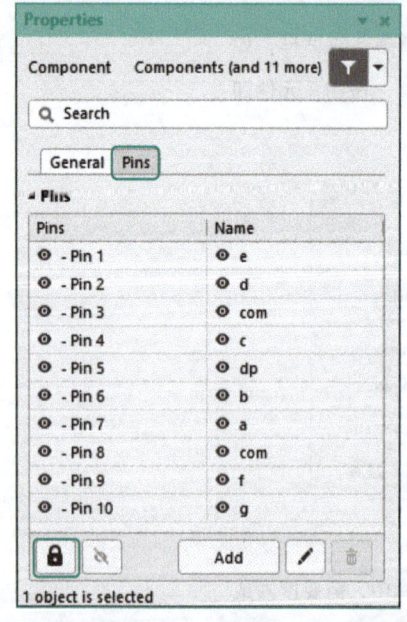

图 3-143
在"Properties"面板中解锁管脚

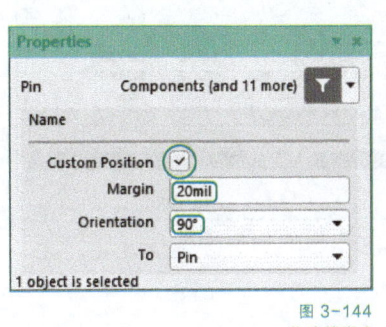

图 3-144
修改管脚 8

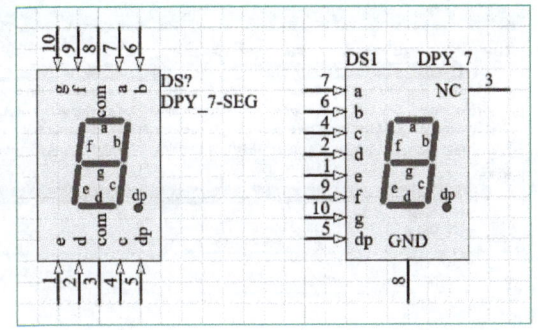

图 3-145
修改前后的数码管

⑧ 放置单片机 AT89S51：直接放置用户集成元件库"MyLib.IntLib"中的元件"AT89S51"。

## 3.2.3　原理图编译与报告

### 1. 编译工程及校验查错

① 执行菜单命令"工程"⇨"Validate PCB Project 89S51.PrjPcb"校验工程项目，在弹出的"Messages"对话框中会出现一些错误提示信息，检查错误并排除。若确认原理图无误，但"Messages"对话框中仍然有错误或警告提示信息，可以修改错误报告格式。

② 执行菜单命令"工程"⇨"Project Options"，弹出项目管理选项对话框。

③ 在"Error Reporting"标签页中，可以设置各种违规类型的报告格式。这里将"Nets containing floating input pins"（输入管脚悬空）等设置为"不报告"，如图 3-146 所示。

微课：
单片机实验板原理图
编译与报告

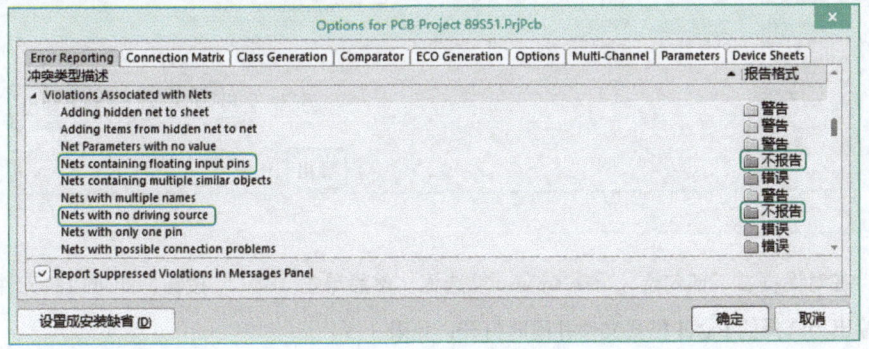

图 3-146
设置错误报告格式

④ 在"Connection Matrix"标签页中，可以设置电气连接矩阵。这里将第 8 行"Power Pin"与"Input Port"列交叉处的小方框设置为绿色（即不报告），允许电源管脚和输入端口（"Power Pin and Input Port objects"）连接。

⑤ 单击 确定 按钮，完成对项目管理选项的设置。

⑥ 再次执行菜单命令"工程"⇨"Validate PCB Project 89S51.PrjPcb"或者直接右击工程项目名称，选择"Validate PCB Project 89S51.PrjPcb"校验工程项目。系统生成的"Messages"对话框如图 3-147 所示。

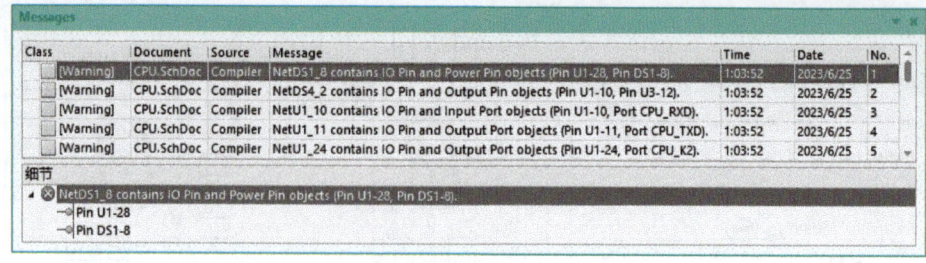

图 3-147
工程项目编译校验信息

**2. 生成报告文件**

（1）生成元件报表

打开单片机实验板的原理图文件"89S51.SchDoc"，执行菜单命令"报告" ⇨ "Bill of Materials"，弹出元件报表对话框，如图 3-148 所示。其中列出了整个项目中用到的元件，单击表格中的列标题，可以使表格内容按照一定的次序排列。

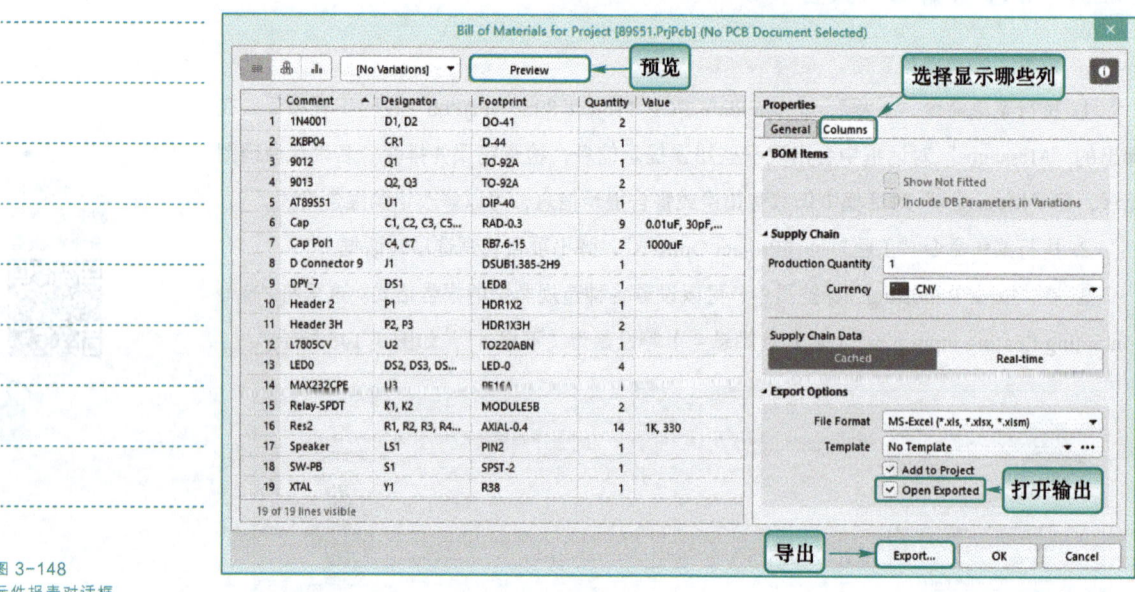

图 3-148
元件报表对话框

在对话框右下部勾选 ☑ Open Exported 复选框，然后单击 Export... 按钮，即可以将元件报表输出为选择的 Excel 格式文件并同时打开，见表 3-3。

表 3-3 89S51.PrjPcb 项目输出的 Excel 格式元件报表

| Comment | Designator | Footprint | Quantity | Value |
|---|---|---|---|---|
| 1N4001 | D1,D2 | DO-41 | 2 | |
| 2KBP04 | CR1 | D-44 | 1 | |
| 9012 | Q1 | TO-92A | 1 | |
| 9013 | Q2,Q3 | TO-92A | 2 | |
| AT89S51 | U1 | DIP-40 | 1 | |

续表

| Comment | Designator | Footprint | Quantity | Value |
|---|---|---|---|---|
| Cap | C1,C2,C3,C5,C6,C8,C9,C10,C11 | RAD-0.3 | 9 | 0.01uF,30pF,100pF,1uF |
| Cap Pol1 | C4,C7 | RB7.6-15 | 2 | 1000uF |
| D Connector 9 | J1 | DSUB1.385-2H9 | 1 | |
| DPY_7 | DS1 | LED8 | 1 | |
| Header 2 | P1 | HDR1X2 | 1 | |
| Header 3H | P2,P3 | HDR1X3H | 2 | |
| L7805CV | U2 | TO220ABN | 1 | |
| LED0 | DS2,DS3,DS4,DS5 | LED-0 | 4 | |
| MAX232CPE | U3 | PE16A | 1 | |
| Relay-SPDT | K1,K2 | MODULE5B | 2 | |
| Res2 | R1,R2,R3,R4,R5,R6,R7,R8,<br>R9,R10,R11,R12,R13,R14 | AXIAL-0.4 | 14 | 1K,330 |
| Speaker | LS1 | PIN2 | 1 | |
| SW-PB | S1 | SPST-2 | 1 | |
| XTAL | Y1 | R38 | 1 | |

在对话框的上中部单击 Preview 按钮，可直接预览元件报表。

（2）生成网络表文件

这里根据自动标注之后的单片机实验板原理图来生成网络表文件。执行菜单命令"设计" ⇨ "工程的网络表" ⇨ "Protel"，系统将自动在当前项目文件下添加一个与项目文件同名的网络表文件。双击该文件，即可打开网络表文件"89S51.NET"浏览其内容。

## 3.2.4　原理图打印输出

在原理图文件活动状态下，执行菜单命令"文件" ⇨ "打印"或按"Ctrl+P"组合键，即可打开如图 3-149 所示的原理图打印预览对话框。其左边为参数设置区域，右边为打印预览显示区域。可以在对话框中定义打印内容、查看打印输出以及设置打印参数。如果对某些打印参数进行了调整，可以按"F5"键或单击预览区域上方"Refresh (F5)"超链接刷新预览。设置好打印参数后，单击右下方的 Print 按钮即可打印。

**1.　"General"（常规）选项**

"General"标签页中包含用于配置打印机和页面设置的选项。

（1）Printer & Presets Settings（打印和预设设置）

① Printer（打印机）：设置当前打印机，通过下拉列表可选择另一台打印机；如果选择打印机为"Microsoft Print to PDF"，则可以输出 PDF 格式文件。单击 ⋯ 按钮可访问以下选项：

➢ Printer Settings（打印机设置）：配置打印机属性。

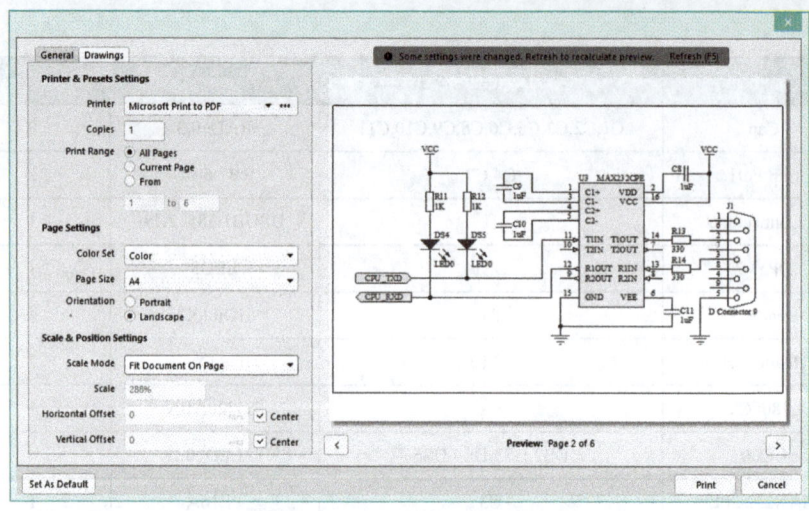

图 3-149
原理图打印预览对话框

> Set as Default（设置为默认值）：将所选打印机设置为默认值。

> Add Printer（添加打印机）：添加新打印机。

> Print to File（打印到文件）：在项目文件中创建"Out"文件夹。

② Copies（打印份数）：指定要打印的页面（或页面集）的份数。

③ Print Range（打印范围）：指定当预期打印作业包含多个页面时要打印哪些页面。可以选择"All Pages"（所有页面）、"Current Page"（当前页面）或者"From"（页码范围，需要指定起始页和结束页）。

（2）Page Settings（页面设置）

① Color Set（颜色集）：选择用于打印输出的颜色集，可用的颜色集有"Gray""Mono"和"Color"。

② Page Size（页面尺寸）：从下拉列表中选择纸张尺寸。

③ Orientation（纸张方向）：可以选择"Portrait"（纵向）或"Landscape"（横向）打印。

（3）Scale & Position Settings（比例和位置设置）

① Scale Mode（缩放模式）：使用下拉列表选择所需的缩放模式，可选择"Actual Size"（实际尺寸）或"Fit Document On Page"（适合页面）。

② Scale（比例）：当缩放模式设置为"Actual Size"时，此选项可用，用来定义文档的缩放程度；输入大于 1 的值会放大打印，输入小于 1 的值则会缩小打印。

③ Horizontal Offset（水平偏移）：用于手动调整页面上打印内容在水平面上的位置，勾选 ☑ Center 复选框可自动定位打印内容使其在页面上水平居中。

④ Vertical Offset（垂直偏移）：用于手动调整页面上打印内容在垂直平面上的位置，勾选 ☑ Center 复选框可自动定位打印内容使其在页面上垂直居中。

**2. "Drawings"（绘图）选项**

"Drawings"标签页（见图 3-150）可用于配置打印输出中是否包含"No-ERC Markers with Symbols"（带符号的 No-ERC 标记）、"Parameter Sets"（参数集）、"Probes"（探

针）等对象。

对于"带符号的 No-ERC 标记"复选框，取消勾选时可以从生成的打印中排除所有 No-ERC 标记，勾选则包含 No-ERC 标记。勾选此选项后，可进一步选择包含的 No-ERC 标记的类型：细十字、粗十字、小十字、检查框和三角形。

### 3. 预览区域右键菜单

在预览区域中右击，会弹出如图 3-151 所示的右键菜单，包含以下命令：

① Copy：复制，将当前预览复制到 Windows 剪贴板。

② Zoom In：逐步放大。

③ Zoom Out：逐步缩小。

④ Show Print Region：显示打印区域。

⑤ Show Grid：显示网格。注意，网格线不会显示在打印输出上。

⑥ Export to Image：将当前预览导出为图像（PNG、JPEG、BMP、GIF、WMF、EMF）。

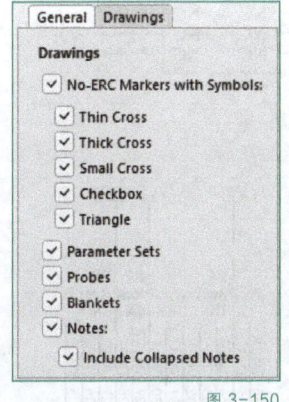

图 3-150
"Drawings" 标签页

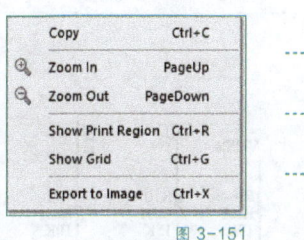

图 3-151
预览区域右键菜单

【任务拓展】

1. 采用层次原理图设计方法，绘制如图 3-152 所示的简易 U 盘电路原理图。

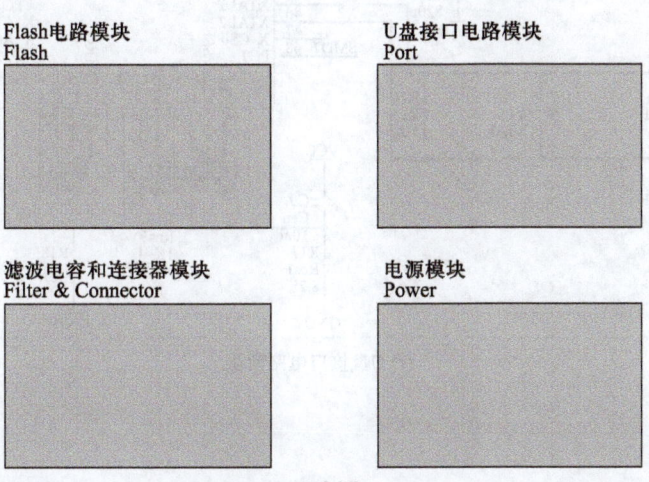

(a) 主图

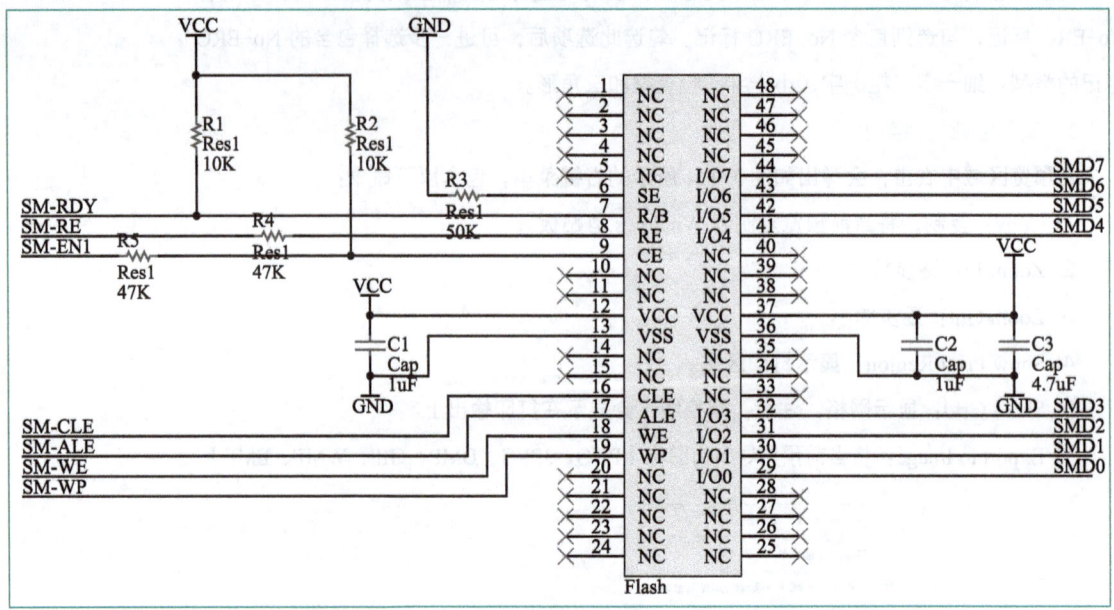

(b) Flash电路模块

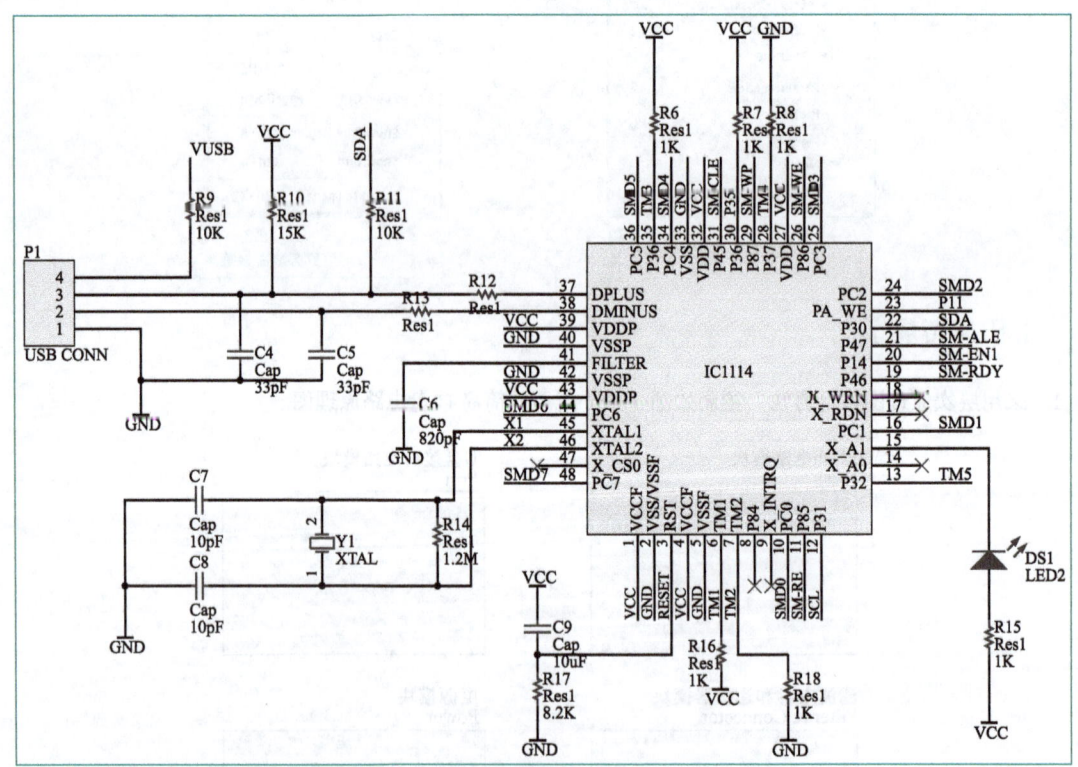

(c) U盘接口电路模块

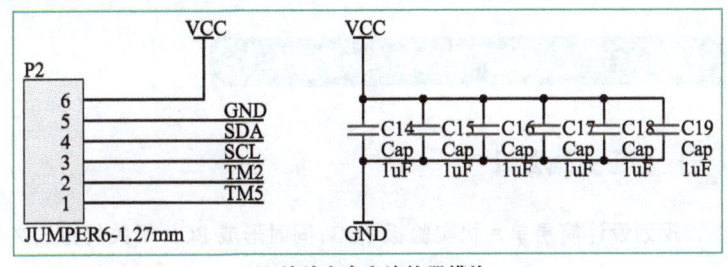

(d) 滤波电容和连接器模块

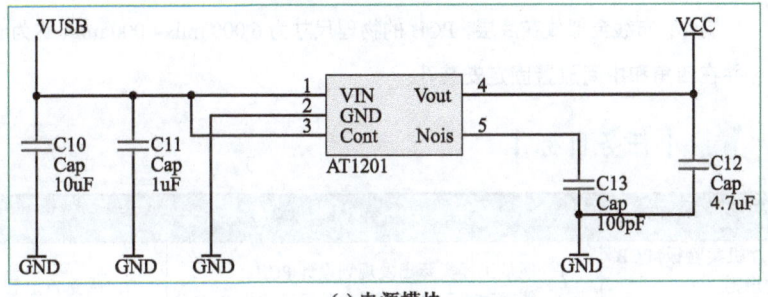

(e) 电源模块

图 3-152
简易 U 盘电路原理图

2. 绘制如图 3-153 所示的数字电子钟电路原理图。

![数字电子钟电路原理图]

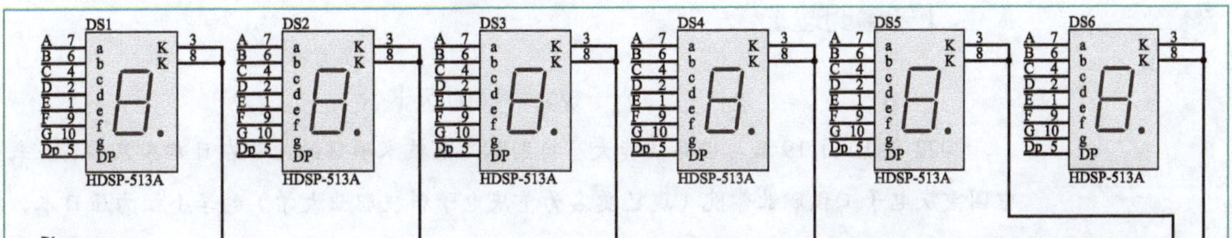

图 3-153
数字电子钟电路原理图

## 任务3 设计简易单片机实验板 PCB

### 【任务描述】

规划设计简易单片机实验板 PCB，同时形成 PCB 相关的报表文件和装配制造文件。本任务中的单片机实验板原理图来源于任务2。考虑实验室制板方便，实验板采用单面覆铜板制作，布线全部放在底层，PCB 的物理尺寸为 6 000 mil×4 000 mil（约为 150 mm×100 mm），并在四角和中间放置固定安装孔。

### 【任务目标】

| 知识目标 | 能力目标 | 素养目标 |
| --- | --- | --- |
| 1. 能列举简易单片机实验板 PCB 布局与布线应遵守的规则。<br>2. 能说明简易单片机实验板 PCB 后期处理的工作内容。<br>3. 能列举制造装配文件的内容 | 1. 能从工程实际出发规划设计 PCB。<br>2. 能手动修改完善简易单片机实验板 PCB。<br>3. 能生成并输出简易单片机实验板装配制造文件 | 1. 感受 PCB 设计的规范美、工艺美。<br>2. 培养精益求精的工匠精神。<br>3. 树立技能报国的理想信念 |

### 【知事明理】

#### 一技之长 能动天下

2022 年 10 月 19 日，世界技能大赛特别赛光电技术项目的比赛在日本东京举行。来自中国重庆电子工程职业学院（现已更名为重庆电子科技职业大学）的李小松力压日本、韩国、菲律宾等国家的选手，勇夺金牌。

由于光电技术项目是新设比赛项目，没有"前路"可以提供参考，唯一的训练方向就是主办方提供的技术标准文件和一套样题。赛前准备的一年多时间里，李小松每天训练十几个小时。他给自己制订的训练计划是：灯具组装，每天 40 遍；PVC 管弯折练习，每天 50 遍；灯带焊接，每天 100 个焊点。

功夫不负有心人，李小松顺利通过选拔，代表中国队走上了世界技能大赛的赛场，并最终为中国队赢得了一枚金牌。这枚金牌对于李小松来说不仅仅是对自己努力付出的肯定，也为他今后从事职业技术道路树立了信心。

李小松说："选择职业教育就意味着我们可以选择学习一门自己喜欢的技术技能，不断精进自己的手艺，用自己的双手去实现自己的梦想，用技能去点亮自己的人生。"

技能人才是支撑中国制造、中国创造的重要力量，加强高技能人才队伍建设，对增强国家核心竞争力和科技创新能力、推动高质量发展具有重要意义。党的二十大报告中指出，统筹职业教育、高等教育、继续教育协同创新，推进职普融通、产教融合、科教融汇，优化职业教育类型定位。新征程上，我们期待有更多大国工匠、技能人才脱颖而出，站上世界冠军的领奖台，站在制造业高水准技能的前列。

【任务实施】

### 3.3.1　PCB 规划布局

**1. 规划电路板**

在创建 PCB 文件之后，可以在"View Configuration"（视图配置）对话框、"Properties"面板中进行 PCB 工作环境参数等的配置。

① 打开任务 2 创建的 PCB 文件"89S51.PcbDoc"，进入 PCB 编辑器，单击应用工具栏中的设置原点按钮 ，或者执行菜单命令"编辑" ➪ "原点" ➪ "设置"，如图 3-154 所示，在 PCB 图的左下角合适位置设置坐标原点。

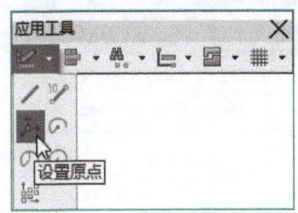
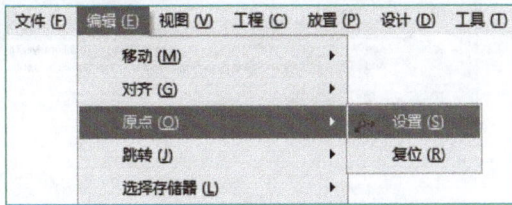

图 3-154
设置坐标原点

② 按"Ctrl+G"组合键打开"Cartesian Grid Editor"对话框，设置合适的栅格。这里将"步进"设置为 100 mil，"倍增"设置为"5x 栅格步进值"。

③ 执行菜单命令"视图" ➪ "板子规划模式"，接着执行菜单命令"设计" ➪ "重新定义板形状"，出现十字光标后从坐标原点出发画一个 6 000 mil×4 000 mil 的矩形以定义 PCB 的物理边界，然后执行菜单命令"视图" ➪ "切换到 2 维模式"。

④ 选择"Keep-Out Layer"工作层，单击常用工具栏中的放置直线按钮 ，绘制 PCB 的电气边界，如图 3-155 所示。图中四角和中间留出部分用于放置安装定位孔。

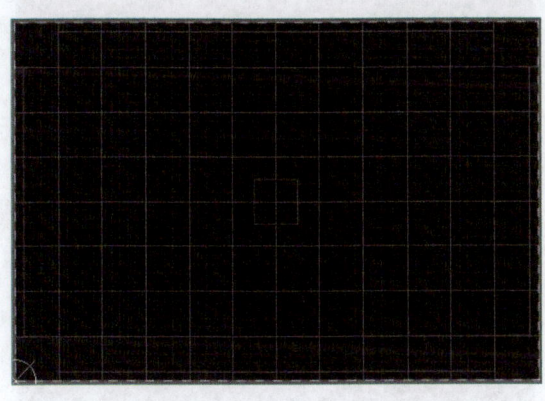

图 3-155
PCB 的物理边界与电气边界

**2. 导入网络表**

将网络表和元件导入 PCB 之前，确保之前所绘制的所有原理图文件、创建的 PCB 文件以及用户集成元件库文件都已经添加到 PCB 项目中，并且已经保存。

① 在 PCB 编辑器中执行菜单命令"设计" ⇨ "Import Changes From 89S51.PrjPcb"，弹出"工程变更指令"对话框。

② 取消勾选"Add Rooms[5]"下的 5 个复选框，单击对话框中的 验证变更 按钮，系统逐项执行所提交的修改并在"状态"栏的"检测"列中显示加载的元件是否正确。

③ 单击 执行变更 按钮，将改变发送到 PCB。如果所有"完成"列状态均正确，则表示元件已全部导入 PCB 中，如图 3-156 所示。

图 3-156
"工程变更指令"对话框

④ 关闭"工程变更指令"对话框，可以看到网络表和元件已加载到 PCB 中，一般放置在 PCB 板框右侧，如图 3-157 所示。

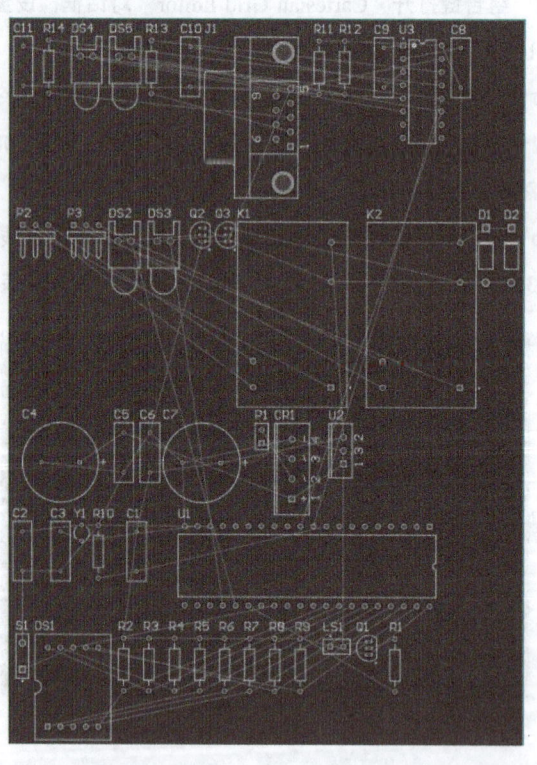

图 3-157
加载网络表和元件后的 PCB 图

### 3. PCB 布局

选中所有元件，执行菜单命令"工具" ⇨ "在矩形区域排列"，在 PCB 板框内画一个矩形区域，则所有元件按类型排列到 PCB 板框中，如图 3-158 所示。但此时个别元件的封装还不正确，元件位置也不够理想，因此必须重新调整某些元件的封装与位置。

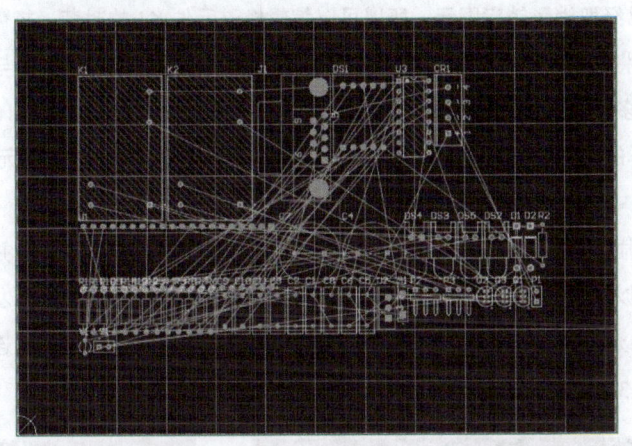

图 3-158
元件初步布局结果

**（1）修改继电器封装**

在单片机实验板中，实际采用的是 DC 5 V 的小型六脚继电器，封装尺寸为 15.5 mm×10.5 mm×11.8 mm，封装形式与 DIP-12 类似，和 Altium Designer 自带元件 Relay-SPDT 的封装"MODULE5B"不符，因此需要手动修改。

① 双击继电器 K1（Relay-SPDT），弹出"Component"对话框，单击"Properties"区域中的锁定图元按钮 🔒，使其变为 🔓，再单击"Footprint"区域中"Footprint Name"后面的 ⬛ 按钮，弹出"浏览库"对话框，如图 3-159 所示。

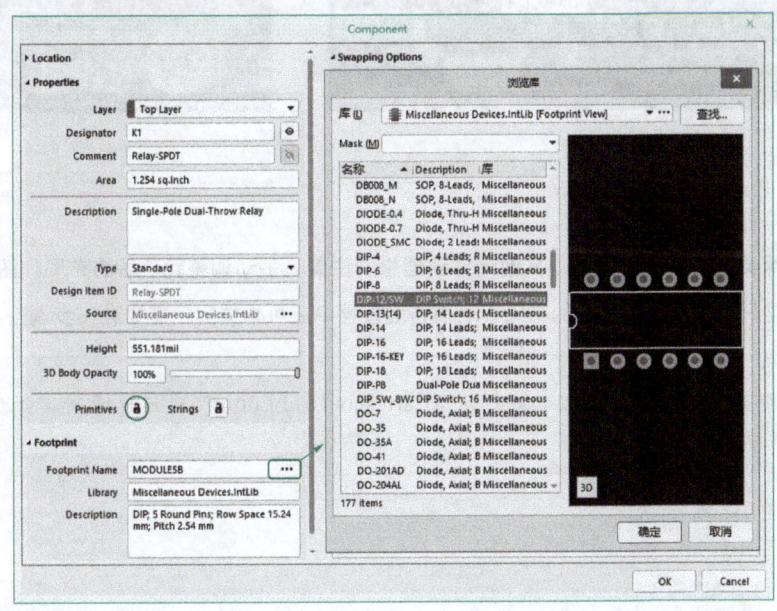

图 3-159
"Component"对话框与
"浏览库"对话框

② 在"浏览库"对话框中，选择"Miscellaneous Devices.IntLib"元件库中名称为"DIP-12/SW"的封装。

③ 依次单击两个对话框中的 [确定] 和 [OK] 按钮，返回 PCB 编辑环境，可以看到元件 K1 的封装形式变成了"DIP-12/SW"。

④ 因为已经取消了锁定图元，所以可以编辑修改元件 K1 的封装，将需用的焊盘移动到合适位置，将其中一个不用的焊盘标识符修改为"1"，同时将其连接到与原焊盘 1 相同的网络，删除多余的焊盘，再调整边框轮廓线的形状到合适状态，如图 3-160 所示。

⑤ 用同样的方法修改继电器 K2 的封装，修改完成后将 K1、K2 的图元锁定。

（2）移动串口位置

因串口需插接，所以应将其尽量放置在 PCB 的边缘部分。单击串口，并按住鼠标左键不放，这时可以随意移动串口的位置，将其移动到合适的位置，松开鼠标左键即可，在移动的同时还可以旋转方向或者翻转。分别双击焊盘 10、11，修改属性使其连接到接地网络"GND"，如图 3-161 所示。

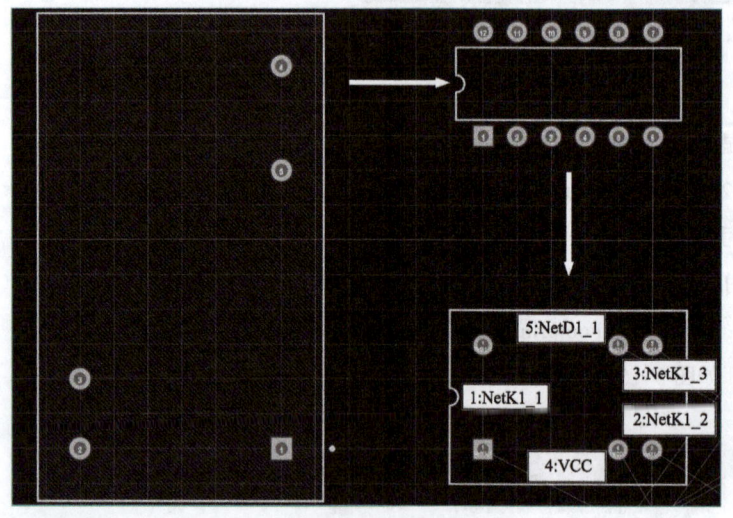

图 3-160
修改元件 K1 的封装

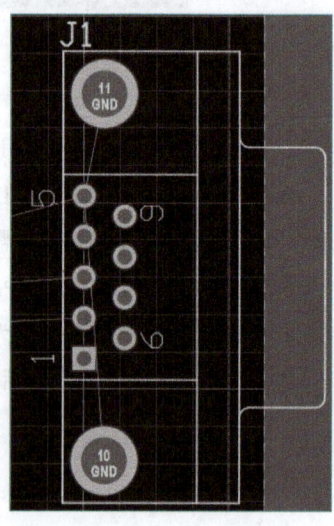

图 3-161
移动串口位置并编辑属性

（3）整体规划布局

按照类似的方法依次移动其他元件到理想的位置，手动调整元件后的布局如图 3-162 所示。这只是初步手动布局的结果，后面布线过程中还可根据实际需要进一步调整。

 说明 》》》》》》

在布局过程中可根据需要按"Ctrl+G"组合键打开"Cartesian Grid Editor"对话框修改"步进"和"倍增"的值，以方便更精确地定位。

微课：
单片机实验板 PCB 布线

## 3.3.2 PCB 布线

**1. 设置布线规则**

（1）设置导线宽度

本任务拟采用两种导线宽度，电源和地线稍宽一些，首选宽度为 40 mil，其他导线的首选宽度为 30 mil。

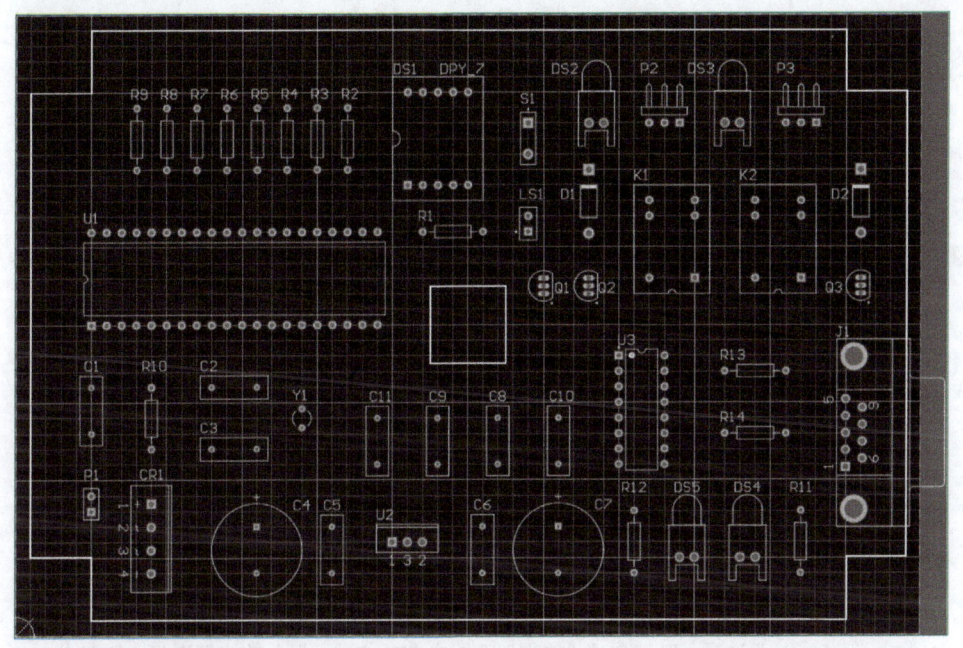

图 3-162
手动调整元件后的布局

① 执行菜单命令"设计"⇨"规则"，弹出"PCB规则及约束编辑器"对话框。

② 展开左侧目录树中的"Routing"⇨"Width"选项，可以进入布线宽度设置界面。将"约束"区域中的"最小宽度"设置为20 mil，"首选宽度"设置为30 mil，"最大宽度"设置为30 mil。这里设置的是所有的导线宽度规则。

③ 右击"Width"，在弹出的右键菜单中选择"新规则"，并将新建的规则"Width_1"命名为"GND"，在"Where The Object Matches"（对象匹配的位置）区域下方的下拉列表框中选择"Net"，并在其后弹出的下拉列表框中选择"GND"，然后在"约束"区域中将"最小宽度""首选宽度""最大宽度"分别设置为30 mil、40 mil、50 mil，如图3-163所示。

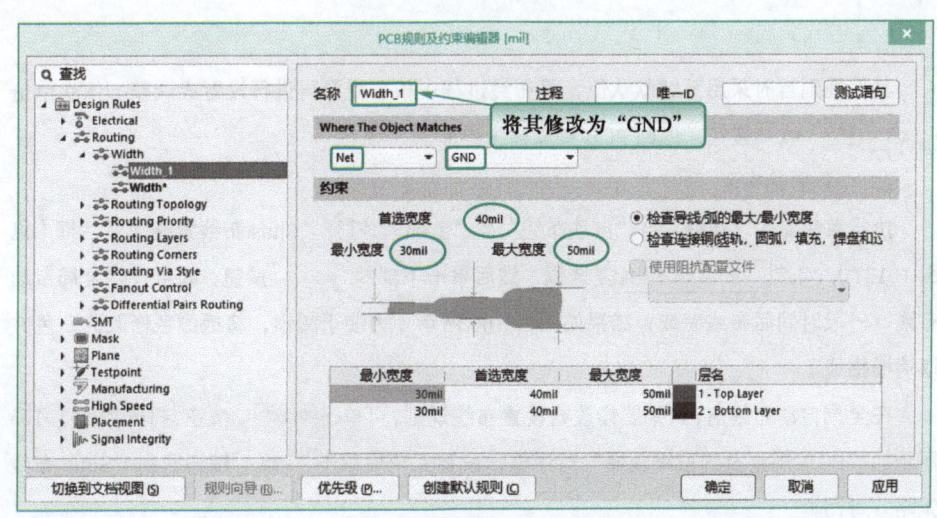

图 3-163
设置"GND"网络的导线宽度

④ 用同样的方法将"VCC"网络的导线宽度设置成与"GND"网络一样的参数。设置完成的导线宽度规则如图 3-164 所示。

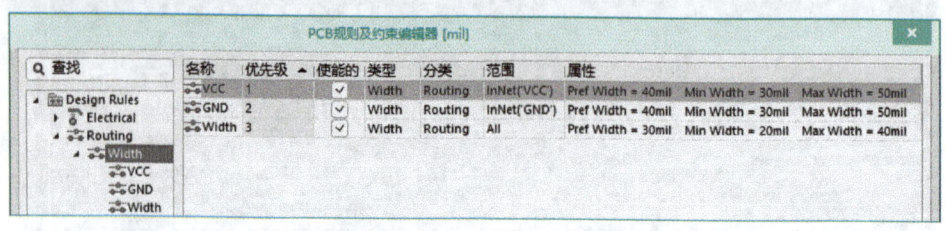

图 3-164
设置完成的导线宽度规则

### （2）设置布线层

为了制板焊接及实验操作方便，这里将所有元件均安装固定在顶层，所有信号线及焊盘均放置在底层，因此在规则中将布线层设定为底层。如果采用双面板进行布线，则所有过孔均要在内壁上镀铜，制作工艺复杂，成本较高。

展开"PCB 规则及约束编辑器"对话框左侧目录树中的"Routing" ⇨ "Routing Layers" ⇨ "RoutingLayers"选项，取消勾选"约束"区域中"Top Layer"之前的复选框，如图 3-165 所示。

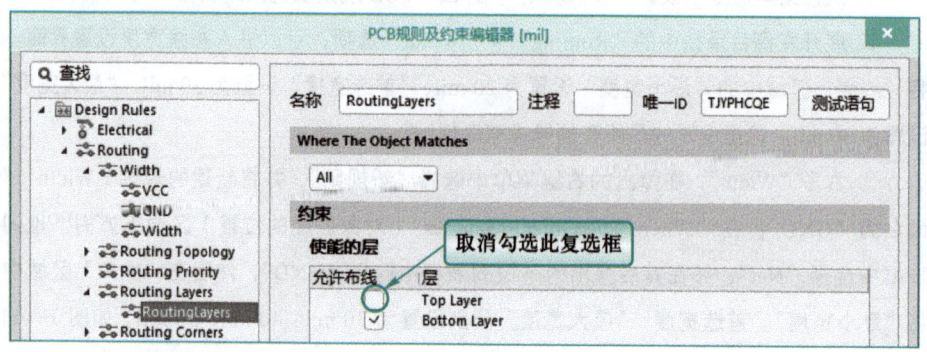

图 3-165
设置自动布线的层

### （3）其他规则

其他规则暂时采用系统默认值，等布线过程中根据需要再进行设置或调整。依次单击 `应用` 和 `确定` 按钮，返回 PCB 编辑器主界面。

### 2. 全局自动布线

执行菜单命令"布线" ⇨ "自动布线" ⇨ "全部"，打开"Situs 布线策略"对话框（见图 1-131），勾选 `☑布线后消除冲突` 复选框，然后单击下部的 `Route All` 按钮，即可开始全局自动布线，一段时间后布线完成，结果如图 3-166 所示（为便于阅读，将板颜色修改为白色并取消栅格线）。

在全局自动布线前，如果要修改或设置布线规则，可单击 `编辑规则...` 按钮，打开如图 3-163 所示的"PCB 规则及约束编辑器"对话框，设置完毕后单击 `确定` 按钮回到"Situs 布线策略"对话框。

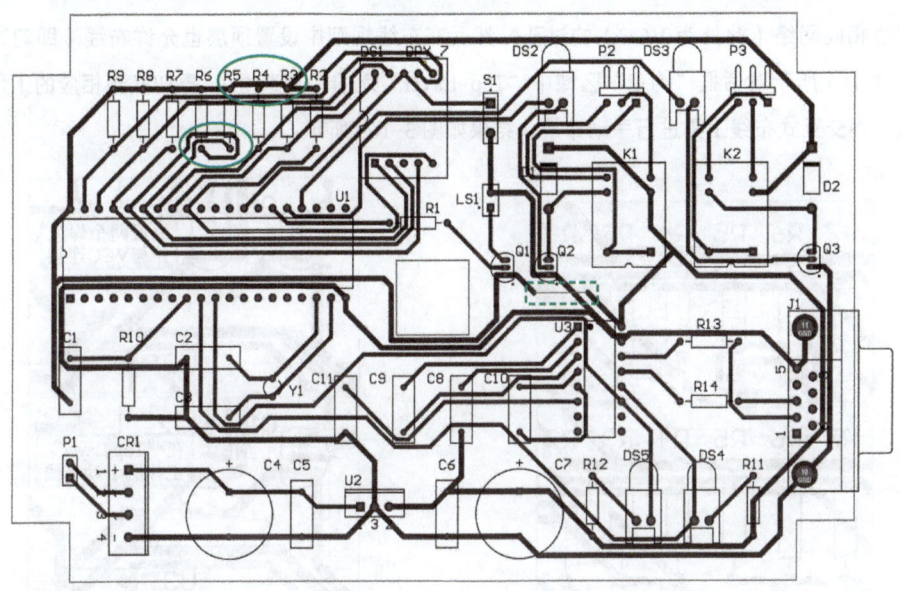

图 3-166
自动布线结果

### 说明 》》》》》

① 若元件布局不同或布线规则设置不同，自动布线结果有一定差异甚至完全不同；随计算机软、硬件工作环境不同，布线所需时间长短也不同。

② 若自动布线结果不理想，可以取消全部或部分布线，微调元件布局，重新布线。

Altium Designer 在自动布线的过程中会同时显示如图 3-167 所示的"Messages"对话框，显示自动布线时的状态信息。

| Class | Document | Source | Message | Time | Date | N.. |
|-------|----------|--------|---------|------|------|-----|
| Situs Event | 89S51.PcbDoc | Situs | Completed Completion in 7 Seconds | 2:06:48 | 2023/7/10 | 15 |
| Situs Event | 89S51.PcbDoc | Situs | Starting Straighten | 2:06:48 | 2023/7/10 | 16 |
| Routing Statu | 89S51.PcbDoc | Situs | 100 of 103 connections routed (97.09%) in 26 Seconds 13 conter | 2:06:49 | 2023/7/10 | 17 |
| Situs Event | 89S51.PcbDoc | Situs | Completed Straighten in 0 Seconds | 2:06:49 | 2023/7/10 | 18 |
| Routing Statu | 89S51.PcbDoc | Situs | 100 of 103 connections routed (97.09%) in 26 Seconds 13 conter | 2:06:49 | 2023/7/10 | 19 |
| Situs Event | 89S51.PcbDoc | Situs | Routing finished with 13 contentions(s). Failed to complete 3 c | 2:06:49 | 2023/7/10 | 20 |

图 3-167
"Messages" 对话框

#### 3. 手动调整布线

自动布线结束后如果有不理想的地方或者没有布通的网络，则需要手动修改布线。如图 3-166 的左上部及中部框中所示，电阻 R3~R5 的管脚 2 连接电源 VCC 的走线与其他电阻不在一条直线上，电阻 R5、R6 的管脚 1 的直线不太理想，三极管 Q1 的管脚 1 没有连接到电源 VCC 上，可用如下方法进行手动调整修改：

① 选择 "Bottom Layer" 工作层，单击工具栏中的交互式布线按钮 ，将十字形光标移动到 R5 的管脚 2 上，待焊盘周围出现一个圆圈时单击，在其与 R3 的管脚 2 之间连线。右击取消交互式布线状态后，则原来形成回路的布线自动删除。对电阻 R5、R6 的管脚 1 的布线，则可在取消布线后用交互式布线重新布线。手动修改布线及修改后的结果如图 3-168 所示。

② 对于在底层没有布通的连线，可以先通过放置过孔工具 在断点附近放置两个与

连线相同网络（此处为 VCC）的过孔，然后在布线规则中设置顶层也允许布线（即勾选图 3-165 所示对话框"约束"区域中"Top Layer"之前的复选框），再切换到相应的工作层，用交互式布线工具进行手动布线，结果如图 3-169 所示。

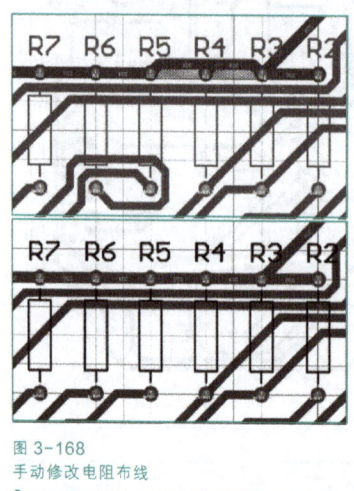

图 3-168
手动修改电阻布线

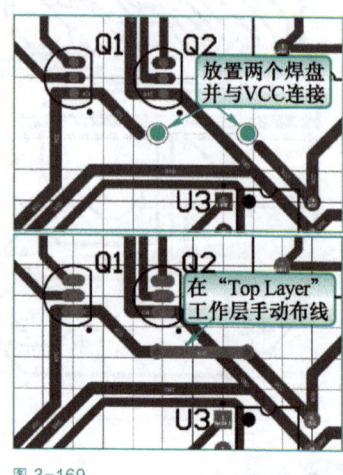

放置两个焊盘并与VCC连接

在"Top Layer"工作层手动布线

图 3-169
放置过孔修正 Q1 的布线

对于单面电路板，实际制作时可在两个过孔处用类似订书钉之类的导线从顶层插入，在底层焊接；也可以直接用塑包线在底层焊接。

③ 添加泪滴焊盘：执行菜单命令"工具" ⇨ "滴泪"，为所有焊盘添加圆弧形泪滴。

④ 放置安装定位孔：使用配线工具栏中的 ![icon] 按钮在 PCB 的四角及中央禁止布线区中放置五个内径为 4.5 mm、外径为 8 mm 的过孔作为安装定位孔。

手动调整修改后的布局、布线结果如图 3-170 所示。

图片：
单片机实验板布局、布线图

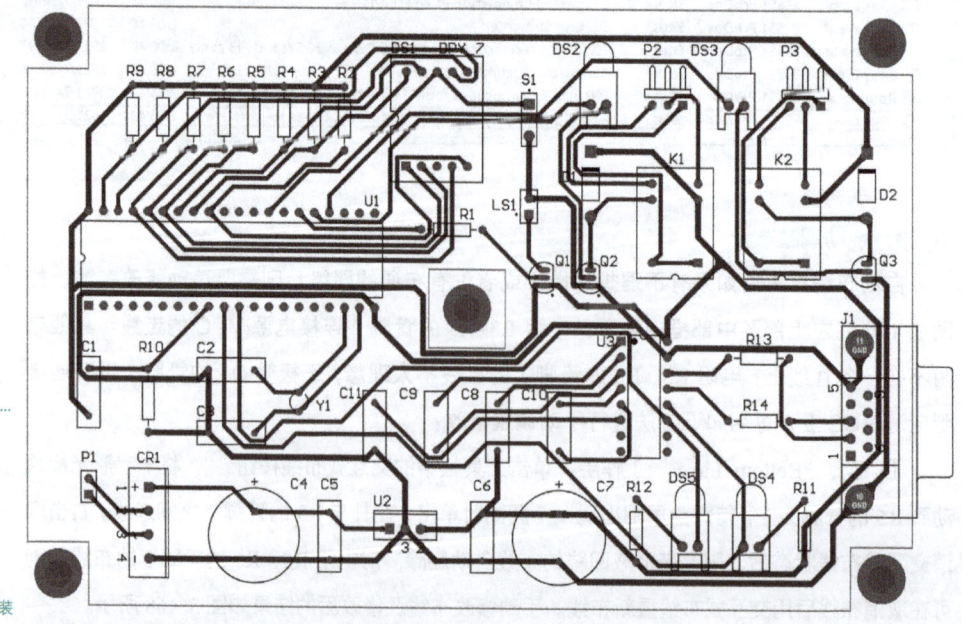

图 3-170
调整布线并添加泪滴及安装定位孔后的 PCB 图

**4．自动局部布线**

在进行自动布线时，除了选择"全部"菜单命令外，还可以根据实际需要选择"网络""连接""元件"等菜单命令进行局部布线。布线完成后，还可针对选中的布线进行优化。这里重点介绍在元件上及元件之间的自动局部布线、优化布线。

（1）对指定元件进行布线

执行菜单命令"布线"⇨"自动布线"⇨"元件"，将十字光标移动到某一元件上单击，则系统自动按照设定的布线规则将与该元件直接相连的网络进行布线，如图 3-171 所示为在 U2 上的布线结果。该方法常用于有特殊要求情况下的局部布线，如对于直插式集成电路、按钮、数码管等管脚较短又必须在底层进行焊接的元件，在规则中设置仅底层布线，然后对指定元件进行布线，可避免在顶层布线带来的制板和焊接麻烦。

（2）在选择的元件上连接

该布线方法与"对指定元件进行布线"相似，只是一次可以对多个元件进行布线。首先按住"Shift"键，然后单击选择几个元件，再执行菜单命令"自动布线"⇨"选中对象的连接"，则直接与这些元件相连的网络均自动布线，如图 3-172 所示为选择元件 C5、U2、C6 之后的布线结果。

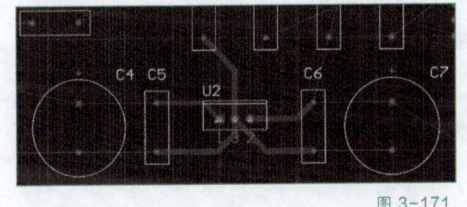

图 3-171
对指定元件进行布线

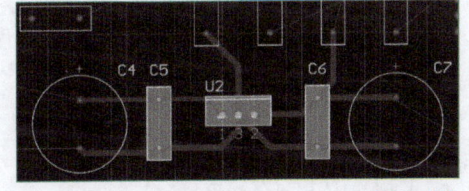

图 3-172
对选择的元件进行布线

（3）在选择的元件之间连接

该布线方法与"在选择的元件上连接"进行布线相似，但连线只限于选中对象之间的直接连接，如图 3-173 所示为选择元件 C5、U2、C6 之后执行菜单命令"在选择对象之间的连接"的布线结果。

（4）自动优化布线

布线完成后，可针对选中的网络、连接等布线进行优化。如图 3-174 所示为对 U3 的管脚 15 与 J1 的管脚 5 之间连接的优化结果，上部分为自动布线结果，下部分为优化后结果（先执行菜单命令"编辑"⇨"选中"⇨"物理连接"选择该连接，再执行菜单命令"布线"⇨"优化选中走线"实现优化布线）。

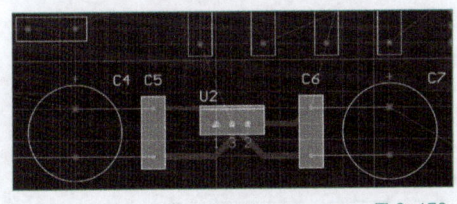

图 3-173
在选择对象之间的布线

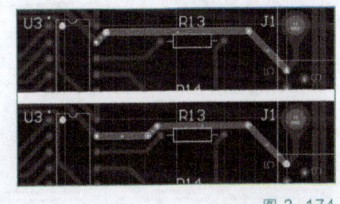

图 3-174
优化选中走线

**5. 设计规则检查**

**（1）进行设计规则检查**

布线完成后，要对 PCB 的布线结果进行 DRC 检查。执行菜单命令"工具" ⇨ "设计规则检查"，打开如图 3-175 所示的"设计规则检查器"对话框，对要检查的项目和报告的内容、条件进行适当设置后，单击 运行DRC (R)... 按钮，检查 PCB 是否有错误。系统同时显示"Messages"对话框，并生成"89S51.drc"检验报告文件及网页格式的检验报告文件。

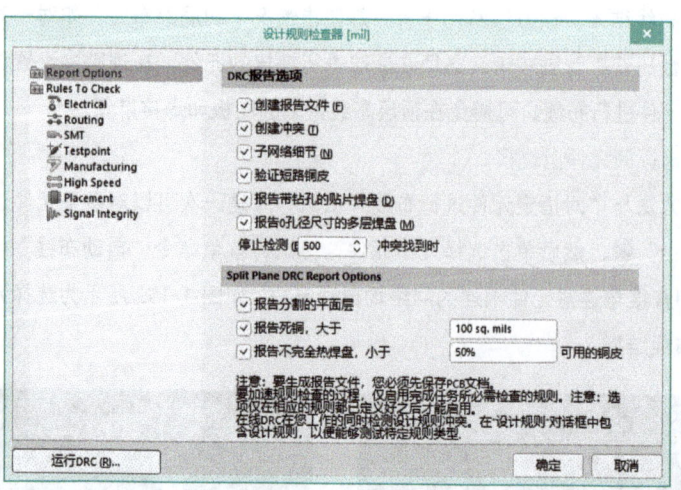

图 3-175
"设计规则检查器"对话框

**（2）错误定位及修改**

如果设计中有违规现象，则会在进行设计规则检查后的"Messages"对话框及"*.drc"文档中一一列出。这里为了说明问题，修改布线规则特意添加违规现象：在"PCB 规则及约束编辑器"对话框中，展开左侧目录树中的"Manufacturing" ⇨ "Hole Size" ⇨ "HoleSize"选项，将右边"约束"区域中"最大的"修改为 100 mil（即允许过孔的最大孔径），如图 3-176 所示；然后再执行设计规则检查，发现共有 7 个违规，主要是 5 个安装定位孔和串口的管脚 10、11 的最大孔径尺寸违规，如图 3-177 所示。

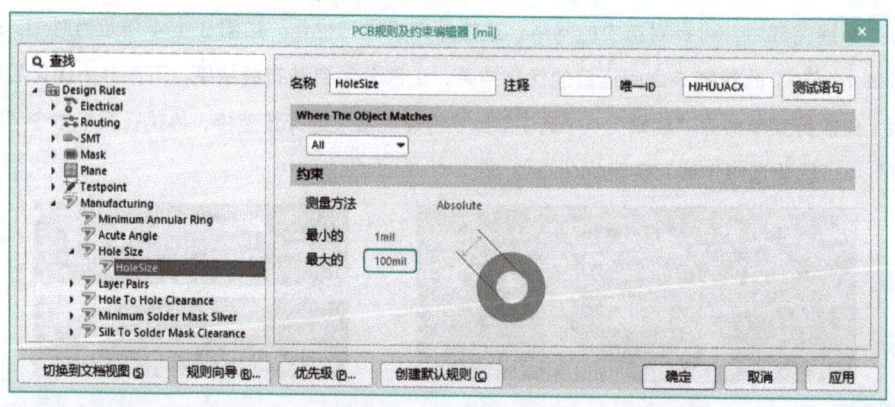

图 3-176
修改最大孔径规则限制

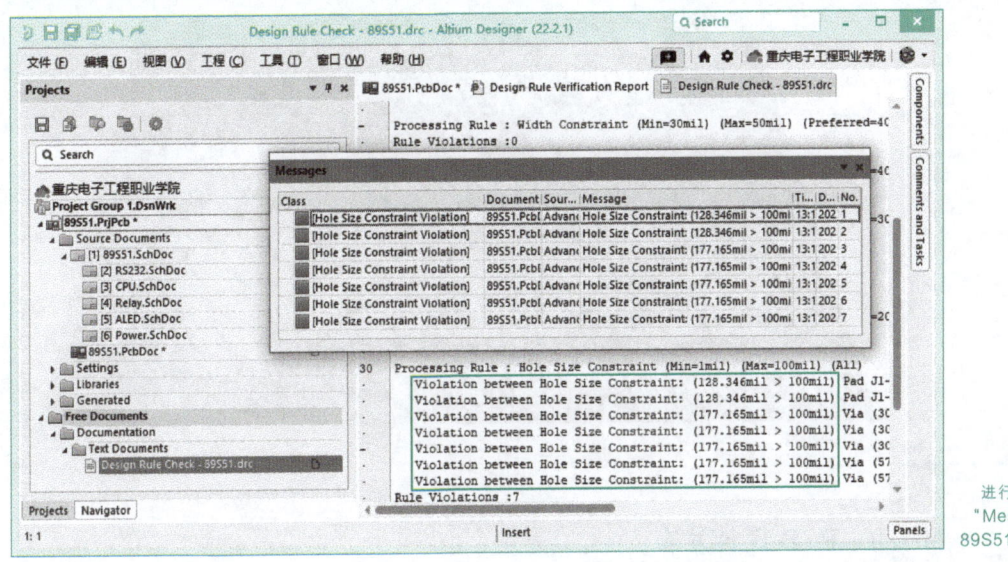

图 3-177
进行设计规则检查时的
"Messages"对话框及
89S51.drc 检验报告文件
部分内容

① 定位违规对象：双击"Messages"对话框中某一错误信息，将可以看到在 PCB 文件"89S51.PcbDoc"中，发生违规的地方以高亮显示，进一步放大可看到具体的违规类型，如图 3-178 所示。

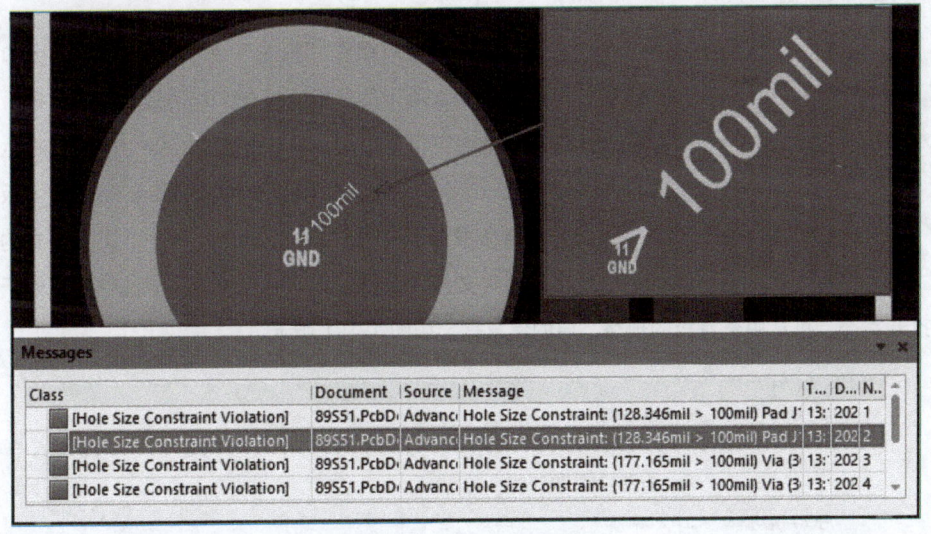

图 3-178
通过"Messages"对话框
定位违规对象

② 修改违规对象：根据实际情况，既可以修改设计规则，也可以修改设计对象，还可以设置"搁置该违规冲突"；这里根据定位孔内径要求较大的需要修改设计规则，将最大孔径还原为 200 mil。

**6. PCB 的三维效果图**

执行命令"查看"⇨"显示三维 PCB 板"，可以查看 PCB 的三维立体效果图，如图 3-179 所示；还可以通过按住"Shift"键的同时用鼠标右键拖动以不同视角查看。

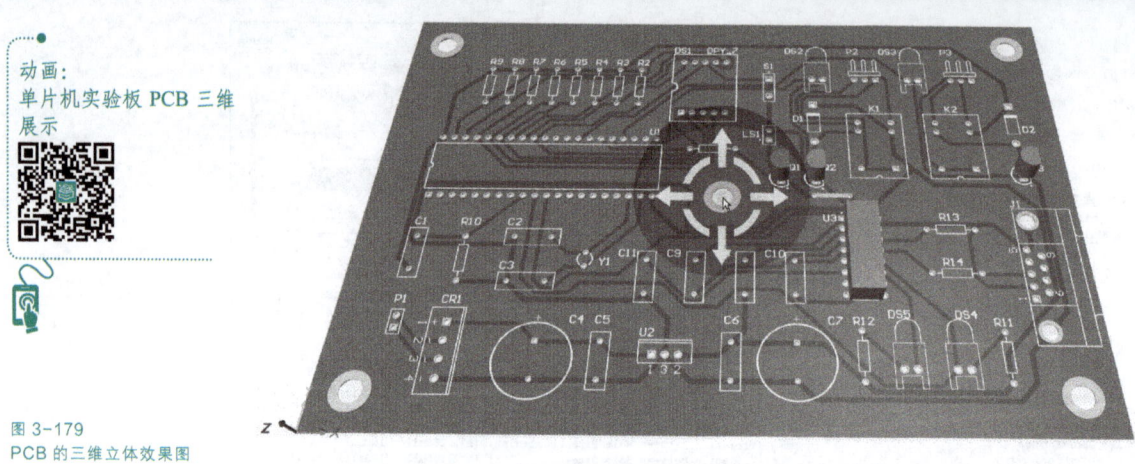

图 3-179
PCB 的三维立体效果图

### 3.3.3 PCB 设计发布

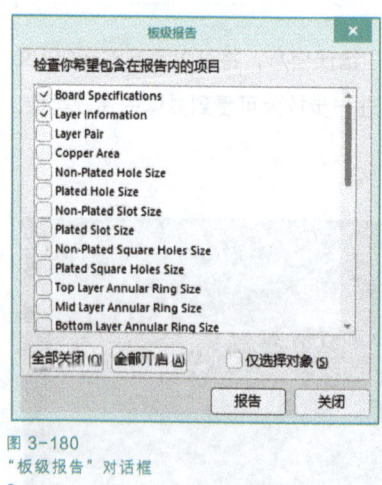

图 3-180
"板级报告"对话框

PCB 设计完成后，还要生成与 PCB 设计有关的一些文档资料，以便后期的元件采购、技术交流和交付制造等。

#### 1. PCB 报表生成

（1）板信息报告

执行菜单命令"报告"⇨"板信息"，弹出如图 3-180 所示的"板级报告"对话框，从中选择希望包含在报告中的项目，再单击 报告 按钮，将生成一个网页格式的"Board Information Report"（板信息报告）文件"89S51.html"和一个文本格式的报告文件"89S51.txt"，并且网页格式文件自动处于打开状态，可从中查看板的规格、层的信息等，如图 3-181 所示。

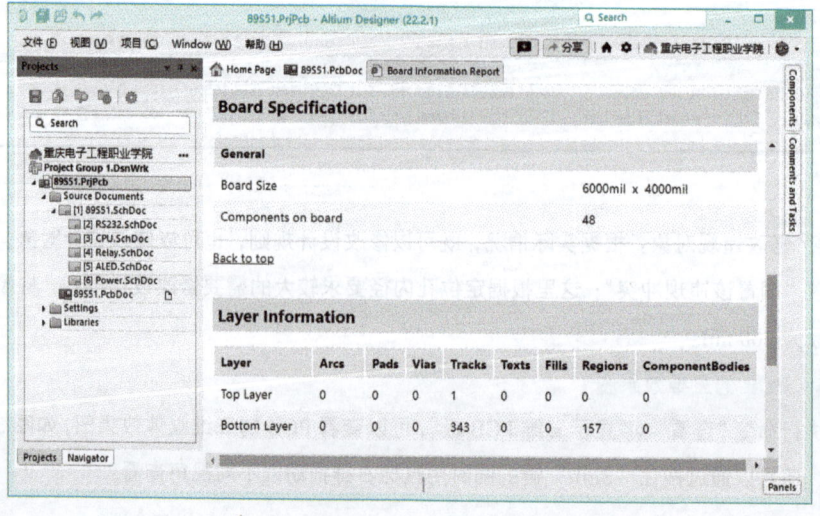

图 3-181
生成的板信息报告

（2）PCB 元件报表

执行菜单命令"报告"⇨"Bill of Materials"，弹出与图 3-148 类似的"Bill of Materials for PCB Document"对话框，其内容和操作方法与原理图元件报表类似，不再赘述。

（3）网络表状态报告

执行菜单命令"报告"⇨"网络表状态"，系统会自动生成一个网页格式的"Net Status Report"（网络表状态报告）文件"Net Status - 89S51.html"和一个文本格式的报告文件"Net Status - 89S51.txt"，并且网页格式文件自动处于打开状态，其中列出了 PCB 所有网络的名称、所属信号层以及连接网络导线的长度，如图 3-182 所示。

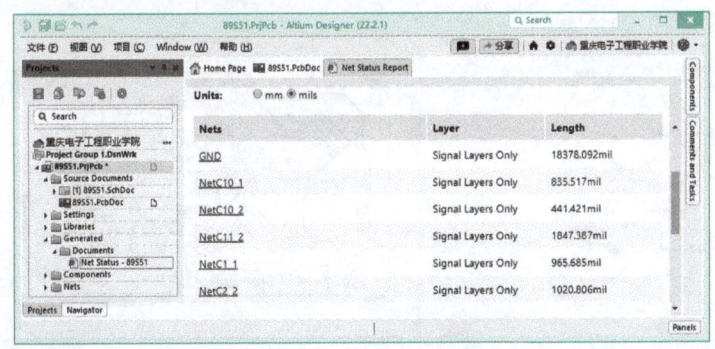

图 3-182
生成的网络表状态报告

（4）测量距离

Altium Designer 中测量距离有以下三种方式：

① 测量点到点距离：执行菜单命令"报告"⇨"测量距离"，或按快捷键"R，M"，可测量任意两点之间的距离。如图 3-183（a）所示，依次单击电阻 R9、R8 管脚 2 的焊盘中心，就可以测量出这两个焊盘中心的距离为 200 mil。

② 测量边到边距离：执行菜单命令"报告"⇨"测量"，或按快捷键"R，P"，可测量任意两个对象之间的最近距离。如图 3-183（b）所示，依次单击电阻 R9、R8 管脚 2 的焊盘中心，就可以测量出这两个焊盘之间的最小距离为 144.882 mil。

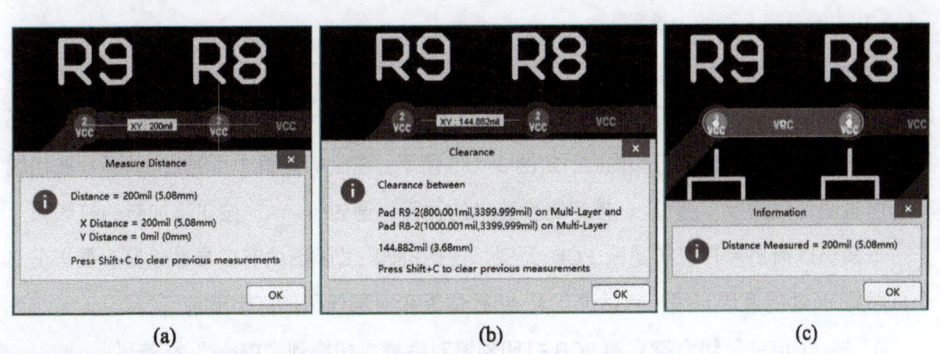

（a）　　　　　　　　（b）　　　　　　　　（c）

图 3-183
测量距离的三种方式

③ 测量选中对象：执行菜单命令"报告"⇨"测量选中对象"，或按快捷键"R，S"，可测量布线（可以包括多条不连续的布线）的总长度。如图 3-183（c）所示，首先选中电

阻 R9、R8 管脚 2 之间的连线，然后执行该命令即可测量出该连线的长度为 200 mil。

### 2. PCB 图打印输出

为了保存 PCB 设计资料，或在实验室进行热转印制板/曝光制板，需要对 PCB 图进行打印输出。在 PCB 文件处于活动状态下，执行菜单命令"文件"⇨"打印"或按"Ctrl+P"组合键，即可打开如图 3-184 所示的 PCB 打印预览对话框。其左边为参数设置区域，右边为预览显示区域。设置好打印参数后，单击右下方的 Print 按钮即可打印。

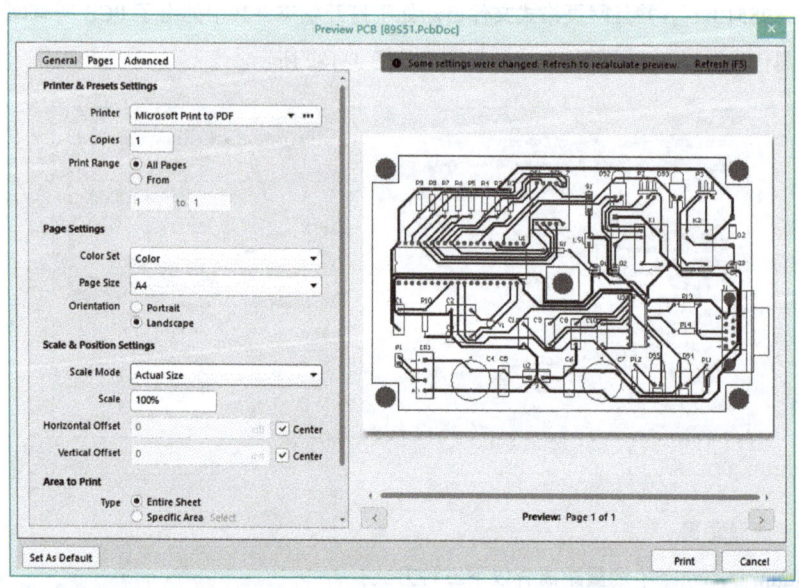

图 3-184
PCB 打印预览对话框

#### （1）"General"（常规）选项

PCB 打印预览对话框中"General"标签页的内容与原理图打印预览对话框中"General"标签页的内容基本相同，可参见 3.2.4 节，此处不再赘述。唯一不同的是增加了一个"Area to Print"（打印区域）选项，用于选择是打印整个页面（"Entire Sheet"）还是特定区域（"Specific Area"）。

#### （2）"Pages"（页面）选项

"Pages"标签页分上、下两个区域，上部列出拟打印的页面，默认为"Multilayer Composite Print"，包含 7 个图层（即在打印页面上呈现 7 个 PCB 设计图层的信息）；下部显示当前选择页面包含的打印内容，如图 3-185 所示。在此标签页中可通过 Edit Layers 按钮编辑当前页面包括的层，通过 🗑 按钮删除选中的页面，通过 Add Page 按钮添加新的打印页。

下面仍以简易单片机实验板 PCB 为例，说明打印 PCB 图的有关参数设置。要求分 3 个页面将 PCB 的底层布线（包括过孔）、钻孔位置和顶层丝印层打印出来。

① 按"Ctrl+P"组合键启动 PCB 打印预览对话框，切换到"Pages"标签页。

② 选中页面上部区域的"Multilayer Composite Print"，在下部区域"Page Name"文本框中输入"Bottom Layer Print"修改页面名称，勾选 ☑ Show Through-hole 、☑ Show Holes 两个复选框选择打印页面包含过孔，如图 3-186 所示。

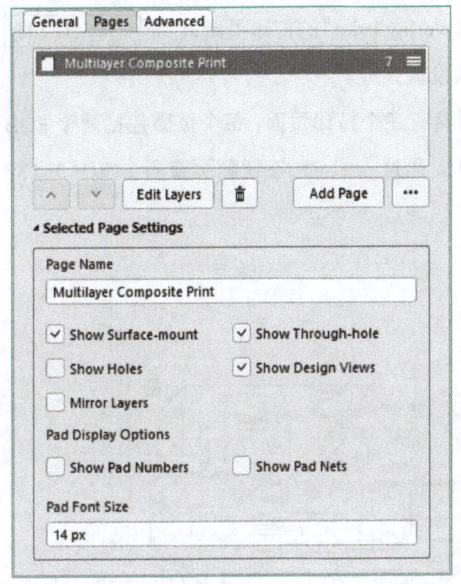

图 3-185
"Pages" 标签页

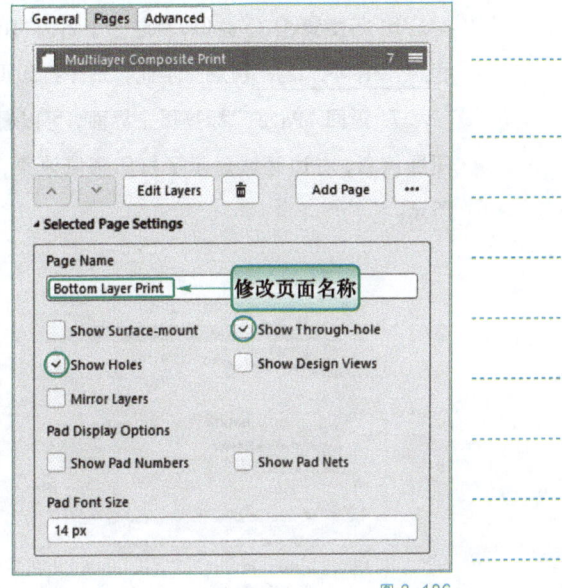

图 3-186
修改页面名称

③ 单击 Edit Layers 按钮进入层编辑状态，选中 "Top Layer"，然后单击 🗑 按钮将其删除，如图 3-187 所示；与此类似，删除 "Bottom Layer" 和 "Multi-Layer" 之外的其他层，则第一个打印页面修改完成。单击上方的 "Bottom Layer Print" 链接返回，按 "F5" 键可预览打印效果。

④ 单击 Add Page 按钮添加新的打印页 "New PrintOut"，在 "Page Name" 文本框中将页面名称修改为 "Drill Layer Print"，勾选 ☑ Show Through-hole 、☑ Show Holes 两个复选框。

⑤ 单击 Edit Layers 按钮进入层编辑状态，选中 "Drill Layer"，然后单击 Manage Page Layers 按钮进入层管理状态，勾选 ☑ Drill Guide 、☑ Drill Drawing 将其加入打印页面，则第二个打印页面创建完成，如图 3-188 所示，单击上方的 "New PrintOut" 链接返回上级。

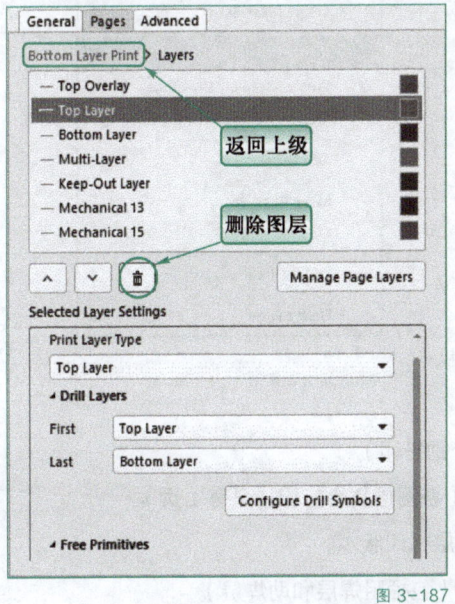

图 3-187
删除图层

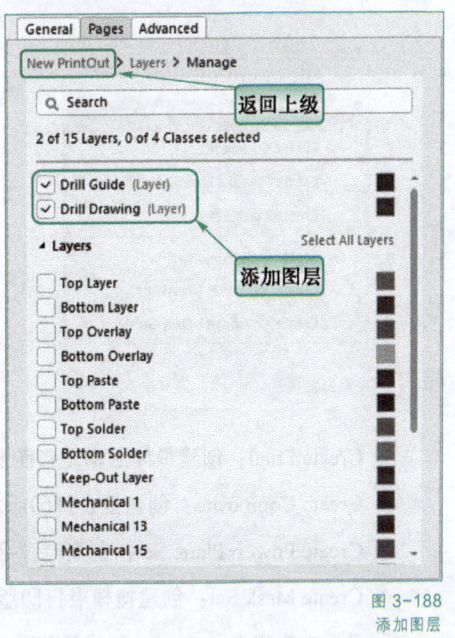

图 3-188
添加图层

⑥ 与步骤④、⑤类似，新建一个名为"Top Overlay Print"的打印页面，包括 ✓ Top Overlay 和 ✓ Keep-Out Layer 两层。至此，三个打印页面设置完成。

⑦ 返回"Pages"标签页主界面，可以看到共有三个打印页面，每个页面包括两个 PCB 图层信息，右边区域显示了打印预览效果，可以通过 ‹ 、 › 按钮翻页查看，如图 3-189 所示。

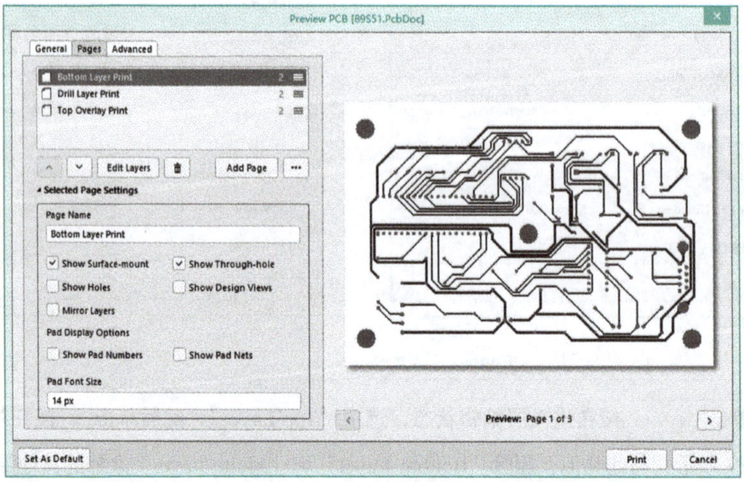

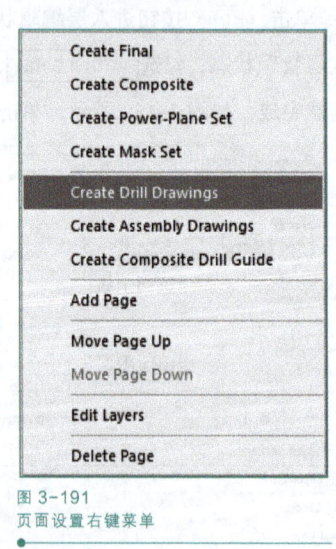

图 3-189
打印页面设置结果

在"Pages"标签页，还可以通过 ⋯ 按钮或者上部区域的右键菜单快速建立需要打印输出的页面，如图 3-190 和图 3-191 所示，主要包括以下几个选项。

图 3-190
按钮弹出菜单

图 3-191
页面设置右键菜单

① Create Final：创建最终版本（各图层分别打印）。

② Create Composite：创建复合打印版本（各图层复合打印，只有 1 页）。

③ Create Power-Plane Set：创建电源平面层打印版本。

④ Create Mask Set：创建掩模层打印版本（包括阻焊层和助焊层）。

⑤ Create Drill Drawings：创建钻孔图打印版本。

⑥ Create Assembly Drawings：创建装配图打印版本。

⑦ Create Composite Drill Guide：创建复合钻孔指南打印版本。

图 3-192 是通过选择"Create Drill Drawings"快速创建的钻孔图打印版本。

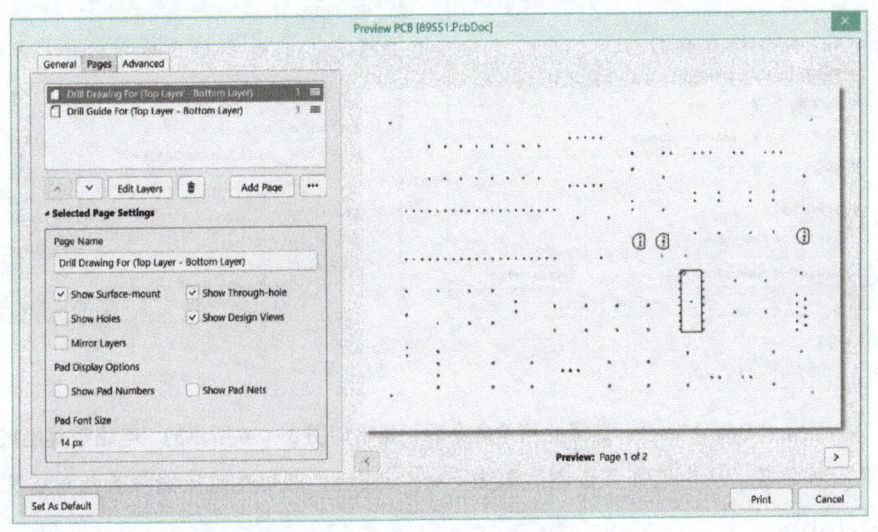

图 3-192
钻孔图打印版本

（3）"Advanced"（高级）选项

"Advanced"标签页提供标识符设置选项以及字体和颜色选项，如图 3-193 所示。此选项卡上的设置包括：

① Designator Print Settings：标识符打印设置，可选择"Print Physical Designator"（打印物理标识符）或"Print Logical Designator"（打印逻辑标识符）。

② Options：选项，控制打印文档中是否包含"Print Keepout Objects"（禁止区设计对象）。

③ Replace Stroke fonts by TT fonts：用 TT 字体替换笔画字体，启用字体替换（勾选"Enable Fonts Replacement"复选框）功能后，PCB 编辑器中使用的三种标准字体（Default、Serif 和 SansSerif）中的每一种都可以在生成打印输出时替换为不同的 Windows 字体。

④ Colors Settings：用于当前打印输出颜色的全局设置，包括使用网络覆盖颜色和从 PCB 中检索层颜色。

所有设置完成后，切换到"General"标签页，设置"Printer"（打印机）、"Copies"（打印份数）、"Print Range"（打印范围）、"Color Set"（颜色集）、"Page Size"（页面尺寸）、"Orientation"（纸张方向）、"Scale & Position Settings"（比例和位置设置），并指定"Area to Print"（打印区域），然后单击  按钮即可依次打印各个页面，如图 3-194 所示。

**3. PCB 制造和装配文件的输出**

（1）PCB 制造文件输出

PCB 制造文件输出的命令主要集中在"文件"⇨"制造输出"子菜单内，如图 3-195 所示，这里仅选几个常用的输出文件简要介绍。

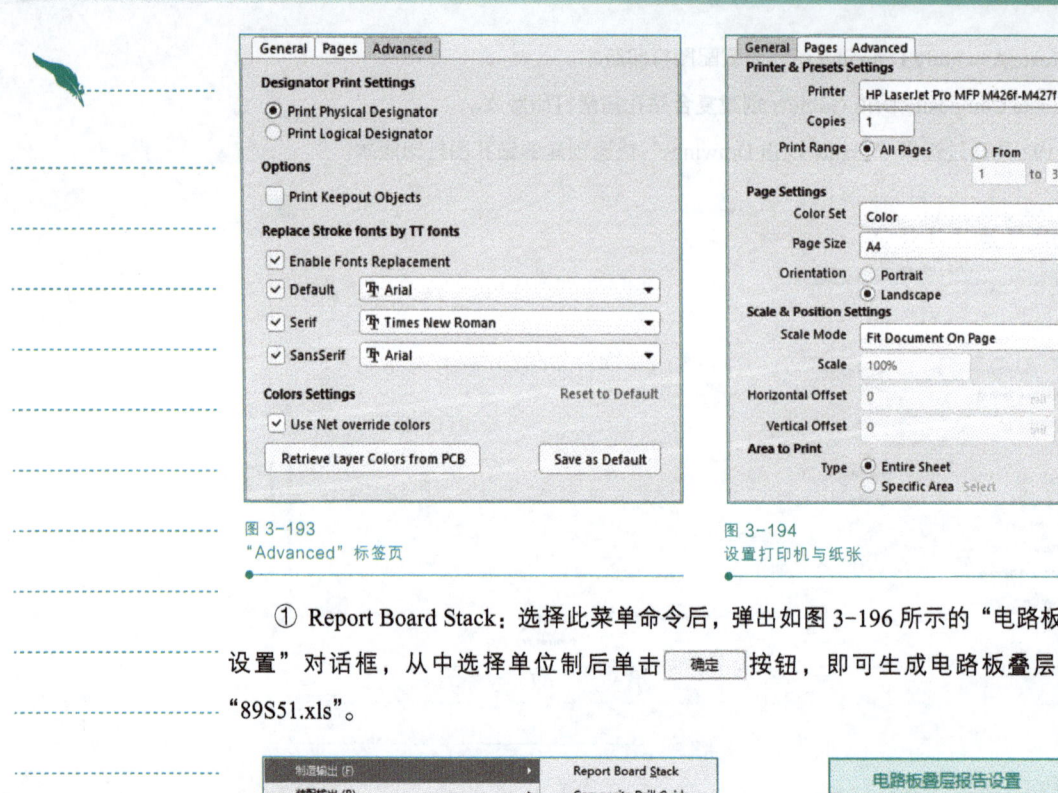

图 3-193
"Advanced" 标签页

图 3-194
设置打印机与纸张

① Report Board Stack：选择此菜单命令后，弹出如图 3-196 所示的 "电路板叠层报告设置" 对话框，从中选择单位制后单击 确定 按钮，即可生成电路板叠层报告文件 "89S51.xls"。

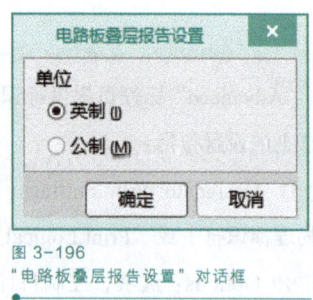

图 3-195
PCB "制造输出" 子菜单

图 3-196
"电路板叠层报告设置" 对话框

② Composite Drill Guide：输出 PCB 复合钻孔指南，如图 3-197 所示。它是一个包含 4 个图层的打印页面。

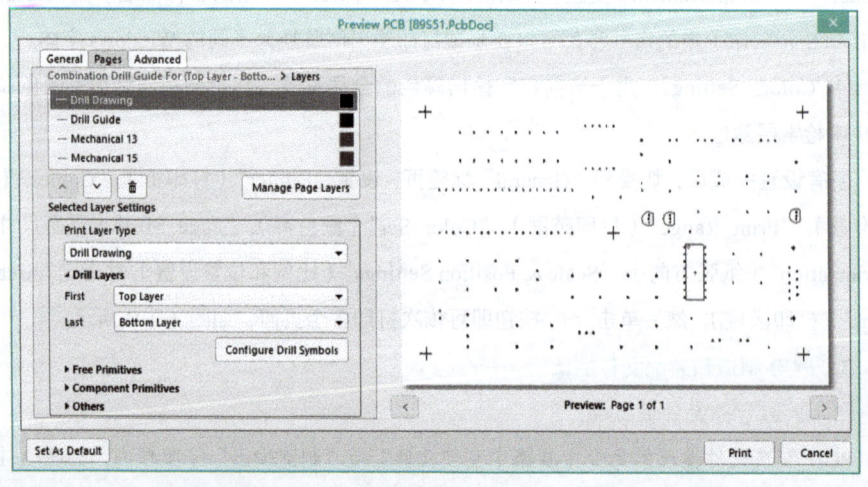

图 3-197
孔位置图叠加打印预览

③ Drill Drawings：分别输出钻孔图和钻孔指南两个页面，如图 3-198 所示。

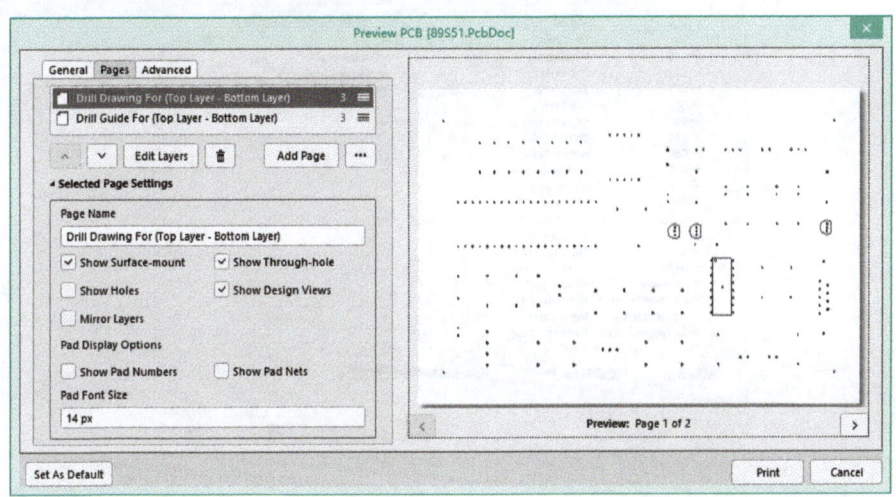

图 3-198
孔位置图分层打印预览

④ Final：为源 PCB 文档生成完整的、预定义的最终打印预览，如图 3-199 所示。

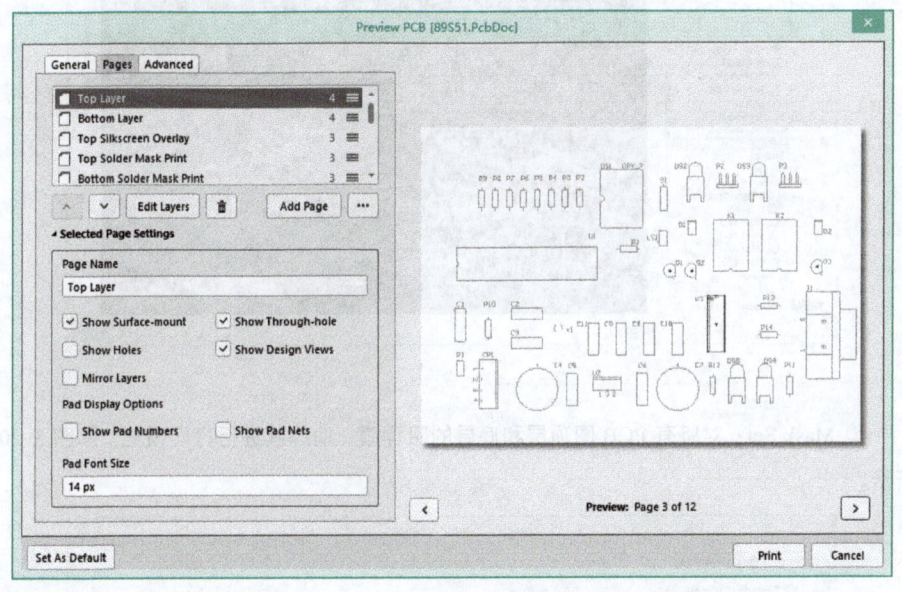

图 3-199
所有层板图分层打印预览

⑤ Gerber Files：用于 PCB 光绘（Gerber）文件输出，光绘文件中包含了 PCB 加工制造的大部分关键信息，包括底片文件（Gerber）、数控钻文件（NC Drill）等。选择此菜单命令后，将弹出如图 3-200 所示的"Gerber 设置"对话框。

在"通用"标签页中选择单位制，在"层"标签页中选择出图层之后，单击 确定 按钮，并切换到"Projects"面板，可以看到 Altium Designer 自动生成了若干 Gerber 文件，同时启动"CAMtastic1.Cam"窗口，如图 3-201 所示。

263

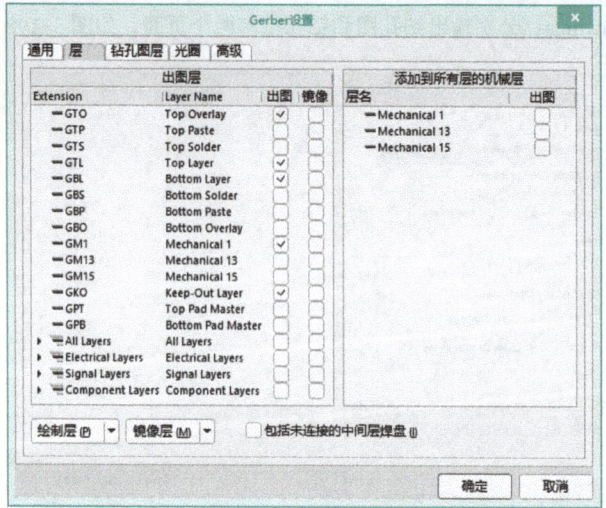

图 3-200
"Gerber 设置"对话框

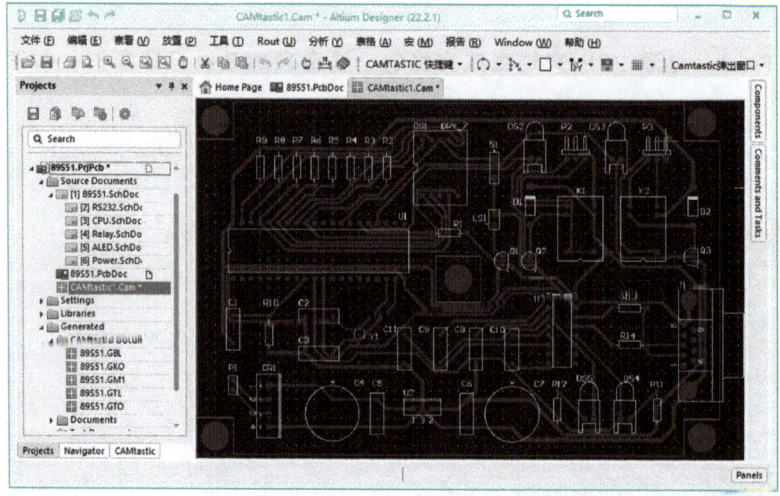

图 3-201
自动生成的光绘输出文件

⑥ Mask Set：对所有 PCB 图顶层和底层的阻焊膜、助焊膜进行打印预览，如图 3-202所示。

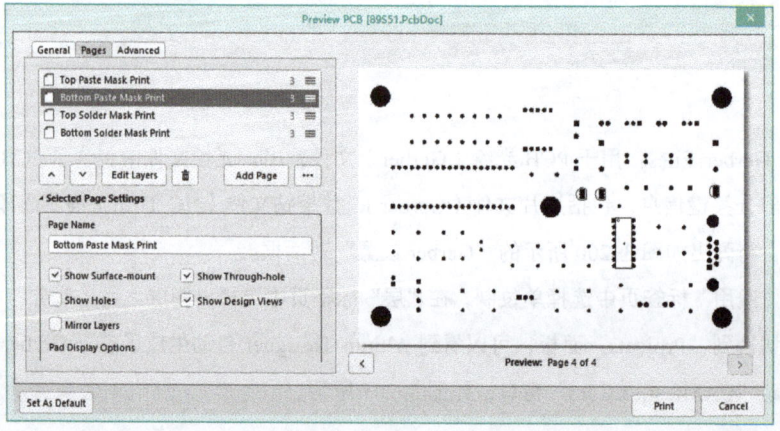

图 3-202
PCB 各类膜的打印预览

（2）PCB 装配文件输出

PCB 装配文件输出的命令主要集中在"文件"⇨"装配输出"子菜单内，如图 3-203 所示。

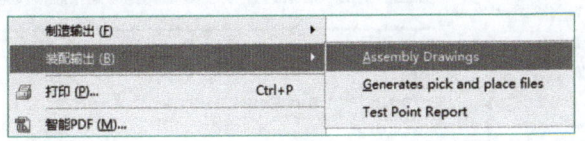

图 3-203
PCB"装配输出"子菜单

① Assembly Drawings：输出 PCB 上各元件的安装位置图，作为用户在已经制作好的 PCB 上放置元件时的位置参考，如图 3-204 所示。

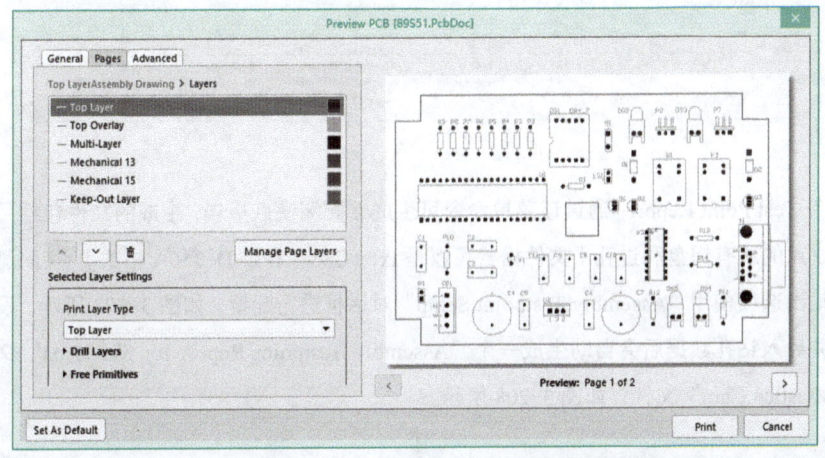

图 3-204
PCB 上元件安装位置打印预览图

② Generates pick and place files：通过该菜单命令生成的文件数据可用于 PCB 元件拾取和放置设备的编程。选择此菜单命令后，将弹出如图 3-205 所示的"拾放文件设置"对话框，在该对话框内选择合适的格式和单位，并选择需要输出的信息，然后单击 确定 按钮后会生成名为"Pick Place for 89S51.txt"的报表文件，如图 3-206 所示。文件中详细说明 PCB 上每个组件的位置、旋转角度和封装等信息。

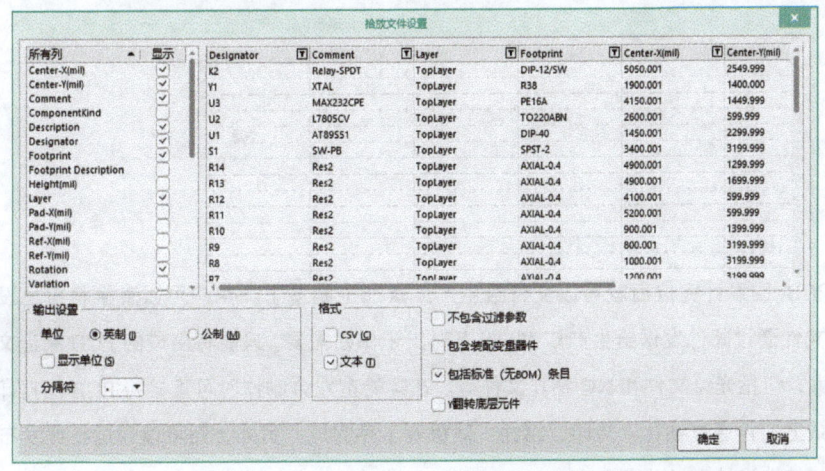

图 3-205
"拾放文件设置"对话框

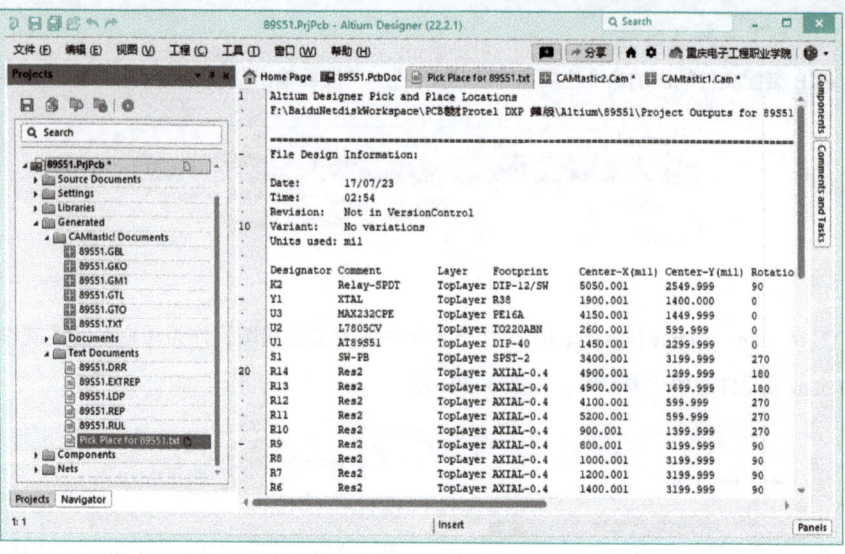

图 3-206
PCB 元件拾取和放置信息报表

③ Test Point Report：通过该菜单命令可生成装配测试点报告，生成的文件包括用于装配测试点的所有焊盘和过孔（文件格式可以是 txt、CSV、IPC-D-356A 格式）。装配测试点报告输出选项使用"Assembly Testpoint Setup"对话框进行配置，如图 3-207 所示。设置好参数并导入钻孔数据后会自动生成一个"Assembly Testpoint Report for 89S51.txt"文件和"CAMtastic3.Cam"文件，如图 3-208 所示。

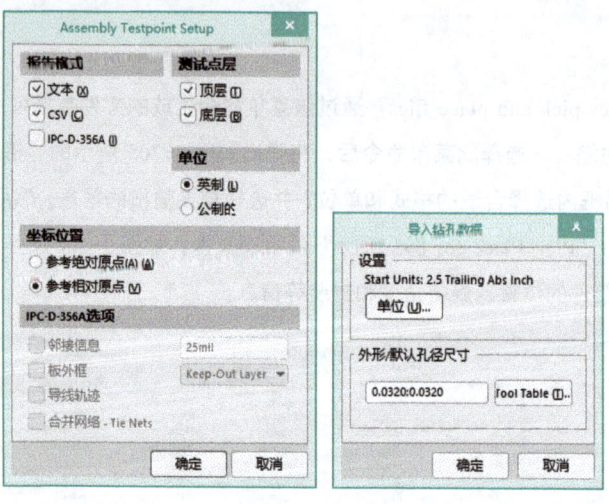

图 3-207
装配测试点设置对话框

（3）PCB 交付制造与设计发布

PCB 图设计完成后就可以交付给生产厂家加工制造了。用户可以直接将自己设计的 PCB 文件通过邮件发送给生产厂家，但有时出于保密需要，只能将生成的 PCB 制造文件发给厂家，包括光绘文件和 NC 钻孔文件等。在实验室业余制作时可直接将 PCB 图打印到热转印纸上，再通过钻孔、转印、腐蚀、裁板等工序完成。另外，还可以通过在线发布 PCB 设计与其他设计人员共享交流。

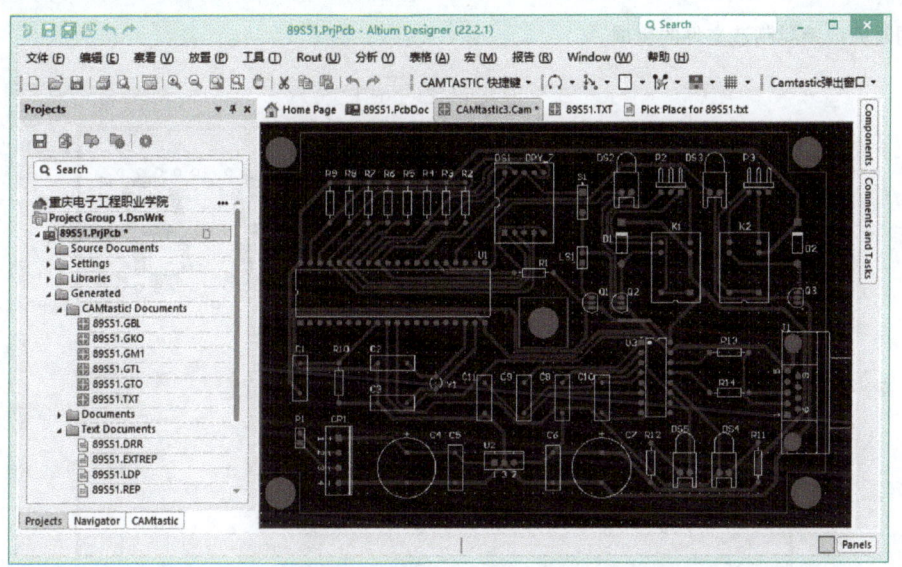

图 3-208
自动生成的装配测试点文件

梓匠轮舆，能与人规矩，不能使人巧
——孟子《尽心下》

　　木工和做车轮或者车厢的人能够把制作的规矩准则传授给别人，但是却不能使学习者获得纯熟的技巧，这要靠学习者自己去不断练习提高。

　　"纸上得来终觉浅，绝知此事要躬行。"PCB 工程师应当深入生产现场，积累可制造性设计经验，发扬工匠精神，设计出性能卓越、精致美观的高质量 PCB。

 【任务拓展】

1. 根据图 3-152 所示简易 U 盘电路原理图，参照图 3-209 所示的布局设计其 PCB，同时完成装配制造文件的生成。

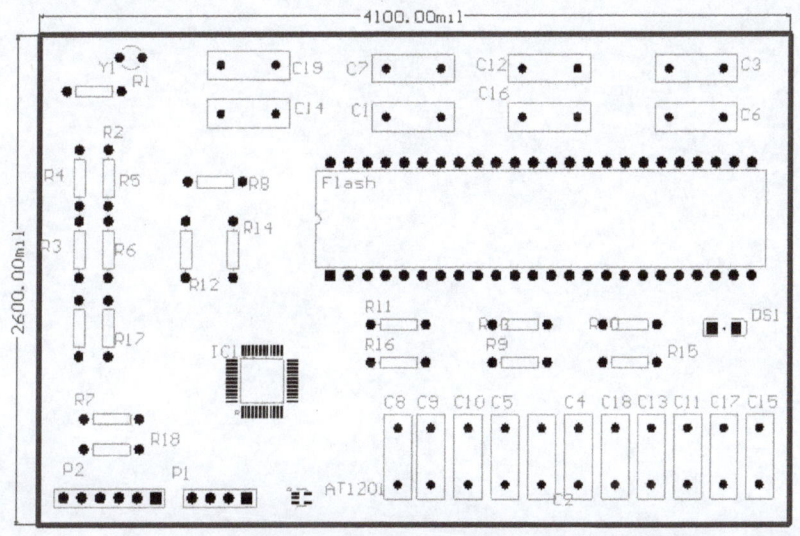

图 3-209
简易 U 盘元件布局

2. 根据图 3-153 所示数字电子钟电路原理图，参照图 3-210 所示的布局设计其 PCB，同时完成装配制造文件的生成。

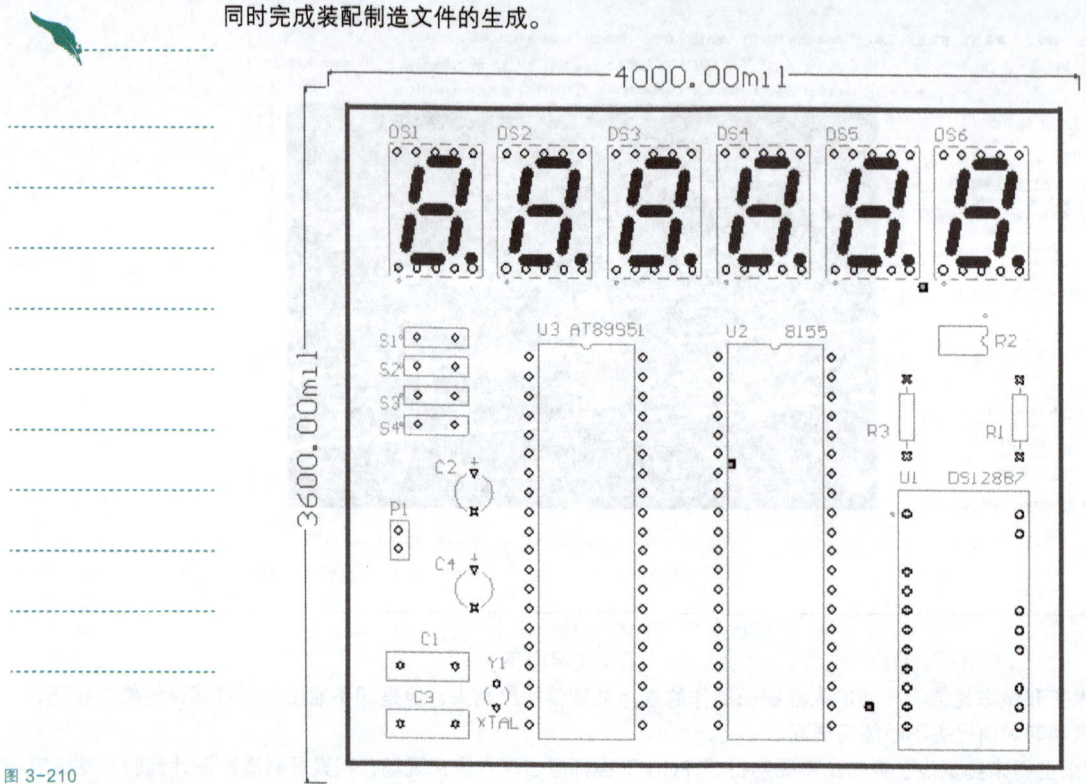

图 3-210
数字电子钟元件布局

# 附录

## 附录一　设计文档类型列表

### 1. 常用 **PCB** 设计文档

| 后缀名 | 类型 | 编辑器 | 描述 |
|---|---|---|---|
| *.sch；*.SchDoc | binary | Schematic | 原理图文件 |
| *.pcb；*.PcbDoc | binary | PCB | PCB 布线文件 |
| *.SchDot | binary | Schematic | 原理图模板 |
| *.SchLib；*.lib | binary | Schematic Library | 元件图形库 |
| *.PcbLib；*.lib | binary | PCB Library | PCB 封装库 |
| *.IntLib | binary | Compiled Document | 集成库 |
| *.net；*.edif；*.edf；*.edn；*.edi | text | Text | Netlist 文件 |
| *.mdl；*.nsx；*.ckt；*.lb | text | Text | 混合信号仿真文件 |
| *.OutJob | text | Output Job File | Output Job 文件 |
| *.DbLink | text | Database Link File | 数据库链接文件 |
| *.DbLib | text | Database Lib File | 数据库文件 |
| *.Constraint | text | Text | 约束文件 |

### 2. 工程文件

| 后缀名 | 类型 | 编辑器 | 描述 |
|---|---|---|---|
| *.PrjPcb | text | "Projects" 面板 | PCB 工程文件 |
| *.PrjFpg | text | "Projects" 面板 | FPGA 工程文件 |
| *.PrjCor | text | "Projects" 面板 | Core 工程文件 |
| *.PrjEmb | text | "Projects" 面板 | 嵌入式工程文件 |
| *.Pjt | text | "Projects" 面板 | Tasking 工程文件 |
| *.PrjScr | text | "Projects" 面板 | 脚本工程文件 |
| *.LibPkg | text | "Projects" 面板 | 集成库包 |

### 3. 工程集合文件

| 后缀名 | 类型 | 编辑器 | 描述 |
|---|---|---|---|
| *.PrjGrp | Text | "Projects" 面板 | 工程组文件 |
| *.DsnWrk | Text | "Projects" 面板 | 设计空间文件 |

### 4. 其他文件

| 后缀名 | 类型 | 编辑器 | 描述 |
|---|---|---|---|
| *.rep；*.log；*.rpt；*.drc；*.erc；*.bom | Text | Text | 报告文件 |
| *.cam；*.g??；*.drr；*.pik | Text | CAM | Gerber、Drill、Pick and Place 等 |

## 附录二 常用长度单位换算及 Altium Designer 常用图纸规格

### 1. 常用长度单位换算表

| | 米(m) | 厘米(cm) | 毫米(mm) | 英尺(ft) | 英寸(in) | 毫英寸(mil) |
|---|---|---|---|---|---|---|
| 米（m） | 1 | 100 | 1000 | 3.280 84 | 39.370 | 39 370 |
| 厘米（cm） | 0.01 | 1 | 10 | 0.032 81 | 0.393 7 | 393.7 |
| 毫米（mm） | 0.001 | 0.1 | 1 | 0.003 281 | 0.039 3 | 39.37 |
| 英尺（ft） | 0.304 8 | 30.48 | 304.8 | 1 | 12 | 12 000 |
| 英寸（in） | 0.025 4 | 2.54 | 25.4 | 0.083 33 | 1 | 1 000 |
| 毫英寸（mil） | $2.54 \times 10^{-5}$ | $2.54 \times 10^{-3}$ | 0.025 4 | $8.33 \times 10^{-5}$ | 0.001 | 1 |

### 2. 常用标准图纸规格尺寸

| 图纸规格 | 公制单位 | | 英制单位 | |
|---|---|---|---|---|
| | 厘米（cm） | 毫米（mm） | DXP Defaults | mils |
| A4 | 29.21×19.30 | 292.10×193.04 | 1 150×760 | 11 500×7 600 |
| A3 | 39.37×28.19 | 393.70×281.94 | 1 550×1 110 | 15 500×11 100 |
| A2 | 56.64×39.88 | 566.42×398.78 | 2 230×1 570 | 22 300×15 700 |
| A1 | 80.01×56.64 | 800.10×566.42 | 3 150×2 230 | 31 500×22 300 |
| A0 | 113.28×80.01 | 1 132.84×800.10 | 4 460×3 150 | 44 600×31 500 |
| A | 24.13×19.05 | 241.30×190.50 | 950×750 | 9 500×7 500 |
| B | 38.10×24.13 | 381.00×241.30 | 1 500×950 | 15 000×9 500 |
| C | 50.80×38.10 | 508.00×381.00 | 2 000×1 500 | 20 000×15 000 |
| D | 81.28×50.80 | 812.80×508.00 | 3 200×2 000 | 32 000×20 000 |
| E | 106.68×81.28 | 1 066.80×797.56 | 4 200×3 200 | 42 000×32 000 |
| OrCAD A | 25.15×20.07 | 251.46×200.66 | 990×790 | 9 900×7 900 |
| OrCAD B | 39.12×25.15 | 391.16×251.46 | 1 540×990 | 15 400×9 900 |
| OrCAD C | 52.32×39.62 | 523.24×396.24 | 2 060×1 560 | 20 600×15 600 |
| OrCAD D | 82.80×52.32 | 828.04×523.24 | 3 260×2 060 | 32 600×20 600 |
| OrCAD E | 108.71×83.31 | 1 087.12×833.12 | 4 280×3 280 | 42 800×32 800 |

# 参考文献

[1] Altium 中国技术支持中心. Altium Designer 22 PCB 设计官方手册（操作技巧）[M]. 北京：清华大学出版社，2023.

[2] Altium 中国技术支持中心. Altium Designer 21 PCB 设计官方指南（基础应用）[M]. 北京：清华大学出版社，2022.

[3] Altium 中国技术支持中心. Altium Designer 21 PCB 设计官方指南（高级实战）[M]. 北京：清华大学出版社，2022.

[4] 王正勇. Altium Designer 10 实用教程[M]. 北京：高等教育出版社，2018.

[5] 陈光绒. PCB 设计与制作[M]. 2 版. 北京：高等教育出版社，2018.

[6] 王正勇. Protel DXP 实用教程[M]. 2 版. 北京：高等教育出版社，2014.

[7] 高明远. Altium Designer 电路设计与应用[M]. 3 版. 北京：科学出版社，2021.

[8] 任枫轩. 基于 Altium Designer 的 PCB 设计与制作实践[M]. 北京：科学出版社，2021.

[9] 王正勇. 轻松实现 Altium Designer 板级设计与数据管理[M]. 北京：电子工业出版社，2013.

[10] 郑振宇. Altium Designer 22（中文版）电子设计速成实战宝典[M]. 北京：电子工业出版社，2022.

### 读者意见反馈

为收集对教材的意见建议，进一步完善教材编写并做好服务工作，读者可将对本教材的意见建议通过如下渠道反馈至我社。

咨询电话　400-810-0598

反馈邮箱　gjdzfwb@pub.hep.cn

通信地址　北京市朝阳区惠新东街4号富盛大厦1座　高等教育出版社总
　　　　　编辑办公室

邮政编码　100029

### 资源服务提示

授课教师如需本书配套教辅资源，请登录"高等教育出版社产品信息检索系统"（https://xuanshu.hep.com.cn/）搜索下载，首次使用本系统的用户，请先进行注册并完成教师资格认证。

高教社高职工科分社电板块教材服务中心：gzdz@pub.hep.cn